BIBLIOTHEK DES SKEPTISCHEN DENKENS

GEORG FORSTER

AUSGEWÄHLTE SCHRIFTEN

BIBLIOTHEK DES SKEPTISCHEN DENKENS

2003

Tatenhausener Weg 38
48231 Warendorf
Umschlaggestaltung Achim Schmidt
ISBN 3-936345-08-2

INHALT

Cook, der Entdecker

Nullius in Verba

Der Name des Weltumseglers Cook ist zu allgemein bekannt, und seine Seereisen haben ihm die Bewunderung seiner Zeitgenossen in einem viel zu hohen Grad erworben, als daß noch jemand fragen könnte; wer war Cook, und was that er? Vielmehr wirkt schon dasjenige, was ein jeder sich auf diese Fragen selbst zu antworten weiß, wie eine Zauberformel, um ein stets wachsendes Theilnehmen an jeder neuen Nachricht von seinen Entdeckungen zu erregen. Hätten diese Blätter, die ich seinem Andenken weihe, den Reiz der Neuheit, so würde ich also um ihr Schicksal unbekümmert seyn können. Wenn ich mir aber ein Verhältniß zwischen dem Leser und dem Schriftsteller denke, welches beyden rühmlicher ist, mischt sich eine schüchterne Besorgniß in meinen Wunsch, der Wißbegierde und den übrigen Forderungen eines aufgeklärten Publikums Genüge zu leisten. Dazu kommt noch, daß es nicht die Lebensgeschichte dieses außerordentlichen Mannes ist, welche mich hier beschäftigen soll; denn dies wäre wenigstens ein überflüssiges und mißliches Unternehmen, da bereits eine deutsche Meisterhand* die Hauptzüge eines solchen Gemäldes entworfen hat. Indeß giebt es allerdings noch einen Gesichtspunkt, der Cooks Thaten und seinen Geist in einem neuen Lichte zeigen kann. Ihre blendende Größe hat man lange genug blos angestaunt, wie etwa ein glänzendes Meteor. Entfaltete man aber ihre Beziehungen auf die Summe unseres Wissens, und berechnete man ihren gegenwärtigen und dereinst zu hoffenden Nutzen, dann erst würde sich Cooks ganzer Werth für die Menschheit unparteyisch abwägen lassen; dann würde jene gaffende Bewunderung, die auch die Dummheit unserem Helden zollt, bey Denkenden in dankbare Verehrung übergehen. Wer nun im Stande ist, die Verhältnisse unserer Gattung mit festem, allumfassenden Blik zu durchschauen, Plan und Absicht, nach einem bestimmten Ziele strebende Entwicklung, und sichern Fortgang zur Vollendung aus dem verworren scheinenden Chaos ihrer Schicksale herauszufinden: der entwerfe jene vollständige beziehende Darstellung von Cooks Verdiensten, und lehre uns, wie weit er sein Jahrhundert in Erkenntniß und Aufklärung fortgeführt, welchen Zuwachs die menschliche Glückseligkeit durch sein Bestreben gewonnen, und welche neue Aussichten in die goldene Zukunft einer allgemein vollendeten Bildung sein Genius uns eröfnet habe. Der Dank der Edlen unserer Zeit und jener bessern Nachkommenschaft verspricht dem Menschenfreunde, der sich auf diese Art an Cooks Verdiensten Antheil erwerben würde, unsterblichen Lohn. Aber es wäre Vermessenheit, sich mit blöden Augen in jene steile Höhe hinaufzuwagen, wo solch ein Überblik erst möglich wird. Ohne daher bey der gegenwärtigen Veranlassung so tief in die Bestimmung des Menschengeschlechts dringen zu wollen, lassen sich gleichwohl die näher am Tage liegenden Verkettungen so angeben, wie sie auf unserm niedrigeren Standpunkte erscheinen; wenigstens lassen sich kleine Gebiete, Theile des Ganzen, wenn auch nur in schwachen Umrissen, nachbilden, um künftigen Weltweisen vorzuarbeiten. Mit andern Worten: Cooks Entdeckungen zusammenzufassen, ihre Gränzen abzustecken, ihrer geschickten Anordnung und Verbindung, so wie manchen ihrer wichtigen Folgen nachzuspüren, und auf die Art nicht blos dem Seemann und Entdecker sondern auch dem Menschen, ein geringes Denkmal zu stiften, dies wäre ein Versuch, den Cooks Reisegefährte vielleicht ohne Anmaßung und ohne Furcht vor Wiederholungen, dem Urtheil deutscher Leser unterwerfen dürfte.

Ehe wir weiter gehen, verdient es eine vorläufige Untersuchung, aus welchem Gesichtspunkte der sittliche Werth der Entdeckungen beurtheilt werden müsse. Läßt sich im Allgemeinen über diesen Punkt etwas als wahr festsetzen, so wird es uns hernach, in der weiteren Anwendung auf Cook, zum bequemen Maaßstabe dienen. Wie aber, wenn der beredte Mann Recht hätte, welcher von einer blos physischen Bestimmung des Menschen, als der einzig wahren, sprach, und Wissenschaft die Quelle alles menschlichen Elends nannte? Wäre es alsdenn nicht um den vermeynten Ruhm aller Entdecker geschehen? Wenigstens ist so viel gewiß, daß dieses Paradoxon über manche schwache Einwendung siegte, und daß man Blößen gab, wenn man sich gegen die Evidenz der darin behaupteten Thatsachen sträubte. Wer könnte auch im Ernste die Zerrüttungen läugnen, die von der Entwicklung verschiedner Fähigkeiten im Menschen unzertrennlich sind? Allein, wenn man diese Unzertrennlichkeit zugiebt, so bleibt noch unerwiesen, daß die Ausbildung des Menschengeschlechts einen andern Gang hätte nehmen können, als sie wirklich genommen hat; und ehe man dies beweiset, ruft man uns vergebens in die Wälder zurük. Der untergeschobene Begriff, die Perfectibilität als ein der Natur entgegengesetztes Extrem zu betrachten, mußte freylich den Gesichtspunkt verwirren und eine Täuschung zuwege bringen, welche nur eine consequentere Philosophie wieder aufheben kann. Diese wird in allem, was geschieht, eine Kette von Verhältnissen gewahr, welche nothwendig, wie Ursach und Wirkung in einander greifen, und die Möglichkeit vernichten, daß ein Stäubchen sich anders bewegt haben könnte, als es sich bewegt hat. Wie das Unendliche ans Endliche, so ist, über alle Gränzen menschlicher Begriffe hinaus, Freyheit an Nothwendigkeit geknüpft, und hiemit zwischen dem innigen Bewußtseyn des kühnsten Denkers, daß seinen Handlungen Gedanken vorhergehen, und der ehernen Wahrheit, daß keine Idee aus nichts entstehen kann, ein ewiger Kampf erregt.

Wenn also die Verhältnisse des Menschen, wodurch diese oder jene Fähigkeit in ihm sich entwickelt, nicht von ihm selbst abhängig sind, so ist es auch diese Entwicklung nicht; folglich gehört die wissenschaftliche Ausbildung, nebst allen ihren Folgen, ohne Widerrede zu den bestimmten Einrichtungen der Natur; und der vermeynte Contrast zwischen der physischen und sittlichen Bestimmung des Menschen beruhet auf einer Abstraktion, die nicht im Reiche der Wirklichkeit, sondern in unserer Vorstellungsart liegt. Fähigkeiten, welche nur den Stoß eines äußern Verhältnisses erwarten, um sich nothwendig und unaufhaltsam zu entwickeln, sind berechnete Anlagen der Natur; und das Wesen, in welchem sich diese Entwicklung vollendet, ist nicht minder ihr Eigenthum, erfüllt nicht minder ihre Absicht, als das, in welchem sie anfängt. Es giebt folglich keine blos physische, oder, mit einem andern Wort, blos thierische Bestimmung des Menschen, sondern sein Charakter ist, wie der Philosoph der Menschheit unwiderstehlich dargethan hat, Sittlichkeit, die zwar unzählige Schattirungen und Stufen hat, aber das einzige ist, wodurch er sich vom Thier unterscheidet. Mit Anlagen, die einander zu widersprechen scheinen, macht übrigens der Mensch keine Ausnahme in der Ökonomie der Natur; denn nach unserer Art zu reden, giebt es überall streitende Verhältnisse und Widersprüche, weil wir überall Absichten annehmen, wo wir Beziehungen bemerken. Soll, zum Beyspiel, das Hanfkorn zur Pflanze keimen, so darf es der Hänfling nicht verzehren, dem es gleichwohl zur Nahrung angewiesen ist. Uns scheinen diese Verhältnisse allerdings widersprechend; wüßten wir uns aber an die Stelle der Natur zu setzen, so würden wir bald einsehen, daß jedes Einzelne gerade die Bestimmung hat, die es wirklich erreicht. So wie jedes Wachsthum Zerstörung voraussetzt und sich wieder in Zerstörung endigt, so ist auch die Entwicklung einer Anlage Unterdrückung einer andern. In einer Welt, wo die größte Mannichfaltigkeit der Gestalten nur durch das Vermögen einander zu verdrängen, bewirkt wird, hieße es in der That die einzige Bedingung ihres Daseyns aufheben, wenn man diesen immerwährenden Krieg und diese anscheinende Unordnung abgestellt wissen wollte. Hat nicht dem ungeachtet alles in der Natur seine Gesetze? Sind nicht die größeren Bewegungen mit bewundernswürdiger Genauigkeit abgemessen? Sollte sich also nicht vermuthen lassen, daß auch die äußersten Punkte, zwischen welchen jede partielle Kraft schwanken und ihren Nachbarinnen Abbruch thun oder sie verschlingen darf, ihre unabänderlichen Gränzen haben? Man nenne dieses Schwanken zwischen Extremen, wenn man will, einen Puls der Natur, der bald schneller, bald langsamer schlägt, und schlagen wird, bis etwa Büffons Epoche der Erstarrung eintritt, oder das Machtwort einer Gottheit drein redet; – so lange das jezige Schema der Erscheinungen besteht, müssen auch diese Oscillationen fortdauern. Das Mittel zwischen den Extremen, welches manche Philosophen so eifrig suchten, und oft zu finden wähnten, das vollkommene Gleichgewicht der Kräfte, ist Ruhe, aber Ruhe des Todes.

Der Trieb der Selbsterhaltung und der Gesellschaftstrieb äußern ihre Wirkungen im Thiere ohne ein besonnenes Bewußtseyn. Erinnerungen und Erfahrungen können diese Triebe leiten, und das Vermögen, Vorstellungen mit einander zu verbinden, kann selbst thierischen Handlungen den Schein der Überlegung verleihen. Zur Vernunft, zur Wahrnehmung der Verhältnisse und Absonderung der Begriffe, gehört das Bewußtseyn eines abstrakten *Ich*; und dieses war das ausschließende Geschenk unserer menschlichen Organisation. In dieser einzigen Fähigkeit, in einer so geringen, fast unmerklichen Abschattung, liegt der incommensurable Unterschied zwischen der Natur des Menschen, und der vernunftlosen Thiere. Aus ihr allein entwickeln sich alle Erscheinungen der sogenannten Perfectibilität, welche man die angewandte Besonnenheit nennen könnte. Hier aber, wie allerwärts in der Natur, ist es Wirkung und Gegenwirkung, was die schlafenden Kräfte offenbart. Wenn das Bedürfniß eine Sprache schuf und eben dadurch das Bewußtsein weckte, so übte hingegen jeder neue Grad der Erkenntniß das Begehrungsvermögen. Waren bey einem überwundenen Widerstande Begriffe von können und wollen entstanden, so folgte bald ein Wollen aus Vorsatz und mit Bewußtseyn. Brachten endlich erschütternde Erfahrungen den Menschen auf eine höhere Stufe der Besonnenheit, und lehrten sie ihn, daß er nicht alles dürfe, was er kann und will; so führte eben dieser Druck der äußern Verhältnisse zu Begriffen vom Glücke des Lebens, die zwar nach Klima und Lokalumständen verschieden, im Ganzen aber Werkzeuge der ferneren Bildung und Entwicklung sind. Wo die Natur ihre Schätze reichlich ausgespendet hatte, neigten sich die

Affekten bald zum gütlichen Vergleich. Ruhiger Genuß der sanfteren sinnlichen Eindrücke begründete die Rechte des Hausvaters, und Gewohnheit erzeugte dann den Despoten. In rauhen Zonen hingegen, erlangte der ungezähmte Wille eine Stärke und Unbiegsamkeit, wodurch er noch lange das Übergewicht behielt, und allen Zwang verschmähte. Zuweilen beugte wohl Gewalt auf einen Augenblick den wilden Nacken; allein der bloße Zwang lehrt keine Verbindlichkeit zu gehorchen. Folglich dauerte der Kampf der Ungebundenheit so lange, bis allgemeine Rechte des Menschen anerkannt wurden, und mit diesen die Begriffe der Sicherheit, der Freyheit des Eigenthums, der gegenseitigen Pflicht, und einer durch heilsame Einschränkung bewirkten Glückseligkeit entstanden. Der Wille schien nunmehr auf einmal wieder so viel Feld zu gewinnen, als er auf einer Seite verlor. Nicht handeln dürfen, wie man will, ja vollends nach der Vorschrift eines Andern handeln müssen, war allerdings gleichsam eine Vernichtung des eigenen Willens. Allein bey diesem unvermeidlichen, sowohl negativen als positiven Zwange, hatte die Vernunft einen Schritt vorwärts gethan, und der Mensch fühlte seine Würde nun nicht mehr in körperlicher Stärke, sondern im Erkennen und Auswählen dessen, was recht und gut ist. Hier entstanden Gesetzgebung und bürgerliche Verfassung; künstliche, zerbrechliche Maschinen, die aber der höheren Kultur den Weg bahnten, und desto mehr Kräfte zur Entwicklung brachten, je gewaltsamer und schneller sich ihre Räder durch einander wälzten. Unzählige Nüancen der Organisation und der äußern Verhältnisse erzeugten verschiedene Mischungen des Charakters. Durch Erziehung, Beyspiel und Gewohnheit hervorgerufne und bestimmte Leidenschaften, Einsichten und Fertigkeiten, setzten ihr Spiel mit einander fort, und wirkten unaufhörlich auf einander, so wie aufs Ganze zurück. Wie dieser Wirbel jeden anders modificirten Menschen faßte und mit sich riß, so vollendete er dann seinen wohlthätigen oder zerstörenden Lauf. Der Wechsel der Verhältnisse, der Zusammenstoß streitender Kräfte, der Contrast entgegengesetzter Ereignisse – diese hin und her strömende Fluth im Ocean der Menschheit läutert und bestimmt überall die Begriffe, und giebt ihnen auch Einfluß auf Handlungen. Tugend und Laster sind daher überall gleichzeitige Erscheinungen; denn auch die Tugend wird nur durch Widerstreben möglich; wo weder Feind noch Gefahr vorhanden ist, da giebt es weder Kampf noch Sieg.

Der Gang so vieler Revolutionen, die sich immer ähnlich sind, so manches auch die Verhältnisse des Orts und der Zeit darin ändern, zertrümmert also offenbar jene idealischen Systeme, die auf eine grundlose Hypothese erbauet sind. Was in Asien vor etlichen Jahrtausenden, in Peru und Mexico vor wenigen Jahrhunderten geschah, was in den Inseln des Südmeeres noch vor unsern Augen geschieht, würde unter ähnlichen Umständen, so oft auch das Menschengeschlecht in den angeblichen Stand der Natur zurück träte, immer wieder geschehen. Die ersten Kriege, selbst der Wilden, enthalten einen Keim der Kultur; denn indem der Eroberer seines Sieges genießt, vermehren sich seine Bedürfnisse. Luxus, Kunst und Wissenschaft, die Kinder Einer Geburt, vermählen sich miteinander und bringen eine neue Brut – Ungeheuer und Genien – zur Welt. Wer über diesen Kreislauf der Begebenheiten unmuthig werden kann, der klage über Winterschnee und Sommerhitze, oder über den Wechsel der Nacht mit dem Tage; er klage über alles in der ganzen Natur, was dem Wechsel unterworfen ist, und – vergesse, daß nur durch diesen unaufhörlichen Wechsel alles besteht. Die relative Moralität gewinnt freylich nicht immer durch die Entwicklung der Fähigkeiten; dieselbe Sonne, die das Wachs erweicht und schmelzt, härtet hingegen den Thon. Wenn aber jemand darum lieber die Sonne ganz entbehren möchte, so dürften wir aus mehr als einem Grunde vermuthen, daß er vielleicht für jede andre Welt, nur nicht für diese wirkliche, geschaffen sey. Daher eilt das Zeitalter auf seiner Bahn weiter, ohne auf die Wehklage eines Hypochondristen zu hören, der von solchen Hirngespinsten ausgeht, und das Menschengeschlecht nach Idealen mißt.

Wer den strengen Optimismus nicht billigen mag, sollte wenigstens, um unpartheyisch zu seyn, die Dinge so nehmen wie sie sind. Die Abwechselung der Jahreszeiten kann, *in moralischer Beziehung*, in der That nicht gleichgültiger seyn, als jene Revolutionen, (so wichtig sie übrigens für subjektive Bildung seyn mögen) wodurch ruhende Kräfte wirksam werden müssen, und die

Gränzen der Erkenntniß durch den Drang der innern und äußern Verhältnisse sich *nothwendig* erweitern. Der Zeitpunkt kam, wo ein heller Kopf den Gedanken hatte, die runde Erde müsse sich umschiffen lassen, er fand einen König, der in der Hoffnung zu einem Gewinste einen Versuch wohl der Mühe werth hielt, – und Amerika ward entdeckt. Unsere Sophisten wissen jezt mit einem ekelhaften Gepränge von arithmetischer Genauigkeit zu bestimmen, wie viele Tropfen Negerschweiß auf ein Loth Zucker gehen; sie können die Anzahl der Patienten, die durch Fieberrinde genasen, gegen die Schlachtopfer des Venusgifts verrechnen, und zwischen Vortheil und Nachtheil der Entdeckung die kaufmännische Bilanz ziehen, wie ihr Maulwurfsauge sie übersieht. Ob sie aber die Quelle des Bösen verstopfen können, ohne daß zugleich die Quelle des Guten versiegt? Man müßte nicht wissen, daß beydes im Menschen einen gemeinschaftlichen Ursprung hat, wenn man dies für möglich halten wollte. Auf jeder Stufe der Kultur, welche das Menschengeschlecht erreicht hat oder noch ersteigen kann, sind Bedürfnisse und Leidenschaften die Triebfedern aller erhaltenden aber auch aller zerstörenden Thätigkeit. Verschiedene Grade der Erkenntniß ändern nur die Intension und äußere Form derselben; aber das Gute und Große wird überall nur durch sein Gegentheil offenbar.

Mißbrauch kann den Werth der Dinge nicht schmälern; und doch sollte er es, sobald von Vernunft die Rede ist? Es sollte nun doch des Lichtes Schuld seyn, daß ein Hohlspiegel seine Strahlen gebrochen zurückwirft? Nur das Heer der Mühseligkeiten sollte aus Pandorens Büchse hervorgestiegen seyn, damit die Allbegabte ihre Neugier ewig beweinte? Die griechische Fabel ist wenigstens consequent; denn sie heischt den Glauben an heimtückische, schadenfrohe Götter, die das prometheische Geschöpf verderben, aber nicht beglücken konnten. Fürwahr, eine trostlose Lehre! Wer bebt nicht vor ihr zurück, und sieht umher nach einer bessern Überzeugung, die seiner Seele den Frieden wieder geben kann? Wer sieht nicht lieber in allem, was die Nerven zur Thätigkeit spannt, weise Vorsorge der Natur, die allmählig jede Kraft zur Entwicklung reif macht, während daß ihr großes Werk der Zeugungen unaufhaltsam fortschreitet? Wer schließt nicht vielmehr so: da jene Entwicklung eine wesentliche Bedingung unseres Daseyns ist, so ist es ein Verdienst um die Menschheit, ihrer Betriebsamkeit einen neuen Schauplatz zu öfnen.

So rufe ich dann: Seegen über Euch, ihr Beförderer der sittlichen Bildung, denen das Schicksal eine empfängliche Organisation verlieh, denen es Gaben schenkte, die in tausend Jahren nur einmal die Weit beglücken! Gern gehorche ich dem allgemeinen Gefühl, dieser heiligen Stimme der Menschheit, die Euch, als wohlthätige Genien oder Halbgötter, dankbar verehrt. Du unbekannter erster Hirte auf den Höhen des Kaukasus oder Altai, warst vielleicht unter tausenden deiner Brüder allein so organisirt, daß du am fröhlichen Hüpfen deiner gezähmten Lämmer um dich her mehr Vergnügen fandest, als am Röcheln des erwürgten Wildes! Welcher ganz andere, gewiß nicht minder seltene, Zusammenklang innerer Empfänglichkeit mit äußern Eindrücken bildete dich, kühner Bändiger des muthigen Rosses und des wilden Stiers? War es nicht eine Göttin, weiser Triptolem, die dich lehrte, das Zelt an eine feste Stätte zu binden, und goldne Saaten zu ärndten, so war es *der göttliche Funke des Genius* in dir; dieser Funke, der die Lippen des ersten Gesetzgebers mit Überredung begeisterte, als er Menschen durch Bande des wechselseitigen Vortheils in den engen Bezirk einer Stadt zusammen zog; eben derselbe, der den Keim des Handels pflegte, bis er als ein mächtiger Baum, den Nationen unter seinem Schatten süße Früchte trug; eben derselbe, der bey jeder glücklichen Anstrengung der Geisteskräfte so sichtbar hervorleuchtet; der auf Gama, Columbus, Magellan und Cook geruhet hat!

Wahrheit war die Botschaft, die alle große Männer an die Menschheit zu verkündigen hatten; Wahrheit, Verhältniß der Dinge unter einander und zu uns. Sie entledigten sich getreu ihres Auftrags, und brachten uns Wahrheit, das Kleinod dem Weisen, das Schwerdt in eines Narren Hand. Doch, Nutzen und Mißbrauch haben ihre Gränzen: die Aufklärung aber schreitet von Erfahrung zu Erfahrung ins Unbegränzte fort. „Vielleicht erschöpft sie einst alle Verhältnisse des Menschen, und bringt dann den Frieden des goldnen Zeitalters zurück?“ Diese harmlose Hofnung, ein Stein der Weisen unseres Jahrhunderts, verdient wenigstens keinen Spott, so lange sie das aufgesteckte Ziel bleibt, welches so viele Kräfte für das Bedürfniß des gegenwärtigen Augenblicks in Bewegung erhält, und einen jeden anfeuert, in seiner Laufbahn nach der Vollkommenheit zu streben, *die ihm erreichbar* ist. Wenn die Verwegenheit, in eine Zukunft zu schauen, die unsern Augen geflissentlich entzogen ward, und Bestimmungen voraus zu sagen, welche sich aus den Prämissen der Erfahrung nicht folgern lassen, mit Irrthum bestraft werden muß: so konnte wenigstens keine Strafe unschädlicher, und keine zugleich wohlthätiger seyn, als diejenige, welche die Bilder der Phantasie benutzt, um den Menschen an ein reelles Ziel zu geleiten. Ein solches Ziel ist die subjective Vervollkommnung, welche nur durch eine vollkommnere Erkenntniß der Wahrheit bewirkt werden kann; und so wäre denn das Verdienst des Entdeckers für Gegenwart und Zukunft entschieden; und es ist um desto wichtiger, je grösser der Zuwachs ist, den die Masse menschlicher Kenntnisse durch ihn erhält. In welchem Grade nun insbesondere Cook auf dieses Verdienst Anspruch machen kann, muß die bloße Aufzählung seiner Entdeckungen darthun.

1. Geographische Übersicht

Wenn wir den Werth solcher Erfindungen und Entdeckungen anerkennen, die keine nähere Beziehung auf das menschliche Leben zu haben scheinen, blos weil sie die Sphäre unseres Wissens erweitern, und dem Menschen einen größeren Reichthum von Vorstellungen geben: so können wir um so viel weniger jenen Entdeckungen unsern Beyfall versagen, die den letztern Endzweck eben so gut erreichen, deren Anwendung aber uns zugleich so viel näher liegt. Wie schmeichelhaft ist, für jeden der es fassen kann, das Gefühl von der Würde des menschlichen Geistes, bey jeder großen und glücklichen Anstrengung seiner Kräfte! Wer fühlt sich nicht groß, wenn er mit den Sternkundigen die ungemessenen Räume des Weltalls auf Flügeln der Gedanken durchirrt! In der That, wie bewundernswürdig ist nicht der menschliche Verstand, wenn er Mittel ersinnt, die Entfernung und Größe der Sonne genau zu bestimmen, wenn er neue Planeten und Kometen entdeckt, die dem bloßen Auge unerreichbar sind, und dennoch ihre Bahnen berechnet, als wären sie sichtbar! In welchem erhabenen Lichte erscheint nicht jene stolze Wissenschaft, welche aus dem wenigen, was sie von der Erfahrung entlehnt, die wichtigsten Folgerungen zieht, wenn eine bemerkte Verschiedenheit in dem Abstande gewisser Fixsterne von einander, die gleichwohl kaum in Jahrtausenden dem bloßen Auge auffallend werden könnte, dem Scharfsinn des Meßkünstlers hinreichend ist, um eine progressive Bewegung des ganzen Sonnensystems daraus nicht blos zu *muthmaßen*, sondern *darzuthun*, und dann tausend neue Welten in jenen entfernten Nebelpünktchen des allumfassenden Äthers zu erblicken! Doch wir mögen nun mit Newton die Geschwindigkeit des Lichts messen und das Gesetz des allgemeinen Zusammenhangs untersuchen, oder mit Herschel die Heere des

Himmels zählen, von denen wir nicht mehr als ihr bloßes Daseyn erfahren können: so lange wir den Planeten, den wir bewohnen, nicht in allen seinen Theilen und Verhältnissen erforscht haben, so lange rühmen wir uns umsonst des gränzenlosen Umfangs unserer Erkenntniß. Dieser Punkt im Unermeßlichen ist immer noch eine Welt für uns; seine Theile, seine Verhältnisse, seine Veränderungen, können, weil sie allen unsern Sinnen offen liegen, für jene fernen Gegenstände, welche nur das Auge wahrnimmt, zum sichersten Maaßstabe der Beurtheilung dienen, und haben, welches ungleich wichtiger ist, eine unmittelbare Beziehung auf uns, und auf die Art unserer Exsistenz. Denn vorausgesetzt, das Ziel der Aufklärung, welches die Natur gesteckt hat, läge jenseits der Gränzen unserer Erfahrung, und die subjektive Bildung bestände hier zunächst in einer verstärkten Intension der Kräfte, deren Wirksamkeit dann die Verhältnisse eines andern Schauplatzes bestimmten; so geht doch diese *nothwendige* Vervollkommnung in der Stille und unvermerkt ihren Gang, indessen das gegenwärtige Verhältniß unsere ganze Aufmerksamkeit auf sich zieht. Auf derjenigen Stufe der Kultur, die der Europäer insbesondere nun einmal erstiegen hat, ist die Kenntniß der eigenthümlichen Beschaffenheit aller Gegenden der Erde so in sein Bedürfniß verwebt, daß eine nähere Untersuchung nothwendig wird, um seiner Betriebsamkeit Luft zu machen. Je dringender unsere wahren und erkünstelten Bedürfnisse das Verkehr mit entfernten Welttheilen fordern, je emsiger der kaufmännische Geist von der Unersättlichkeit des Zeitalters seinen Vortheil zieht, indem er ihr Nahrung verschafft; desto stärker wächst das politische Interesse der Staaten, an der Erweiterung geographischer und anderer Erfahrungskenntnisse, und desto mehr sucht es alle jene Triebfedern im Gange zu erhalten. Großbrittannien, dessen Handel von so ungeheurem Umfange ist, hat folglich auch in dieser Rücksicht den Nationen das Schauspiel von Entdeckungsreisen gegeben, wodurch die vorher unbekannte Hälfte der Erdkugel ausgekundschaftet worden ist. Ich sage, die Hälfte der Erdkugel, und man wird finden, daß dieser Ausdruck nicht zu viel sagt, wenn man einen Blick auf die Geographie *vor* Cooks Entdeckungen wirft.

Unter den Vorgängern unseres Seemannes unterscheiden sich Columbus und Magellan, deren unsterbliche Verdienste einer Auszeichnung werth sind. Man sage immerhin, daß Gewinnsucht und Emporstreben nach dem was Glück zu heißen pflegt, die Triebfedern waren, die auch diese beyden großen Männer in Bewegung setzten. Wo und wann geschah etwas großes, wozu nicht irgend eine mächtige Leidenschaft den ersten Stoß gab? Auch Menschen, deren innere Kraft kein gemeiner Geist fassen kann, bedurften des Antriebs der Leidenschaften, um jene schlafende Kraft zu wecken und in Thaten zu äußern. Wenn es tief in der Seele des Edlen lag, daß ein neuer Welttheil seiner warte; wenn Er allein den großen Gedanken denken konnte: dort westwärts, über die Gränze hinaus, die der furchtsame Küstenbefahrer nie zu überschreiten wagt, dort liegt für mich der Weg zu Ehre, Glück und Ruhm; – wie dürft ihr ihn verdammen, ihr Splitterrichter, bey denen eben dieser Antrieb nur kleine Plane zu unbedeutenden Handlungen erzeugen konnte! Ihr wähnt vielleicht, es bringe diese Männer bis zu euch herab, wenn ihr spöttelnd fragt, ob ihre Größe in dem Ehrgeiz ein Grande zu werden, oder in der Rache gegen einen blödsinnigen König zu suchen sey? Wer nicht, wie Columbus und Magellan, auf unbetretenen Pfaden der Ehre solche Endzwecke erreichen kann, läuft Gefahr, ein Bösewicht zu werden, sobald er sich über den Staub erhebt, für den er gebohren ist. Jener entdeckte einen Welttheil, und dieser steuerte sein Geschwader durch den ungeheuersten der unbekannten Oceane. Jener hatte die Vorurtheile seiner Zeit, und die gefährliche Ungelehrigkeit seiner zaghaften Reisegefährten zu bekämpfen; dieser vollbrachte, was seitdem nur Cooks eiserner Beharrlichkeit möglich geworden ist: er blieb von der Meerenge, die seinen Namen trägt, bis an die Philippinischen Inseln beynah vier Monate lang unterwegs, ohne irgend ein wichtiges Land zu sehen, ohne Erfrischungen für sein Volk zu erhalten, ohne sich durch die Länge des noch nie zuvor beschifften Weges abschrecken zu lassen. Am Ende ward aber sein großer Plan, die Gewürzinseln für Spanien zu entdecken, glücklich erfüllt, ob er gleich selbst, als ein Opfer seines unzeitigen Bekehrungseifers, auf der Insel Matan das Leben verlor.

Von dem Jahr 1521 an, bis 1768, in einem Zeitraum von drittehalbhundert Jahren, wurden viele

Reisen durch eben diesen Ocean gethan, den Magellan zuerst beschiffte. Bald trieb Begierde nach Reichthümern, welche in Peru und Mexico ihren höchsten Grad erstiegen hatte, und nicht befriedigt worden war, Cortez und Pizarros Gefährten zu Schiffe; bald suchten Engländer und Holländer sich entweder durch den Schleichhandel zu bereichern, oder den Eroberern der neuen Welt ihre Schätze mit Gewalt zu entreißen; endlich führte auch die Hoffnung, im unbekannten Schooße des Südmeeres ein reiches Land zu entdecken, Seefahrer aus allen Nationen in Magellans Fußtapfen.* Allein die Menge der Reiserouten, auf welchen man das Südmeer in dieser Absicht durchkreuzte, dient zum augenscheinlichsten Beweise, wie wenig die Triebfeder allein zur Sache thut, wenn nicht Fähigkeit des Entdekkers hinzukömmt. Ohne hier von den Plünderern der Spanier zu reden, eilten auch Leute, deren Endzweck Entdeckung war, mit Ängstlichkeit nach dem Bezirk innerhalb der Wendekreise, um einer gemächlichen und sichern Fahrt in jenem stillen Meere zu genießen, welches seinen Namen mit so großem Rechte führt. Unter den Spaniern entdeckten Mendanna und Quiros in drey verschiedenen Reisen einige Inseln, um deren Lage man sich bis auf Cooks Zeiten gestritten hat. So unbeträchtlich diese Entdeckungen waren, so suchten gleichwohl beyde Anführer durch überspannte Nachrichten von den daselbst vorhandenen Schätzen, den Spanischen Hof zu reizen, daß er sie in Besitz nehmen und Pflanzstädte daselbst anlegen sollte. Ihre Salomonsinseln und ihre Tierra Austral del Espiritu Santo blieben lange Zeit das Eldorado der Südsee, wo die Natur Perlen und edle Metalle nebst andern Kostbarkeiten, verschwendet haben sollte. Die Holländer ließen sich durch diese Vorspiegelungen zu einer Entdeckungsreise unter Le Maire und Schouten verleiten, welche, wie die spätere unter Roggewein, ihre Absicht gänzlich verfehlte. Diese Weltumsegler konnten es freylich nicht wissen, daß die Inseln, welche sie ohnweit Neuguinea entdeckten, in der That die Salomonsinseln der Spanier waren; so wenig wie Bougainville es ahndete, daß seine Cycladen das Land des Quiros seyn könnten. Spanien selbst fand nicht für gut von diesen Entdeckungen Gebrauch zu machen, oder andere Abentheurer aufzumuntern sie weiter fortzusetzen und genauer zu bestimmen. Seine Americanischen Besitzungen waren zu ungeheuer und zu reich an Gold und Silber, um den Wunsch nach mehreren rege zu machen. Außer den Küstenfahrern und dem einzigen Gallionschiffe, welches jährlich zwischen Akapulko und Manila die Waaren Asiens gegen Amerikanisches Metall vertauschte, ließ sich kein Spanisches Schiff auf diesem Ocean erblicken. Mich dünkt, die äußerste Gleichgültigkeit gegen alles, was Entdeckung heißt, kann sich nicht stärker zeigen, als durch eben dieses Schiff, welches in einem Zeitraum von zwey hundert Jahren jährlich genau denselben Strich hält, und vierhundertmal an der schönen Gruppe der Sandwichsinseln vorübergesegelt ist, ohne je soweit von seiner gewöhnlichen Bahn abzukommen, daß es sie wirklich entdeckt hätte.

Die Entdeckungsversuche der Spanier aus den frühesten Zeiten dieser Periode hatten die nachtheilige Folge, daß die Geographen an das Daseyn eines großen festen Landes glaubten, welches den ganzen Südpol umgäbe, und sich bis innerhalb des Wendekreises erstreckte. Quiros war in der Übertreibung wirklich so weit gegangen, daß er die von ihm entdeckte Insel Mallikollo für einen Theil dieses festen Landes ausgegeben hatte; und fast ein jeder, der nach ihm es wagte, sich weiter als die Küstenbefahrer, von Amerika zu entfernen, versicherte, wenn er auch kein Land gesehen haben wollte, dennoch Anzeigen eines nahen Continents bemerkt zu haben. Der einzige Seefahrer des vorigen Jahrhunderts, der den Namen eines Entdeckers verdient, der Holländer, Abel Tasman, bestärkte durch die Entdeckung von Neuseeland jedermann in dieser Meynung. Er fuhr im Jahr 1642 von der Insel Mauritius (jezt Isle de France) südostwärts, bis er die Südspitze von Neuholland entdeckte, welche er nach seinem Gönner, dem Generalgouverneur vom Holländischen Indien, Van Diemen, benannte. Von hier setzte er seinen Lauf ostwärts fort, entdeckte das von ihm zuerst so benannte Neuseeland, befuhr dessen westliche Küste bis zur nördlichsten Spitze, und kehrte dann nordwärts, wo er die Freundschaftsinseln fand, über Neuguinea, nach Batavia zurück. Ob nun gleich Neuseeland von 1643 bis 1768 ohne Widerrede für einen Theil des festen Südlandes galt, so blieb dennoch in diesem ganzen Zeitraume Tasmans Entdeckung ohne Folgen; denn auch die drey Englischen Weltumschiffungen unter Byrons, Wallis und Carterets Anführung, nebst der Französischen unter Bougainville, zeichnen sich durch wenig mehr als diesen leeren Namen, und ihre wissenschaftliche Absicht, von den gemeinen Südseefahrten ihrer Vorgänger aus. Wie diese, hielten sie sich, sobald sie Magellans Meerenge verlassen hatten, an die Küste von Amerika, bis in die Gegend der unbewohnten Inseln von Juan Fernandez; eilten dann, innerhalb des Wendekreises das friedliche Meer, das keine Stürme kennt, zu durchschiffen, und durch die Inselgruppen Indiens nach Hause zu kommen. Wallis und Bougainville trafen wenige Monate nach einander auf die Insel Otaheiti; der erstere fand die Kokosinsel des Le Maire und Schouten wieder, und letzterer berührte die neuen Cycladen, die ehedem Quiros für das feste Südland ausgegeben hatte. Von der durch Quiros Reisegefährten, Torres, entdeckten Durchfahrt zwischen Neuguinea und Neuholland, wußte er aber so wenig, daß er lieber Gefahr lief, mit seiner ganzen Mannschaft Hungers zu sterben, als daß er sich durch diesen kurzen Weg in die Gewässer Indiens begeben hätte. So wenig war alles, was jene Abentheurer unternahmen, bekannt, bestimmt und in der Anwendung brauchbar geworden. Carteret, der einen etwas andern Strich hielt, als die übrigen Englischen Weltumsegler, berichtigte die Lage der Insel Santa Cruz, einer Entdekkung des Mendanna, der er den neuen Namen der Königin Charlotte gab. Was diese neueren Reisen vor den früheren voraus hatten, lag in den Fortschritten, welche die Schiffahrtskunde seit der

Zeit gethan hatte. Dadurch, daß man mit bessern astronomischen Werkzeugen versehen war, gewann die Geographie wenigstens so viel, daß die Lagen der Orter genauer bestimmt wurden; und Frankreich gab durch Bougainvilles Ausrüstung das erste Beyspiel von einer zu wissenschaftlichen Endzwecken gehörig eingerichteten Entdeckungsreise, indem es diesem tapfern Officier einen Naturforscher, Commerson, und einen Astronomen, Verron, zugesellte. Mit Talenten, welche in einer Schlachtordnung glänzen konnten, verbanden aber weder die Englischen Officiere, noch der Französische, den Geist der Entdeckung, der vielleicht wirklich auf dem ersten Englischen Weltumsegler Drake, und auf dem wackern Freybeuter Dampier in reichlicherem Maaße geruhet hatte. Jener entdeckte auf seiner im Jahr 1577 unternommenen Reise die Küste Neualbion, nordwestwärts über Californien bis zum 40sten Grade der Breite; dieser beschloß seine Laufbahn 1698 mit einer Entdeckungsreise, auf welcher er, mit wahrem Eifer für die Wissenschaft, einen Theil von Neuholland und Neuguinea, nebst Neubrittannien, den berühmten Salomonsinseln des Mendanna, für die damalige Zeit ziemlich genau untersuchte.

Die Summe aller Entdeckungen, die man seit Magellans Zeiten im Südmeere gemacht hatte, war indeß nichts weniger als beträchtlich. Mehr als dreißig Reiserouten hatten diesen Ocean, den größten unter allen, durchschnitten, ohne mehr als die Lage einiger verlohrnen Inselpünktchen zwischen den Wendekreisen dürftig zu bestimmen; ja die früheren hatten größtentheils, wie die dunkeln Tagebücher der Anführer, diese Denkmäler ihrer Unkunde und geringen Fähigkeit beweisen, mehr Ungewißheit als Licht über jene Weltgegend verbreitet. Noch war die halbe Oberfläche der Erdkugel von tiefer Nacht bedeckt; und welche Traumgestalten schwebten nicht in ihr umher, die den leichtgläubigen Geographen täuschten, und selbst den vernünftigen Forscher verwirrten; scheinbare Muthmaßungen spekulativer Köpfe, müßige auf mißverstandene Überlieferung gegründete Mährchen, und dreiste Erdichtungen vorsetzlicher Betrüger! Rund um den Südpol, bis zum funfzigsten Grad der Breite, war alles, die einzige Spitze von Südamerika ausgenommen, unbekannt. La Roche und Düclos Güyot, zwey Französische Seefahrer, hatten zwar in den Jahren 1675 und 1756 im südatlantischen Meere auf vier und funfzig Graden der Breite eine Insel entdeckt, und Bouvet, ihr Landsmann, wollte 1738 in eben der Breite, weiter ostwärts, Land gesehen haben; allein auch diese wirklichen oder angeblichen Entdeckungen bestärkten nur den Glauben an ein festes Südland, welches nunmehr auf allen Charten erschien. Seine Küsten zeichnete man keck in einer mit Chili fast parallel zum Wendekreise hinablaufenden Linie, ließ sie an einigen Orten bis zum zwanzigsten Grad der Breite in den heißen Erdgürtel sich verlängern, und dann wieder südwestwärts nach Neuseeland steigen. Neuholland, welches das Südmeer gegen Abend vom Indischen Ocean trennt, und an Flächeninhalt Europa beynahe gleichkommt, blieb gegen Osten hin noch gänzlich unerforscht, und in der Nähe des Äquators verlor es sich auf mancher Charte in das von seinen schwarzen Einwohnern benannte Neuguinea.

Unsere nördliche Halbkugel lag von der Seite des großen Weltmeeres in ein ähnliches Dunkel gehüllt. Rußland kannte die natürlichen Gränzen seiner asiatischen Besitzungen noch nicht, und die Amerikanischen Gestade jenseits des vier und vierzigsten Grades waren noch unberührt. Hatte man sich gegen Süden von neuen Welttheilen und festen Ländern träumen lassen, so erstattete wenigstens die Einbildungskraft der Erdbeschreiber dem Ocean am entgegengesetzten Ende der Welt den Raum, den sie ihm abgenommen hatte, und trug sich mit umständlichen Erzählungen von durchschiften Meeren, Meerengen und nordöstlichen sowohl als nordwestlichen Durchfahrten. Ein Admiral de Fonte, der niemals existirt hat, ein griechischer Lootse Juan de Fuca, der mit einer aus der Luft gegriffenen Erzählung sein Glück machen wollte, eine Straße Anian, von der sich niemand einfallen ließ, daß es die Hudsonsenge seyn könnte,* und andere ähnliche Verwirrungen veranlaßten gelehrte Kriege und erdichtete Landcharten; und so wie im Süden jede Entdeckung zur Bestätigung des so hartnäckig behaupteten Südlandes gemißbraucht wurde, so mußten auch der verdienstvollen Männer, Bering und Tschirikofs Berichtigungen verschiedener Punkte des Amerikanischen Continents, unter den Händen der Geographen, die in ihrem Studierzimmer reiseten, das Daseyn der offenen See im Nordwesten beweisen. Selbst der berühmte Pauw, dessen Prüfungsgeist so manchen Wahn in Absicht auf Amerika vernichtete, war nicht vermögend, aus diesem Chaos von grundlosen Meynungen die Wahrheit hervorzuziehen; vielmehr glaubte er annehmen zu müssen, daß ein Meer von achthundert Meilen den alten Welttheil von Amerika trenne.

Dies war die Lage der Geographie, als Cook erschien, dem es vorbehalten war, in kurzer Zeit die Kenntniß der Erde in das hellste Licht zu setzen. Der Geist der Entdeckung beseelte ihn ganz, und seine Eigenschaften waren dem Geschäfte, wozu ihn das Schicksal auserkohr, so angemessen, daß er allein mehr als alle seine Vorgänger zusammen genommen leistete, und als Seemann und Entdecker, unerreichbar und einzig, der Stolz seines Jahrhunderts bleibt.

Um uns einen Begrif von seiner Thätigkeit zu machen, bleiben wir zuerst bei der Länge des Weges stehen, den er in etwas mehr als zehn Jahren zurückgelegt hat. Die verschiedenen Bahnen seiner großen Reisen, sind zusammen mehr als siebenmal dem Umkreis unserer Erdkugel gleich. Welcher Seefahrer kann sich rühmen, in so kurzer Zeit den ungeheuern Raum von beynah vierzigtausend Meilen durchschift zu haben? Man denke sich eine gerade Linie von eben der Ausdehnung, so fehlt ihr nur ein Viertel ihrer Länge, um die Entfernung von der Erde bis an ihren Trabanten, den Mond, auszufüllen. Doch das riesenmäßige in Cooks Unternehmungen verdient erst alsdenn unsere höchste Bewunderung, wenn wir es in

Verbindung mit seinen übrigen Thaten betrachten. Der Mann, der zweymal die ganze Erde umschift hatte, und im Begriffe stand, es zum drittenmal zu thun, der Mann, der kreuz und quer durch alle Oceane des Norden und Süden den langen Weg zurückgelegt hatte, war nun auch mit dem ganzen Erdball so genau bekannt geworden, als trüge er ihn, wie den Reichsapfel, in der Hand. Er hatte, zumal im Südmeer, nicht nur alle wichtigen Entdeckungen früherer Reisen besucht und besichtigt, sondern auch mehr neue Küsten und Inseln befahren, als je ein Seemann der älteren und neueren Zeit vor ihm. Unzählige astronomische Beobachtungen, die er größtentheils selbst anstellen half, bestimmten die Lage aller dieser Länder. Mit einer fast noch bewundernswürdigeren Beharrlichkeit führte er überall das Senkbley, nahm die Küsten, die Buchten, die Häfen, die Sandbänke, die Riefe, die verborgenen und sichtbaren Klippen auf, und entwarf die vortreflichsten Charten und Portulane. Kaum können wir uns rühmen, so zuverlässige, und bis auf die kleinsten Gegenstände genau detaillirte Charten von unseren Europäischen Meeren zu besitzen, als Cook von den Meeren der entgegengesetzten Halbkugel zurückgebracht hat. Ältere Südseefahrer scheuten gleichsam den Anblick des Landes; wo sie Küsten fanden, eilten sie schnell vorüber, oftmals ohne nur den Fuß darauf zu setzen, ohne den Umfang, die Gestalt und den Zusammenhang ihrer Entdeckungen zu untersuchen. Landeten sie auch irgendwo, so nahmen sie sich selten Zeit, den Endzweck einer Landung zu erreichen, und von den vorgefundenen Produkten einigen Vortheil zu ziehen. Ihr Betragen gegen die Eingebohrnen machte gewöhnlich einen schleunigen Abzug nöthig, ehe sie noch die Beschaffenheit der Gegend und ihrer Erzeugnisse erforschen, und mit den Eigenthümlichkeiten der dortigen Menschengattung bekannt werden konnten. Daher fehlte es ihren Berichten so oft an allem Interesse; und weit entfernt, den Forderungen des Physikers und des Weltweisen ein Genüge zu leisten, oder zur Sicherheit künftiger Seefahrer, und zum glücklichen Erfolg ihrer Unternehmungen beyzutragen, wußten sie nicht einmal die müßige Neugier des großen Haufens zu befriedigen.

Cook war auch hier das Gegentheil seiner Vorgänger. Sein Geist, der keinen Müssiggang kannte, sann stets auf Mittel, seinem Volke die Mühseligkeiten ihrer harten Lebensart zu erleichtern, dadurch zugleich die Dauer seiner Reise zu verlängern, seinen Entdeckungen einen weitern Umkreis zu geben, und unsere Kenntnisse vom Reich der Wahrheit durch neue Bemerkungen der Natur, im Menschen so wohl, als in Thieren, Pflanzen und leblosen Körpern, zu bereichern. So weit es also mit dem ihm vorgeschriebenen Reiseplan bestand, oder zu dessen vollständiger Ausführung dienen konnte, hielt er sich bey seinen neu entdeckten Ländern auf, und stellte theils in eigner Person, theils mit Hülfe seiner Reisegefährten, jene sorgfältigen Untersuchungen an, welche man, so lange die Buchdruckerkunst Gedanken verewigt, als Quellen des brauchbarsten, zuverläßigsten und angenehmsten Unterrichts, mit Theilnehmen und Bewunderung lesen wird. Die reichhaltigen Tagebücher seiner Reisen füllen allein sechs starke Quartbände; zwey andere enthalten die astronomischen Beobachtungen, und noch ein Paar andre liefern Nachrichten von merkwürdigen Gegenständen der allgemeinen Physik, und Beschreibungen einiger Naturkörper, obgleich bis jezt noch das allerwenigste von den Entdeckungen der besondern Naturgeschichte im Druck erschienen ist, und Solanders Nachlaß allein mehr als zweytausend Beschreibungen enthält. Sehen wir aber auf den wichtigsten Gegenstand unseres Forschens, auf unsere Gattung selbst; wie viele Völker, die wir zuvor auch nicht dem Namen nach kannten, sind nicht durch die unvergeßlichen Bemühungen dieses großen Mannes bis auf die kleinsten Züge geschildert worden! Ihre körperliche Verschiedenheit, ihre Gemüthsart, ihre Sitten, ihre Lebensart und Kleidung, ihre Regierungsform, ihre Religion, ihre wissenschaftlichen Begriffe, und Kunstarbeiten, kurz alles, sammlete Cook für die Zeitgenossen und die Nachwelt, mit Treue und unermüdetem Fleiß.

Niemand kannte also den Werth des vorübereilenden Augenblicks besser, und niemand benutzte ihn so gewissenhaft, als er. In einem gleichen Zeitraum hat niemand je die Gränzen unseres Wissens in gleichem Maaße erweitert. Seine unmittelbaren Vorgänger glaubten allen Forderungen der Nachwelt ein Genüge gethan zu haben, wenn sie innerhalb zwey und zwanzig Monaten die Erde umschiften; denn diese Umschiffung allein schien ihnen verdienstlich genug. Carteret blieb zwar etwas länger aus, weil er einen Monsun versäumte;* doch brachte er diese Zeit in Häfen zu, die Europäern gehörten. Cook hingegen irrte auf seiner ersten Reise beynah drey Jahre umher. Die zweyte umfaßte einen noch längern Zeitraum; und die dritte, deren Ende er nicht erlebte, die er aber, selbst nach seinem Tode, noch zu lenken schien, dauerte mehr als vier Jahre! Doch es ist Zeit, seine Laufbahn und die Entdeckungen, welche diese drey unnachahmlichen Fahrten bezeichnen, dem Auge näher zu rücken.

Der wichtige Zeitpunkt, wo die Venus zum zweytenmal im gegenwärtigen Jahrhundert vor der Sonnenscheibe vorübergehen sollte, gab die Veranlassung zu Cooks erster Reise in die Südsee. Von der Beobachtung dieses Phänomens, an entgegengesetzten Enden der Erde, hing die Bestimmung der Sonnenparallaxe, folglich der Entfernung und Größe dieses ungeheuren Weltkörpers selbst, vorzüglich ab. Die gelehrten Gesellschaften wetteiferten bey dieser Gelegenheit miteinander in Anstalten, um den merkwürdigen Augenblick in seinem ganzen Umfange zu benutzen. Die Akademie der Wissenschaften zu Paris sandte daher den Abbé Chappe nach Californien, und die Königliche Societät in London beschloß Herrn Green ins stille Meer zu schicken. Ihr damaliger Präsident, Lord Morton, wußte die Bittschrift der Gesellschaft, und die gute Sache der Sternkunde mit so großem Nachdruck zu unterstützen, daß König Georg der Dritte die Ausrüstung eines kleinen Schiffs zu diesem Vorhaben bewilligte. Cook bestieg dieses Fahrzeug, Endeavour oder das Bestreben, als commandirender Lieutenant. Herr Banks, ein bemittelter Privatmann, und D. Solander, ein gelehrter Schüler des verewigten Linné, begleiteten ihn, als Liebhaber der Botanik und Freunde der Naturkunde überhaupt. Im Jahr 1768, den 26sten August verließen sie die Rheede von Plymouth.

Anstatt, wie Byron, Wallis und Bougainville durch die magellanische Meerenge zu gehen, umschifte Cook das Cap Horn, welches seit Ansons Reise das Schrecken der Seefahrer geblieben war. Es ist bekannt, mit welcher unumschränkten Macht die Vorurtheile den gemeinen Seemann, er sey von welchem Range er wolle, beherrschen. Ein Sturm, der zur Unzeit einen Schiffer auf einer wenig besuchten Fahrt etwas unsanft bewillkommt, kann andern Seefahrern zuweilen auf ein halbes Jahrhundert die Lust zu neuen Versuchen benehmen. So glaubten einst die Portugiesen, man könne oder dürfe das Cap Non in Afrika nicht umschiffen, bis Don Heinrichs Genius diesen Wahn besiegte, und den Weg zur Entdeckung Indiens bahnte. Cook fuhr nicht nur sicher und ohne irgend einen widrigen Zufall, um jene südlichste Spitze von Südamerika; sondern voll des kühnen Forschungsgeistes, der ihn auf der zweyten Reise so oft jenseits der Gränzen des antarktischen Polkreises trieb, näherte er sich zugleich dem furchtbaren Südpol, von dessen völliger Untersuchung ihn aber für diesesmal der Endzweck seiner Reise abhielt. Es kam jetzt alles darauf an, die Insel, welche zur Beobachtung des Durchgangs ausersehen war, zu rechter Zeit zu erreichen. Zufrieden also, gezeigt zu haben, wie leer die Furcht vor jenen antarktischen Wogen und jenen mehr als kimmerischen Finsternissen sey, die Ansons Historiograph so sehr ins Schwarze mahlt, hielt er vor dem Punkt, wo er den sechzigsten Grad der südlichen Breite durchschnitt, einen Lauf, der geradesweges auf sein Ziel gerichtet war. Diese Richtung ist in doppelter Rücksicht merkwürdig. Sie zeichnet sich vor allen früheren Fahrten dadurch aus, daß sie weit von der Amerikanischen Küste ins unerforschte Südmeer geht, und jenen wohlbekannten Weg verläßt, den so viele Seefahrer, die doch auch zu den Entdeckern gezählt seyn wollen, einander blindlings nachgegangen sind. Zugleich aber gebührt ihr das Verdienst, den Ocean auf einem großen Strich, den ihm die Geographen eigenmächtig abgesprochen, und dem Kinde ihrer Phantasie, dem festen Südlande, zuerkannt hatten, wieder in sein altes Recht eingesetzt, und auf ewige Zeiten darin bestätigt zu haben. In der That segelte Cook westwärts hinter der Stelle weg, wo Juan Fernandez und Jacob l'Hermite das feste Land gesehen, und hinter einer andern, wo es Quiros nur gewittert haben wollte.

Zwischen vielen flachen Inseln hin, welche innerhalb des Steinbockskreises liegen und aus Korallenbänken bestehen gelangte er nach O-Taheiti, der berühmt gewordenen Insel, die Wallis kurz zuvor entdeckt hatte. Der Hauptgegenstand der ganzen Reise, die Beobachtung des merkwürdigen

Durchgangs der Venus, und die dazu erforderlichen Vorbereitungen, verzögerten seinen Aufenthalt daselbst. Für die Naturgeschichte und Astronomie war diese Zeit nicht verloren; doch auch selbst die Geographie hatte den Vortheil davon, daß Cook die ganze Insel, die etwa dreyßig Meilen im Umkreise hat, in seinem Boot umschiffte, und sich von ihren Distrikten, ihren Ebenen und Flüssen, ihren umgebenden Riefen und bequemen Ankerplätzen die genaueste Kenntniß verschafte. Auch die Entdeckung der ganzen nah gelegenen Gruppe der Societätsinseln war eine Frucht von dem freundschaftlichen Verkehr mit den Einwohnern von Taheiti, und insbesondere von dem Entschlusse des Tupaia, eines angesehenen Mannes aus jener Weltgegend, mit Cook zu Schiffe zu gehen. Außer den bereits entdeckten Inseln Taheiti, Mäatea, und Tabuamanu lernte man nun auch Huaheine, O-Raietea, O-Tahah, Bolabola und Maurua kennen.

Der Entdecker eilte nunmehr, seinen Verhaltungsbefehlen gemäß, gegen Süden, um das hochgepriesene Südland aufzusuchen, welches in dieser Gegend, der Mitte des großen Weltmeeres, nicht weit vom Wendekreise liegen sollte. Allein er setzte seinen Lauf bis zum vierzigsten Grad der Breite in gerader Linie ungehindert fort, ohne nur eine Spur von nahem Lande wahrzunehmen. Weiter in den Ocean vorzudringen, verwehrte ihm diesmal die Schwäche seines Schiffes. Er wandte sich also westwärts, und suchte die Küsten von Neuseeland auf, die seit ihres ersten Entdeckers, Tasmans, Zeiten nicht wieder besucht worden waren. Man wußte von diesem Lande überhaupt wenig mehr, als daß es vorhanden sey, und streitbare Einwohner habe; denn Tasmans kurzer Aufenthalt hatte ihm nicht erlaubt, genauere Nachrichten einzuziehen, und richtige Charten, die künftigen Seefahrern zu Wegweisern hätten dienen können, zu entwerfen. Cook entdeckte das Land am 6ten Oktober 1769, von der Ostseite her, umschiffte es ganz, und verließ es endlich am 31sten März des folgenden Jahres. Man hatte es bisher für einen Theil des festen Südlandes gehalten; Cook fand aber, daß es zwey Inseln von ansehnlicher Größe wären, im ein und vierzigsten Grad der Breite durch eine Meerenge getrennt, die zum Gedächtniß des Entdeckers Cooksstraße heißt. Von diesem Punkt aus, erstreckt sich die südliche Insel südwestwärts bis gegen den acht und vierzigsten, und die nördliche nordwestwärts bis zum vier und dreyßigsten Grad der Breite. Ihre Seeküsten, welche Cook in Zeit von sechs Monaten mit unermüdetem Eifer untersuchte, können leicht achthundert Seemeilen betragen, und ihr Flächeninhalt dürfte dem von England nicht viel nachstehen. Die Anzahl der bequemen und sichern Häfen, der Inselchen und Klippen, welche um die beyden grossen Inseln hergestreuet liegen, muß jeden Sachkundigen, der ihre Entdeckung und genaue Bestimmung, als das Werk eines einzigen Mannes in einem so kurzen Zeitraum, betrachtet, mit Erstaunen und Ehrfurcht erfüllen. Wenn man aber die bescheidene Erzählung dieser Thaten in Cooks einfacher Sprache liest, wenn man erfährt, mit welchen unvermeidlichen

Gefahren, der kühne Argonaute, der sein Werk nicht unvollendet lassen will, in jenen stürmischen und unbekannten Meeren zu kämpfen hat; wie ihm dort eine verborgene Klippe, auf die sein Schiff ganz unversehens stößt, den Untergang droht; wie mitten im Sommer im fünf und dreyßigsten Grad der Breite, der stärkste Sturm, den er bis dahin noch erlebt, drey Wochen lang wüthet; wie eine wirbelnde Fluth, ihn unaufhaltsam gegen einen steilen Felsen schleudert, und nur ein Ankerwurf in die ungeheure Tiefe von fünf und siebenzig Faden ihn noch rettet; wie endlich am südlichsten Ende des Landes, sechs volle Meilen weit von der Küste, eine Felsenbank*, gleichsam zur Falle aufgestellt ist, und dem unbesorgten Seemann in der Nacht auflauert; – wenn man diese schnell aufeinander folgenden Begebenheiten aufmerksam erwägt, so wird man auch empfinden müssen, um welchen Preis sich Cook einen Namen im Tempel des Ruhms erkauft hat. Mehr als einmal befand er sich nebst seinen Reisegefährten in augenscheinlicher Lebensgefahr, indem er auch am Lande selbst seine Untersuchungen fortsetzte; ein unerklärliches Etwas, welches man dem Ungefähr oder einem Deus ex machina zuschreibt, wenn man die Verkettung der Ursachen und Wirkungen vergißt, rettete ihn oft aus den Händen der barbarischen Einwohner. Demungeachtet gelang es ihm, die Produkte dieser merkwürdigen Inseln, und selbst das wilde Volk, das hier vom Fischfang lebt, genau zu erforschen. Seine Nachrichten beweisen zur Genüge, daß zumal die nördliche Insel, wegen ihrer vortreflichen Häfen, ihrer Anhöhen, Thäler und wohlbewässerten Ebenen, ihres gemäßigten Himmelsstrichs, ihrer herrlichen Wälder vom besten Bau- und Nutzholz, ihrer dauerhaften Flachspflanze und ihrer fischreichen Gestade, dereinst für unternehmende Europäer eine höchst wichtige Entdeckung werden kann. In dem leichten, fruchtbaren Boden jenes Landes würden alle Arten von Europäischem Getraide, von Pflanzen und Früchten gedeihen, und den Ansiedler mit den Nothwendigkeiten des Lebens, bald aber auch mit allem was zum Überfluß gehört, versehen. Ein Sommer, wie in England, dessen Hitze nie beschwerlich fällt, und ein Winter, wie in Spaniens gemäßigten Provinzen, der eigentlich kein Winter ist, machen das dortige Klima zum angenehmsten Aufenthalt. Für den weit um sich greifenden Handel, der getrennte Welttheile verbindet, kann keine Lage vortheilhafter seyn als diese, welche zwischen Afrika, Indien und Amerika die Mitte hält. Man denke sich in Neuseeland einen Staat mit Englands glücklicher Verfassung, und es wird die Königinn der südlichen Welt.

Der März war schon verflossen, der Winter des antarktischen Himmels nahte mit seinen Stürmen heran, und noch berathschlagte man, ob der Rückweg nach England über Ostindien, oder durch das große Südmeer, und um Cap Horn gehen sollte? Cooks Wünsche neigten sich auf diese letzte Seite; allein sein gebrechliches Fahrzeug gab zum zweytenmale den Ausschlag wider ihn, und sein Verlangen, jezt ein für allemal die

Frage vom Daseyn eines Südlandes zu entscheiden, mußte der Vorsorge für die Sicherheit und Erhaltung der ihm anvertrauten Mannschaft weichen. Vielleicht – so kurzsichtig sind der Menschen Entwürfe! – vielleicht wäre indessen die Fahrt durch das Südmeer mit Hülfe günstiger Westwinde kürzer und sicherer gewesen, als die andre, die man an ihrer Stelle wählte: vielleicht hätte Cook alsdann alle seine Reisegefährten gesund nach Europa zurückgebracht, anstatt daß auf dem Wege, der ihnen weniger gefährlich schien, die verpestete Luft von Batavia den vierten Theil der ganzen Reisegesellschaft hinwegraffte! Allein der unermüdete Seemann sollte noch die ganze Ostküste von Neuholland entdecken. Dieses Land, welches man entweder die größte Insel, oder ein drittes Continent nennen kann, ward an der Westseite zuerst im Jahr 1616 entdeckt. Von dieser Zeit an befuhr man nach und nach immer mehr davon, bis Tasman, wie ich schon vorhin erwähnte, die südliche Spitze im Jahr 1642 zu sehen bekam. Indeß verursachte die niedrige Lage jener Küste, daß man sich ihr nicht dreist zu nahen wagte, und daß also blos ihr ungefährer Umriß bekannt werden konnte. Die Seite gegen das stille Meer oder gegen Morgen hin, hatte noch kein Seefahrer berührt, als Cook sie auf einer Strecke von sechshundert Seemeilen befuhr. Sie ist höher als die andere, aber eben so von Untiefen und Klippen, dem bewundernswürdigen Bau gewisser polypenartigen Thierchen, umringt. Ihre kalkigten Wurmgehäuse wachsen am unergründlichen Boden des Meeres fest, und werden, so wie das Thier in den untersten Stämmen abstirbt, zu wahren Felsenmauren von Korall, welche oberwärts immer neue Äste treiben, und sich zuletzt, je näher sie der Oberfläche des Meeres kommen, nach allen Richtungen ausbreiten. Solche Korallenmauern sind es, an denen die hohe Woge des vom beständigen Ost-Passatwind erregten Meeres sich schäumend brandet, und die der Seemann Riefe nennt. Oft erstrecken sie sich rund um Inseln her; oft ziehen sie sich mehrere hundert Meilen, wie hier bey Neuholland, in paralleler Richtung mit den Küsten; oft stehen auch mehrere dergleichen Riefe hintereinander. Zwischen ihnen und dem Lande ist ein ruhiges Meer; denn die hereinrollende See bricht sich an der Schutzmauer, die ein Wurm ihrem Ungestüm entgegen zu setzen vermochte, und fließt entkräftet über sie hin, oder kömmt durch enge Brüche und Öfnungen hinein, welche zugleich den Schiffen zur Ein- und Ausfahrt dienen. Allein in diesem gleichsam abgedämmten Zwischenraume häuft sich der Sand, den die Fluth zwar hinein, doch nicht die Ebbe wieder hinweg spülen kann, zu großen Sandbänken und Untiefen, welche der Schiffarth neue Hindernisse und Gefahren bereiten. Kommt nun noch der Umstand dazu, daß anstatt eines zusammenhängenden Riefs nur eine Menge kleiner zerstreuter Wurmrepubliken ihren Zellenbau führen, wovon der eine mehr, der andere weniger gediehen ist; so geht das Schreckliche einer solchen Meeresgegend über alle Beschreibung. Die Wachsamkeit des Seemannes vermag fast nichts gegen jene plötzlichen Abwechselungen der Tiefe, die er zitternd durch das Senkbley erfährt. Bald ergründet er sie nicht mit mehr als hundert Klaftern; bald schwebt er über Korallenzinken hin, die wie Thürme und Ruinen ihre schroffen Spitzen in die Höhe strecken, und beynahe den Boden seines Schifs berühren. Mit Angst und Entsetzen sucht er einen Ausweg, durch den er wieder in die offene See gelangen, und sich von furchtbaren Syrten entfernen könne, wo ihn der Tod in tausend Gestalten umringt. Nicht also Cook, der Entdekker! Fünf Monate lang blieb er an dieser Küste, folgte allen ihren Krümmungen, nahm ihre Häfen und Bayen auf, bestimmte die Lage vieler hundert Untiefen und Klippen, und verließ sie nicht eher, als bis er sie vom acht und dreyßigsten bis zum zehnten Grade südlicher Breite durchaus entdeckt, und endlich zwischen ihrer Nordspitze und den Inseln von Neuguinea die Durchfahrt gefunden hatte, welche von seinem Schiffe, den Namen Endeavourstraße erhielt. Fast sollte man auf den Gedanken gerathen, daß auch der verwegenste Schwung einer romanhaften Einbildungskraft noch nicht an die wirklichen Thaten reicht, die hier dem hartnäckigen Ausharren, der unerreichbaren Kunst, und vor allem, dem innern edlen Antrieb einer brennenden Ruhmbegierde möglich waren. Man muß die Geschichte dieser Fahrt selbst lesen, wenn man sich von den Schwierigkeiten, die Cook hier überwand, den Gefahren die ihm drohten, und dem standhaften Muth, womit er sich, das Senkbley in der Hand, zwischen den Felsenwänden und Ketten und Klippen durchtastete, einen vollständigen Begrif machen will. Alle seine Behutsamkeit konnte es jedoch nicht verhindern, daß sein Schiff auf einen verborgenen Felsen stieß wo es vier und zwanzig Stunden lang hangen blieb, indessen jedermann dem schrecklichen Augenblick seines Untergangs entgegen sah. Nur die glücklichen Umstände, daß der gewöhnliche Seewind still war und keine hohen Wellen erregte, daß ein Stück des Felsens in dem Schiffe stecken blieb, und die Wunde die er ihm gerissen hatte, beynahe ganz ausfüllte, daß einem Officier ein sonderbares Mittel den Leck zu verstopfen gelang, und endlich, daß sich ein zur Ausbesserung bequemer Hafen in der Nähe fand, bewirkten diesmal eine unerwartete Rettung.

Cook und seine gelehrten Mitreisenden benutzten den Aufenthalt in Neuholland, um dessen Naturprodukte und andere Merkwürdigkeiten, von denen man bis dahin wenig wußte, genau zu erforschen. An einem Orte, den man zum Andenken Botany-Bay genennet hat, erhielt die Kräuterkunde einen Zuwachs von beynahe vierhundert neuen Arten. Das Innere dieses Landes verspricht noch eine reichere Erndte von unbekannten Gegenständen, da theils die Lage und das Klima, theils die ansehnliche Größe desselben diese Erwartung begünstigen.* Doch wir kehren zu den für die Geographie errungenen Vortheilen zurück, welche hier eigentlich in Betracht kommen müssen. Diese Ostseite von Neuholland, mit den vorhin beschifften neuseeländischen Gestaden zusammengerechnet, würde in der That, wenn man sie sich in einem fortlaufend gedächte, eine weit längere Küste bilden, als die, welche Amerigo Vespucci zwar befahren, aber bey weitem nicht untersucht, vielweniger in Charten genau entworfen hat. Gleichwohl war dies der einzige Grund, der die Benennung der neuen Welt nach diesem flüchtigen Entdecker noch einigermaßen rechtfertigen konnte. Aber Columbus und Cook sind Namen, die auch ohne einen solchen Tribut, (welcher doch nur ihnen gebührte,) der Vergänglichkeit trotzen. Mit dem Bewußtseyn, mehr geleistet zu haben, als je die Pflicht auferlegen kann, mit diesem unverwelklichen Lohne, der die Flamme des Genius nährt, verließ nunmehr unser großer Seemann den Schauplatz seiner Entdekkungen, und ging, über Batavia und das Vorgebirge der guten Hofnung, nach England zurück.

Cook wurde bald nach seiner Rückkunft zur Führung einer zweyten Entdeckungsreise ernannt. Hatte ein Phänomen des Himmels seine erste Ausrüstung veranlaßt, so war es nunmehr der glückliche Erfolg, womit er sich seines vorigen Auftrags entledigt hatte, der selbst bey seinen Obern einen Grad von Enthusiasmus für die Erweiterung der Erfahrungswissenschaften erweckte. So umstrahlt der Glanz des wahren Verdienstes auch den, der es zu ehren weiß; so darf ein ganzes Volk auf seine grossen Männer stolz seyn, daß es sie ihrer würdig beschäftigt.

Nach einem Zwischenraum von wenig mehr als einem Jahre ging Cook am 13ten Julius 1772 mit zwey Schiffen wieder in See, und ward von Sternkundigen, Naturforschern und Zeichnern begleitet, die man auf öffentliche Kosten unterhielt.

Dadurch ward auch meinem Vater und mir das Glück zu Theil, die Welt von Westen nach Osten zu umschiffen. An dem Plan zu dieser Reise hatte Cook selbst, der dabey zu Rathe gezogen ward, unstreitig den wichtigsten Antheil. Alle seine bisherigen Entdeckungen hatten den Glauben an ein festes Südland bey spekulativen Geographen noch nicht wankend gemacht. Der feste Punkt von dem sie ausgiengen, war jenes nothwendige Gleichgewicht zwischen der nördlichen und südlichen Hälfte der Erdkugel, welches sie als eine ewige Wahrheit vorauszusetzen beliebten. Dies erforderte nun durchaus ein großes Land im Süden, um, ich weiß nicht welch ein Überschlagen unseres Planeten zu verhüten, wovon sie selbst wohl keine deutlichen Begriffe hatten. Was half es also Cook, daß er Neuseeland umschifft, und des Lootsen Juan Fernandez vorgebliche Entdeckung abgeschnitten hatte, daß er auf vierzig Grade südlicher Breite mitten ins Südmeer vorgedrungen war; wenn jenseits seiner Bahnen noch ein beträchtlicher Strich des Oceans unbefahren blieb, wohin der Glaube flüchten konnte? Er hatte zwar einen grossen Sieg für die Wahrheit errungen; allein um die Unwissenheit und die Unvernunft ganz aus dem Felde zu schlagen, mußte er noch einmal das Ruder ergreifen. Er that es; und wählte sich einen kühnen Weg um den Südpol, der auch die letzte Spur jener erdichteten Länder vertilgte. Drey Sommer nach einander brachte er mit dieser Umschiffung größtentheils jenseits des sechzigsten Grades der Breite, und mehrmals innerhalb des südlichen Polkreises zu. Die dazwischen fallenden Winterzeiten, wo eine sechsmonatliche Nacht nebst der Kälte und den Stürmen jenes unfreundlichen Meeres die fernere Entdekkungsfahrt unterbrachen, wußte er auf eine doppelte Art, zur Erholung seiner Mannschaft, und zur ferneren Berichtigung aller innerhalb des Steinbockskreises liegenden Inselgruppen zu benutzen. Auf einer viermonatlichen Fahrt vom Vorgebirge der guten Hofnung nach Neuseeland, ging er zuerst über den Polkreis, dann hinab in den südlichen Theil des indischen Meeres bis zum acht und vierzigsten Grade südlicher Breite, und blieb endlich wieder auf einer Strecke von sechshundert Seemeilen in der Nähe des sechzigsten Grades. In Neuseeland vereinigte sich mit der Resolution, dem Schiffe welches Cook selbst führte, die Adventure, die sich in einem dreytägigen Nebel von ihm verloren hatte. Ihr Befehlshaber, Furneaux, hatte die Zeit der Trennung benutzt, um Van Diemens Land zu besuchen und dessen Zusammenhang mit der Ostküste Neuhollands außer Zweifel zu setzen. Nach dieser Vereinigung begab sich Cook zu seinen Freunden, den gutmüthigen Bewohnern der Societätsinseln, und eilte dann fünfhundert Seemeilen weiter nach Westen, um die Lage der Inseln Amsterdam und Middelburg, die Tasman als er von Neuseeland kam, entdeckt hatte, genau zu bestimmen. Schon auf dem Hinwege nach O-Taheiti hielt er seinen Lauf zwischen vierzig und funfzig Graden der Breite bis in die Mitte des Südmeers, ohne es sich anfechten zu lassen, daß damals der Winter in jener Halbkugel herrschte. Er gewann dadurch einen ansehnlichen Theil des für den künftigen Sommer aufgehobenen Schauplatzes seiner Untersuchungen, und konnte nun, nachdem er von Amsterdameiland nach Neuseeland zurückgegangen war, seinen Weg sogleich viel südlicher nehmen. Demungeachtet blieb die Ausdehnung des noch unberührten südlichen Eismeeres fürwahr ungeheuer, und würde jeden andern als Cook zurückgeschreckt haben. Ein Sturm hatte die Adventure zum zweytenmal von ihm verschlagen, und er sah sich genöthigt, mit seinem einzelnen Schiffe den Gefahren zweyer kommenden Jahre entgegenzugehen. Mit welchem Ungemach der Seefahrer in jenen hohen südlichen Breiten zu kämpfen habe, wie ungestüm die See, wie trübe und kalt die Luft, wie zahlreich und gefährlich die schwimmenden Eisberge und festen Eisfelder dort wären, dies alles hatte seine erste Fahrt vom Cap ihn schon gelehrt. Doch eben die Erfahrung von überstandenen Mühseeligkeiten, war für ihn ein Antrieb mehr, die Vollendung eines Reiseplans zu wagen, der beynahe zur Hälfte schon gelungen war. Über Londons Antipoden hinaus, ging also die zweyte Sommerfahrt dem Südpol entgegen; allein um keine beträchtliche Meeres-Gegend unerforscht zu lassen, machte Cook, nachdem er mehr als fünfhundert Seemeilen in der Nähe des antarktischen Kreises fortgesegelt war, eine bogenförmige Excursion gegen Norden, bis zum funfzigsten Grade südlicher Breite, und kehrte erst alsdann zur Untersuchung des Süden mit dem festen Entschlusse zurück, nun noch zum letztenmal so weit als möglich vorzudringen. Das

Eis, welches bisher seinem unbezwingbaren Forschungsgeiste, bald im fünf und funfzigsten, bald im vier und sechzigsten, bald erst im sieben und sechzigsten Grade der Breite eine Mauer entgegengestellt hatte, schien diesesmal den Vorsatz des Entdeckers weit mehr zu begünstigen. Er erreichte den zwey und sechzigsten Grad ohne eine Eisscholle anzutreffen, und überschritt den siebzigsten, ohne ein Hinderniß vor sich zu sehen. Schon schmeichelte man sich mit der Hofnung eben so weit gegen Süden zu kommen, wie andre Seefahrer gegen Norden, als endlich am 30. Januar 1774, ein Eisfeld von unabsehlicher Grösse dieser südlichen Fahrt in der Breite von 71 Graden 10 Minuten das Ziel steckte.

Ich werfe hier einen Blick auf die Länge des zurückgelegten Weges und erstaune selbst über eine Reise, die ich mit gemacht habe, die mir aber nach dreyzehn Jahren, wie eine Traumbegebenheit, wunderbar vorkommt. Ohne die vielen Abweichungen von der geraden Route, oder auch den Weg von Neuseeland nach O-Taheiti und wieder zurück, der allein mehr als drittehalbtausend Seemeilen beträgt, in Anschlag zu bringen, hatten wir bisher in achtzehn Monaten mehr als zwey Drittel von der ganzen Erde umschifft, und fast überall bis zum sechzigsten Grade, ja oft weit jenseits desselben, vergebens das Südland gesucht. Es ist wahr, der Mangel des Landes trug zur Beschleunigung unserer Fahrt nicht wenig bey; allein es gehörte wahrlich Cooks ganze Festigkeit des Charakters dazu, um sie unter den Umständen, worin wir uns befanden, so sehr in die Länge zu ziehen. Denn zu geschweigen, daß die Schiffahrt in hohen Breiten, selbst der nördlichen Halbkugel, wegen der veränderlichen und ungestümen Winde an sich schon höchst beschwerlich ist, so ward hier die Gefahr noch durch eine Menge zusammentreffender Schwierigkeiten vermehrt. Insgemein wechselten Nebel und Stürme mit einander ab; oft stürmte es auch sogar bey finsterm Nebelwetter; oft sahen wir die Sonne zu vierzehn Tagen und drey Wochen nicht. Umringt von unzähligen Eismassen, die wie schwimmende Inseln aus dem Meer hervorragten, und nur desto gefährlicher waren, weil sie ihre Stelle verändern konnten, sahen wir sie oft nicht eher, als bis es fast zu spät war, das Schiff umzulenken; und wie viel Mal mögen wir nicht, ohne es zu wissen, in der Dunkelheit dem Untergange nur eben entronnen seyn! Wie oft haben wir nicht neben uns das Brausen der Woge, die sich an Eisfelsen brach, mit Schrecken gehört, ohne mit dem Auge den nahen Gegenstand unserer Besorgnisse erreichen zu können! Es war der Sommer, den wir in dieser beeisten Weltgegend verlebten; aber ein Sommer, wo es als eine Seltenheit angezeichnet ward, wenn das Thermometer einen Grad über dem Gefrierpunkte stand! Bey weitem die längste Zeit blieb es unter diesem Punkte; das Tau- und Takelwerk des Schiffs war mit Eiszapfen behangen, mit Rinden von Eis überzogen; Schnee und Schlossen und Hagelwetter wechselten mit kalten Regenschauern ab. Diese Witterung, die das Schiff in seinen Segeln und Stricken so heftig angriff, daß sie vor der Zeit morsch wurden und zerrissen, äußerte auch bey der unabläßigen Anstrengung, und einer viermonatlichen Schiffskost von veraltetem Pöckelfleisch und schimmlichten Zwieback, seine nachtheilige Wirkung auf die sonst eiserne Gesundheit der Mannschaft. Cook hatte zwar das Glück, durch sorgfältige Anwendung der bewährtesten Vorkehrungsmittel den Ausbruch des Scharbocks unter seinen Leuten zu verhüten; allein Entkräftung war bey einem so langwierigen Mangel an allen Erfrischungen unvermeidlich. Er selbst, von Jugend auf zu dieser harten Lebensart gewöhnt, und in dem Vorsatz unerschütterlich, als Anführer einer Entdeckungsreise durch sein Beyspiel auch im Genuß ihrer Speisen den Muth und Eifer seines Volks aufrecht zu halten, erlag endlich unter dem so vielfältig auf ihn losstürmenden Ungemach. Als auf unserer Rückkehr von jenem südlichsten Punkte unserer Laufbahn die Kälte den völligen Ausbruch des Gallenfiebers nicht länger zurückhielt, sahen wir schon den Augenblick, wo alle Hofnung, ein so theures Leben zu retten, verschwand. Allein bis der Entdecker alle Lücken der Erdkunde ausgefüllt haben würde, gab ihn sein Genius nicht zum Opfer hin.

Von dem Orte, wo Cook das Eis zum letztenmal verließ, bis zu den Marquiseninseln des Mendanna, beträgt die Entfernung ein und sechzig Grade der Breite. Des Umwegs ungeachtet, den er über Roggeweins dürre Osterinsel nahm, legte er diesen Weg von mehr als anderthalbtausend Seemeilen in zwey Monaten zurück, und befand sich dadurch plötzlich aus einem Extrem ins andere, von antarktischer Kälte in die stärkste Hitze versetzt. Der Einfluß der erquickenden Landluft, die Früchte und Wurzeln des heissen Erdstrichs, und das frische Fleisch welches er hier und auf einem zweyten Besuch in O-Taheiti von den Einwohnern erhandelte, waren mehr als hinreichend, ihm und uns allen neue Kräfte und unternehmenden Eifer zu schenken. Da Neuseeland im vorigen Jahre sein erster Erfrischungsplatz gewesen war, so hatte er zum Aufenthalt im heissen Erdgürtel nur einen kurzen Zeitraum erübrigt. Jezt, da er seinen Untersuchungen sechs volle Monate widmen konnte, beschloß er die ganze Breite des stillen Meeres nach Westen hin noch einmal zu durchschiffen. Von den Inseln, die Tasman gesehen hatte, ward nunmehr zuerst Rotterdam besucht, und ihr zweyter Entdecker gab der ganzen Gruppe den Namen der Freundschaftlichen Inseln, den ihre Bewohner an uns so wohl verdienten. Ich übergehe die einzelnen Inseln, die er auf der Fahrt von den Societätsinseln dorthin, und weiter jenseits entdeckte. Noch lag unerforscht in Westen ein Land welches Quiros dem heiligen Geiste zugeeignet hatte. Auch Bougainville war unverhoft darauf zugekommen, doch nicht um es genauer zu erforschen sondern um ihm einen neuen Namen zu geben. Cook steuerte von den Freundschaftlichen Inseln hin, und entdeckte daselbst einen Archipelagus von mehr als zwanzig großen und kleinen fruchtbaren Inseln, die zwischen dem vierzehnten und zwanzigsten Grade der Breite liegen. Er umschiffte sie alle, nahm ihre Häfen und ihre ganze Lage mit der ihm eigenen

Genauigkeit auf, und erwarb sich dadurch das Recht, sie unter der Benennung der neuen Hebriden bekannt zu machen. Kaum hatte er sie verlassen, so gerieth er am 4ten September an eine ganz neue, und nie zuvor gesehene Insel von beträchtlichem Umfang, die den Namen Neucaledonien erhielt. Sie erstreckt sich zwischen dem zwanzigsten und drey und zwanzigsten Grade der Breite ungefähr siebzig bis achtzig Seemeilen von Nordwesten nach Südosten, als ein langer schmaler Streifen Landes, das in seiner Gebirgsart und Produkten mit Neuholland viel ähnliches haben soll. Von dieser Entdeckung eilte Cook, nachdem er noch ein kleines Eiland auf seinem Wege gefunden hatte, zum drittenmale nach Neuseeland, dem Entstehungspunkte seiner südlichen Expeditionen, zurück. Drey Wochen waren ihm eine hinreichende Erholungszeit, in welcher das Schiff zum harten Kampfe mit den Elementen von neuem in Stand gesetzt, und die Mannschaft mit Fischen und blutreinigenden Kräutern reichlich erquickt werden konnte. In Zeit von fünf Wochen trugen uns die westlichen Stürme mit unglaublicher Schnelligkeit funfzehnhundert Seemeilen weit über die ganze Breite des Südmeeres, an die Küsten des Feuerlandes in Amerika; und so vollendete Cook die Untersuchung jenes großen vor ihm noch unbekannten Oceans, durch eine neue Fahrt, die zwischen seinen vorigen gleichsam die Mitte hielt. Zum zweytenmal in seinem Leben umschiffte er dann das Vorgebirge Horn, diesmal von Westen nach Osten, und in so geringer Entfernung, daß seine Lage nun endlich genau bestimmt werden konnte. Die von La Roche und Düclos Güyot berührte Insel, entdeckte auch Cook zum drittenmal, und nannte sie Georgien. Auf ihren Gebirgen, und bis in ihre Thäler hinab liegt das ganze Jahr hindurch ewiges Eis. Als er von hier aus den letzten Versuch machen wollte, sich dem Südpol zu nähern, hemmten Eisfelder bereits im sechzigsten Grade seinen Lauf; doch fand er auf dem Rückwege noch eine beeiste hohe Gebirgsmasse, das Sandwichsland, womit er die lange Reihe seiner Entdeckungen für diesesmal beschloß, und über die Meeresgegend, wo Bouvet eine Wolke oder einen Eisberg für Land angesehen hatte, nach dem Vorgebürge der guten Hofnung zurückkehrte. Zwey Jahre und vier Monate waren verflossen, seit er den dortigen Hafen verließ; und in diesem ganzen Zwischenraume hatte er keine einzige Besitzung der Europäischen Nationen berührt. Rechnet man aber die einzelnen Tage zusammen, die er vor Anker zugebracht, so füllen sie kaum den vierten Theil dieser Periode aus; mehr als zwanzig Monate hatten wir also in unbekannten Meeren, ohne Land zu sehen, umhergekreutzt. Doch das größte Wunder dieser Reise bleibt noch zu erwähnen übrig. Am dreyßigsten Julius 1775 brachte Cook sein Schiff nach England zurück, und von einhundert neunzehn Personen, die seiner Führung und väterlichen Vorsorge genossen, hatte er trotz aller überstandenen Gefahren und Mühseligkeiten, nur drey durch Zufall, und nur Einen durch Krankheit verloren.

Wenn es noch nöthig seyn sollte, ein Wort zum

Zeugniß für unsern großen Seemann herzusetzen, so sey es dies, daß seit dieser Reise ganz Europa den Namen Cook mit Ehrfurcht und Bewunderung nennt. Der Rang eines wirklichen Capitains in der Königlichen Flotte, und eine ehrenvolle Stelle beym Hospital zu Greenwich, waren Belohnungen, womit sein Vaterland ihm gleichsam schon entgegen kam. Nach zweymaliger Umschiffung der Erde, nach der Entdeckung und Bestimmung der Lage so vieler neuen Länder, nach einer beyspiellosen Fahrt durch die beeisten Meere des Südpols, deren Kühnheit und Größe ein allgemeines Erstaunen erregt, nach dem siegreichen Beweise vom Nichtseyn eines festen Südlandes, nach so vielen anderen wichtigen Zügen, wovon ein jeder einzeln das Siegel des wahren Verdienstes trägt, konnte Cook nunmehr mit vollem Rechte seines theuer erkauften Ruhmes genießen, und auf seinen Lorbeern ruhen.

Allein seine Thaten hatten das Feuer des Entdeckungsgeistes im Busen der Engländer wieder angezündet, und es brannte bey seiner zweyten Zurückkunft nur noch heller auf. Noch war ein großer Theil des Norden unbekannt; derselbe Theil, wo von jeher der Brittische Kaufmann sich einen kürzeren Weg nach Japan, China und Ostindien gedacht, wo Cabot, Frobischer, Davis, Hudson, Baffin, James, Fox und viele andere ihn wirklich suchten und zu finden hoften. Zwar hatten Christopher und Norton, die in den Jahren 1761 und 1762 zur See die Chesterfields-Bucht untersuchten, und Hearne, der zu Fuß, 1770 bis 1772, vom Churchill-Fluß in nordwestlicher

Richtung bis zum zwey und siebenzigsten Grad nördlicher Breite, und an die Küste des großen nordischen Eismeeres gekommen war,* schon vollkommen bewiesen, daß durch die Hudsons- und die Baffinsbay die nordwestliche Durchfahrt schlechterdings unmöglich sey. Zwar hatte Phipps (jeziger Lord Mulgrave) im Jahr 1773 umsonst versucht, bey Spitzbergen weiter als zum ein und achtzigsten Grade der Breite gegen den Nordpol zu dringen. Aber von Cook war man gewohnt, daß er auch da, wo andere Schiffer von Unmöglichkeiten sprachen, nicht lange spekulirte, sondern mit erfahrnem Muth, mit Geschicklichkeit und Beurtheilungskraft die Hand ans Werk legte, versuchte und ausführte, was schwächeren Vorgängern unerreichbar schien. Es fehlte überdies auch nicht an Zeugnissen, daß mancher Wallfischjäger ehedem ungleich weiter als Phipps im Norden fortgekommen und selbst dem Pol sehr nah gewesen sey. Wie natürlich also, daß mit so hochgespannten Erwartungen, die längst entschlafenen Handelsideen, und alle Hoffnungen, die Schätze Asiens auf einem kürzeren Wege zu gewinnen, bey der gesetzgebenden Macht eines großen Handelsstaats von neuem erwachten! Das Brittische Parlament erneuerte eine Akte vom Jahr 1745, welche den Entdeckern einer Durchfahrt durch Hudsonsbay eine Belohnung verhieß, und dehnte sie auf die Königliche Flotte aus, die man damals ausgeschlossen hatte. Zwanzigtausend Pfund Sterling (120 000 Rthlr.) sollten den Entdeckern einer nördlichen Durchfahrt aus dem Atlantischen ins stille Meer ausgezahlt werden, und fünf tausend (30 000 Rthlr.) denen, die sich zuerst dem Nordpol bis auf Einen Grad nähern würden. Auch ward die Durchfahrt nicht, wie dazumal, auf die Hudsonsbay eingeschränkt; sondern man überließ jezt den Abentheurern die Wahl, auf welchem Wege sie nach dem Preise streben wollten. Auf den ersten Ruf seiner Obern verließ Cook den friedlichen Aufenthalt, wo sein noch immer reger Geist nicht länger feyern mochte. Nichts konnte aber auch für einen Mann von edlem Selbstgefühl wie Cook, belohnender seyn, als dieser Auftrag, der gleichsam seine Überlegenheit eingestand, und dies Bekenntniß einer Klasse von Menschen abnöthigte, die selten mit guter Art ein Lob ertheilen. Man hatte tief gefühlt, daß Cooks Erfahrung und Geschicklichkeit zur Ausführung eines so wichtigen als schweren Unternehmens unentbehrlich sey.

Mit der Aufsuchung einer nördlichen Durchfahrt, verband man noch die Zurücksendung Omais', eines Mannes aus den Societätsinseln, der mit dem Capitain Furneaux ein Jahr vor uns nach England gekommen war. Verschwenderisch, aber planlos, hatte man ihn mit Kostbarkeiten, Spielwerken und den üppigen Thorheiten eines Volks, das auf der höchsten Stufe der Verfeinerung steht, zur Rückkehr in sein Vaterland, dessen Sitten noch so einfach sind, ausgerüstet. Ein glücklicher Gedanke, mit ihm zugleich die brauchbaren Hausthiere und einige Gewächse des alten Welttheils ins Südmeer zu verpflanzen, befriedigte indeß die mäßigen Wünsche des Menschenfreundes, dem das Glück seiner Brüder in jedem Erdenwinkel Freude machte. Dieser Gegenstand, und die Wichtigkeit der Durchfahrt hatten die Gemüther so sehr beschäftigt, daß man bey einer Entdeckungsreise, wo Naturforscher vielleicht brauchbarer als je gewesen wären, nicht daran dachte, einen Gelehrten in dieser Absicht mitgehen zu lassen, obgleich ein Astronom und ein Maler mitgeschickt wurden. In der That war es so sehr auf die bloße Entdeckung der Durchfahrt in kaufmännischer Hinsicht abgesehen, daß man in dem geheimen Verhaltungsbefehl, der Würde des Entdeckers uneingedenk, ihm sogar ausdrücklich gebot, sich, im Fall er neue Inseln fände, mit ihrer Untersuchung nicht aufzuhalten, und an der Küste von Amerika südwärts vom fünf und sechzigsten Grade der Breite keine Zeit zu verlieren. Ja, so brennend war die Begierde, dieses Lieblingsprojekt nun endlich ausgeführt zu sehen, daß man den Wunsch zu äußern wagte, Cook möchte binnen Jahresfrist sich in der Durchfahrt befinden*. Doch der Geist dieses großen Mannes blieb sich auf seiner letzten Reise gleich, und seine Neigung das Reich der menschlichen Kenntnisse zu erweitern, band sich nicht an eine unedle Vorschrift. Es war noch kein volles Jahr seit seiner Rückkehr von der zweyten Reise verflossen, als er am 12ten Julius 1776 mit der Resolution, seinem vorigen Schiffe, unter Segel gieng. Am Vorgebirge der guten Hoffnung stieß Clerke mit der Discovery zu ihm, und nunmehr ging der Lauf ostwärts durch das Südindische Meer, wo Kerguelen und Marion, zwey französische Seefahrer, in den Jahren 1771 und 1772 zwischen 46 und 48 Graden südlicher Breite einige wüste, felsigte Inseln entdeckt hatten, die Cook jezt wieder fand. Über Van Diemens Land und Neuseeland schifte er dem stillen Meere zu, entdeckte einige neue Inseln, und kam zuerst, da er Taheiti nicht erreichen konnte, ohne das Leben der dahin bestimmten Thiere aufs Spiel zu setzen, nach der Gruppe der Freundschaftlichen Inseln, die er jezt noch weit genauer als zuvor kennen lernte, und von deren Einwohnern er die wichtigsten Bemerkungen für den Menschenkenner sammelte. Mit der Reise von diesem Erfrischungspunkte nach O-Taheiti, und mit dem Aufenthalt daselbst und in den übrigen Societätsinseln, wo er seinen Mündel Omai, im Besitz aller seiner Englischen Reichthümer zurückließ, ging das Jahr 1777 zu Ende. Noch im December segelte Cook über den Aequator, und bereits am 18ten Januar des folgenden Jahres fand er die westlichen Inseln einer neuen Gruppe, die unter dem nördlichen Wendekreise liegt und in der Folge den Namen der Sandwichsinseln erhielt. Nachdem er diese Entdeckung berichtigt und seinen Wasservorrath hier ergänzt hatte, eilte er an die Küste von Neualbion, (wie jener Theil von Nordamerika seit Drakens Schiffahrt heißt,) die er im 45sten Grad der Breite zuerst erblickte. Nach vielen Stürmen fand er im funfzigsten Grad einen Hafen, von den Eingebohrnen Nutka genannt, wohin er seine Zuflucht nahm. Sobald er wieder in See ging, hatte er mit neuen Stürmen zu kämpfen, die seine Schiffe bis zum sechzigsten Grad der Breite vom Lande entfernt hielten. Hier ändert es endlich seine Richtung, bildet einen Busen, und geht statt Nordwärts, wie bisher, auf einmal westsüdwestwärts fort. Cook folgte nun, mit seiner bekannten Unerschrockenheit und seinem festen Beharren, jeder Krümmung der Küste. Unter vielen Bayen und Häfen, die er entdeckte, zeichnen sich an Umfang des Prinzen Wilhelms Sund, und noch ein großer Busen aus, der seines Entdeckers Namen bekam. Endlich umschiffte er, nach einigen Augenblicken der kritischen Gefahr, wo ihm Nebel und Klippen zugleich den Untergang drohten, die lange Halbinsel Alaska, und gieng an der Insel Unalaschka, dem Handelsposten der russischen Pelzhändler, vor Anker. Die Küste von Amerika, welche in dieser Gegend wieder nordwärts geht, und einen großen Meerbusen im 64° der Breite umgiebt, verfolgte er mit der ihm eigenen Kunst, indem er oft Gefahr lief, auf den unzähligen Untiefen des dort sehr seichten Meeres zu stranden. Am neunten August erreichte er die westliche Spitze des ganzen Amerika, und nannte sie das Vorgebirge des Prinzen von Wales. Sie liegt in 65° 46' der nördlichen Breite, und bildet zugleich die östliche Gränze einer Meerenge, welche die alte und neue Welt scheidet. Bering ein würdiger Seeoffcier in russischen Diensten, hatte diese Meerenge zuerst erreicht, und Cook zeichnete jezt, um das Andenken dieses braven Vorgängers zu verewigen, hier die Beringsstraße in seine Charten. Die Durchfahrt war nunmehr zur Hälfte schon errungen, und die Hoffnung alle Schwierigkeiten vollends zu besiegen aufs höchste gespannt, als am 17ten im ein und siebzigsten Grad der Breite, das Eis, in Gestalt eines undurchdringlichen Feldes allen weitern Fortgang nach Norden, sowohl längs der Amerikanischen als der Asiatischen Küste vereitelte, und überdies, da es beständig südwärts fortrückte, die Schiffe mehr als einmal in die augenscheinlichste Gefahr brachte, an den seichten Ufern zu scheitern. Cook mußte also, wenigstens für dieses Jahr, dem Vorhaben hier durchzukommen, entsagen, und sich begnügen, die Küsten und Inseln dieser Gegend, genauer aufzunehmen, und den letzten Rest geographischer Irrthümer, welche aus den verworrenen Nachrichten russischer Matrosen und unkundiger Kaufleute entstanden waren, vollends aus dem Wege zu räumen. Nachdem er diesem Geschäfte noch den Überrest der herbstlichen Jahreszeit gewidmet, und insbesondere die so sehr vervielfältigten Aleyutischen Inseln auf ihre wahre Anzahl zurückgebracht hatte, fiel sein rastloser Entdekkungstrieb darauf, mit der Untersuchung der neu entdeckten Sandwichsinseln den langen Zwischenraum von sieben Wintermonaten auszufüllen, die nunmehr vorübergehen mußten, ehe er sich dem Nordpol wieder nähern durfte. Wer an seiner Stelle hätte nicht lieber in Kamtschatka von den Mühseligkeiten der bisherigen Fahrt ausgeruhet? Aber wer, dürfen wir fragen, hätte nach allem, was wir bisher von Cook erzählt haben, auch nur vermuthen können, daß Er einer solchen Unthätigkeit fähig sey? Selbst gewöhnliche Menschen verläugnen ihren Charakter nicht, wenn kein überwiegendes Interesse die andere Schale senkt:

vielweniger der wirklich große Mann, dessen Stolz und Beruhigung es ist, in allen Fällen nach dem Antrieb seines Herzens zu handeln. Cook folgte diesem inneren Führer; aber zum letztenmal; denn die interessanteste Entdeckung im Südmeer kostete sein unersetzliches Leben. Nach dem unglücklichen 14ten Februar führte Clerke, wiewohl schon sichtbarlich dem Tode nahe, die Entdeckungsreise, von den Sandwichsinseln zurück, noch einmal gegen Norden an. Vom Hafen St. Peter und Paul in Kamtschatka, wo er anlegte, gieng er durch die Beringsstraße und versuchte die nördliche Durchfahrt. Allein das Eis stellte sich auch ihm als eine unüberwindliche Mauer entgegen, und zwang ihn nach vielen vergeblichen Bemühungen zum Rückzug. Ehe er noch in Kamtschatka wieder eintreffen konnte, starb er mit dem heitern Bewußtseyn einer getreuen Nachfolge in den Grundsätzen des großen Befehlshabers, dessen Zögling er gewesen war. Gore und King führten von Kamtschatka die Schiffe über China und das Vorgebirge der guten Hoffnung am 22sten August 1780, nach einer Abwesenheit von mehr als vier Jahren zurück.

Außer den Berichtigungen im Südindischen und stillen Meere welche keinesweges unbeträchtlich sind, außer der Entdeckung mancher neuen Eilande zwischen den Societäts-und Freundschaftsinseln, wird diese Reise durch die wichtige Auffindung der Sandwichsinseln, und die Beschiffung der Nordwestküsten von Amerika in einer Strecke von mehr als zwölfhundert Seemeilen jederzeit ihren Werth behaupten. Cook hatte während derselben, wie auf seiner ersten Reise, wieder mehr Land entdeckt und aufgenommen, als je ein anderer vor ihm. Ich läugne nicht, daß seine astronomischen Kenntnisse und die Vervollkommnung dieser Wissenschaft überhaupt, in so fern man sie in unsern Zeiten auf die Schiffahrt anzuwenden gelernt hat, ihm das große Geschäft erleichtern halfen; allein wie zahlreich, ja wie allgemein sind die Beyspiele nicht, wo der Seefahrer auch die Mittel, die er wirklich in Händen hatte, ungenutzt liegen ließ, weil es ihm an Fleiß, an Muth an Geduld, an Vorsicht, an Gegenwart des Geistes, und vor allen, an der Haupteigenschaft des Entdeckers, am innern Forschungstriebe gebrach? Die Küste, die nicht Gold und Silber zeigte, oder einen Reichthum seltner Naturprodukte darbot, blieb unerforscht, wenn sie auch oft befahren ward.

Cooks letzte Reise vollendete gleichsam die Kenntniß von Amerika, die bis dahin so unvollkommen gewesen war, und zu so vielen Träumen von schiffbaren Durchfahrten Anlaß gegeben hatte. Was jezt im äußersten Norden unbeschifft ist, möchte dem Europäischen Durst nach Kenntnissen wohl noch lange verholen bleiben, weil es des Eises wegen nicht befahren werden kann. Allein wenn gleich die Hofnung jenes kürzeren Weges nach Indien, den man durchs Eismeer finden wollte, nunmehr gänzlich verschwunden ist, so behält doch die Entdeckung der ganzen nordwestlichen Gegend von Amerika, vom Nutka-Sunde bis zur Halbinsel Alaska, selbst für den Handel die größte Wichtigkeit; weit mehr vielleicht, als wenn es unserm Seemann gelungen wäre, sich zwischen Eisfeldern und Sandbänken hindurch einen Rückweg aus dem Kamtschatkischen Meere ins Eismeer zu bahnen, auf welchem doch hernach kein anderer es hätte wagen dürfen, nach Indien zu schiffen. Übrigens ist es für die Geographie so wichtig, als für Berings Andenken rühmlich, daß Cook die Meerenge zwischen Asien und Amerika gerade an der Stelle fand, wo jener sie zuerst angegeben hatte. Wie viele Schriftsteller, die ihren Lieblingsideen nachhingen, hatten nicht schon Berings Entdeckungen verdächtig zu machen gesucht, und dem russischen Reiche etwa zwanzig Grade der Länge von seinen östlichen Wüsteneyen streitig gemacht, um nur Raum genug zwischen beyden Welttheilen zu lassen oder mit dem neuen nach Gutdünken schalten zu können! Einige der hitzigsten ließen sich sogar verlauten, daß man in Rußland durch erdichtete Nachrichten die Welt geflissentlich zu hintergehen suche, um desto ungestörter gewisse politische Endzwecke erreichen zu können. Es herrschte zwar in dieser Äußerung der Freyheitsgeist, der wissenschaftlichen Untersuchungen geziemt; allein das edelste Geschenk einer republikanischen Erziehung, die Freymüthigkeit, wird entehrt, wenn Mangel an Beurtheilung oder kurzsichtiges Vorurtheil sie begleitet. Jener Vorwurf konnte am wenigsten diejenigen treffen, die lediglich aus gar zu großer Bereitwilligkeit, die ersten Nachrichten vom neuen nordischen Archipelagus mitzutheilen, in der Lage dieser Inseln beynah um zehn Grade der

Breite irrten. Spanien hätte ihn eher verdient, welches seine Reisen ins stille Meer nach Taheiti, und längs der Küste von Amerika über Californien hinaus, sorgfältig verheimlicht. Indeß ist ein Tagebuch von der letztern, unter Don Bruno de Heceta im Jahr 1775 veranstalteten Reise in England ans Licht gekommen*, dessen Verfasser, Don Francisco Antonio Maurelle, sich viel darauf zu gute thut, daß er bis zum acht und funfzigsten Grad der Breite gekommen ist. Auf dieser und einer noch früheren Spanischen Fahrt wurden an der Küste, die Cook der Stürme wegen vermied, einige Häfen entdeckt; und so scheint das kleine Fünkchen des Entdeckungsgeistes, welches die unsterblichen Bemühungen dieses Mannes auch in jener in Lethargie versunkenen Nation angezündet hatten, nicht ganz verloren gegangen zu seyn.

Wenn man seine drey großen Reisen in Verbindung mit einander betrachtet, so machen sie ein Ganzes aus, welches alle unbekannten Regionen der Geographie, so weit sie Schiffen zugänglich waren, in sich begreift, und zuverläßige Entdekkungen, die sich im Norden und im Süden über den siebzigsten Grad erstrecken, an ihre Stelle setzt. Künftig können einzelne Inselchen im stillen Meere entdeckt, die Lagen einiger früher gesehenen bestimmt, und in Neuseeland, Neuholland, und Neualbion Plane von Häfen aufgenommen werden, die Cook entweder nicht besucht, oder deren Eingang er nur angegeben hat; allein Entdeckungen von großem Umfang können nicht mehr Statt finden, und der Erdball ist nunnmehr von einem Ende zum andern bekannt. Wer einen Blick auf die Charte wirft, und die Veränderung in der Erdkunde bemerkt, die Eines Mannes Forschbegier bewirkte, wird der noch einen Augenblick zweifeln können, daß unser Jahrhundert sich in seiner Größe mit jedem Zeitalter messen darf?

2. Anordnung

Es ist an sich schon ein großes Schauspiel, wenn ein Mann von Cooks thätigem durchdringenden Geiste auftritt, und in dem kurzen Zeitraum von zehn Jahren die Kinder und die Erwachsenen des gesitteten und des rohen Welttheils seinen Namen mit Bewunderung nennen lehrt. Je mehr man sich aber mit in das Ganze menschlicher Angelegenheiten verwebt, und diese mit sich verbunden fühlt, je inniger man an den größeren Ereignissen Antheil nimmt, von denen man Einfluß auf die jezt lebenden und künftigen Geschlechter der Erde erwartet; desto wichtiger und interessanter wird es, den Gang eines großen Geistes näher zu betrachten, insofern die Ursache der Begebenheiten, die sich nur durch ihn ereigneten, auch großentheils in ihm zu suchen ist. Unternehmungen von so großem Umfange, wie Cooks Entdeckungsreisen, deren genauer Zusammenhang am Tage liegt, und deren Begebenheiten sich unmittelbar auf einander beziehen; Unternehmungen, wo ein Schritt den andern vorbereitete, und jede Entdeckung sogleich angewendet werden konnte, um neue darauf zu gründen, können ihren glücklichen Erfolg nur einem wohldurchdachten Plane verdanken. Ich rede nicht von einem Reiseplan, wie ihn der Minister auf der Charte entwirft. Was ist leichter, als dort die unerhörtesten Laufbahnen vorzuzeichnen, wo die goldne Reißfeder an keiner Klippe scheitern kann, und der papierne Ocean keine Wellen schlägt! Wer einigermaßen merkt, was zur zweckmäßigen Ausführung einer wahren Entdekkungsreise gehört, wird sich bald von diesem Zeichner wegwenden, um den Mann aufzusuchen, der die Seele des ganzen Unternehmens ist, der alles selbst thut und mit eigenen Augen sieht, der die Zukunft durchdringt und Begebenheiten berechnet, der aber auch, mitten unter den zahllosen Geschäften, denen er seine Zeit und seine Denkkraft widmen muß, im prüfenden Augenblick der Entscheidung, sein selbst ganz mächtig, mit fester Hand das Ruder führt.

Man müßte selbst ein zweyter Cook seyn, um die Anordnung einer Entdeckungsfahrt so nachzubilden, wie er sie sich dachte. Hier können also nur einige Elementarstriche den richtigen Gesichtspunkt bezeichnen, aus welchem man den ausserordentlichen Seefahrer beurtheilen muß, um den Werth desjenigen, was er geleistet hat, in seiner ganzen Größe zu erkennen, und nicht, wie wohl zuweilen aus Übereilung geschah, mehr als die Billigkeit erlaubt, von ihm zu fordern. Schon Bougainville beklagte sich, daß ihn seine Landsleute nicht blos mit müßigen Fragen unaufhörlich gequält, und keine Antwort abgewartet, sondern daß sich auch Spötter gefunden hätten, denen es unbegreiflich vorgekommen wäre, wie man die Welt umschifft haben könne, ohne in China gewesen zu seyn. Doch diesen mißlungenen Spott verzeiht man einem Volke gern, das seine Fehler durch Witz wieder gut macht. Wir kennen ähnliche Beyspiele von vorschneller, doch unschädlicher Fragseligkeit, und haben ernsthaft geantwortet, wenn man uns ernsthaft fragte: „ob die Insel Otaheiti zum festen Lande gehöre?“ und „auf welcher von seinen Reisen Cook gestorben sey?“ Wir kennen aber auch eine Klasse von beissenden Fragen, welche sich von den Französischen eben so unterscheiden, wie unsere Aristarchen jenen an Vielwisserey überlegen sind, und sich dünken lassen, Horazens nil admirari sey für sie eine Vollmacht, alles Große verkleinern zu dürfen. Sie, die Weisen unsers Jahrzehends, wissen alles besser, denn sie wissen alles voraus, und spotten des Entdeckers, dem diese hehre Divinationsgabe fehlt. Sie hätten überall mehr Klarheit und Gewißheit verbreitet; von allem hätte man durch sie erfahren, was sie – zuvor gewußt, und so wie sie es verlangt, gesehen haben würden. Sie wären von ihren Entdeckungen nicht so frühzeitig hinweggeeilt, sie hätten nicht so manche schöne Gelegenheit versäumt, nicht so vieles unergründet gelassen; sie hätten mehr und größere Dinge geleistet, mit einem Wort, es klüger gemacht, als der gute Cook. Bey diesen und ähnlichen Verweisen, welche die Philosophie im Lehnstuhl dem Entdecker ertheilt, muß er freylich betroffen schweigen, oder höchstens dem Dichter ganz leise nachsprechen:

– ad haec ego naribus uti
formido.

Statt aller Antwort, wollen wir unsere Leser an Bord führen, um sie dort mit einigen nautischen Verhältnissen bekannt zu machen.

Die Wahl der Schiffe, die zu langen und gefährlichen Reisen die tauglichsten sind, ist das erste in der Reihe der Anstalten, wodurch ein Mann wie Cook für den guten Ausgang seines Vorhabens sorgt. Byron und Wallis, als wirkliche Capitains in der Flotte, hätten es erniedrigend oder wenigstens höchst ungemächlich gefunden, ein geringeres Kriegsschiff als von vierzig Kanonen zu führen. Für den Entdecker sind indeß die Schiffe von diesem Range in mehr als einem Betracht sehr unbequem. Ihre Besatzung, die an vierhundert Mann stark seyn muß, richtet kaum so viel aus, als in einem kleineren Schiffe der vierte Theil, und läßt sich weder so schnell übersehen, noch so leicht regieren. Von den Erfrischungsorten, die Cook zu seinen Absichten vortreflich, und seinem Schiffsvolke angemessen fand, wären die meisten unzureichend für die Bedürfnisse einer zahlreicheren Mannschaft gewesen, und schon um dieser einzigen Ursach willen, hätte er in einem größeren Schiffe seinen Endzweck verfehlt. Selbst der Mundvorrath, der von England mitgenommen wird, kann wegen der Bauart jener größeren Fahrzeuge, die zu schnellen Evolutionen, zum Angriff und andern Absichten des Seekriegs eingerichtet sind, nicht in gehöriger Menge geladen werden, um eine langwierige

Fahrt zu gestatten. Daher eilten Cooks Vorgänger, ihren Kreislauf um die Erde innerhalb zweyer Jahre zu vollenden, anstatt, wie Er, den Namen Entdecker verdienen zu wollen. Ihn aber hatte die Erfahrung zu diesen Vorbegriffen geleitet, die einem gewöhnlichen See-Capitain auf seiner Station, es sey im Kriege oder Frieden, um so weniger einfallen können, da seine Flotte jederzeit durch eigene Proviantschiffe versorgt werden muß. Die Fahrzeuge, welche in England zum Küstenhandel, und hauptsächlich zum Transport der Kohlen aus Northumberland nach London bestimmt sind, müssen nicht nur sehr geräumig seyn, um ihren Eigenthümern größern Vortheil zu bringen, sondern auch wegen der stürmischen, mit Sandbänken ganz besäeten Nordsee einen vorzüglich runden, oder vielmehr nach unterwärts platten Bau, und, in der Zusammenfügung, große Stärke haben, um bey dem oft unvermeidlichen Stranden, leicht und unbeschädigt wieder flott werden zu können. Diese Art Schiffe, deren Vorzüge Cook am besten kannte, weil er selbst darin lange Zeit mit der mühsamen und gefährlichen Küstenschiffahrt und mit dem Anblick von Schrecknissen, die sonst der beherzteste Seemann flieht, vertraut geworden war, suchte er sich zu seinen großen Unternehmungen aus, weil er gewiß überzeugt war, daß man sich in unbekannten Meeren ihnen sicherer anvertrauen könne, als allen Kriegsschiffen und Fregatten. Bey einer solchen Wahl genoß er überdies den wesentlichen Vortheil, so manche seichte Meeresgegend befahren, und in manchem Hafen Schutz finden zu können, welche ein Schiff, das tiefer im Wasser gegangen wäre, durchaus hätte vermeiden müssen.

Cook ließ den Boden seiner Schiffe nicht mit Kupferplatten beschlagen, womit man den Wurmfraß zu verhüten, und den Gang des Schiffes zu beschleunigen glaubt; denn man will bemerkt haben, daß die Fische sich von solchen mit Kupfer beschlagenen Schiffen entfernen; und Cook war es weit mehr darum zu thun, seinen Leuten keine Gelegenheit zu Erfrischungen zu rauben, als ein Paar tausend Schritte mehr in einer Stunde zu laufen. Doch auch außer dieser Bedenklichkeit, von der es noch nicht ausgemacht ist, ob sie wirklich gegründet sey, bewog ihn eine wichtigere Ursache, den Gebrauch des Kupfers zu vermeiden. Es ist wahr, daß sich auf einem kupfernen Boden kein Meergras, keine Eichelmuscheln oder Seetulpen ansetzen, und also die glatte Oberfläche die Wellen leichter durchschneidet, und ein schnelleres Seegeln bewirkt: allein allmählig frißt das Kupfer die eisernen Ruderangeln an, und bringt dadurch das Schiff in wesentliche Gefahr; denn ohne Ruder kann es nicht gesteuert werden, und doch läßt sich, in offener See, der Schaden nicht ausbessern. Anstatt des Kupfers, bediente sich Cook einer Art kleiner eiserner Nägel, mit breiten Köpfen, welche er dicht neben einander in die Haut oder äußere Bedeckung, des Schiffbodens einschlagen ließ. In kurzer Zeit überzog der Rost die kleinen Zwischenräume zwischen den Nägeln, und sicherte das Schiff vor Würmern so vollkommen, als es Kupferplatten nur immer hätten thun können.

Die Ausrüstung der Schiffe, und die Menge sowohl, als die Beschaffenheit des Vorraths aller Art, beschäftigten zunächst die Aufmerksamkeit des Capitains, so wenig auch diese Gegenstände den gewöhnlichen Befehlshaber angehen, der sein Schiff aus den Händen der Werft-Officianten völlig ausgerüstet erhält, und es, wenigstens in diesem Falle, für überflüßig hält, mehr als seine Pflicht zu thun. Als Ansons Geschwader im Jahr 1740 den Spaniern in Peru einen tödtlichen Streich versetzen sollte, mißlang der große Anschlag durch die Schuld der zwecklosen Ausrüstung; und diese gerechte Klage rechtfertigte den Admiral. Wären Cooks Unternehmungen aus einem ähnlichen Grunde gescheitert, ohne Zweifel hätte man ihn ebenfalls von aller Schuld völlig freygesprochen; allein sein Name wäre dann schwerlich auf die Nachwelt gekommen. Ich brauche wohl nicht erst zu fragen, welches von beyden größer ist: einen Vorwurf von sich abwälzen, oder seine Maaßregeln so sicher nehmen, daß alles gelingt, und überhaupt kein Tadel Statt finden kann? In der That, wäre Cook nicht Kenner in diesem Fache gewesen, hätte er nicht selbst gewählt, und von jeder Art des Vorraths so viel als ihm nöthig dünkte, unter seinen Augen einschiffen lassen; wie hätte er auf drey- und mehrjährigen Reisen, bey der Unmöglichkeit sich wieder mit anderm zu versehen, so vielen Stürmen und Wettern Trotz bieten können? Es ist bekannt, daß die verschiedenen Vorräthe eines Schiffs, welches zur Brittischen Flotte gehört, gewissen Officieren untergeben sind. So hat der Equipagenmeister oder Lootse (Master) die Oberaufsicht über die ganze Ladung. Der Oberbootsmann hat alles Tau- und Takelwerk, die Anker, die Segel und die Bote in Verwahrung; der Schiffszimmermann, den Holzvorrath und das Eisengeräth, nebst allem Zubehör; der Constapel die Kriegsmunition, der Wundarzt die Medikamente, endlich der Seckelmeister, (purser) und dessen Schreiber die Lebensmittel und die Kleidungsstücke. Die Befehlshaber, welche auf Entdeckungsreisen gingen, verwalteten gemeiniglich das einträgliche Seckelamt selbst. Auch dieses war eine der nothwendigsten Einrichtungen, wodurch der glückliche Erfolg der Reisen gesichert ward, der sonst von den guten oder schlechten Anstalten dieses Beamten abgehangen hätte. Ein umständliches Verzeichniß von allen einzeln mitgenommenen Artikeln würde uns zu weit führen, und ohne weitläuftigere Erläuterung zwecklos seyn. Hieher gehört nur noch die Bemerkung, daß in jedem Fache Cooks Erfahrung nicht nur über die Nothwendigkeit oder Entbehrlichkeit der gewöhnlichen Vorräthe entschied, sondern auch mehrere Veränderungen veranlaßte, und einige ganz neue, noch von keinem Schifscapitain geführte Artikel in Gang brachte, welche seitdem zum Theil in der Flotte allgemein eingeführt worden sind, zum Theil noch angenommen zu werden verdienten. Unter den besondern Vorkehrungen aber, welche ganz ausschließend für Entdeckungsreisen gehören, verdient die folgende nicht ganz übergangen zu werden. Cook hatte auf seiner ersten Weltumschiffung bemerkt, wie nützlich ihm ein kleineres

Fahrzeug als sein Schiff, bey der Untersuchung einer beträchtlichen mit Untiefen umringten Seeküste gewesen wäre; ja, er war überzeugt, daß im Fall die großen Schiffe so beschädigt würden, daß die Rückkehr nach Europa in denselben zu mißlich seyn möchte, dergleichen kleine Fahrzeuge sogar zur Rettung der gesammten Mannschaft dienen könnten. Demzufolge hatte man ihm, auf der zweyten und dritten Reise, in jedem Schiffe einen kleinen Schooner* mitgegeben, dessen Holzwerk ganz fertig gezimmert war, und erforderlichen Falls nur zusammengefügt zu werden brauchte. Die Masten, das Tauwerk und die Segel dieser Fahrzeuge, waren ebenfalls in England mit eingeschifft worden; kurz, es fehlte nur an Gelegenheit, sich ihrer wirklich zu bedienen.

Wenn man berechnet, welch einen großen Platz diese Fahrzeuge im Schiffe einnehmen müssen, wenn man bedenkt, daß alle Vorrathskammern mit Sachen vollgepfropft sind; daß auf dem Verdeck, zwischen dem großen und dem Fockmast, fünf große und kleine Boote stehen; daß die Seiten des Vordercasteels mit ungeheuren Noth- und Bugankern und ansehnlichen Strom- und Flußankern gleichsam bedeckt sind; daß der innere Raum voll vieler hundert Fässer ist, wovon allein zuweilen sechzig bis siebzig mit Wasser, eben so viel mit Sauerkraut, und ungleich mehr noch mit gepöckeltem Rind- und Schweinfleisch, mit Mehl, Erbsen und Zwieback, auch viele mit Wein und Branntwein angefüllt sind; daß eine Menge Steinkohlen theils als Ballast, um das Schiff gehörig ins Wasser zu senken, theils zum täglichen Gebrauch in der Küche, im Tiefsten liegt; daß viele Kabeltaue, jedes hundert und mehr Klafter lang, und manches von der Dicke eines Schenkels, oben im Matrosenraume befindlich sind: so erstaunt man wahrlich, wie in einem Behältniß von vierhundert und achtzig Tonnen, deren jede vier und vierzig Quadratfuß hält, noch hundert und zwanzig Menschen Platz finden, oder, wenn dies begreiflich ist, wie sie drey Jahre lang, bey unverdaulicher Kost, bey steter Anstrengung und allem Druck der härtesten Lebensart, gesund und gutes Muthes bleiben können? Vielleicht läßt sich hier mit wenigen Worten zeigen, wie diese Besatzung in dem schwimmenden Schlosse vertheilt ist.

Drey Masten ruhen unmittelbar auf dem Kiele,* und streben hinter einander gerade in die Höhe. Der mittelste und vordere (Haupt- und Fockemast), jeder mit seinen zwey Verlängerungen (Mars- und Bramstengen), sind siebzig bis achtzig Fuß hoch und unten etwa Mannes dick. Der hinterste oder Besaanmast ist kleiner und hat nur eine Verlängerung (die Kreutzstenge). In schräger Richtung steigt vorn über dem Schiffsschnabel das Bugspriet, gleichsam als ein vierter Mast hervor, der ebenfalles mit einer Verlängerung, (dem Clüverbaum) versehen ist. Die Masten werden durch starke Taue unterstützt, welche theils nach vorn, theils nach den Seiten hin, vom Mastkorbe herunter gehen, und im ersten Falle Stage, im letztern aber, wo mehrere beysammen sind, die Wände heißen, an denen man, auf queerübergebundenen Schnüren, welche die Sprossen einer

Leiter vorstellen, hinaufsteigen kann. Jede Verlängerung des Mastes trägt ein viereckiges, und jeder Stag ein dreyeckiges Segel. Die Seiten des Schiffes steigen nach hinten zu ein wenig in die Höhe. Über dem ganzen Hintertheil liegt auf starken Balken ein Boden von Planken, der bis zum Hauptmast geht. Dieser Boden, oder in der Schiffersprache, dieses halbe Verdeck, heißt auf Kriegsschiffen das Quarterdeck (oder Verdeck der Officiere). Ein ähnliches halbes Verdeck liegt auf dem Vordertheile des Schiffs, zwischen dem Bugspriet und Fockmast, und wird das Vorder-Casteel genannt. Ungefähr sechs Schuh tiefer als diese halben Verdecke geht das eigentliche Verdeck, als ein vollkommener Boden, durch das ganze Schiff von einem Ende zum andern. Auf dem Theil desselben, der unter das Quarterdeck geht, wohnt der Capitain, dessen Hauptzimmer (stateroom) oder die große Kajüte, das Hintertheil des Schiffs in seiner ganzen Breite von etwa sieben Schritten einnimmt, und zu beyden Seiten mit einem kleinen bedeckten Altan (quarter-gallery) versehen ist. Vor dieser Kajüte hat der Capitain sein Schlafgemach, ein Vorzimmer und eine finstre Vorrathskammer. Die große Kajüte ist das einzige helle Zimmer im Schiffe, indem sechs kleine Fenster, jedes ungefehr drey Schuh hoch und zwey Schuh breit, nach hintenhinaus, dicht nebeneinander stehen. Vor dem Eingange zur Wohnung des Capitains bleibt der Platz in der Mitte frey, wo man aufs Quarterdeck hinauf und tiefer ins Schiff hinabsteigt; und nur zu beyden Seiten sind bretterne Verschläge für den ersten

Lieutenant, den Astronomen, den Equipagenmeister, und die Naturforscher angebracht, die auch in dieser Ordnung an Bequemlichkeit abnehmen, so, daß die letzten einen Würfel von sechs Fuß vorstellen, wo ein Bett, ein Kasten und ein Schreibtisch nur eben noch Platz für einen Feldstuhl übrig lassen. Das Fenster dieser Kajüte ist eine Glasscheibe von sechs Zoll ins Gevierte, in einem starken Rahmen, den man aber, aus Furcht vor Überschwemmungen, nicht eher ausheben darf, als bis man sich den Wendekreisen nähert. Unter dem Halbverdeck des Vorder-Casteels hat, rechts und links, der Bootsmann und der Zimmermann seine Kajüte, und zwischen ihnen ist die Küche. Parallel mit dem Verdeck, nur etwa fünf Schuh tiefer, geht ein zweyter Boden durch das ganze Schiff, auf dessen Hintertheil, zu beyden Seiten, die Kajüten des zweyten und dritten Lieutenants, des Lieutenants der Seesoldaten, des Wundarztes und des Malers stehen. Zwischen denselben bleibt ein großer Spielraum für die Barre oder das Heft des Schifsruders, welches in Seilen geht, die auf dem Quarterdeck vermittelst eines großen Rades regiert werden. Vor dem Besaanmast steht, hier unten, die große Tafel, an welcher die vorgedachten Officiere speisen, fest aufs Verdeck genagelt, welches zur See mit allen Tischen geschieht. Übrigens steht man in diesem Theil des Schiffs nie ganz aufrecht, und sieht nie anders, als bey brennenden Lichtern, außer, wenn das Wetter es erlaubt, zwey große Schießscharten im Hintertheil zu öffnen. Die Officiers-Kajüten haben zwar ganz kleine Fensterchen; doch dürfen sie, so lange das Schiff in See ist, nie geöfnet werden, weil die Wellen fast unaufhörlich drüber gehen. Der Constapel, der Schreiber, die Unterwundärzte, die Steuermannsgehülfen und die Seecadetten wohnen zu vier oder fünf beysammen, auf eben diesem zweyten Verdeck, in Verschlägen von Segeltuch, in den vier Ecken des übrigen Raumes, der außerdem für die Ankertaue und für die gemeinen Leute bestimmt ist, und sein Licht nur von oben, durch die Luken erhält, durch welche man ein- und aussteigt. Ganz im Vordertheil des Schiffs, unter der Küche, sind des Bootsmanns Vorrathskammern befindlich. Allein der große Vorrath aller Art liegt unter diesem zweyten Boden, durchs ganze Schiff vertheilt; doch finden sich auch hier noch allerley Abtheilungen und Verschläge, welche theils die Unordnung verhüten, die bey der Menge der Fässer zuweilen doch unvermeidlich ist, theils auch gewisse Vorrathsartikel vor Gefahr und vor Veruntreuung sicher stellen. So giebt es eine eigene Brodkammer, eine Segelkammer, eine Kleiderkammer, eine Branntweinkammer und eine Pulverkammer.

Ohne viel darauf zu sehen, daß das Schiff schnell wie eine Courierfregatte segeln möchte, hielt es Cook gleichwohl für nöthig, daß es wenigstens so gut fortkäme, als es der Bau desselben erlaubte, und, was weit wichtiger war, daß es gut am Winde läge, sich schnell und ohne abzutreiben umlegen liesse*, und nicht heftiger von einer Seite zur andern rollte, als die unvermeidliche Gewalt der Wellen es mit sich brächte. Seinem Auge entgiengen aber auch die Ursachen der etwa hier vorkommenden Fehler nicht, und seine Erfahrung wußte ihnen abzuhelfen. Da die Vertheilung des Gewichtes im Schiffe großen Einfluß auf den Gang desselben hat, so mußten auf seinen Befehl verschiedentlich Veränderungen vorgenommen werden, wodurch bald am Vordertheil, bald nach hinten zu, auf dieser oder auf jener Seite, die Schwere vermehrt oder vermindert ward; ein Geschäft, welches desto mehr Geschicklichkeit erfordert, je weniger dabey der allgemeine Plan der Ladung gestört werden darf, damit man jederzeit bequem zu demjenigen Vorrath gelangen könne, welcher zum täglichen Verbrauch unentbehrlich ist. Ich habe das Auge des Seemannes erwähnt; und wer begreift nicht leicht, in wie vielen entscheidenden Fällen auf seinen Blick im Ocean, ebensoviel ankommt, als auf den Blick des Befehlshabers im Felde, wo sich feindliche Heere begegnen? Die glückliche Bildung des Organs, welches die Lichtstrahlen auffaßt, ist zwar die Bedingung dieser göttlichen Sehekunst, aber nicht sie selbst; denn wie viel sehende Augen giebt es nicht, die ihren Besitzern zu weiter nichts dienen, als sie auf ihren Tritten sicher zu geleiten? Die Übung von vielen Jahren kann sie vervollkommnen, aber nicht hervorbringen; denn das Wesentliche dieser Gabe besteht in einem regen Beobachtungstrieb, der nach Vervielfältigung der sinnlichen Eindrücke strebt, um dadurch schnell und sicher zu richtigen Urtheilen und zum vollkommensten Gebrauch der Sinne zu gelangen. Woher konnte es anders kommen, daß Cook, wie ich unzäligemal gesehen habe, wenn er aufs

Verdeck gestiegen war, gleich auf den ersten Blick in dem Walde von Seilen und Stricken, die einander in der Höhe durchkreuzen, eine oder die andere Leine gewahr wurde die entweder zu stark oder nicht genugsam angezogen, den schärferen Gang des Schiffs verhinderte; da doch der wachthabende Officier, ein Seemann von Erfahrung, schon mehrere Stunden lang umhergesehen, und diesen Fehler nicht entdeckt hatte? Woran lag es sonst, daß so oft man Entfernungen vom Lande, Höhen der Berge und Felsen, und ähnliche Gegenstände nach dem Auge beurtheilen wollte, Cook allemal der Wahrheit am nächsten rieth, und daß ihn sein Augenmaaß nicht täuschte, wenn es darauf ankam, den engen Eingang eines Hafens zu treffen, oder gar, wie in Huabeine, gegen den Wind hinein zu laviren? –

Ich fürchte nicht, daß man diese einzelnen Züge, die so ganz das Gepräge des großen Seemannes tragen, hier am unrechten Orte finden wird. Einst, wenn die Zeit wieder zerstreuet haben wird, was wir jezt mit so vieler Emsigkeit sammlen, wird der gelehrte Antiquar Cooks wahre Größe an den Bruchstücken erkennen, die er einzeln aus dem Schutt hervorzieht. Wissen doch einsichtsvolle Zergliederer aus einem Zahn oder einem Knochen, den man im innern Nordamerika an den Ufern des Ohioflusses fand, die Größe jenes unbekannten Thieres zu berechnen, dessen Geschlecht schon längst erloschen ist; und erkennt man nicht an einem Fuß von Riesenstärke, den Sohn Jupiters und der Alkmene? Wie sollte man nicht auch den Genius des Entdeckers an seinem durchdringenden Scharfblick erkennen? Doch wir müssen ihn noch ferner in jenen Anordnungen betrachten, wodurch er sich einen glücklichen Ausgang seiner Entdeckungsfahrten versicherte.

Unter den Gegenständen seiner Vorsorge stehen seine Gefährten oben an. Menschen sind die stärksten Triebfedern, die der größere Mensch in Bewegung setzt, und die Werkzeuge, wodurch er alles vollbringt. Von ihrer Auswahl und ihrer Erhaltung hängt also der Erfolg seiner Unternehmungen ab. Cook wählte zu seinen langwierigen Entdeckungsreisen vor allen den Matrosen, der sich ihm durch Geschicklichkeit in allen Geschäften seines Dienstes, durch seinen abgehärteten, gesunden Körper und sein blühendes Alter empfahl. Der Mann mit Erfahrung und grauem Haare konnte bey ihm auf ein gewisses Zutrauen Anspruch machen, und die Stellen eines Quartiermeisters und Bootsmannsgehülfen erlangen, die zwar wenig oder nichts vor dem Dienste des gemeinen Matrosen voraushaben, aber gleichwohl mehr Einsicht und Ernst erfordern. Ein im Dienste grau gewordener Seemann ist in der That nicht minder ehrwürdig, als der alte Krieger, und hat noch einen Kampf mehr, nehmlich mit den Schrecknissen und Todesgefahren des furchtbarsten Elementes, bestanden. Mit fünf und vierzig solchen auserlesenen Matrosen, achtzehn Seesoldaten, und noch etwa zwölf subalternen Seeleuten, also mit fünf und siebzig Mann, vollbrachte Cook seine größte und beschwerlichste Entdeckungsfahrt gegen den Südpol. Allein seine vorzügliche Stärke bestand in der großen Anzahl brauchbarer Officiere, die er sich von seinen Vorgesetzten ausgewirkt hatte. Ungeachtet sein Schiff nur achtzehn Kanonen führte und folglich nach der gewöhnlichen Regel des Seedienstes nur Einen Lieutenant haben sollte, erhielt er deren drey, nebst drey Lootsengehülfen oder Steuermännern (masters mates); und anstatt zweyer Seecadetten (midshipmen) durfte er sechs besolden, und noch mehrere unbesoldete mit sich nehmen. Diese Einrichtung hatte bey der Ausführung seines großen Reiseplans den wesentlichsten Nutzen. Es konnten nämlich, ohne das Schiff von Officieren zu entblößen, wenn es im Hafen lag, mehrere Partheyen zu gleicher Zeit, jede unter Aufsicht eines Officiers, in verschiedenen Geschäften ausgeschickt werden, und es blieben jederzeit noch einige unbeschäftigt, die ihre Erholungsstunden zu Lustpartien und Spatziergängen anwenden konnten. Allein der wichtigste Vortheil dieses neuen Verhältnisses der Officiere zu der übrigen Besatzung zeigte sich zur See, in einer wohlthätigen Eintheilung der Wachen, die zugleich der Einsicht und der Menschlichkeit ihres Urhebers Ehre macht. Auf allen Kauffahrern sowohl, als auf Kriegsschiffen, ist das ganze Schifsvolk nur in zwey Hälften vertheilt, wovon stets eine auf dem Verdeck den Dienst versieht, indessen die andere ruht. Auf Englischen Schiffen lösen sie einander siebenmal des Tages ab, so daß täglich eine Hälfte der Mannschaft zehn, die andere aber vierzehn Stunden wacht. Noch beschwerlicher scheint die holländische Einrichtung, nach welcher in vier und zwanzig Stunden nur fünf mal abgelöset wird, und wobey denn ein Theil der Mannschaft acht, der andere gar sechzehn Stunden im Tage arbeiten muß. Cook hingegen theilte sein Schiffvolk in drey gleiche Theile, deren jede unter einem Lieutenant, einem Steuermann und einigen Seecadetten stand. Dadurch gewann er erstlich, daß jedes Drittel nur um den dritten Tag zwölf Stunden lang Dienste zu leisten hatte; die beyden anderen Tage aber nur sechs Stunden lang wachte; zweytens, daß die härteste Wache, von Mitternacht bis vier Uhr Morgens auch nur in drey Tagen wieder an denselben Mann kam, und endlich, daß die Zwischenräume der Ruhe mehrentheils doppelt so lange, als nach der gewöhnlichen Vertheilung ausfallen mußten, da man zwey Wachen hindurch verschont blieb.* Ja diese Einrichtung war so reich an Vortheilen, daß jene schwere Mitternachtswache allemal den Theil des Schiffsvolks treffen mußte, der an demselben Tage nur überhaupt sechs Stunden lang diente. Wer von der Härte des Seedienstes einen Begriff hat, wird, ohne weiteren Commentar einsehen können, wie nothwendig diese Schonung auf langen Reisen sey. Allein dem Mittelländer fehlt dieser Begriff, den nur das Anschauen recht lebhaft erwecken kann. Wer malt ihm die täglichen Beschäftigungen des Schifsvolks, so treu versinnlicht, daß er selbst ein Urtheil fällen, und mit mir den ganzen Werth einer Einrichtung beherzigen könne, wodurch Cook einer so nützlichen Menschenklasse die Mühseligkeiten ihrer harten Lebensart erleichterte? Kaum hat die Schiffsglocke geläutet, oder viermal angeschlagen, so ertönt des Bootsmanns Pfeife durch den Matrosenraum, und seine heisere Stimme ruft die Wache hinauf, um ihre Cameraden abzulösen. Beym zweyten Ruf muß alles auf den Beinen seyn, und auf dem Verdeck, auf dem Vorder-Casteel, und am Steuerruder ein jeder seinen angewiesenen Posten einnehmen. Der Ungestüm zweyer Elemente, die fast in unaufhörlicher Bewegung sind, dringt mit vereinten Kräften auf sie ein. Um sich warm zu erhalten, laufen sie beständig auf und ab, bis irgend ein Vorfall sie zur Arbeit ruft. Ändert der Wind seine Richtung, so werden die Segel nur anders gestellt; steigt aber seine Heftigkeit, so müssen sie theils eingereft*, theils völlig eingezogen werden. Der Anblick dieser gefährlichen Verrichtung ist schauderhaft, wenigstens für jeden der es nicht gewohnt ist, Menschen ihr Leben auf das Spiel setzen zu sehen. Sobald die untersten Zipfel des Segels vom Verdeck aus gelöset und aufgezogen werden, brausen die Winde darin, und schlagen es an Stange und Mast, daß das ganze Schiff davon erbebt. Mit bewundernswürdiger Behendigkeit und nicht geringerem Muthe klettern die Matrosen sogleich bis zur zweyten oder dritten Verlängerung der Masten hinan. Dort hängen in starken Tauen die Segelstangen oder Raaen quer über das Schiff; an ihren beyden Enden und in der Mitte befestigt, hängt ein schlotterndes Seil, welches den Füßen des verwegenen Seemannes zum Ruhepunkt dient. Auf diesem Seil gehen sechs bis acht Matrosen hurtig und mit sichrem Tritt zu beyden Seiten bis an die äußersten Enden der Raa hinaus, trotz dem Winde, der das flatternde Segel gewaltsam hin und her schleudert, und das Seil unter ihren Füßen erschüttert, trotz der schwankenden Bewegung des Schiffs, welche in jener Höhe ohne Vergleich stärker gefühlt wird, als auf dem Verdecke. Man hat berechnet, und mit dem Sextanten gemessen, daß der Mast zuweilen, bey sehr hohler See, in einem Winkel von acht und dreyßig Graden von der Perpendikularlinie abweicht. Ich habe zu gleicher Zeit das Ende der großen Raa sich in eine thürmende Welle tauchen sehen. Der Matrose am Ende einer Segelstange, die gegen funfzig Fuß hoch am Maste hängt, wird folglich mit jeder Welle alsdann durch einen Bogen von funfzig bis sechzig Fuß geschaukelt! Jezt scheint er ins Meer hinabgeschleudert zu werden; jezt wieder die Sterne zu berühren. Doch ohne sich diese gewaltsamen Bewegungen anfechten zu lassen, biegt er sich über die Segelstange, entreißt dem Winde das Segel, rollt es zusammen, bindet es fest, und vollendet diese gefahrvolle Arbeit mit seinen Gehülfen in wenig Minuten. Seine einzige Sorge bey diesem, wie bey jedem andern Geschäfte, ist dahin gerichtet, daß es ihm keiner an Geschicklichkeit und Muth zuvorthun möge; denn dieser rühmliche Wetteifer liegt tief in seiner Seele, und ist die Folge eines gewissen gemeinschaftlichen Gefühls, welches diesem Stande eigen ist. Ihm muß es übrigens gleichgelten, ob die Sonne ihm dazu leuchtet, oder ob er sich, in der tiefsten Finsterniß der Nacht, blos auf das Tasten seiner harten Hände verlassen darf. Selbst wenn der Sturm ein Segel zerrissen hat, und mit den Stücken alles zerpeitscht, scheut kein Matrose die Gefahr von einem solchen Schlag getroffen zu werden, und rettet was zu retten ist. Wenn in der Nähe Land vermuthet wird, sitzt er mehrere Stunden lang unbeweglich am höchsten Gipfel der Marsstenge, und blickt aus dieser einsamen, schwindlichtmachenden Höhe wachsam umher. Er lächelt, wenn unerfahrne Landleute, oder junge Anfänger jeden heftigen Wind einen Sturm nennen, und ist ungern freygebig mit diesem Namen, so lange das Schiff noch mehr, als die unteren großen Segel führt. In offner See hat selbst ein Sturm nichts schreckliches für ihn; was kann ihm schaden, sobald alle Segel eingezogen sind, und das Schiff mit dem Schnabel gegen den Wind beygelegt, mit fest gebundenem Ruder, dem Drange der Wellen folgt? oder wenn man es, sicher daß kein Land in der Nähe sey, mit wenigen Segeln schnell vor dem Sturm hinfliehen läßt?* Nur alsdenn wird der Sturm in der That furchtbar, wenn er das Schiff auf eine Küste führt, wo kein Hafen dem Seefahrer Sicherheit verspricht, und die einzige Hofnung dem Schiffbruch zu entgehen, auf der Stärke der Segel beruht. Diese Gefahr trift ihn indeß nur selten; Anstrengung und Unannehmlichkeiten hingegen, sind sein tägliches Loos. Der Posten am Steuerruder ist einer der beschwerlichsten; keiner hält es länger als eine Stunde dabey aus; und wenn die See in hohen Wogen geht, oder der Wind heftig stürmt, müssen zwey Personen zugleich das Rad regieren, welches sonst für die Kräfte des einzelnen Mannes leicht zu mächtig wird, und ihn zuweilen so mit sich fortreißt, daß er in Lebensgefahr ist. Wenn das Schiff nahe am Winde geht, und die See etwas ungestüm ist, so schlagen die Wellen oft hinein, und zwar hauptsächlich da, wo die Wache sich aufhält, die zuletzt, bis auf die Haut durchnäßt, sich lachend über ihr Unglück tröstet. Diese Gleichmüthigkeit, die den Sinn für Freude nicht ausschließt, ist ein Hauptzug in dem Charakter des Seemannes; und hat sie gleich oft den Anstrich eines kindischen Leichtsinnes, so gränzt sie doch zuweilen an die wahre Philosophie des Lebens, und ist auch, wie diese, das Resultat der Erfahrung und der Gesundheit. Die schnellen Veränderungen der Witterung und des Windes, die man zur See so oft erfährt tragen vieles dazu bey, den Matrosen gegen alles Ungemach zu härten. In Sturm und Regen lebt er der frohen Hofnung, daß bald wieder milder Sonnenschein und guter Wind kommen werde. Allein, auch wenn die Zeit der Prüfung kommt, wo diese Hofnung fehl schlägt, ist das Beyspiel des Befehlshabers und der Officiere hinreichend, um den Muth des getäuschten Seemannes aufrecht zu erhalten. Auf jenen viermonatlichen Fahrten gegen den Südpol, wo das Schiffsvolk fast täglich von Kälte und Nässe litt, wo das Eis an den Segeln und Tauen die Hände verwundete, die es angreifen mußten, wo einmal über das andere die ganze Mannschaft aufgerufen ward, um das Schiff aus einer dringenden Gefahr zu retten, wo das hin- und hersegeln zwischen Eismassen, denen man öfters ausweichen mußte, nebst vielem stürmischen Wetter, vollends alle Kräfte erschöpfte, wo endlich der Nebel die Sonne fast immer vor unsern Augen verbarg, und wie ein drückendes Gewicht auf unserm Geiste lag; – wenn da der Trübsinn des Engländers endlich überhand genommen hätte, fürwahr! man hätte Unrecht gehabt, sich darüber zu wundern. Doch dazu kam es nie. Ich habe unsere Leute schweigen sehen, wenn Monate lang das Verdeck, ihr Spielplatz und Erholungsort, ein unangenehmer Aufenthalt für sie war; aber unverdrossen und thätig blieben sie immer, denn ihre Vorgesetzten erduldeten bey Tag und bey Nacht mit ihnen die vielfältigen Beschwerden ihres harten Dienstes. Der Officier blieb, durchnäßt und starrend vor Kälte, auf dem Verdeck, und verließ es nicht eher als seine Wache, und Cook selbst genoß keine andre Speise als der gemeine Seemann. Eine Last wird leicht, und die Gefahr verschwindet, wenn man sie mit andern theilt. Noch wirksamer war aber das feste Vertrauen des Volks auf die weise Führung seines Befehlshabers, und die Ehrfurcht, die man allgemein an Bord für seine Talente und seinen Charakter hegte. Theils jene freywillige Enthaltsamkeit von allem ausschließenden Genuß, theils unzählige Beyspiele von seiner unermüdeten, väterlichen Sorge für das Wohl seiner Untergebenen, stärkten ihr Vertrauen auf ihn bis zu einem Grade von Enthusiasmus. Ein Fest, welches er ihnen zu rechter Zeit erlaubte, ein stärkender Trank, den er austheilen ließ, wenn die Witterung zu schneidend war, oder wenn harte Arbeit die Leute ermattet hatte; ein Zug von

Menschlichkeit, wenn er seine Zimmer aufopferte, um den Segelmacher dort bequemer arbeiten zu lassen, und viele kleine Nebensachen dieser Art, gewannen ihm das Herz der rauhen, harten Kerle, die selten so behandelt worden waren. Man darf daher mit Recht behaupten, daß seine Disciplin musterhaft war, und dies vielleicht um so viel mehr, da diejenigen Officiere, die aus andern Kriegsschiffen unter Cooks Commando versetzt wurden, sie gemeiniglich nicht strenge genug fanden. Wie rühmlich ist nicht dieser Tadel für Cook? Wie schön ist nicht dieser Contrast eines großen Mannes, der auch im Matrosen die Menschheit ehrt, gegen jene Seedespoten, in deren Schule die Tadler gelernt hatten, ihre Willkühr für ihr höchstes Gesetz zu halten? Allein auch nur der konnte am besten für den Matrosen fühlen, der selbst auf den untersten Stufen des Seedienstes das eiserne Scepter solcher kleinen Tyrannen kennen und verabscheuen gelernt hatte. Cook strafte selten und ungern, nie ohne dringende Ursach und allemal mit Mäßigung. Er störte nie die unschuldige Freude seiner Mannschaft; vielmehr munterte er sie dazu auf, und gab ihnen Freyheit zum Spiele. So wie sie die traurige Gegend des Südpols verließen, und in der Annäherung zum heißen Erdstrich den belebenden Einfluß einer wärmeren Luft und einer hellleuchtenden Sonne empfanden, kehrte ihre ganze Munterkeit wieder zurück. Der Überfluß, der ihrer in O-Taheiti und den benachbarten Inseln wartete, und die Aussicht, dort mehr als einen Sinn, der jezt so lange gefeyert hatte, zu vergnügen, verbreiteten oft einen Grad von Fröhlichkeit, der in abentheuerliche Tänze und ausgelassene Possenspiele ausbrach. Die Nächte, die jezt mild und warm zu werden anfingen, wurden im Mondenschein oder auch im Finstern angenehm verplaudert, und das noch übrige Ungemach der Reise, welches gegen den Beschluß unseres Sommerzugs an sich immer unerträglicher ward, schien, eben weil es zu Ende gieng, weit weniger als sonst gefühlt zu werden. Man muß mit Cook gereiset seyn, um recht lebhaft zu empfinden, daß ein schönes Klima wirklich mehr als die Hälfte alles Genusses dessen der Mensch fähig ist, aufwiegt. Wenn man mit eignen Augen gesehen hat, wie es gleichsam magisch wirkt, daß Herzen, die vorher in sich gekehrt und gegen jedermann verschlossen waren, sich für einander öfnen; wie es Heiterkeit und frohen Scherz erweckt; wie es einen ganzen rohen Haufen mit einem gemeinschaftlichen Geiste belebt: so kann man sich des Gedankens kaum erwehren, daß es dem Menschengeschlecht in warmen Ländern zuerst gelingen mußte, den schönen Bund der Geselligkeit zu errichten, und zu jenem höchsten Genuß ihres Daseyns hinanzusteigen, der nur in der Freude anderer zu finden ist.

Die Rückkehr in mildere Zonen, und die Annäherung gegen einen bequemen Erfrischungsort wirken aber nicht allein auf den Matrosen; auch die Officiere fühlen alsdenn den Einfluß des wohlthätigen Gestirns, und den innern Trieb sich mitzutheilen, den die freudige Hofnung ihnen einhaucht. Man würde sich in der That sehr irren, wenn man glaubte, daß eine Seereise, welche eine Anzahl Menschen in den engen Bezirk eines Schiffs zusammendrängt, sie dadurch auch näher verbinde. Die Eigenthümlichkeit des Seelebens, erzeugt vielmehr einen gewissen Grad von Ungeselligkeit. Die wirksamste Ursache dieser Vereinzelung und Zurückhaltung ist ohne Zweifel die strenge Subordination. Mehr als fünf oder sechs Personen können, vermöge ihrer Verhältnisse, nicht auf gleichen Fuß miteinander umgehen. Wie darf man, unter so wenigen, auf den glücklichen Fall einer zur Vertraulichkeit und Freundschaft einladenden Übereinstimmung rechnen, die überall, in den volkreichsten Städten, wie in den entlegensten Dörfern, das seltenste Geschenk des Himmels ist? Selbst die gesellschaftliche Unterhaltung, – um auf jenen höheren Genuß des Herzens Verzicht zu thun, – wird durch den engen Kreis, in welchem man sie suchen muß, gestört und eingeschränkt. Zwar sieht man oft im Anfang einer Reise, zumal unter jungen Leuten, jene ungeschliffene Familiarität entstehen, die entweder Unerfahrenheit und Leichtsinn, oder Mangel eines edlen Selbstgefühls verräth; doch eben diese betrügliche Grundlage macht, daß sie sehr vergänglich ist. Wie leichte elektrische Körper, ziehen sie sich, bis zum Augenblick der Berührung, heftig an, und stoßen einander dann nicht minder heftig zurück. Zu Schiffe fällt aber auch alles weg, was in Städten den Umgang in vermischter Gesellschaft erträglich oder wünschenswerth macht. Es ist nicht genug, daß hier schlechterdings keine Auswahl und keine Abwechslung

Statt finden kann; denn diese Unbequemlichkeit empfindet man bisweilen auch zu Lande. Allein der stete Wechsel häuslicher und öffentlicher Begebenheiten, diese unerschöpfliche Quelle der gleichgültigen Gespräche, womit gewöhnliche Menschen die Leere ihrer Erholungsstunden ausfüllen, ist für den Seemann verloren, sobald er der Küste den Rücken kehrt. Wenige Wochen erschöpfen den kleinen Vorrath von eigenen Abentheuern, Anekdoten und lustigen oder witzigen Einfällen, die jeder vorzubringen weiß, und deren zweyte, dritte Wiederholung man nur noch eben ohne Gähnen hört. Sobald ein jeder alle diese Erzählungen auswendig weiß, verstummt die Tischgesellschaft, oder man höre wenigstens nichts, als einige Alltagsbetrachtungen über Wind und Wetter. Was die gesellschaftlichen Verhältnisse der Seefahrer noch unanmuthiger macht, ist die unvermeidliche Nothwendigkeit eines gemeinschaftlichen Aufenthalts. Es giebt einen bestimmten Gesichtspunkt selbst für wahre Größe. So wie man dem Meisterstück eines Phidias nicht zu nahe treten kann, ohne den Eindruck des Ganzen zu schwächen, und sich mit einem anscheinenden Mißverhältniß zu täuschen; so muß man oft den Helden aus einer gewissen Entfernung betrachten, um nicht die Schwächen der Menschheit an ihm gewahr zu werden. Je tiefer man nun vom Helden zum gewöhnlichen Menschen hinabsteigt, desto ekelhafter ist der Anblick seiner dem Auge zu nahe gerückten Gestalt. Bey dem lebhaftesten Sinn für gesellige Freuden, würden dennoch die meisten in unzähligen Fällen ihnen weit lieber entsagen, als die Bedingung eingehen, mit denselben Personen, deren Umgang ihnen von Zeit zu Zeit die angenehmste Unterhaltung gewährt, immer fort in Einem Hause zu wohnen, und in demselben Zimmer zu schlafen. Man denke sich, um dieses Bild zu vollenden, die engen Behältnisse, die ich vorhin beschrieb; die tausend kleinen Bequemlichkeiten, die dem Städtebewohner zu Bedürfnissen geworden sind, und die man zur See entbehren muß; endlich die Sitten mancher Seeleute, und die Unmöglichkeit einander zu vermeiden, ohne sich einzuschließen, oder in die Hangmatte* zu werfen; so hat man den Schlüssel zu jener so oft an Seefahrern bemerkten Ungeläufigkeit der Zunge, und zu ihrer mürrischen Verschlossenheit. Man begreift aber auch, wie selbst ein edler junger Mann, vom lebhaftesten Charakter Zeit gewinnen konnte, während Cooks erster Reise die Tafeln zum astronomischen Kalender auf zwey Jahre zu berechnen.*

Wenn jene Stille unterbrochen wird, so geschieht es mehrentheils durch das entgegengesetzte Extrem einer lärmenden und tobenden Fröhlichkeit, wozu die feyerliche Begehung gewisser Festtage den nächsten Anlaß giebt, weil sie die verschiedenen Klassen von Officieren in größere Gesellschaften vereinigt. Das Weihnachtsfest und zuweilen auch des Königs Geburtsfest waren solche Tage. Cook bewirthete dann zwölf bis vierzehn Officiere, und ein Lieutenant machte die Honneurs einer zweyten Tafel, zu welcher alle Unterofficiere des Schiffs gezogen wurden. Auch der gemeine Matrose ward bey dieser Gelegenheit nicht versäumt; und wenn doppelte Portionen seines Branntweins ihm nicht Genüge thaten, so wußte er mit einem Vorrath, den er seinem Munde ganze Monate lang vorher entzogen hatte, das Fest nach altem Brauche zu begehen und die Gefahren der Reise, ja die ganze Welt und sich selbst, zu vergessen. Consequenter, wenn gleich nicht weiser, als seine Vorgesetzten, die sich zum Theil ihrer rauschenden Ausschweifung schämten, hatte er sich im Voraus darauf gefreut, und noch lange nachher blieb ihm die Erinnerung daran eine Losung zur Freude. Offen für alle Eindrücke des gegenwärtigen Augenblicks, kennt er die Quaal des Nachdenkens nicht; und mitten unter siebzig bis achtzig Menschen seines Gleichen fühlt er weder die Einschränkung, noch den Mangel der Gesellschaft, der seinem Officier so lästig fällt. Der gröbste sinnliche Genuß ist der Sold, um welchen er mit unüberwindlicher Anstrengung und desto hartnäckigerem Beharren dient, je gewisser er überzeugt ist, daß ihm dieser Lohn nach wenigen Wochen, höchstens Monaten, nicht entgehen kann. Sein ganzes Leben, ein unaufhörlicher Wechsel von mühseligen Schifffahrten zum üppigen Aufenthalt des Hafens, bürgt ihm für die Wahrheit des Satzes, daß er jede Freude, wofür er Sinn hat, mit Arbeit erkaufen kann; und dieser Schluß, der kühnste Flug seiner Vernunft, haftet fest in seiner Seele. Wir können das Loos der Menschheit beklagen, die es zufrieden seyn muß, um diesen unwürdigen Preis ihre Kräfte zu verschwenden; allein wir müssen den wackern Kämpfer ehren, der ihn erarbeitet, und nur den Müßiggänger verachten, der Lüsternheit ohne Thatkraft besitzt, und schamlos genießt, was er nie erwerben kann. Wie erhaben und geistig aber auch der Genuß immer sey, den wir an die Stelle dieses thierischen setzen, und unseres Erringens werth achten mögen; so besteht dennoch die vollkommenste Art unseres Daseyns, nach den ewigen Gesetzen der Natur, wechselsweise im Sammeln und Zerstreuen unserer Kräfte. Nur die Zwischenräume der Ruhe und Labung erquicken und stärken den erschöpften Arbeiter zum Kampfe mit neuen Beschwerden; und von dem richtigen Verhältniß zwischen Handlung und Erholung hängt sogar die Dauer unseres Lebens ab. Je härter die Anstrengung war, desto süßer ist der darauf folgende Genuß, und wir können hinzusetzen, daß er desto unentbehrlicher sey, je sicherer man darauf gerechnet hat. Die Erfahrung lehrt unwidersprechlich, daß die Menschheit unter einer unerträglichen Bürde entweder völlig erliegt, oder sie mit gerechtem Unwillen abschüttelt. Im erstern Falle wird die menschliche Natur bis in ihre Grundfesten erschüttert, die wenigen Tage des Lebens werden noch verkürzt, die organische Kraft wird unwiederbringlich geschwächt; ihr Gebilde verliert sein göttliches Ebenmaaß, und erlangt nie seine volle Größe und Stärke. Man sehe fünf elende Negersklaven, oder eben so viel noch unglücklichere nordische Leibeigene, eingeschrumpft, erschlafft und kraftlos, mit Mühe eine Last bewegen, die Ein Deutscher oder Engländer im vollen Genuß seiner Kräfte rüstig davon trägt!

Wo hingegen der Unterdrückte noch nicht gänzlich entkräftet ist, da kann ein Funke des Selbstgefühls noch Zunder in ihm finden, und eine Flamme erwecken, die seinen Tyrannen verzehrt. Selbst ein vortreflicher Probus ward das Opfer seiner ergrimmten Legionen, als er die Austrocknung der Sirmischen Sümpfe, an einem brennenden Sommertage, mit unmenschlicher Härte betrieb*.

Wenn man die Lebensart der Seefahrer in obiger Rücksicht betrachtet; so scheint sie mit einer dauerhaften Gesundheit und einem ziemlich hohen Alter wohl bestehen zu können. Noch mehr; wenn die Zeitpunkte der Erfrischung nur nicht zu weit von einander entfernt sind; wenn man den Krankheiten vorbeugen kann, welche von der harten Schiffskost und dem ungesunden Aufenthalt im Schiffsraume bey der geringsten Vernachlässigung so leicht entstehen: so würden vielleicht Entdeckungsreisen vor allen andern zur Erhaltung der Mannschaft die zweckmäßigsten seyn, weil man von den minder gesitteten Völkern des Südmeeres jene starken Getränke nicht erhält, deren Mißbrauch in Europäischen Besitzungen für den Seemann so nachtheilige Folgen hat. Selbst die Ausschweifungen, denen er sich in den Armen einer Venus Pandemos so gern überläßt, lassen dort nicht den tödtlichen Stachel zurück, den das Verderbniß großer Städte so furchtbar macht. Das Gift der Seuche ist dort, wegen der stärkeren Ausdünstung, und der gesunden Pflanzenspeise weniger als anderwärts gefährlich.

Cook wußte aber nicht nur zwischen der Dauer

seiner Entdeckungszüge und den Kräften seiner Untergebenen ein richtiges Verhältniß zu beobachten; sondern er sorgte auch, wie ich schon gezeigt habe, durch eine bessere Eintheilung der Wachen dafür, daß die täglichen Zwischenräume der Ruhe länger als die Arbeitsstunden währten. Ungeachtet jedesmal nur fünf und zwanzig Mann aufzogen, waren sie gleichwohl hinreichend, alle gewöhnlichen Verrichtungen des Tages zu bestreiten. Früh Morgens bey Sonnenaufgang wuschen sie das Verdeck, theils der Reinlichkeit wegen, theils um die gar zu heftige Austrocknung im heissen Erdstrich, und das daraus erfolgende Leckwerden zu verhüten. Um acht Uhr ging, wenn nichts außerordentliches vorfiel, die ganze Wache, bis auf einen Quartiermeister und einen Mann am Steuerruder, zum Frühstück, welches aus Weizengrütze bestand. Der Vormittag ging insgemein damit hin, daß Fässer mit Lebensmitteln zum Verbrauch aus dem Schiffsraum hervorgezogen, und ledige an ihre Stelle hinuntergeschickt wurden. Zwischen eilf und zwölf Uhr kam der Schiffsschreiber auf das Verdeck, um jeder Cameradschaft ihre tägliche Portion Brantwein, und zwar, damit sie keine verkehrte Wirkung in den Köpfen hervorbringen möchte, bereits mit Wasser gehörig verdünnt, zuzutheilen. Außerdem aber war es jedermann erlaubt, aus einer offenen Tonne auf dem Verdeck so viel Wasser als er wollte, zu trinken, doch ohne einen Tropfen zu einem andern Gebrauch mit sich forttragen zu dürfen. Durch diese vortrefliche Einrichtung sorgte Cook zu gleicher Zeit für die Gesundheit seiner Leute, und verhinderte die Verschwendung eines so nothwendigen Vorraths. So bald die Polhöhe oder die Uhr die Mittagsstunde bestimmt hatte, war das Geläute der Schiffsglocke ein Signal, das Mittagsessen aus der Küche zu holen. Die ganze Mannschaft ist gewöhnlich in kleine Tischgesellschaften oder Cameradschaften (messes) von drey oder vier Personen abgetheilt, wovon einer wöchentlich das Amt übernimmt, die Portionen Essen und Trinken für seine Tischgenossen in Empfang zu nehmen. Daher sind auch die Stücken Fleisch schon so zugeschnitten, daß die Größe derselben der Anzahl der Personen in jeder Cameradschaft angemessen ist. An den vier Fleischtagen wird, außer der gewöhnlichen Erbssuppe, worin Täfelchen von eingekochter Fleischbrühe zerlassen werden, um sie nahrhafter zu machen, gepökeltes Rind- oder Schweinefleisch mit Sauerkraut gegeben. Mit diesen wechseln die *Banianentage*, denen der Matrose, mit Anspielung auf die Enthaltsamkeit der Indier von allem Fleische, diesen Namen giebt, weil auch er alsdenn, anstatt des Fleisches, nur einen harten Klos von Mehl bekommt. Der jedesmalige Wirth (caterer) einer jeden Cameradschaft, hat, so lange seine Woche dauert, ein mühsames Amt, denn er muß dafür sorgen, daß seine Tischgenossen ein gutes Stück Fleisch bekommen, und daß ihnen überhaupt an ihren Portionen nichts abgehe. Ein altes Herkommen giebt jeder Tischgesellschaft das Recht, die Nachläßigkeit ihres Wirths zuerst mit Schmälerung seines eigenen Antheils, dann aber auch mit dem Tagel, als dem Werkzeuge der summarischen Justiz des Schiffraums, zu ahnden. Da es nun fast unvermeidlich ist, daß nicht von Zeit zu Zeit ein gar zu kleines Stück in der Tonne seyn sollte, welches irgend einem zu Theil werden muß, so ergötzt sich das Volk ziemlich oft an dem Schauspiel einer solchen scherzhaften Execution. Während des Mittagsmahls bleiben wieder nur die Officiere, nebst ein paar Leuten am Steuerruder, auf dem Verdeck. Der Nachmittag ist gemeiniglich frey von Nebenarbeiten; am Abend wird das Waschen des Verdecks wiederholt, und gegen acht Uhr verzehrt der Matrose sein frugales Abendbrod, welches mehrentheils aus bloßem Schiffszwieback, und dem Überreste der Mittagsmahlzeit besteht. Die nächtlichen Wachen bringen ihre Zeit mit Gehen zu, um sich munter zu erhalten. Zu Schiffe wird aber überhaupt viel gegangen. Außer den gesetzten Zeiten, die jedermann, wenn die Reihe ihn trift, auf dem Verdecke zubringen muß, kommt sowohl der Capitain als die meisten Officiere täglich ein paar mal herauf, um sich ein paar Stunden lang eine Bewegung zu machen. Unzähligemal habe ich mich auf dem Quarterdeck, welches höchstens vier und zwanzig Schritt lang ist, mit zwölf bis vierzehn Personen befunden, die paarweise hintereinander auf und ab spazierten, so, daß wir jedesmal beym zwölften oder funfzehnten Schritt umkehren mußten. Die Bewegung des Schiffs, welches theils von einer Seite zur andern rollt, theils mit dem Vordertheil bald sinkt, bald steigt, macht einen eignen Gang nothwendig; man muß nämlich, um sicher zu treten, mit gebogenem Knie und ziemlich weit auseinander gesetzten Füßen, sich wechselsweise auf einem und dem andern Beine wiegen, und gleichsam wie die Enten einherwatscheln. Ächten Seefahrern wird dieser Gang so sehr zur Gewohnheit, daß sie ihn auch zu Lande nicht ablegen können, wo er ihnen ein linkes Ansehen giebt, weil die Erde nicht unter ihren Tritten ausweicht, wie das Schiff. Die heftigen Bewegungen, welche die See dem Schiffe mittheilt, machen in der That eine Menge kleiner Vorkehrungen nöthig, wovon man zu Lande keinen Begriff haben kann. Alles Bewegliche muß befestigt werden; alle Gläser und Flaschen nebst Theetöpfen und Tassen werden in Bretter mit Einschnitten gehängt. Selbst die Tischgesellschaft in der Kajüte bindet man auf ihren Stühlen fest an den Tisch, und wenn die Suppe gegessen wird, hält jeder den Teller frey in der Luft, und balancirt unaufhörlich damit, um das Überfließen zu verhüten. Alle diese Fertigkeiten erwirbt man sich indeß in kurzer Zeit, ja man lernt sogar bey dem gewaltsamsten Schwanken des Schiffs, schreiben, zeichnen, und sich rasiren. Nur das Toben eines Sturms, wobey die Wogen sich wie Berge thürmen, kann diese Beschäftigungen unterbrechen, und die Spaziergänger vom Verdecke verscheuchen.

Außer dieser Unannehmlichkeit legt das ungestüme Wetter dem Matrosen auch eine neue Last auf, weil es öfters die vereinigten Kräfte der gesammten Mannschaft erfordert. Wenn Segel eingereft oder ganz eingezogen werden; wenn man das Schiff im Sturm umlegen, oder sonst ein Manoeuvre vornehmen will, welches eine schnelle und geschickte Ausführung erfordert: so muß jedermann (all hands), es sey bey Tage oder bey Nacht, heraufkommen und Hand anlegen. Ist die Lage des Schiffs im mindesten gefährlich, so ruft man auch alle Officiere herbey, und der Befehlshaber ist gemeiniglich der erste, der in solchen Fällen auf das Verdeck kommt, da ohne seinen ausdrücklichen Befehl, es sey denn im Fall einer plötzlichen und dringenden Gefahr, niemand das Schiff umlegen lassen, oder die Richtung, in welcher es fortgeht, ändern darf. In ofner See weiß man indeß wenig von solchen überraschenden Ereignissen. Nur am Lande, nur an diesem Ziele, dem der müde Seemann zuletzt so sehnsuchtsvoll entgegensieht, lauert die Gefahr im Hinterhalt; hier muß er oft mit vielen durchwachten Nächten, und mit Erduldung des härtesten Ungemachs, die Erfrischungen des Hafens erringen.

In einer Gegend, wo Cook Land vermuthete, ließ er die Schiffe, wenn deren zwey zugleich unter seinem Befehl standen, drey bis vier Seemeilen weit auseinander segeln, um ein desto größeres Feld übersehen zu können, und wo möglich keine Entdeckung zu verfehlen. Gränzten seine Vermuthungen an Gewißheit, oder befand er sich wirklich in der Nähe von bekannten Inseln, so ließ er des Nachts ab und zu laviren, um nicht aus der Stelle zu kommen, die er am Abend untersucht hatte. In Fällen aber, wo ihm viel daran gelegen war, keine Zeit zu verlieren, und so früh als möglich einen bestimmten Ort zu erreichen, mußte ein Officier die ganze Nacht hindurch in einem

Boote einige Meilen weit voraussegeln, und falls er Land erblickte, durch Raketen oder andere Feuerwerke Nachricht davon geben. Ich wage es nicht, die Regungen zu beschreiben, die der wirkliche Anblick des Landes nach einer langwierigen Schiffahrt, ohne Ausnahme bey jedem Seefahrer erweckt. Sobald der Wächter im Mastkorbe Land! ruft, steigen die neugierigsten zu ihm hinauf; sobald es aber vom Verdeck gesehen werden kann, bleibt Niemand mehr unten im Raume; selbst Kranke kriechen alsdenn hervor, und ich müßte mich sehr irren, oder es ist nicht die Neugier allein, die sie so unaufhaltsam antreibt, das Land mit eigenen Augen zu sehen. Es liegt in der That schon etwas erfrischendes in diesem bloßen Anblick, etwas, das den ersten Heißhunger des Verlangens stillt. Das Auge ruhet und genießt; und dieser Genuß ist Labung für den ganzen Menschen, im weitesten Umfang des Einflusses, den selbst die strengsten Ärzte den Geisteskräften auf den Körper zugestehen. Je näher man kommt, desto lebhafter wird das Interesse, durch die Menge der Gegenstände, die man allmählig deutlicher unterscheidet. Allein gerade diese Annäherung bringt den Seemann oft in große Verlegenheit. An einer unbekannten Küste muß er verborgener Klippen und Untiefen gewärtig seyn, wogegen ihn nur die äußerste Sorgfalt und Wachsamkeit schützen kann; und selbst in völlig bekannten Gegenden, ist nur eine Windstille nöthig, um sein Schiff dem Schwanken des Oceans preis zu geben, und in die augenscheinlichste Gefahr zu bringen, an die Küste getrieben zu werden. Diese Schwierigkeiten, die mit jeder Entdeckung des Landes verbunden sind, schrecken insgemein den Befehlshaber einer Entdeckungsreise von der genauen Untersuchung der neuen Länder zurück. Sie fordern gerade die Mischung von Erfahrung und Kühnheit, die Cook besaß, wenn man sich über sie wegsetzen soll. Die Tagebücher seiner Reisen sind aber auch mit vielen Beyspielen angefüllt, wo ihn der Eifer für die Erdkunde in die allergefährlichsten Lagen gebracht, und seine Schiffe mehr als einmal auf Riefe oder Klippen getrieben hat. Ich erinnere mich, auf der Reise, wo ich ihn begleitete, daß wir uns wenigstens sechsmal wegen einer Windstille in der größten Gefahr befanden, an der Küste zu scheitern; nämlich bey Otaheiti, an den Riefen der Freundschaftlichen Eilande, zweymal unter den neuen Hebriden, und zweymal an der Küste von Neucaledonien. Bey Otaheiti kamen wir wirklich auf den Felsen zu sitzen, und es war ein Glück für uns, daß wir auf einem Korallenriefe, welches sonst gegen die Seeseite hin steil wie eine Mauer in den Abgrund geht, einen Absatz fanden, wo ein Anker in der Tiefe von etlichen siebzig Klaftern liegen konnte. In diesem Augenblick der allgemeinen Noth griff jeder, ohne Unterschied des Ranges oder der Beschäftigung, die ihm sonst zukam, zur Arbeit, um das Schiff vom Felsen hinab in tieferes Wasser zu winden. Wundärzte, Sternkundige, Naturforscher, Zeichner, lauter Leute, die sonst mit der Schiffsarbeit nichts zu thun haben, keichten an der Ankerwinde bey einer Hitze von mehr als dreyßig Graden.

Die Ankunft im Hafen macht den Arbeiten des Schiffvolks nicht allemal ein Ende; im Gegentheil finden sich alsdenn eine Menge Verrichtungen, welche die anhaltendste Anstrengung erfordern, und wobey zuweilen viel zu wagen ist. Die unvermeidliche Nothwendigkeit, gewisse Vorräthe, wie z. B. Holz und Wasser, zu ergänzen, und das bey mißlichen Gesundheitsumständen oft nicht minder dringende Bedürfniß frischer Lebensmittel, sind zwar an sich hinlängliche Bewegungsgründe, einen Hafen zu suchen; allein so wichtig sie immer seyn mochten, und so ernstlich Cook zu allen Zeiten darauf sann, seine Mannschaft gesund und muthig zu erhalten, so vergaß er doch nie den Zweck seiner Reise über die Mittel zur Erlangung desselben, und hütete sich, diese Mittel je als Zwecke anzusehen. Das Entdeckungsgeschäft blieb also auch alsdenn noch sein Hauptaugenmerk, wenn er am Lande Erfrischungen suchen mußte. Wo seine Vorgänger, oder er selbst, bey einem früheren Besuch, im Fache der Geographie nichts nachzuholen übrig gelassen hatten, wie z. B. in den Societätsinseln und in verschiedenen Gegenden von Neuseeland da verweilte er nicht länger, als es die Erholung des Schiffvolkes unumgänglich erforderte. Wie eifrig er es sich aber angelegen seyn ließ, während dieses Aufenthalts, von der innern Beschaffenheit des Landes nähere Nachricht einzusammeln, und mit dem Nationalcharakter der Einwohner vertrauter zu werden, davon giebt insbesondere das Tagebuch seiner letzten Reise den redendsten Beweis. Nachdem Wallis und Bougainville, jeder ungefähr drey

Wochen, Cook aber in der Endeavour, wegen des Durchgangs der Venus, volle drey Monate, und auf seiner zweyten Reise zu zwey verschiedenen Jahreszeiten über vierzehn Tage in O-Taheiti zugebracht hatte, hielt er noch auf der dritten Reise die wichtige Nachlese von den dortigen Sitten, Gebräuchen und Religionsbegriffen, die seine letzten Aufsätze so lehrreich und unterhaltend macht. In der That ist es offenbar, daß so vieler wiederholten Besuche ungeachtet, unsere Kenntniß von jener Insel noch jezt sehr unvollkommen seyn müsse, und daß es auch schlechterdings unmöglich sey, auf Entdeckungsreisen, die einen bestimmten Zweck haben, den ganzen Umfang aller Verhältnisse eines jeden neuentdeckten Landes zu erschöpfen. Ohne hier auf ein Beyspiel zu verweisen, welches uns nahe liegt; ohne zu erinnern, daß es die Beobachtung vieler Jahre und unzählige Hülfsmittel erfordert, um, ich will nicht sagen, einen vollständigen Begriff von unsern Ländern zu erlangen, sondern nur von einzelnen Gegenständen, wie Verfassung, Rechtspflege, Religion, Wissenschaft und Kunst eines Europäischen Staates, genaue Nachrichten zu sammeln; muß es jedem auffallen, daß Unbekanntschaft mit der Sprache jener Völkerschaften in den meisten Fällen dem Forscher ein unübersteigliches Hinderniß in den Weg legt. Dem Reisenden bleibt unter diesen Umständen weiter nichts übrig, als aufmerksam zu beobachten, und das gesehene treu zu erzählen. Alles was außer seinem Gesichtspunkte liegt, ist so gut, als ob es noch nicht existirte; wenigstens sind alle Nachrichten, die man aus dem Munde der Eingebohrnen erfährt, bey der Unvollkommenheit unserer Sprachkenntniß, mehr oder weniger schwankend und unzuverlässig, je mehr Beziehung sie auf abstrakte Begriffe oder auf Gegenstände der Einbildungskraft und Logik haben. Die Taheitische Götterlehre und Kosmogenie bleiben daher noch immer doppelt verschleyert, einmal durch ihre eigenthümliche Ungereimtheit, und dann durch unsere fehlerhafte Auslegung. Doch diese Schwierigkeit beyseite, wie viele Handlungen und Begebenheiten, welche die Hauptzüge zum Nationalgemälde liefern, können nicht Statt finden ohne daß sie sich gerade während des kurzen Aufenthalts des Entdeckers ereignen? Cook war viermal in Otaheiti gewesen, und dennoch sah er erst das letztemal ein Menschenopfer, diesen so äußerst merkwürdigen Zug von der Grausamkeit des Aberglaubens bey einem übrigens sanftmüthigen Volke. Eben so verhält es sich mit allen andern Gegenständen des Nachforschens. Wenn man eine weit ausgebreitete Küste, oder eine Insel von beträchtlichem Umfange beschifft, so schränken sich alle Untersuchungen auf die wenigen Anlandungspunkte ein; außer ihnen bleibt alles, und hauptsächlich das Innere des Landes unerforscht. Wie läßt es sich auch denken, daß man in einigen Tagen, oder wenn es hoch kommt in einigen Wochen, alle Produkte, selbst nur jener kleinen Bezirke einsammeln könne, da jede Jahreszeit und fast jeder Monat, seine besondern Blüthen und Früchte trägt, da Thiere, Vögel und Fische zu gewissen Zeiten ihre Wohnplätze verändern, und Insekten während ihrer verschiedenen Verwandlungsepochen oftmals von der Oberfläche der Erde verschwinden? Allein der Entdecker soll ja nicht Topograph seyn; er hängt von seinem Reiseplan ab, und sucht sein Verdienst in einer weisen Eintheilung und Benutzung seiner Zeit, so, daß er zugleich seinen Hauptendzweck, die Entdeckung neuer Länder, und die wichtige Nebenabsicht ihrer genaueren Untersuchung, nach Möglichkeit erreicht.

Insofern das Entdeckungsgeschäft von Umständen abhängt, die sich nicht vorhersehen lassen, ist es fast unmöglich, den Erfolg bey jeder neuen Veranlassung vorauszubestimmen. Stürme, widrige Winde, Windstillen, die Annäherung einer Jahreszeit, die den Entdecker nach andern Meeresgegenden hinruft, der Wassermangel des neuen Landes oder dessen Unfruchtbarkeit, welche ihm die nöthigsten Erfrischungen und Schiffsbedürfnisse versagt, die Unsicherheit einer offenen Rheede, die Schwierigkeit und Gefahr des Anlandens, die Wildheit und Feindseligkeit der Eingebohrnen, – alles dies sind Einschränkungen, welche die weisesten Maaßregeln vereiteln, und der feurigsten Forschbegierde Einhalt thun können. Man gehe indeß Cooks drey große Reisen durch, und erwäge, wie viel er, unter solchen Umständen, in Vergleich mit andern Seefahrern geleistet hat, so wird man, auch ohne nautische Kenntnisse zu besitzen, leicht entdecken, was Erfahrung, Unerschrockenheit, Geduld, Scharfsinn und Eifer des Entdeckers dagegen vermögen, und wie manches Hinderniß sie glücklich bezwingen. Der Unbeständigkeit des Wetters und selbst einem langwierigen Widerstande der Winde setzte Cook sein, nur großen Männern eigenthümliches, Beharren entgegen, und da er jeden Vortheil unverzüglich benutzte, war er seines Sieges jederzeit gewiß. Aufmerksam auf den Wink des Botanikers, der ihm blutreinigende und nahrhafte Kräuter zeigte, schuf er sich aus unbewohnten Wüsteneyen, wo kein anderer Seefahrer verweilt hätte, die herrlichsten Erfrischungsplätze. In der Behandlung der minder gesitteten Völker, welche die jenseitige Halbkugel bewohnen, ging er den Mittelweg, der dem Entdecker geziemt. Sein richtiges Gefühl, sein von den Fesseln des Vorurtheils freyer Verstand, seine Achtung für die Rechte der Menschheit bewogen ihn zur Schonung und Nachsicht. Er mäßigte den überkochenden und zu geringschätzigen Eifer derer, die sich bey der geringsten Widersetzlichkeit lieber furchtbar als beliebt machen wollten. Es ist allerdings empörend, wenn man, bey dem Bewußtseyn der besten Absichten, nur Mißtrauen erblickt, und für angebotene Freundschaft nur höhnende Ausforderungen zurück empfängt. Allein das Ehrenrührige und zur Wiedervergeltung Anspornende fällt weg, sobald man sich mit Cook an die Stelle jener rohen Menschen setzt, bey denen Fremdling und Feind beynahe gleichgeltende Begriffe sind. Der Europäer, dem seine Waffen eine entschiedene Überlegenheit geben, kann überdies nicht eigentlich von dem Schwächern beleidigt werden, dessen Unwissenheit er schonen, und dessen Tapferkeit er ehren muß. Cook vermied daher sorgfältig jede Gelegenheit zum Streite, und suchte das Vertrauen der Eingebohrnen zu rechter Zeit durch Geschenke und Freundschaftsbezeigungen zu gewinnen. Von einer andern Seite hingegen litt er es nie, daß man an ihm und seinen Leuten ungestraft die allgemein erkannten, und selbst dem Wilden heiligen, Rechte des Eigenthums gewaltthätig kränkte. Nichts gleicht dem Übermuth des Räubers, dem sein erster Versuch gelingt; mit stolzer Verachtung sieht er auf seinen Gegner als seine Beute herab, und indem der Besitz des geraubten Gutes seine Habsucht schärfer reizt, kann ihn nichts mehr abhalten, einen neuen Anschlag auf des Fremden Eigenthum und Leben zu wagen. Immerhin mögen Romandichter, die sich ihrer Ideale nicht entschlagen können, und gewohnt sind, von Naturmenschen, vom goldnen Zeitalter, von ursprünglicher Vortreflichkeit und Einfalt, und einem angebohrnen Gefühl, daß allen alles gehöre, überirdisch zu träumen, immerhin mögen sie, sage ich, diese Bilder ihrer süßelnden Phantasie auch in ihre Darstellung der wirklichen Welt übertragen: der Reisende durchirrt alle vier Welttheile, und findet nirgends das liebenswürdige Völkchen, welches man ihm in jedem Walde und in jeder Wildniß versprach. Getäuscht durch eine faselnde Erdichtung, die den Namen der Geschichte und der Philosophie entheiligt, schämt er sich endlich seiner kindischen Leichtgläubigkeit, und erweiset dem läppischen Naturmenschen noch unverdiente Ehre, wenn er ihn zu den Centauren und Cyklopen, oder zu den redenden Thieren der alten Fabel zählt.* Man zeige uns den

Wilden, der, ohne blödsinnig zu seyn, vom Mein und Dein gar keine Begriffe hat. Sein ist die Hütte, die er errichtet, der Pelz, den er genähet, der Kahn den er ausgehöhlt, der Bogen den er geschnitzt, die Schleuder, die er geflochten, das Netz das er gestrickt, der Putz den er sich mühsam zusammengesucht und mit unendlicher Geduld bereitet hat. Sein ist der Baum über seinem Haupte, der ihm Früchte trägt, das Wild das er tödtet, der Fisch den er fängt. Sein ist endlich der Wald wo er jagt, das Ufer wo er fischt, das Weib, das er umarmt. Niemand versucht es ungeahndet, ihn im Besitz dieses Eigenthums zu beeinträchtigen. Doch auch das Thier, könnte man einwenden, fühlt einen zueignenden Trieb; wer kennt nicht den sultanischen Instinkt des Seelöwen und des Affen-Anumants?* Allein für den Menschen giebt es beydes, ein Eigenthum der Begierde, und eines der Vernunft. Der Instinkt geht vor dem Begriff her, er dauert auch neben ihm fort, und ist das Übergewicht, wodurch die Vorstellung des Mein immer ungleich lebhafter zu bleiben pflegt, als die Vorstellung des entgegengesetzten Dein. Aber der Begriff, der nur durch eben diesen deutlichen, klaren Gegensatz offenbar werden konnte, entstand fast zugleich mit der Sprache und mit der Gesellschaft. Die Nordamerikaner im Nutka-Sunde wollten für die Erlaubniß Holz zu hauen, Wasser zu füllen, und Gras zu mähen bezahlt seyn, und rechneten es sich hernach zum Verdienst an, daß sie den Engländern Holz und Wasser unentgeldlich überlassen hätten. Cook fand ihre Forderungen billig, und würde, wenn er zugegen gewesen wäre, die Erlaubniß erkauft haben, wie er in der Folge wirklich für das Heumachen bezahlte. Können auch, darf ich jezt fragen, gesittete Europäer den Begriff des Eigenthumsrechtes weiter ausdehnen? Und ist er nicht jederzeit wechselseitig? ist das Recht des Seefahrers auf sein Eigenthum nicht so gültig, als das, womit der Wilde das seinige besitzt? Wie gelangte der Wilde sonst zu dieser Erkenntniß, wenn nicht bey einer Gelegenheit, wo er zugleich einem andern ein ähnliches Recht zugestehen mußte! Wissentlich also wagt er einen Eingriff in dieses von ihm selbst anerkannte Recht, wenn er, aus Übermuth und im Vertrauen auf seine Stärke, einen gewaltthätigen Raub begeht. Daher stimmen alle zuverläßige Reisende und insbesondere Cook mit seinen Gefährten, darin überein, daß die Rechtmäßigkeit der an den Plünderern vollzogenen Strafe in allen Fällen, ohne Ausnahme, von den Wilden selbst freywillig eingestanden worden sey. Der Mensch der nur sein Recht behaupten, und jedem andern das seinige absprechen wollte, wäre fürwahr! nur ein etwas klügerer, und folglich ein desto furchtbarerer Tiger. Man hat zwar hier und dort Wüthriche dieser Art, selbst auf dem Throne gesehen; allein sie und ihr göttliches Recht sind der Abscheu und zugleich die Schande der Menschheit.

Es ist das Schicksal des Entdeckers, so friedfertig er übrigens gesinnt seyn mag, in Lagen zu kommen, wo er sein Leben auf das Spiel setzen, und bisweilen mit dem Blute derer, die ihn angreifen, erkaufen muß. Seine Wachsamkeit und Vorsicht vereiteln zwar insgemein den regellosen Angriff der Wilden; der Blitz und Donner des Geschützes, das aus der Ferne tödtet, entscheiden schnell für ihn, nicht so wohl durch die Anzahl der Erschlagenen, als durch das Schrecken, das sie verbreiten; doch hat man auch Beyspiele von dem seltneren Falle, daß er unversehens überfallen, oder von der tollkühnen Menge überwältigt worden ist. Cook war lange der Gegenstand einer anbetenden Verehrung bey dem Volke von Owaihi, bis es über eine rasche That eines Officiers plötzlich in Gährung gerieth. Noch wollte er das Leben der Insulaner schonen, und versäumte dadurch den Augenblick seiner eigenen Rettung; es war zu spät zu den Waffen zu greifen, da schon blinde Wuth die Gemüther erfüllte. Eine Maaßregel, welche zu rechter Zeit ein größeres Blutbad verhütet, kann vielleicht den Anschein von Strenge haben; allein sie ist menschlich und weise, so bald man ihre Folgen betrachtet. Könnte oder möchte man sich doch zuvor ganz an die Stelle des Entdeckers denken, ehe man sein Betragen gegen die Einwohner jener fernen Weltgegenden verdammte! Es ist guter Ton, daß Herren und Damen von feinem Gefühl sich über den Mißbrauch der Übermacht gegen ein unschuldiges, und wenn es ihnen beliebt, ein harm- und wehrloses Völkchen ereifern; daß sie mit Abscheu und Entsetzen die Mordthaten der Europäer erwähnen. Woher kommt es denn aber, daß man sich Beschuldigungen von der gehässigsten Art erlaubt, so bald von Entdeckern und Indianern die Rede ist, da es in jedem andern Falle ungezogen seyn würde, ohne die unläugbarste Evidenz damit hervorzutreten? Selbst würdige und gelehrte Männer giessen viel unverdienten Spott über den Entdecker aus; weil er, ihres Bedünkens, ein unrechtes Compendium des Naturrechts nachgeschlagen haben müsse, um darin die Richtschnur seines Verkehrs mit den Insulanern des Südmeers zu finden. Cook hatte aber weder den Barbeyrac noch den Puffendorf gelesen, und überhaupt den Wilden nicht theoretisch studirt. Sollte es auch nicht einem kleinen Zweifel unterworfen seyn, ob man wirklich Compendien nachschlägt, wenn man sich in Lebensgefahr befindet? Doch vielleicht ermannet sich irgend ein empfindsamer Sittenrichter, seinen Flaum und seinen niedlich besetzten Tisch zu verlassen, um den Seemann auf einer mühsamen Fahrt zu begleiten. Wenn alsdenn ein Sturm die Masten zerschmettert, oder eine Klippe den Boden beschädigt, wenn der unentbehrlichste Vorrath von Holz und Wasser zu Ende geht, wenn der Scharbock unter der Mannschaft wüthet, mit Einem Worte, wenn das harte Gesetz der Nothwendigkeit den Entdecker in den Hafen treibt, so wird hoffentlich der nunmehrige Theilnehmer an diesen Leiden genau bestimmen können, was die Selbsterhaltung fordert, und wo die Menschlichkeit anfängt. Der Neuseeländer der heute ganz friedlich Fische zum Verkauf bringt, kommt morgen als Feind. Wohlan! heute giebt man ihm Nägel, und morgen wehrt man sich mit Kugeln. Weit entfernt also, jene Menschen nach unsern schulgerechten Begriffen zu behandeln, sieht man sich vielmehr gezwungen, sich zu den ihrigen herab zu lassen. Die Frage, womit der strenge Moralist sich zuletzt durchhelfen will, nämlich: mit welchem Rechte man den Wilden in seinem Lande beunruhige? gehört eigentlich nicht hieher; denn sie betrift nicht mehr das Betragen des Entdeckers, sondern will die Moralität der Entdeckungsreisen überhaupt verdächtig machen. Wer dasjenige erwägt, was hierüber im Eingange dieses Aufsatzes gesagt worden ist, wird es schwerlich den Europäern zur Sünde anrechnen, daß sie nicht die ersten sind, die auf einer entfernten Insel anlanden, sondern Menschen dort antreffen, welche sich bereits in früheren Zeiten dahin gewagt haben. Wie viel indeß auf die Mäßigung des Befehlshabers ankomme erhellt aus einer Vergleichung zwischen Cooks Reisen und andern Südseefahrten. Mendanna, Quiros, Roggewein, Wallis und Carteret richteten große Niederlagen unter den Eingebohrnen der wenigen Südseeinseln an, die sie berührten; da hingegen Cook, bey dem erstaunlichen Umfang seiner Entdeckungen, mit den verschiedensten Völkerschaften, in O-Taheiti, den Societäts- Freundschafts- und Sandwichsinseln, den Marquisen und neuen Hebriden, in Neucaledonien, Neuholland und Neuseeland, und an der ganzen Nordwestküste von Nordamerika, mehrentheils in gutem Vernehmen stand und nur äußerst selten in die betrübte Nothwendigkeit versetzt wurde, zu gewaltsamen Vertheidigungsmitteln zu schreiten. Die Anzahl der Erschlagenen bleibt auch alsdenn noch unbeträchtlich, wenn man die unglücklichen Schlachtopfer der unverantwortlichen Übereilung oder Fühllosigkeit einzelner Officiere hinzu rechnet.

Das Mittel, wodurch der große Seemann diesen Theil seines Plans durchsetzte, war jene außerordentliche und nie ermüdende Thätigkeit, die ihn auch bewog, die geschäftigsten Rollen selbst zu übernehmen, und der Willkühr seiner ungestümeren, oft harten Untergebenen so wenig als möglich zu überlassen. So bald man sich dem Lande nahete, fing eine Reihe von neuen Beschäftigungen an. Von einem Augenblicke zum andern, so wie die verschiedenen Vorgebirge und Spitzen zum Vorschein kamen oder sich wieder hintereinander verborgen, mußte ihre Lage und Richtung vermittelst des Compasses bestimmt werden. In der Nähe des Ufers, insbesondere wo ein Hafen zu seyn schien, oder wo ein flacher mit Sand bedeckter Strand an das Meer gränzte, ward das Senkbley fleißig ausgeworfen, um zu erforschen, ob Ankergrund vorhanden sey. Die Schiffe änderten ihre Richtung nach den Beugungen und vorspringenden Spitzen der Küste, welche man oft gänzlich aufzunehmen suchte, ehe man vor Anker ging. Beym Anschein eines Hafens, wo es nicht rathsam gewesen wäre, sogleich einzulaufen, ward ein Boot ausgesetzt und zur Untersuchung abgeschickt. Die Tiefe des Wassers, die Beschaffenheit des Grundes, die Lage des Eingangs; mit welchem Winde man hinein, und mit welchem man bequem heraussegeln könne? ward auf die Art vorher bestimmt. Wo die rechte Einfahrt leicht verfehlt werden konnte, mußten sich Boote auf die Untiefen zu beyden Seiten legen, und dieser Vorsicht ungeachtet blieb dennoch bisweilen manche Klippe unter dem Wasser verborgen und unerforscht, die man erst mit der Gefahr das Schiff zu verlieren kennen lernte. So eifrig man bemühet gewesen war, sich mit den Eingebohrnen, die etwa in ihren Kähnen sich einige Meilen weit in See an das Schiff gewagt hatten, freundschaftlich zu unterhalten, so hörte doch gleichsam aller Handel und alles Gespräch mit ihnen auf, so lange die ungewisse Lage des Schiffs an einer unbekannten Küste die ganze Aufmerksamkeit des Seemanns erfoderte. Hätten diejenigen Insulaner, die geneigt waren uns als Feinde anzugreifen, einen Begriff davon gehabt, wie schwer es sey, unsere großen Schiffe zu regieren, so würden sie unfehlbar keinen gefährlicheren Augenblick zum Angriff haben wählen können, als eben den, wo die ganze Mannschaft in voller Beschäftigung stand, und niemand seinen Posten bey den Segeln, bey dem Senkbley, bey dem Anker und den Kabeltauen verlassen durfte. Allein solche kritische Zeitpunkte giengen immer glücklich vorbey. Cook wählte sich den Ankerplatz, das Anker ward am bestimmten Orte geworfen, die Segel wurden eingezogen, und dann die Boote von neuem bemannet, um zu versuchen, was das Land hervorbrächte. Der erste Gegenstand des eigenen Nachforschens oder der Nachfrage bey den Einwohnern, war ein bequemer Platz, wo man die ledigen Wasserfässer mit frischem Trinkwasser füllen könnte. Die Pantomime leistete bey solchen Gelegenheiten wesentliche Dienste, bis man die nothwendigsten Wörter der

Landessprache erlernt hatte. Das Bedürfniß des Essens und Trinkens durch Zeichen zu verstehen zu geben, ist so leicht und dem Mißverstande so wenig unterworfen, daß alle Conversation am Lande gemeiniglich davon anfängt. Beynahe immer nennt der Insulaner, sobald er begreift was man von ihm fordert, das Verlangte, z. B. Wasser, oder die Frucht am Baume, auf die man hindeutet, oder das Schwein welches unweit seiner Hütte umher läuft, mit Namen; und für Leute, denen alles daran liegt, sich verständlich zu machen, gehen seine Ausrufungen nicht verloren. Sobald er seiner Seits durch einige Beyspiele dieser Art inne wird, daß die Fremden seine Töne nachsprechen und zu verstehen suchen, deutet er auf die Menge der Gegenstände um sich her, und nennt einen jeden mit dem in seiner Sprache üblichen Worte. Der Sprachforscher findet also, wenn die Eingebohrnen nicht etwa, wie die Feuerländer, in Trägheit und dumme Fühllosigkeit ganz versunken sind, frühzeitig Gelegenheit, sein Wörterbuch zu bereichern. Seine Untersuchungen werden indeß durch ihre verschiedene Gemüthsart bald erleichtert, bald eingeschränkt Wenn gleich die Fälle selten sind, wo sie in wirkliche Feindseligkeiten gegen die Entdecker ausbrechen, so giebt es doch auf der andern Seite auch wenige Beyspiele von einem so unbegränzten Zutrauen und einer so patriarchalischen Gastfreyheit, wie sie in Taheiti und den Freundschaftsinseln angetroffen wird. Je mehr Zurückhaltung und Mißtrauen der Insulaner blicken läßt, desto vorsichtiger und behutsamer muß sich der Reisende gegen ihn betragen. In Mallikollo wagten wir es kaum, zehn Schritte weit in den Wald zu gehen, der sich längs dem Strande hinzog; und dennoch winkten uns die Einwohner, sobald sie uns gewahr wurden, wir sollten sogleich an den Strand zurückkehren. In Tanna durften wir anfänglich auch nur ganz kurze Spaziergänge wagen, bis wir nach mehreren Tagen die Wohnungen des für uns am freundlichsten gesinnten Alten entdeckten, und allmählig die Zuneigung der dortigen Familien gewannen. Gleichwohl blieben die Einwohner, welche sich gegen den Vulkan hin aufhielten, jederzeit auf ihrer Hut, und ungeneigt mit uns vertrauten Umgang zu pflegen, so, daß sie uns zu wiederholtenmalen den Durchgang durch ihre Pflanzungen, nach jenem feuerspeyenden Berge versagten. Allein die gewöhnliche Kürze, oder auch die unbestimmte Dauer des Aufenthalts, und vorzüglich die Menge und Mannichfaltigkeit der in der Nähe zu beobachtenden Gegenstände gestatteten selten weitere Excursionen in das Innere, wenn auch die Insulaner nichts dawider hatten. Schon am Strande, wo die Neugier den größten Haufen der Einwohner zu versammeln pflegte, beschäftigte man sich oft Tage lang mit Erlernung der Sprache, mit der Beobachtung dieser von uns so verschiedenen Menschen, mit dem Tauschhandel um ihre Kleidungsstücke, ihre Waffen, ihre Zierrathen und andre Kunstarbeiten. In ihren Hütten erforschte man ihre Lebensart erst durch wiederholte Besuche; man untersuchte allmählig, so wie man sich durch Geschenke und kleine Liebkosungen gleichsam die Rechte der

Freundschaft in einem immer höheren Grade erwarb, das Innere des Haushalts, die Geräthschaften, die Speisen, und ihre Zubereitung; zuweilen lernte man nur wenig, aber täglich wenigstens etwas neues. Bald beobachtete man die Austheilung der Arbeiten, die Verfertigung der Kleidungsstücke, die Bestellung des Ackers, den Bau einer Hütte oder eines Kahns; bald ereignete sich Gelegenheit, irgend eine merkwürdige Sitte, oder einen auffallenden Gebrauch zu sehen; bald fand man unverhoft einen Ehrenmann, der von der Erzeugung seiner Götter und von der Schöpfung zu erzählen wußte. Die Produkte des Steinreichs, die ein jedes Land darbot, die dortigen Vögel, Insekten und Gewürme, mußten theils gesammelt, theils mit Geduld verfolgt werden; und die Blüthen der Bäume und Kräuter nöthigten den Botaniker, wegen ihrer Vergänglichkeit, an Bord zu eilen, um dort ihre Beschreibungen und Abbildungen vollenden, und dann nach einer neuen Ernte ans Land zurückkehren zu können. In den meisten Fällen mußte er sich ohnehin in seinen botanischen Spatziergängen nach den Beschäftigungen und Erholungsstunden des Schiffvolks richten, weil es, außer an den bestimmten Tagszeiten, wo Boote abgeschickt wurden und andere ankamen, selten Gelegenheit gab, vom Schiffe ans Land, oder zurück an Bord zu kommen. Alles war während dieser geschäftigen Zeit in Bewegung. Eine Parthey mußte Wasser füllen, eine andere fällte Brennholz; einige Officiere waren mit dem Tauschhandel um Lebensmittel beschäftigt. In fischreichen Gegenden schickte man Boote aus, um auch diese Erfrischung nicht zu versäumen; in unbewohnten oder unbebauten Ländern suchte man sich durch wildwachsende Suppenkräuter für den Mangel der Gartengewächse schadlos zu halten. Zu gleicher Zeit wurde das Schiff ausgebessert, und, wie es nach einer langen Fahrt nothwendig war, mit neuem Tau- und Takelwerk versehen. Cook ließ das Meergras und die Muscheln die sich angesetzt hatten, vom Boden abkratzen, und die Ritzen zwischen den Planken, welche durch das Eintrocknen und das beständige Arbeiten des Schiffs gegen Wind und Wellen immer weiter aus einander gegangen waren, mit Werg verstopfen. Auf eben die Art kalfaterte man das Verdeck, welches zuweilen das Wasser stromweise durchließ, und wenn alles fertig war, füllte man die Fugen mit Pech an, und bestrich das ganze Schiff mit Theer. Endlich ließ Cook auch Ballast laden, um das verminderte Gewicht zu ersetzen, und den Gang des Schiffes zu erleichtern, kurz, er setzte es in segelfertigen Stand. Wenn es die Umstände erforderten, mußte am Lande eine Schmiede errichtet werden, um neue Bolzen, Klammern, und dergleichen zu schmieden; und wo es anging, legte Cook auch eine Brauerey von Tannen- oder andern ähnlichen Sprossen an, um seine Leute durch eine gesunde Art von Bier zu erquicken. Ferner wurde am Lande ein Zelt aufgeschlagen, welches zur Sternwarte eingerichtet war. Während der Zeit wurden, zumal in weitläuftigen Bayen, deren Umfang und Lage man nicht mit einem Blick übersehen konnte, von Zeit zu Zeit Entdekkungspartheyen ausgeschickt, welche die verschiedenen Gegenden genau aufnehmen, und in Charten bringen mußten. Cook selbst belebte und betrieb fast alle diese Geschäfte durch seine Gegenwart. Er landete in einem neuen Lande fast immer selbst zuerst, oder folgte bald dem ersten Boot; er wies den Partheyen ihre verschiedenen Plätze an, und besuchte sie täglich mehrmals, um die Arbeit zu fördern, und allen Unordnungen und etwanigen Mißhelligkeiten mit den Einwohnern vorzubeugen. Wo diese sich sehen ließen, suchte er sie dadurch zu gewinnen, daß er Bänder, Schaumünzen* und andere Geschenke, insbesondere aber Eisengeräth unter sie austheilte, sie zu sich bat, die Vornehmsten an seiner Tafel bewirthete, und vor allen Dingen es dahin zu bringen suchte, daß ein Handel um Lebensmittel zu Stande kam. In unbewohnten Gegenden, wo diese Hülfe wegfallen mußte, und der Fischfang fast die einzige Erfrischungquelle blieb, pflegte er mit einer Gesellschaft von Officieren auf die Jagd zu gehen, und das erlegte Wildpret, es mochte nun in Seelöwen und Robben, oder in Pinguinen, Wasserraben, Enten, Gänsen und anderem Geflügel bestehen, unter die Mannschaft zu vertheilen.

Die Aufmerksamkeit des berühmten Entdekkers auf diesen Gegenstand, verdient wohl, daß ich noch ein Paar Bemerkungen darüber hinzufüge. Es hätte warlich wenig gefruchtet, daß man die Schiffe unter seiner Führung von England aus so reichlich mit allen Erfordernissen versah, wenn nicht Er selbst den großen Haushalt geführt, zu rathe gehalten, und wo es möglich war, zu ergänzen gesucht hätte. Eine von den Ursachen, welche den Capitain Furneaux bewogen, nach seiner zweyten Trennung von Cook, geradesweges nach England zurückzugehen, und ein ganzes Jahr früher als er sollte, das Südmeer zu verlassen, war der Mangel an Lebensmitteln, welche nicht mehr auf eine dritte Campagne hinreichend befunden wurden. Gleichwohl hatte man sein Schiff eben so reichlich, wie die Resolution, auf drey volle Jahre versehen, und es hatte bloß an jener strengen Sparsamkeit gefehlt, welche Cook so weit trieb, als es mit der Erhaltung seiner Mannschaft nur immer bestehen konnte. Er wußte den Zeitpunkt abzumessen, wo er seinen Leuten etwas von ihrer vollen Portion abkürzen durfte; er unterließ auch nie, sobald nur frische Lebensmittel gereicht werden konnten, den ganzen Vorrath von Schiffskost, der täglich verbraucht zu werden pflegte, für eine künftige Gelegenheit aufzusparen. Von Zeit zu Zeit ließ er die Vorräthe aller Art genau besichtigen, was verdächtig befunden ward, zuerst verzehren, und allerley Handgriffe vornehmen, um den Überrest vor künftiger Beschädigung zu sichern. Dieser Sorgfalt verdankte er die Dauer seiner zweyten Reise, indem er dadurch noch zu rechter Zeit entdeckte, daß aller Schiffszwieback, den man in neue Fässer gepackt hatte, schimmlicht geworden war. Sogleich mußte in Neuseeland ein Backofen errichtet werden, worin er den Zwieback, nachdem vorher aller verdorbene ausgeworfen war, nochmals trocknen ließ. Wäre Cooks Wachsamkeit nicht so sehr ins Einzelne gegangen, und hätte sie nicht die dem Anschein nach geringfügigsten Kleinigkeiten, so wie die große Einheit des ganzen Plans umfaßt, so würde es ihm schwerlich gelungen seyn, seine Mannschaft, zum Erstaunen von Europa, drey Jahre lang so gesund zu erhalten, daß von hundert und zwanzig Menschen nur Einer durch Krankheit verloren ging. Er wußte aus Erfahrung, daß Unreinlichkeit und Mangel an frischer Luft im Matrosenraume oftmals ohne weitere Ursachen hinreichend sind, die heftigsten Ausbrüche des Scharbocks zu veranlassen. Man stelle sich jenes niedrige enge Behältniß vor, wo die Hangmatten dicht neben einander gereihet sind. Es erhält zu allen Zeiten nur wenig frische Luft; bey stürmischem Wetter aber fast gar keine, weil alsdenn der Hauptzugang mit einem Gatter und darüber mit Persening, oder getheerter Leinwand, bedeckt ist. Die Ausdünstungen von mehr als achtzig Personen verpesten nicht nur diesen Raum, und verursachen daselbst eine ungesunde Hitze, sondern sie durchdringen auch die Betten und Hangmatten, und selbst die Balken und Verdecke des Schiffs. Um die nachtheiligen Folgen dieser mephitischen Luft so viel als möglich zu vermindern, ließ Cook die Hangematten bey schönem Wetter alle Morgen auf das Verdeck bringen, und in die daselbst befindlichen Boote werfen, damit sie den ganzen Tag über vom frischen Winde durchlüftet wurden. Von Zeit zu Zeit, mehrentheils einmal in vierzehn Tagen, mußte jedermann heraufkommen, indeß zwischen den Verdecken mit Schießpulver und Essig geräuchert ward; und damit der Rauch alles

Holzwerk recht durchziehen möchte, ließ Cook die Räume auf ein Paar Stunden lang zuschließen. Bisweilen wurden auch die Verdecke mit Essig gewaschen, und bey heißer Witterung spannte man auf dem Verdeck einen weiten Cylinder von Segeltuch gegen den Wind aus, dessen unterstes Ende den Zug der frischen Luft bis in den Matrosenraum hinableitete. Um den gemeinen Matrosen, der, sich selbst gelassen, ziemlich cynisch einhergeht, zur Reinlichkeit anzuhalten, pflegte Cook gewöhnlich des Sonntags die ganze Mannschaft zu mustern, und wer alsdenn nicht wenigstens rein gewaschen erschien, oder von der vorzüglichen Unsauberkeit seines Anzugs keine befriedigende Rechenschaft zu geben wußte, ward das erstemal durch Vorenthaltung seiner Branntweinsportion und nach wiederholten Vergehungen auch wohl mit der Peitsche bestraft. Auf den beyden Reisen, welche die Erforschung der Pole zur Absicht hatten, führte Cook einen beträchtlichen Vorrath von warmen Kleidungsstücken mit sich, welche das Admiralitätscollegium auf seine Vorstellung unter die Mannschaft austheilen ließ, um sie in jener kalten Weltgegend vor der ungestümen Witterung zu schützen. Diese Kleidungsstücke bestanden in einer Jacke und Schifferhosen vom allerdicksten und der Nässe fast undurchdringlichen Boy, die er hernach noch mit einer Kappe für den Kopf vermehrte, wovon der Halskragen den Nacken und die Schultern bedeckte.

Noch muß ich das Hauptverwahrungsmittel und das beynahe specifische Heilmittel gegen den furchtbaren Scharbock erwähnen, für deren Einführung auf langen Seereisen Cooks Name, so lange Großbritannien Flotten hat, mit Dankempfindungen und mit Ehrfurcht genannt werden wird. Hier zeigte er die ganze Stärke einer gesunden natürlichen Beurtheilungskraft, welche durch seine ausgebreitete Erfahrung und den Umgang mit einsichtsvollen Männern geschärft worden war. Wenn es einen Wahrheitssinn, das ist, um deutlicher zu sprechen, wenn es eine so glückliche Organisation giebt, welche zum richtigen Auffassen der Verhältnisse vorzüglich geschickt ist, – und wie wollte man daran zweifeln? – so besaß sie Cook gewiß in einem vorzüglichen Grade. Der Sieg den er über Vorurtheile davon trug, die den Verstand des gemeinen Seemannes seit Jahrhunderten gefangen hielten, ist davon ein so auffallender Beweis, daß ihm die Königliche Societät der Wissenschaften in London, blos dafür die goldene Schaumünze des Ritters Copley zuerkannte. In dem seltsamen Charakter des Matrosen bemerkt man neben dem fröhlichen Leichtsinn und dem Hange zum gröbsten sinnlichen Genuß, wovon ich bereits gesprochen habe, einen Zug von Halsstarrigkeit gegen alle Neuerungen und von blinder Anhänglichkeit an das alte Herkommen, der wirklich auf eine sonderbare Art damit contrastirt. Fast sollte man denken, daß er seine Eigenschaften nicht blos von den beweglichen Elementen, zwischen denen er unaufhörlich schwebt, sondern zum Theil auch von dem eichenen Kasten, in dem er herumschwimmt, entlehnt haben müsse. Umsonst versucht man es, die wohlthätigsten Anstalten zu seiner unmittelbaren

Erhaltung in Gang zu bringen; er würde eher das äußerste leiden, als sich eine ungewohnte Speise aufdringen lassen. Cook, der diese eiserne Unbiegsamkeit des Schiffvolks kannte, versuchte es nicht, seinen Endzweck durch gewaltsame Mittel zu erreichen. In der Überzeugung, daß das Sauerkraut durch seine Säure der Fäulniß kräftig widerstehen müsse, aß er es täglich selbst, und bewog seine Officiere es ebenfalls zu essen. Dem gemeinen Manne, der gleich Anfangs seinen Abscheu dagegen zu erkennen gegeben hatte, stellte er es frey, sich eine Portion zu holen, oder sie noch fernerhin zu verschmähen. Allmählig ließ sich nunmehr einer oder der andere einfallen, was der Capitain und die Officiere täglich mit so vielem Wohlgefallen genössen, könne doch so schlimm nicht seyn. Es wurden einige Portionen geholt; bald darauf noch mehrere, und endlich ward die Tonne leer. Bey der Eröfnung der zweyten fand sich ein jeder ein und verlangte seinen Antheil, so daß von der Zeit an die Austheilung regelmäßig von Statten gieng. Auf diese Art setzte Cook sein Vorhaben durch, und erlangte mit Gelindigkeit, was er durch Gewalt gewiß nicht erreicht haben würde. Auf seiner zweyten Weltumschiffung wurden sechzig große Fässer voll dieses treflichen antiscorbutischen Gemüses ausgeleert. Wenn sich demungeachtet bey Personen, die besonders zum Scharbock geneigt waren, oder wegen eines Zusammenflusses von andern Ursachen, Symptome dieser Krankheit zeigten, so wurden sie durch den Gebrauch der aus frischem Malz bereiteten und noch lauwarm getrunkenen Bierwürze, und durch

Auflegung der Träbern auf die scorbutischen Flecken, theils völlig vertrieben, theils so sehr gemildert, daß sie nicht gefährlich werden konnten, und bey der Ankunft am Lande binnen wenigen Tagen verschwanden. Durch die Anwendung eben dieser prophylaktischen Methode rettete Capitain Clerke in Kamtschatka den größten Theil der dortigen russischen Besatzung, unter welcher der Scharbock in seiner schrecklichsten Gestalt wüthete. So bald übrigens durch die Einführung des Sauerkrauts der erste Schritt gewonnen war, besiegte Cook mit leichterer Mühe die Vorurtheile seiner Mannschaft in Rücksicht mancher andern Nahrungsmittel, welche unter einem weniger sorgfältigen Befehlshaber Gegenstände ihres Ekels geblieben wären. Welcher Matrose würde Wallrosse, Seelöwen und Seebären, Pinguinen, Sturmvögel und Albatrosse gegessen haben, wenn ihm sein Befehlshaber nicht mit gutem Beyspiel vorgegangen wäre? Die wilden Kräuter in Neuseeland, als Celery, Löffelkraut, Tetragonien, u. a. m. würden ihm eben so wenig, als das Bier aus harzigen Baumsprossen genießbar geschienen haben, wenn man nicht anfänglich den Gebrauch seiner freyen Willkühr überlassen hätte. Diese Nachsicht gegen die Schwäche seiner ungeübten Vernunft war vielleicht das beste Mittel, ihr einen neuen Grad von Energie zu geben; wenigstens gab es auf Cooks Schiffen nunmehr Matrosen, die aus eignem Antrieb die Vorurtheile der Erziehung oder der Gewohnheit überwanden, und sogar auf die Ratten, die von ihrem Vorrath zehrten, als auf Leckerbissen, Jagd machen lernten.

Wenn man Cooks Reisegeschichten liest, wird man mit Erstaunen gewahr, daß eigenes Nachdenken mit Scharfsinn begleitet, im Nothfall zuweilen bessere Dienste leistet, als Belesenheit und genaue Bekanntschaft mit den Entdeckungen der vorigen und gegenwärtigen Zeit. Oft ist es gerade das systematische Wissen, was einem sonst guten Kopfe den Zugang zu neuen Ideen verschließt. Wäre Priestley ein Scheidekünstler gewesen, so hätte er in der Physik und Chemie keine so merkwürdige Revolution zuwege gebracht, die Beschaffenheit der Luftarten wäre unerkannt geblieben, und die Montgolfiers, die Rosiers und die Blanchards wären nie in die Luft gestiegen. Es galt seit langer Zeit durchgehends für eine ausgemachte Wahrheit, daß es ganz unmöglich sey, in heissen Ländern frisch geschlachtetes Fleisch einzusalzen, und wie in unserm gemäßigten Erdstrich aufzubewahren. Die Einwohner jener wärmeren Gegenden kannten diese Methode nicht, und den Europäern, die sie dort versuchen wollten, war sie jederzeit mißlungen. Der Überfluß an Lebensmitteln, den Cook auf den Societätsinseln und insbesondere in O-Taheiti einzutauschen pflegte, konnte ihn natürlich genug auf den Gedanken leiten, ob es nicht etwa möglich wäre, den Kunstgriff zu entdecken, der, dem Klima zum Trotz, den glücklichen Erfolg des Einsalzens sichern könnte. Der Umstand, daß die größten und fettesten Schweine die Seereise sehr schlecht ertrugen, nicht fressen wollten, und in den ersten Tagen häufig starben, machte eine solche Entdekkung noch wichtiger, und veranlaßte einen Versuch zur Probe, der alle Erwartung übertraf. Durch eine genaue Aufmerksamkeit auf die kleinsten Nebenumstände, und vorzüglich durch eine musterhafte Reinlichkeit brachte es Cook endlich in dieser Kunst so weit, daß ihm kein Versuch mehr mißlang; und einer seiner Zöglinge hat seitdem dieselbe Methode, mit gleichem Erfolg in den Westindischen Inseln probirt.* Dieser Sieg über ein Vorurtheil, welches in unzähligen Fällen die Mittel der Erhaltung einschränken mußte, scheint mir, wegen seines großen Nutzens und seines ausgebreiteten Einflusses auf die Versorgung der Matrosen und Truppen in heissen Ländern, hier mit Recht einen Platz zu verdienen. Eben die Fruchtbarkeit an Erfindungen, den Bedürfnissen seines Schiffs abzuhelfen, die hier den großen Seemann eine neue Salzspeise bereiten lehrte, gab ihm auch in den starrenden Polargegenden ein Mittel an die Hand, seinen Wasservorrath zu ergänzen, und sein Tauwerk auf mancherley Art vor zu schneller Verderbniß zu sichern. Es ist wahr, unter den frühern Abentheurern, welche im Norden eine Durchfahrt suchten, hatten bereits Frobisher und Davis in den Jahren 1578 und 1585 das Eis, welches im Meere schwimmt, ungesalzen befunden, und zum Trinkwasser gebraucht; allein Herr Cranz, der die Grönländischen Küsten später beschrieben hat, behauptet das Gegentheil, und diese Meynung hat auch in neueren Zeiten die Oberhand behalten, so, daß bis auf Cooks zweyte Reise das Vorurtheil von salzigem Eise weit und breit herrschte. Cook hatte das Verdienst, es nicht etwa durch einzelne

Versuche, sondern dadurch, daß er seinen Wasservorrath zu wiederholten malen von schwimmendem antarktischen Eise ergänzte, von neuem zu widerlegen. Zum Beweise, wie tiefe Wurzeln jene irrige Meynung geschlagen hatte, brauche ich nur zu erwähnen, daß es nach Cooks Rückkunft noch Chemiker gab, die durch Versuche im Kleinen darthun wollten, das Eis im Meere müsse salzig seyn, und Cook habe nur solches eingesammelt, welches sich am Lande in großen Flüssen gebildet habe. Zuverläßigere Scheidekünstler bewiesen indeß die Nachläßigkeit im Verfahren jener Hypothesenfreunde, und erhielten allerdings vom Meerwasser ein reines, salzleeres Eis; und jeder Physiker sahe deutlich ein, daß, wenn auch um den Südpol jenseits des siebzigsten Grades der Breite Land liegen sollte, die Kälte daselbst so groß seyn müßte, daß keine Quellen, geschweige denn Flüsse daselbst entstehen könnten. Cook, dem auf die Art die beeisten unfreundlichen Meere, die den Pol umgeben, den nothwendigsten Lebensvorrath liefern mußten, fand auch Mittel, die dortigen Seethiere zu seinen Zwecken zu benutzen. Außerdem, daß er seine Mannschaft das Fleisch derselben essen lehrte, ließ er aus dem Speck, womit die Natur sie gegen die Kälte gerüstet hat, Thranöl brennen, und ihre Häute zur Ausbesserung des unbeweglichen Tauwerks, wo Leder nöthig war, verwenden. Der Thran wird auf dem Schiffe theils in Lampen, theils zum Einschmieren verschiedener Werkzeuge und zu andern Absichten sehr häufig verbraucht; folglich gehörte die Ergänzung dieses Vorraths zu den

Gegenständen, welche der Sorgfalt des Entdekkers würdig waren.

Den Umfang und die Schwierigkeiten des Entdeckungsgeschäftes, die Wichtigkeit und Mannichfaltigkeit der Pflichten, Sorgen und Arbeiten, die auf Cooks Schultern lagen, endlich die völlige Abhängigkeit des glücklichen Ausgangs aller Unternehmungen von den Talenten dieses einzigen Mannes, von der unermüdeten Thätigkeit und steten Gegenwart seines an Hülfsmitteln unerschöpflichen Geistes, wird man auch in meinen unvollkommenen Entwürfen deutlich erkannt haben. Aus der Vergleichung desjenigen, was Cook geleistet hat, und der Art wie er dabey zu Werke gieng, mit den geringfügigen und kraftlosen Bemühungen anderer Seefahrer, bestätigt sich also die große Wahrheit, daß im Gewühl der Welt bisweilen Männer von außerordentlichen Gaben erscheinen, die zu gewissen Endzwecken gleichsam ganz eigentlich gebildet sind, und den großen Haufen des Menschengeschlechts weit hinter sich zurücklassen. Wenn man nicht bezweifeln kann, daß die natürliche Anlage, die Erziehung im weitesten Verstande, und die Verhältnisse der Zeit und des Wirkungskreises die Verschiedenheiten hervorbringen, die man zwischen Menschen und Menschen bemerkt, so scheint auch jene Behauptung nichts zu enthalten, was der Erfahrung und der Vernunft widerspräche. Das Seltene und Große verdient aber, wenn es gleich aus natürlichen Gründen erklärt und hergeleitet werden kann, jederzeit den Grad von aufmerksamer Achtung, den man Bewunderung nennen muß, weil er auf die höhere Ordnung in der Verkettung der Ursachen zurückgeht, auf eine Ordnung, die unsere Begriffe übersteigt. Doch indem wir die thörichte Bewunderung der Unwissenheit vermeiden wollen, fallen wir oft in das entgegengesetzte Extrem, alles wirklich Erhabene kalt und gleichgültig vorbeyzugehen. Jenes plus ultra, jenes weiter Eilen und Emporstreben zu neuen Kenntnissen und Entwicklungen unserer Kräfte, welches der menschlichen Natur so eigenthümlich ist, liegt allerdings bey dieser Geringschätzung des Bekannten zum Grunde; nur fehlt man insgemein darin, daß man das erschöpft: zu haben glaubt, dessen Oberfläche man doch kaum berührte. Bey der Betrachtung eines ungewöhnlichen Charakters ist es schwerlich hinreichend, daß man sich im Allgemeinen vorstellen könne, wie seine Züge sich bildeten, und daß man ihn für keinen vom Olymp herabgestiegenen Halbgott halte. Wem dieses genügt, der kann unmöglich ein Gefühl von dem, was Größe ist, erlangen, und wird sehr schwer, ich will nicht einmal sagen selbst zur Unternehmung großer Handlungen angefeuert werden, sondern auch nur sich die Fertigkeit erwerben, gewöhnliche gut zu verrichten. Indem wir das Große mit den Triebfedern zusammenhalten, die es hervorbrachten, können wir freylich keine andere als diese Resultate herausbringen: die Ursach ist der Wirkung gleich, und keine Wirkung ist ohne Ursach; hielten wir aber dasjenige, was vor unsern Augen geschieht, mit dem zusammen, was wir leisten können, oder wirklich thun, so stießen wir in vielen Fällen auf ein Verhältniß, welches uns entweder schamroth machen, oder uns wenigstens eine unwillkührliche Bewunderung abnöthigen würde. Die letztere Art Vergleichungen anzustellen muß heut zu Tage seltner werden, da man oft mit achtzehn oder zwanzig Jahren alles zu wissen glaubt, und diese geistige Überladung gewöhnlich das kalte Fieber der Afterphilosophie nach sich zieht. Denn nicht genug, daß ein jeder bey Dingen die ihm leicht gethan dünken, ungerührt bleibt, so pflegt auch, wenn Thaten erzählt werden, welche bey dem Zuhörer oder Leser das Gefühl der Unerreichbarkeit erwecken, ein wegwerfender Scepticismus der gedemüthigten Eigenliebe zu Hülfe zu kommen, und die Gränzen des Möglichen willkührlich zu verengen, um alles Große für erdichtet halten zu können. Die Erfahrung des praktischen Lebens lehrt hingegen jeden, der auf sich Acht haben will, von einer Seite die Schwierigkeiten in der Ausführung dessen, was ihn so kinderleicht dünkte, gehörig erkennen; von einer andern aber auch den Punkt des Erreichbaren, wohin man durch gleichförmige Anstrengung aller Kräfte die in unserer Gewalt sind, gelangen kann, richtiger zu bestimmen und weiter hinauszurücken. So entsteht endlich eine bescheidene Anerkennung und Schätzung des fremden Verdienstes, ein Sinn für diejenige Vollkommenheit und wahre Größe, deren der Mensch fähig ist, und eine theilnehmende, herzliche Bewunderung der edleren Sterblichen, in denen die ganze Würde unserer Natur hervorleuchtet. Diese Wärme des Gefühls, die einen rühmlichen Wetteifer nährt, und sich mit den niedrigen Regungen des Neides nicht verträgt, ist zugleich das beste Verwahrungsmittel gegen jene eingeschränkte, partheyische, und leider noch so allgemeine Vorliebe für unsere eigene Beschäftigung, welche mit der Herabwürdigung anderer Lebensweisen und anderer Klassen des menschlichen Wissens verbunden ist. Thätigkeit ohne vorzügliche Geisteskräfte kann im Subalternen, Scharfsinn ohne regen Trieb zu handeln im spekulativen Philosophen brauchbar seyn; aber durch die Verbindung beyder Eigenschaften ward Cook zum Entdecker. Wenn lebhafte Erinnerungen von jener Fahrt, auf der ich ihn in einem frühen Alter begleitete, in einer ungeschmückten Erzählung, dazu beygetragen haben, diesen Charakter im Allgemeinen kenntlicher und namentlich in Cooks Beyspiel hochachtungswürdiger zu machen; so dürfte ich hoffen, diejenige Klasse von Schriften, welche von Entdeckungsreisen handelt, von dem schweren Vorwurfe befreyt zu haben, daß nichts sie den Lesern reizend mache, als die dadurch genährte leere Sehnsucht nach einem in Faulheit verträumten, oder mit kindischem Spiel vertändelten Leben.

3. Resultate

Man kann nicht läugnen, daß Cooks Reisen von den verschiedensten Klassen des Publikums mit einer allgemeinen Aufmerksamkeit gelesen worden sind. Hieraus scheint unmittelbar zu folgen, daß ihr Interesse aus den allgemeinsten Beziehungen entstanden seyn müsse, welche die Wißbegierde der Menschen am sichersten reizen, indem sie ihre Denkkraft beschäftigen und Empfindungen in ihnen erregen. Dem Menschen liegt unstreitig kein Gegenstand näher als der Mensch selbst in allen seinen mannichfaltigen Verhältnissen der Gestalt, der Entwicklung, der Verfassung, der Zeit und des Orts. Die Vergleichung unzähliger Abweichungen von unserer Lebensweise, die Betrachtung dessen, was in diesen verschiedenen Gemälden auf unsern eignen Zustand anwendbar ist, die Erweckung einer Menge von Ideen, Vorstellungen, Begriffen und Neigungen, die bereits in uns vorhanden waren, aber durch ähnliche oder auch entgegengesetzte Züge im Charakter verschiedener Nationen erst angestoßen wurden, sind eben so viele kräftige Mittel die Aufmerksamkeit des Verstandes zu fesseln. Die Begebenheiten der Reise, die Gefahren der Reisenden, ihr erlittenes Ungemach, das Betragen der Einwohner ferner Gegenden, mit einem Worte, Handlung ist es, was auch die Leidenschaften des Lesers in das Spiel zieht, und das Interesse der Reisebeschreibung aufs höchste spannt. Ein jeder fühlt sich an der Stelle des Beobachters, oder des Handelnden, und bestätigt dadurch jene so allgemein bekannte, als feine und richtige Bemerkung des dramatischen Dichters:

Homo sum: humani nihil a me alienum puto.

Auch die Natur, insofern ihre Beziehungen auf unser Leben leicht in die Augen fallen, gehört zu den Gegenständen, die ein allgemeineres Interesse erwecken. Es ist uns nicht gleichgültig, auf welche Art in jedem Lande die ersten Bedürfnisse befriedigt werden, und welche Annehmlichkeiten oder welche Mängel das Klima, die Unebenheiten des Bodens, die Bekleidung der Erde mit Bäumen und Kräutern und ihre Bevölkerung mit allerley Thierarten dem Beobachter darstellen. So hat auch die Schilderung großer Naturerscheinungen, insbesondere solcher, welche unmittelbare Beziehung auf die Sicherheit des Menschen haben, oder sich durch ihren majestätischen Anblick der Einbildungskraft bemeistern, für alle Klassen von Lesern einen starken Reiz. Auf diese allgemeinere Beziehungen folgen dann eine Menge nähere und speciellere, welche ihr Interesse nur von der verschiedenen Rücksicht, in welcher man liest, entlehnen. Der Umfang einer großen Entdeckungsreise und die Mannichfaltigkeit der darin vorkommenden Gegenstände machen aber, daß man sie fast in eben so vielfältiger Absicht mit Nutzen lesen kann, als es Modificationen oder Zweige des menschlichen Wissens giebt. Doch sind auch unter diesen wissenschaftlichen Beziehungen einige von allgemeinerem Interesse, und andere, die fast ganz allein den eigentlichen Gelehrten an sich ziehen, dem es um die Berichtigung oder Vermehrung gewisser Reihen von Begriffen zu thun ist. Diese letzteren enthalten nämlich das Detail einzelner Wahrnehmungen, deren Anwendung man ohne Sachkenntniß nicht gleich absehen kann; da hingegen jene hauptsächlich nur die wichtigen Resultate zusammenfassen, welche für diese oder jene Wissenschaft aus den vorerwähnten einzelnen Faktis flossen. Zu diesen allgemeinen Folgerungen, welche auf das Aggregat vieler einzelnen Beobachtungen gegründet sind, und dennoch selbst für den gleichgültigsten Leser etwas anziehendes haben, wäre es auch nur, weil sie Stoff zur gesellschaftlichen Unterhaltung darbieten, scheinen mir folgende mit Recht gezählt werden zu können: 1. daß eben so wenig das Daseyn des eingebildeten Südlandes jemals wieder behauptet werden kann, als die dunkle Lehre vom nothwendigen Gleichgewicht der beyden Halbkugeln; 2. daß das Meer um beyde Pole gefriert, und jene Eismassen bildet, von denen man ehedem wähnte, sie kämen aus großen Flüssen herabgeschwommen; 3. daß eben dieses Eis von Salztheilchen leer ist und zum Trinken gebraucht werden kann; 4. daß man heut zu Tage zur See astronomische Beobachtungen anstellt, wodurch sich die Länge fast allezeit bis auf einen halben Grad zuverläßig bestimmen läßt; 5. daß im Fach der nautischen Geographie nunmehr alle großen Entdeckungen erschöpft sind, und die Nachlese nicht anders als ärmlich ausfallen kann; 6. daß die südliche Halbkugel mehrentheils mit Wasser bedeckt, und verhältnißmäßig kälter als die nördliche ist; 7. daß viele Inseln und Felsenbänke vom ansehnlichsten Umfange im heissen Erdstriche blos das Werk einer Art polypenähnlicher Gewürme sind; 8. daß im Weltmeer ein zwiefaches Leuchten, ein elektrisches und phosphorisches, Statt findet, wovon letzteres wieder auf doppelte Art, nämlich unorganisch und in lebendigen Thieren, erscheint; 9. daß die häufige Erscheinung der Seevögel und des schwimmenden Seetangs (fucus) nicht mehr für ein sicheres Zeichen von nahem Lande gilt; 10. daß entlegene Inseln niemals reich an vielerley vierfüßigen Thieren sind; 11. daß die Botanik aus jenen neuentdeckten Ländern mit mehr als zweytausend Gewächsen bereichert worden ist, von denen manche in Zukunft einen beträchtlichen Nutzen versprechen; 12. daß man, bey gehörigen Vorkehrungen, auf dreyjährigen Seereisen vom Scharbock nichts zu befürchten hat; 13. daß sich dem Handel von mehr als Einer Seite neue Aussichten eröfnen; 14. daß verschiedene große und wichtige Länder dem Unternehmungsgeiste der Europäer die vortheilhaftesten Lagen zu neuen Pflanzstädten darbieten, wodurch dereinst das gmeinschaftliche Band der Nationen gestärkt, und die Kultur des Menschengeschlechts in allen Welttheilen befördert werden kann; 15. daß durch das ganze Südmeer, von der Nachbarschaft Indiens bis gegen Peru und Mexiko hinüber, auf weit entfernten und vereinzelten Inseln, ein Volk angetroffen wird, das in Gestalt, Sprache und Überlieferungsbegriffen durchgehends übereinstimmt, ob es gleich in Kultur, Verfassung und Sitten verschieden ist. 16. Daß ein andrer, in Ansehung der Sprache, Farbe und körperlichen Bildung von jenem verschiedner Stamm sich nicht so weit von Indien durch einige andere Inselgruppen ausgebreitet hat; 17. daß man in Absicht der Bevölkerungsgeschichte der Erde schwerlich auf zuverlässigere und mehr entscheidende Data rechnen kann, als man bereits besitzt; 18. daß die Natur des Menschen zwar überall klimatisch verschieden, aber im Ganzen, sowohl der Organisation nach, als in Beziehung auf die Triebe und den Gang ihrer Entwickelung, specifisch dieselbe ist; 19. daß, so wie es kein Volk ohne Sprache, und keine Sprache ohne Vernunft giebt, so auch keinen blos thierischen Stand der Natur; endlich 20. daß eine völlige und absolute Gleichheit unter den Menschen, so wie sie physisch nirgends exsistirt, auch sittlich unmöglich ist. Die Ausmittelung dieser und anderer Sätze von gleichem Gehalt scheint den Reisen unseres großen Seemanns einen entschiedenen Werth beyzulegen; und es würde dem kalten Leser zum Vorwurf gereichen, wenn er sie aus langer Weile überschlagen, und dem theilnehmendern, wenn er vorsetzlich ihre Wichtigkeit verkennen wollte.* Ich wenigstens bin zu fest überzeugt, daß es mehr als Eine Quelle des Interessirenden giebt, und hege zuviel Achtung für den vorzüglichen Grad der unter uns herrschenden allgemeinen Aufklärung, um es wahrscheinlich zu finden, „die Geschichte jener Reisen gewähre dem Leser weiter nichts, als Befriedigung der Sehnsucht nach einem goldnen Zeitalter," da sie meines Erachtens im Gegentheil, diese Vorstellungsart auf immer aus dem Reich der Wirklichkeit in die Phantasiewelt der Dichter verweiset. Überall, wohin Cook und seine Gefährten kamen, es sey in der Nähe des Pols oder des Äquators, fanden sie den Genuß der Menschen im Verhältniß mit der Thätigkeit ihres Körpers und ihres Geistes. Der gemästete Müßiggänger ist in O-Taheiti, wie in Europa, nur eine Mißgeburt der Regierungsform, die auf Unkosten einer arbeitenden und dienstbaren Klasse von Menschen exsistirt. Sollte sein Loos uns nicht vielmehr ein Gegenstand der Verabscheuung, als der Sehnsucht seyn? Doch es ist Zeit, eines so übereilten als unverdienten Spottes zu schonen. So lange es unbestritten bleibt, daß eine vollkommnere Erkenntniß unserer Verhältnisse, oder dessen was wir Wahrheit nennen und durch vervielfältigte Erfahrung erlangen, dasjenige Ziel ist, für welches die Natur Geschöpfe mit entwicklungsfähigen Anlagen bestimmte; so lange wird das Verdienst des Entdeckers, der die Summe des menschlichen Wissens mit jener Menge von neuen oder berichtigten Begriffen vermehrte, weit über alle Anfälle der Tadelsucht erhaben, auf einem unerschütterlichen Grunde stehen. Will man aber noch weiter gehen, und seine Bemühungen, weil sie unserer gesitteten Verfassung, unserer wissenschaftlichen Aufklärung, unserer durch vermehrte Bedürfnisse aufs höchste gespannten Thätigkeit angemessen und nothwendig sind, eben darum auch für heilsam und nützlich erkennen; will man dasjenige, was heut zu Tage politische und sittliche Glückseligkeit zu heißen pflegt, nicht für Täuschung und leeres Wortgepränge halten: so wird sich ein dankbares Gefühl in unsere Bewunderung mischen, und dem wohlthätigen Genius der Entdeckungen huldigen, der uns jene für die Mitwelt und Nachwelt so reichhaltigen Resultate verschafte.

Den Menschen zu erhalten, und ihn glücklich zu

machen, sind die beyden großen Probleme der Staatskunst. Daher schmückte bey Völkern, die das Verdienst zu ehren pflegten, ein Bürgerkranz den Mann, der alle Kräfte aufgeboten hatte, um zu diesen edlen Zwecken mitzuwirken. In England trat eine gelehrte Gesellschaft gewissermaßen in die Vorrechte des Souverains, indem sie sich freywillig die ehrenvolle Pflicht auferlegte, Verdienste um den Staat zu krönen. Cook hatte den Scharbock, diese Pest der Seefahrenden, welche sonst auf den Brittischen Flotten mehr Schlachtopfer hinweg zu raffen pflegte, als der blutigste Krieg, durch weise Maaßregeln besiegt. Ihm also, dem Retter und Befreyer von diesem grausenvollen und langsamverzehrenden Tode, dem Erhalter des Lebens vieler Tausende, die künftig gesund und getrost den Ocean beschiffen werden, ihm reichte die Philosophie den Kranz der Ehre dar, den er im alten Rom vom Volk und vom Senat erhalten hätte.* Cook hatte aber durch seine Entdeckungen für die Erhaltung jener nützlichen Menschenklasse, die sich nicht anders ernähren kann, als wenn sie unaufhörlich ihr Leben wagt, auf mehr als Eine Art gesorgt. Des Vortheils nicht zu gedenken, daß nach seinen letzten gefahrvollen und fruchtlosen Versuchen eine nördliche Durchfahrt zu finden, die Entdeckung derselben, welche bereits so viele unglückliche Unternehmungen veranlaßte, nunmehr bis auf eine künftige Verrückung der Erdachse wohl nicht versucht werden möchte, belehrt uns ein Blick auf die Charte, wie viel er dazu beygetragen hat, die Gefahren der Schiffahrt durch die genauere Auskundschaftung der Seeküsten des ganzen Erdbodens zu vermindern. Ich rede nicht blos von seinen geographischen Entdeckungen in einem bisher noch wenig besuchten Welttheil. Wie viele Ankerplätze, Häfen und Rheeden, wo Schiffe in Sicherheit liegen und für ihre Mannschaft Erfrischungen laden können, müßten wir nicht herzählen wenn wir die herkulische Arbeit seiner drey Entdekkungsreisen durchgehen wollten! Allein auch Länder, die uns näher und schon im Bezirk des Europäischen Seehandels liegen, sind durch seine Bemühungen genauer bekannt, so wie ihre Lagen richtiger bestimmt und ihre Häfen mit allen kleinen zur praktischen Schiffahrt unentbehrlichen Merkmalen beschrieben und gezeichnet worden. Ein eben so wichtiges und glänzendes Verdienst des unsterblichen Entdeckers, kann ich nicht übergehen, wenn ich nicht den Vorwurf einer großen Vergeßlichkeit verdienen will. Ihm, und zwar fast ganz allein ihm, ist man die vollkommnere Vereinigung der Sternkunde mit den Geschäften des Seemannes schuldig, eine Vereinigung, wodurch die größte Gefahr und Schwierigkeit der Schiffahrt gehoben wird. Er begnügte sich nicht, das praktisch-anwendbare dieser erhabenen Wissenschaft selbst unabläßig zu benutzen, sondern bildete während seiner Reisen in eben diesen Grundsätzen auch eine Menge junger Officiere, die gegenwärtig durch Beyspiel und Unterricht den Geist der Beobachtung in der ganzen Brittischen Marine verbreiten. Die schrecklichen Folgen der Unwissenheit, oder wohl gar einer thörichten Verachtung astronomischer

Kenntnisse, die Verwirrung, die Angst, das Elend, die Gefahren, denen der Seemann ausgesetzt ist, wenn ihn ein Sturm von seiner Laufbahn verschlägt, und es ihm an Mitteln fehlt, sich wieder zu orientiren, sind durch unzählige Beyspiele zu bekannt, als daß ich sie hier zu schildern brauchte. Um so vielmehr ist es zu verwundern, daß, bis auf Cooks Entdeckungsreisen, die nautische Sternkunde in ihrer Kindheit blieb. Die Länge zur See zu beobachten und zu berechnen, war bis dahin bey allen Seeleuten unerhört, und sowohl astronomische Instrumente, als Beobachter, die diesen Namen verdient hätten, waren noch äußerst selten. Ja, es ward sogar im Jahr 1770 noch nothwendig befunden, in dem Anhang zu den Mayerischen Tafeln den berühmten Sternkundigen de la Caille zu widerlegen, welcher behauptet hatte, daß die leichteste und einfachste aller Beobachtungen, die der Sonnenhöhe am Mittage, nicht genauer als bis auf fünf oder gar nur auf acht Minuten, der Wahrheit nahe kommen könne. Auf Cooks Schiffen hingegen war kein Officier, und kaum ein Seecadett, der nicht mit aller erforderlichen Genauigkeit die Entfernung des Mondes von der Sonne oder von einem Stern zu messen, folglich von allen Beobachtungen die subtilste anzustellen gewußt hätte. Es war mit dem Wetteifer und dem Ehrgeiz, den ihr Befehlshaber ihnen eingeflößt hatte, ganz unverträglich, daß sie sich über diesen Punkt eines Vorwurfs schuldig gemacht hätten. Eben diese Fertigkeit bewiesen sie in dem Gebrauch des Azimuth-Compasses zur Bestimmung der Abweichungen der Magnetnadel, und in der dazu nothwendigen Berechnung. Cook führte sie zur Untersuchung der Strömungen im Meere, der Höhe und Richtung der Fluthen, und der Zeit ihres Wechsels an, worauf die Sicherheit der Schiffahrt an Küsten ganz vorzüglich beruhet. Allein auch jene wissenschaftlichen Beobachtungen, welche bis jetzt noch keine unmittelbare praktische Beziehung haben, sind dem jungen Officiere wenigstens in so fern vortheilhaft, als sie seinen Beobachtungsgeist schärfen und einst zu wichtigen Entdeckungen Anleitung geben können. Ist es nicht, zum Beyspiel, merkwürdig, daß die Fluth, mitten im Ocean kaum zwey Drittel der Höhe erreicht, welche man nach Anleitung der Theorie erwarten sollte? Ist nicht das Südlicht in dem kalten Strich der andern Halbkugel ein Faktum, welches für die Physik noch viel verspricht? Unter Cooks Anführung lernte also der Seecadett seine Aufmerksamkeit auch auf die Tiefe des Meeres in verschiedenen Gegenden, auf dessen verhältnißmäßige Wärme, und die Menge des im Wasser enthaltenen Salzes, auf die Ursachen der Polarität, auf die Inclination der Magnetnadel, und auf die Wirkungen der Schwere richten. So genoß er auch den Unterricht dieses großen Lehrers im Aufnehmen und in der Verfertigung der Seecharten. Im Boot und am Ufer, mit dem Compaß, dem Sextanten, dem Senkbley, einer Meßkette und andern Hülfsmitteln bey der Hand, maß er Winkel, Tiefen und Entfernungen; in der Kajüte bey mehrerer Muße entwarf er nach diesen Angaben den Plan der neuen Küste.

Bedenkt man einen Augenblick, daß die Führung eines Schiffs blos von dem Willen, und folglich von der Einsicht des Officiers abhängt, so wird der Nutzen des astronomischen und physikalischen Unterrichtes für die Erhaltung des Schiffvolks, und Cooks Verdienst um die Menschheit, auch in dieser Rücksicht offenbar. Die einsichtsvollesten Schiffscapitains in der Flotte fühlten die Vorzüge dieser Officierschule in ihrem ganzen Umfange, und bewarben sich um die Erlaubniß unseres großen Seemannes, ihre Söhne oder nächsten Verwandten zu ihm ins Noviciat schicken zu dürfen. Auf seiner ersten Reise begleiteten ihn einige junge Leute, die bereits unter Byron oder Wallis das Südmeer besucht hatten. Aus diesen und einer großen Anzahl Cadetten, die ihm von ihren Altern anvertrauet wurden, bildete er nach und nach mehrere vortrefliche Officiere, die theils auf den folgenden Reisen ihn wieder begleiteten, theils auf andern Stationen seiner Erziehung Ehre machten. Eben dasselbe Verdienst, welches ihn ohne fremde Hülfsmittel emporgehoben hatte, war auch hinreichend, seine Zöglinge zu befördern; verschiedene, die als Subalternen unter ihm dienten, schwangen sich bald zu Lieutenants, und selbst zu Befehlshabern von Schiffen empor. Die mannichfaltigen Ereignisse einer Entdeckungsreise waren für sie eine reichhaltige Quelle von Erfahrungen gewesen, die sie sonst nirgends in so kurzer Zeit hätten sammeln können, und unter keinem andern Führer so gut hätten benutzen lernen. Sie hatten sich daher, durch lange Gewohnheit, in allen Fächern des

Seedienstes Cooks Methode zu eigen gemacht, und seine strenge Aufsicht hatte sie beständig darin geübt. Wo der edle Antrieb, sich hervorzuthun, mit dem Vortheil, sich nach einem so großen Muster bilden zu können, zusammentraf, war es da ein Wunder, daß ein gewisser Grad von Vollkommenheit errungen ward? Hätte das moralische Beyspiel mit dem mechanischen gleiche Kraft; oder wären die Triebfedern der Nachahmung gleich wirksam in dieser zwiefachen Beziehung, und interessirte es die jugendliche Vernunft, die noch keine Widerwärtigkeiten kennt, das Herz des Menschen so zu prüfen wie seinen Verstand: so müßten aus Cooks Schiffen lauter Officiere hervorgegangen seyn, die auch im Betragen gegen ihre Mannschaft seine milde, väterliche Zucht, und im Umgang mit ungebildeten Völkern seine menschenfreundliche Achtung für ihr Leben bewiesen hätten. Allein die moralische Bildung fordert eine längere Erfahrung und eine seltene Thätigkeit des Selbstgefühls.

Von jenen beyden vorhinerwähnten Aufgaben ist daher auch die Kunst, Menschen glücklich zu machen, die schwerste. Schon der schwankende Begriff der Glückseligkeit, den jeder mit sich herumträgt, müßte wohl, ehe er praktisch werden könnte, in den meisten Fällen eine große Einschränkung oder eine gänzliche Umschmelzung leiden. Mit den Neigungen und Bedürfnissen, mit den Anlagen und Fähigkeiten des Menschen, müssen auch die von ihm unabhängigen äußern Umstände in Rechnung gebracht werden; ja es ist augenscheinlich, daß die Dinge, auf welche wir einen Werth setzen, und in deren Genuß wir glücklich sind, jenen Werth nur durch die praktische Erkenntniß ihres Gegensatzes erhalten, und uns nicht anders befriedigen können, als indem wir den Zustand, worin wir sie entbehrten, mit dem, worin wir sie erlangten, vergleichen. Zwischen den Augenblicken des Begehrens und der Befriedigung liegt der Augenblick des Bestrebens, um den es vielleicht der Natur am meisten zu thun ist. Ihr Instinkt, der mit unwiderstehlicher Kraft nach physischem Wohlbehagen, nach gesundem, schmerzlosem Daseyn, oder auch nach der lebhafteren Empfindung angenehmer sinnlicher Eindrücke strebt, ist eben so wohl als dieser Genuß selbst, nicht Zweck, sondern Mittel; die Absicht der Natur ging auf Entwicklung der Kräfte, auf Handlung, Bewegung, Thätigkeit; was sie von Genuß uns zur Lockspeise vorhielt, sollte, wie die kleine Portion Honig, welche der Hottentotte seinem freundlichen Bienenkukuk überläßt, nur den Gaumen reitzen, uns nur körnen, desto eifriger ihren Zweck zu befördern.* Das Bewußtseyn, welches sich zum Instinkt gesellt, erzeugt eine Menge oft widersprechender Neigungen, die auch alsdenn, wenn sie natürliche Triebe ersticken, noch immer jenen Satz bestätigen. Die Vorstellung, welche im Menschen die herrschende wurde, mochte noch so abentheuerlich seyn, so fand er einen Genuß darin, der ihn antrieb, seine ganze innere Kraft aufzubieten, und alles mit einer Empfindung, die stärker als jede andre sein Selbstgefühl erweckte, in Verbindung zu setzen. Glücklich seyn, scheint dem zufolge, wenigstens in der einzigen Welt die wir kennen, einen Zustand zu bezeichnen, wo Arbeit und Ruhe, Anstrengung und Ermattung, Begierde und Befriedigung, Wollust und Schmerz, Freude und Leid mit einander wechseln, wo aber die frohen Augenblicke des Genusses kräftig genug zu neuer Thätigkeit reizen, und lebenslang die möglichste Entwicklung aller physischen und sittlichen Kräfte befördern. Die Extreme einer zu heftigen Erschöpfung und einer gänzlichen Befreyung von aller Mühe, ersticken beyde die Thätigkeit, und machen nicht glücklich. Ohne Reiz, nämlich im ersten Fall ohne Hofnung, im andern ohne Begierde, sinkt die Hand, die nach dem Genuß greifen sollte, kraftlos zurück; wo hingegen das wichtige Verhältniß zwischen Arbeit und Genuß alle Fähigkeiten und Anlagen hervorruft, entwikkelt und in volle Wirksamkeit setzt, da scheint der weisen Staatskunst weiter nichts übrig zu bleiben, als über die Entwicklung verschiedener Kräfte so zu wachen, daß sie einander nicht zerstören können. Zur Prüfung dieser Gedanken müßte man untersuchen, ob die Länder, welche verhältnißmäßig die größte Anzahl glücklicher Menschen besitzen, nicht zugleich diejenigen sind, wo Freyheit der Person, des Eigenthums, des Gewissens und des Denkens jede Art von Betriebsamkeit im höchsten Grade befördert, und wo man, ohne sich zu erschöpfen, für alle Bedürfnisse des Staats mit einer Art von Verschwendung sorgt? Diese wenigen Züge sind gewiß hinreichend, jedermann einen Staat ins Gedächtniß zu rufen, der sie alle in sich vereinigt.

Die Fortschritte der Aufklärung geben derjenigen Thätigkeit, welche die Hauptbedingung zum Glück der Menschen ist, einen stärkern Schwung; denn sie bringen neue Verhältnisse in Umlauf, wodurch die Industrie mit der immer steigenden Vermehrung der Bedürfnisse wieder ins Gleichgewicht kommt. In eben dem Sinn, wie man thierische Körper Maschinen nennt, hat man auch den zusammengesetzten Staatskörper mit dem vielrädrigen, leblosen Gebilde der menschlichen Kunst verglichen. Allein alles an dieser Maschine lebt, jeder Theil hat eigene Lebenskraft, und die Vereinigung lebendiger Glieder bildet nicht ein todtes, sondern ein beseeltes organisches Ganze, fast auf eben die Art, wie nach van Helmont, Bonnet und Otto Friedrich Müller, jede Organisation der Natur auf unserer Erde ein Aggregat lebendiger Einheiten ist.* Eine beständige und gewaltsame Bewegung, wobey unabläßig Theile verloren gehen und wieder ersetzt werden, erhält und ernährt dieses ungeheure Ganze; ein heftiger äusserer Stoß, ein Mißverhältniß der Organe, Erschlaffung aus Mangel, Stockung aus Übermaß der Säfte, verursachen in ihm, wie im einzelnen Thiere, Gährungen, Erschütterungen, Krankheiten und Zufälle aller Art, ja bisweilen gänzliche Auflösung oder Übergang in andere ähnliche Körper. Ohne dieses Gleichniß weiter zu führen, erläutert es die Unentbehrlichkeit derjenigen Erhaltungsmittel, an welche sich ein Staat, vermöge seiner Verfassung oder seiner ganzen Art zu existiren, gewöhnt haben kann, und schildert deutlich die Gefahr, welche ihm bey jeder

Hemmung des einmal zu seinem Leben bestimmten Kreislaufes droht. Es mag also immerhin wahr seyn, daß ein mächtiger, reicher, üppiger Staat, im vollen Genuß seiner Kräfte, den Keim der Verwesung schon in sich enthält; im Grunde ein leerer Schall, da keine Gesellschaft unauflöslich ist: – so verliert das Verdienst eines Mannes, welcher dem gegenwärtigen Bedürfniß zweckmäßig abhilft und die Gesundheit des Staatskörpers auf lange Zeit sichert, so wenig, als der Ruhm eines geschickten Arztes, der einen Kranken wieder herstellt, ohne ihn unsterblich machen zu können.

Wenn also Cooks Entdeckungsreisen neue Aussichten für den Flor seines Vaterlandes eröfnen, wenn sie seine Mitbürger zu neuer Thätigkeit aufmuntern, und die allgemeine Aufklärung aller gesitteten Völker befördern; wer raubt ihm dann den unsterblichen Ruhm, für das Glück vieler Tausende gearbeitet, ja selbst sich hingeopfert zu haben? Dieses Verdienst des großen Seemannes ist nicht etwa blos hypothetisch, nicht der Traum einer hochgespannten Einbildungskraft, welche sich erkühnt, in eine dunkle, ungewisse Zukunft zu blicken; schon jetzt sprossen die Früchte der ersten und letzten Reise des Entdeckers hervor. Zwischen China und der neuentdeckten Westküste von Nordamerika haben englische Kaufleute das Band des Handels schon mit dem besten Erfolg geknüpft, und ihr erster wohlgerathener Versuch beweist die Einträglichkeit dieser neuen Fahrt. Die Pelzwerke jenes neuen Welttheils, und insbesondere die See-Otterfelle, welche der üppige Mandarin beynahe mit Gold aufwiegt, werden sich lange in ihrem Preise erhalten; denn diese Thiere müssen seltener werden, je eifriger der Amerikaner, durch den Tauschhandel angereizt, ihnen nachstellt. Es läßt sich also ohne besondern Scharfblick voraussehen, daß die Bequemlichkeit des Handels an jener westamerikanischen Küste bald die Errichtung fester Posten und Factoreyen nothwendig machen wird, aus denen mit der Zeit ordentliche Pflanzstädte entstehen müssen. Erinnert man sich dabey an das schnelle Wachsthum der Staaten, welche neulich auf der östlichen Küste desselben Welttheils in einen großen republikanischen Bund zusammengetreten sind, so erwartet man, innerhalb ein Paar Jahrhunderten, auch westwärts eine wichtige Erscheinung am politischen Himmel. Die Natur aller Kolonien bringt es mit sich, daß sie, sobald sie für sich selbst bestehen können, sich emancipiren und vom alten Stamme losreißen. Dieses Schicksal steht unfehlbar, früher oder später, den spanischen Besitzungen durch ganz Amerika bevor, und kann vielleicht durch die Entstehung eines neuen Handelsstaats in Neualbion beschleunigt werden. England könnte also einmal an den Bourbonischen Höfen, die jezt die Unabhängigkeit der Amerikanischen Staaten unterstützten und sogar ihren Handel an sich zu bringen suchten, das Wiedervergeltungsrecht ausüben, und den Verhältnissen der alten mit der neuen Welt durch neue Revolutionen ein ganz verändertes Ansehen geben.

Aus der Verwesung organischer Körper, oder

ihrem Auswurf, entstehen wieder neue Organisationen. Zuerst sind es zwar nur Schimmel und Bilze; doch diese bereiten das Erdreich für den Keim eines edleren Pflanzengebildes. Aus den überflüßigen oder schädlichen Gliedern eines Staats, die er von sich wirft, keimen bald neue Gesellschaften hervor, die allmählig zu einer ansehnlichen Größe und Stärke gedeihen. Einige Menschen von größerer Seele, welche sich unter günstigen Umständen in diesen neuen politischen Organisationen hervorthun, geben der noch biegsamen Masse Gestalt und Consistenz, und hauchen ihr einen bildenden Trieb ein, der sie in allen ihren Theilen entwickelt und weiter organisirt. Die Freystaaten in Amerika hatten keinen andern Ursprung, und ihre Gesetzgeber giengen aus ihrer eignen Mitte hervor. Eben diesen geringen Anfang hat die neue Brittische Kolonie, welche, noch in diesem Jahre, an der Ostküste von Neuholland angelegt werden soll. Jenes von Cook auf seiner ersten Reise entdeckte Neusüdwallis, und jene Botanybay, wo die Naturforscher in Zeit von drey Wochen beynahe vierhundert neue Pflanzengattungen fanden, sind zum künftigen Wohnort der Verbrecher ausersehen, welche sich seit einigen Jahren in den Englischen Gefängnissen angehäuft haben. Dort liegt ein ungeheures Land, welches man füglich einen neuen Welttheil nennen könnte, unbebaut und unbewohnt vor ihnen offen, und bietet ihnen einen milden Himmelsstrich, eine fischreiche Küste, und ein zum Anbau bequemes Erdreich dar. Das noch unerforschte Innere dieses Landes enthält vermuthlich eine Menge merkwürdiger, vielleicht kostbarer Produkte. Die geringe Anzahl der Elenden, die nackend, zerstreuet und ohne bleibende Stätte an den dortigen Seeufern irren, ist weder den Ansiedlern gefährlich, noch hat sie von diesen etwas zu befürchten. Der Anfang dieser neuen Pflanzstadt kann also unblutig seyn; sie kann die Jahre ihrer Kindheit ruhig und ungestört verleben, und muß, fern von dem Mutterlande, ihren Unterhalt mit desto größerem Eifer im Ackerbau suchen, der die einzige Quelle des wahren Reichthums ist. Allein sobald die Bevölkerung in Neuholland nur geringe Fortschritte macht, verwebt sich die Anpflanzung der nahegelegenen Inseln von Neuseeland, welche an Bau- und Nutzholz, an Pflanzenprodukten aller Art und an Fischen so ergiebig sind, mit in das Interesse der neuen Kolonie. Das dortige Erdreich und Clima sind dem Anbau unserer Getraidearten und des Weinstocks vorzüglich angemessen. Die Hyacinthenähnliche Pflanze (Phormium) welche dort einheimisch ist, und den Einwohnern einen unzerstörbaren, seidenweichen und glänzendweißen Flachs liefert, eine Pflanze die zugleich den Vortheil hat, daß sie auf einem felsichten, oder selbst einem sumpfigen Boden, welcher sonst nicht genutzt werden könnte, vortreflich gedeihet, bieten den Stoff zu Segeltuch, zu Strikken und selbst zu allerley Arten von Leinwand dar. Die harzigten, gewürzhaften Bäume, aus deren Sprossen Cook Bier und Thee bereiten ließ, und mehrere Kräuter, welche allem Anschein nach reich an Heilkräften sind, versprechen dem

Handel neue Aussichten; es sey nun, daß die angeerbte Wildheit der einheimischen Barbaren mit der Zeit gemildert werden kann, oder daß die Pflanzvölker europäischen Ursprungs, sich mit gewafneter Hand unter ihnen niederlassen. Für die nördliche Gegend von Neuholland, welche dem Äquator näher liegt, sind die Produkte der zwischen den Wendekreisen im stillen Meere zerstreuten Inselgruppen von größerer Wichtigkeit. Der Brodbaum, dessen Früchte eine so reichliche, gesunde und schmackhafte Nahrung geben, die Kokospalme mit ihren Nüssen, ihrem Öl und ihrem weinähnlichen Saft, der Pisang, der taheitische Myrobatanapfel, die Yams und Aronswurzeln, die süßen Batatten, das Zuckerrohr, mit Einem Worte die Früchte und eßbaren Pflanzen jener Archipele, können dereinst mit Nutzen in dem neuen Lande angezogen werden. Schon an den Küsten giebt es Stellen, die zum Anbau derselben tauglich sind, und in den Thälern, welche tiefer im Lande liegen, lassen sich dergleichen mit noch größerer Wahrscheinlichkeit vermuthen. Der Kajoputibaum, der das berühmte Öl dieses Namens giebt, und eine Menge Bäume, aus denen ein kostbares, dem Drachenblut sehr ähnliches Harz hervorquillt, wachsen in jenem Lande wild. Vielleicht könnte man von den Freundschaftlichen Inseln nach Neuholland auch eine neue Gattung des Fieberrindenbaums bringen, dessen bittrer, würzhafter Geschmack deutlich genug zu beweisen scheint, daß er so wenig, wie seine Amerikanischen Verwandten, an Heilkräften leer ausgegangen ist. Wer weiß nicht heut zu Tage von der

Wichtigkeit dieses Amerikanischen Produktes zu sprechen, und wer erkennt nicht, daß allein die Entdeckung desselben das Band zwischen Peru und Europa unauflöslich macht? Eine zweyte Art von Fieberrinde aus den Caribäischen Inseln fängt an, durch ähnliche, doch verschiedene, aber in gewissen Fällen noch wirksamere Kräfte in Ruf zu kommen. Die dritte ziert mit ihren schönen wohlriechenden Blumen die Gärten der Insulaner im Südmeer, und wird vielleicht auch wegen ihrer Heilkräfte um die Hütten gepflanzt. Die Anpflanzung dieses Strauchs, und der Handel mit seiner Rinde, kann in Zukunft Völker mit einander verbinden, die ohne ein solches Mittel noch lange getrennt geblieben wären.

Mit Erstaunen bemerkt man, daß die Völker Asiens, sie mögen wie die Chineser von Europa unabhängig geblieben, oder wie die in Bengalen, Java, den Molucken und Philippinen von unsern Kaufleuten unterjocht worden seyn, dennoch auf ihrer Stufe der Kultur stille stehen, sich mit den Europäern nicht vermischen, und ihre eignen Sitten, Sprachen und Gebräuche beybehalten. Das Alterthum ihrer Verfassungen, die starke Bevölkerung aller jener Asiatischen Länder, und die Gewinnsucht des fremden Kaufmannes, der alles, nur nicht seinen unmittelbaren Vortheil, vergißt, scheinen sich zu vereinigen, um jene Eigenthümlichkeit des Charakters zu erhalten; ja, das Klima wirkt sogar mit Macht auf den Eroberer zurück, der sich aus Trägheit und Behagen den Sitten der Besiegten genähert hat. In einem Lande hingegen, wo die Zahl der ursprünglichen Eingebohrnen unbedeutend ist; wo niemand dem neuen Ankömmlinge die Mühe erspart, den Acker zu bestellen; wo keine einheimische Manufaktur vorhanden ist, um ihn in Baumwolle oder Seide zu kleiden; wo folglich das Wachsthum und Gedeihen der neuen Pflanzstadt blos von ihren eigenen Kräften abhängen muß: da darf man wohl mit einiger Zuversicht auf die Fortdauer des Europäischen Geistes der Betriebsamkeit rechnen. Mit dem Anbau müssen also nach und nach Handwerke und Künste entstehen, welche sich durch den Handel ausbreiten und vervollkommen können; Industrie und Luxus müssen Hand in Hand miteinander gehen, und selbst die Wissenschaft kann nicht in gänzliche Vergessenheit gerathen. Wie müßte nicht ein Staat in der südlichen Halbkugel, dessen Einwohner so unternehmend, so thätig, so heftig angespornt durch die Menge ihrer Bedürfnisse und so sinnreich in Erfindung der Befriedigungsmittel wären, wie die Völker unseres Welttheils und der nordamerikanischen Freystaaten, die Verhältnisse aller nahen und fernen Nationen verändern? Neuholland, als Mittelpunkt des Handels betrachtet, scheint vortheilhaft gelegen zu seyn, um Indien mit Amerika zu verbinden, und gewissermassen die Oberherrschaft über die östlichen Inselmeere Asiens zu behaupten.

Wenn die allgemeine Aufklärung, wenn das gemeinschaftliche Fortrücken unserer ganzen Gattung nach einem bestimmten Ziele der Vollkommenheit, wenn die Aussicht, einer höheren gesellschaftlichen Glückseligkeit, als die Welt noch kannte, theilhaftig zu werden, nicht etwa leere Träume einer kranken Einbildungskraft, oder ohnmächtige Schwärmereyen der Ungenügsamkeit am Gegenwärtigen, oder gar den Umarmungen manches verwegenen Ixions absichtlich entgegengeschickte Wolkengöttinnen sind; wie wichtig wäre nicht alsdenn Cooks Entdeckungsepoche, auch als der Zeitpunkt, wo eine neue zweckmäßige Entwicklung des Menschengeschlechts und seiner Kräfte den Anfang nehmen, und ein fester Punkt mehr gewonnen werden sollte, aus welchem die weiseren Europäer den alten asiatischen Eigensinn, und jene unbezwingbare Widersetzlichkeit des vollkommensten, üppigsten und an natürlichen Schätzen unerschöpflichsten Welttheils gegen alle Fortschritte der Aufklärung endlich bestürmen müßten?

Kühn ist der Gedanke immer, daß fünf bis sechshundert Millionen Menschen, die es sich nicht träumen lassen, wie ernstlich und liebreich die Philosophie ihrer Brüder schon die Mittel sie aufzuklären berechnet, von einem Zeitpunkte nicht mehr fern seyn sollen, wo in ihrem Denken, Thun und Lassen eine merkwürdige Revolution vorgehen wird, wo Lehren der Weisheit aus Europa, vielleicht auch aus Amerika und den Südländern, mit unwiderstehlicher Macht der Überredung sie auffordern werden, ihrer lange gewohnten Sklaverey, ihrer natürlichen Weichlichkeit und Indolenz, dem desultorischen Gange ihrer in Bildern spielenden Vernunft, kurz den angeerbten, klimatischen Irrthümern und Mängeln ihres Verstandes und Herzens zu entsagen, und dafür die Wahrheit zu erkennen und anzunehmen, welche den Europäischen oder aus Europa entsprungenen Selbstdenker glücklich macht! Nun ist es zwar unläugbar, daß die gänzliche Bevölkerung der Erde und insbesondere die Entstehung großer wirksamer Staaten in einer bis jezt so gut als unbewohnten Weltgegend, merkwürdige Folgen und wichtige Veränderungen im System des allgemeinen Zusammenhanges nach sich ziehen müsse; und wer mag der prophetischen Begeisterung, oder jener ihr nacheifernden Kunst, im magischen Kreise der Dialektik die Zukunft zu enträthseln, das Vorrecht streitig machen, sogar die Art des Einflusses, den diese Revolution endlich auf die Menschengattung äußern wird, voraus zu verkündigen? allein für den kaltblütigen Forscher, der die Erfahrung befragt, ist es allerdings noch etwas befremdend, daß ihn die Begebenheiten der Vergangenheit zu diesen Vorherbestimmungen nicht zu berechtigen scheinen.

Man nehme das Alter der Erde und des Menschengeschlechts so hoch an, als man immer will, so ist doch die Geschichte nur gleichsam von gestern, und steigt nicht über dreytausend Jahre zurück. In diesem Zeitraum aber sind die Sitten, die Lebensart, die Regierungsform, der Charakter und die Religionsbegriffe der Chineser und Indier im wesentlichen unverändert geblieben, so oft auch die benachbarten Mongolischen Horden diese unkriegerischen Völker bezwungen haben. In wiefern sind also die Begriffe, die wir von unserem rastlosen Geiste, von unserer auf Freyheitssinn und Griechenlands Philosophie gepfropften Aufklärung abgezogen haben, anwendbar auf jene uralten despotisch-patriarchalischen Verfassungen Asiens, wo man sich an ererbten Künsten und Wissenschaften genügen läßt, nichts neues erfindet, und nichts fremdes lernen will? – In unserm unbeständigen Klima giebt es kluge Männer und Frauen, die nach meteorologischen Wahrnehmungen jedem Tage des zukünftigen Jahres seinen Antheil Regen, oder Sonnenschein, Frost, Hitze, Sturm, Gewitter und Windstille zumessen. In jenen Gegenden, wo das Barometer weder steigt noch fällt, wo die Winde und Jahreszeiten einer unabänderlichen Regel unterworfen sind, kann man die Wetterpropheten entbehren. Doch zugestanden, daß sich ein meteorologischer Cyklus für unsern Norden ausrechnen ließe, würde man daraus folgern können, daß dereinst die Zeit eines immerwährenden Sonnenscheins kommen müsse? So bündig ist gleichwohl der Schluß von den politischen Erscheinungen eines Augenblicks und eines Winkels der Erde, die vielleicht auch ihren Cyklus haben, auf eine zukünftige allgemeine Übereinkunft des Menschengeschlechts, welches dann in einem Meere von ununterbrochener Glückseligkeit nichts weiter zu thun haben würde, als – unaufhörlich zu genießen, und endlich, über Wahrheit einverstanden, die Denkkraft feyern zu lassen. Mich dünkt, wir müßten in dieser Sache nur analogisch schließen. Alle Wesen der Natur sind vergänglich, wenn gleich von verschiedener Dauer. Eine Stunde beschließt das ganze Daseyn eines Schimmels; Zoroasters Cypresse in Kaschmer war vierzehnhundert Jahre alt, als der Kalife Motawakel sie abhauen ließ. Am vergänglichsten ist die Krone der Schönheit, die Blume und ihr Duft. Wir genießen diese, und freuen uns ihrer, so lange sie währt, und pflegen sie, um ihrer froh zu werden. Können wir nicht auch die Blume der Aufklärung pflegen, sie genießen und uns freuen?

Was Cook zur Masse unserer Erkenntnisse hinzugefügt hat, ist jedoch von der Beschaffenheit, daß es tiefe Wurzeln schlagen und lange den entscheidendsten Einfluß auf die Thätigkeit der Menschen haben wird. Künstliche, vervielfältigte, complicirte Bedürfnisse, wie die unsrigen, und Leidenschaften die sich darauf beziehen, sind vielleicht unmäßig in ihren Forderungen; allein sie geben den menschlichen Kräften zugleich einen Schwung, wodurch sie oft unglaubliche Dinge verrichten. Nur das gegenwärtige Jahrhundert konnte Cooks brennende Ehrbegierde mit allen Hülfsmitteln ausrüsten, wodurch er zum Entdecker ward; und nur Cook konnte diesem Zeitalter Genüge leisten. Verschiedene Europäische Staaten haben so rasche Fortschritte zur Vervollkommnung gethan daß sie auch dem blödesten Auge nicht mehr entgehen können. Selbst ihre trägeren oder mehr bedrückten Nachbaren fangen an einzusehen, wie weit sie zurückgeblieben sind, und welche Vortheile sie entbehren müssen. Auch in Despotien fühlt man endlich die große Wahrheit, daß die Sklaverey die Menschen entadelt und entnervt; man nimmt ihnen daher die schwersten Fesseln ab, und lockt auf diese Art die Industrie hervor. Vor der Morgenröthe der Wissenschaften verschwindet die menschliche Unfehlbarkeit. Duldung und Gewissensfreyheit verkündigen den Sieg der Vernunft, und bahnen den Weg zur Preßfreyheit und zur freyen Untersuchung aller Verhältnisse, die dem Menschen unter dem Namen Wahrheit wichtig sind. Endlich geben Luxus und Fleiß dem Leben einen neuen Werth; die Künste erreichen den Gipfel der Vollkommenheit und Einfalt; Beobachtung und Erfahrung erweitern und verbinden alle Wissenschaften miteinander; alle politischen Kräfte neigen sich ins Gleichgewicht; kurz, es ist oder es wird schon Blüthezeit. Die allgemeine Betriebsamkeit bemächtigt sich schnell jeder kleinen Entdeckung, jeder einzelnen Erfahrung, um sie auf das praktische Leben anzuwenden; wie wird nicht erst die Masse der Erkenntniß, die Cook errungen hat, ihre Hände füllen und alle ihre Triebwerke bewegen? Die vollendete Erdkunde; die mit der Astronomie verbundene Nautik; die Ausdehnung des Brittischen Handels bis an die neuentdeckte Westküste von Nordamerika; die Gründung einer Kolonie in Neuholland; die Bereicherung der Naturgeschichte; die genauere Kenntniß so mancher Menschenstämme in ihrer eigenthümlichen Verschiedenheit, und die daraus erfolgende nähere Entwickelung des allgemeinen Begriffs von unserer Gattung, ihrer gemeinschaftlichen Triebe, ihrer ähnlichen, auf Einer Vorstellungsart gegründeten Vorurtheile und Irrthümer, ihrer Wildheit, Barbarey oder Kultur, ihrer klimatischen Lebensart und Organisation; endlich auch die Wichtigkeit der Entdeckungsepoche für manche jener Völkerschaften selbst, deren Wissen und Genuß dadurch einigen Zuwachs erhalten mußte; – wie innig und vielfältig verwebt nicht dies alles den Namen und das Verdienst des großen Entdeckers in die künftigen Beschäftigungen vieler Völker und Generationen! Der Gränzpunkt der fortschreitenden Aufklärung liegt außer unserm Gesichtskreise; selbst wenn ihre Blüthe längst verwelkt, ihre Frucht abgefallen und zerstreuet seyn wird, sprossen ihre Saamen in einem andern Boden wieder hervor. Wie ließe es sich also bestimmen, wo der Einfluß, den Cook auf sein Zeitalter und auf die Nachwelt haben muß, sich in den Strom der Jahrhunderte gänzlich verlieren wird?

Bisher betrachteten wir nur die auffallenderen Folgen seiner Entdeckungen; allein sie wirken auch unvermerkt im Stillen, und vielleicht mit desto größerem Nachdruck, auf den Verstand und das Herz. Es ist ein wichtiges Geschäft, in Stunden der Erholung, durch eine Reihe neuer Bilder die angestrengten Geisteskräfte zu erquikken, den Eindruck überstandener Mühseligkeiten zu verwischen, Kraft und Muth zu neuer Anstrengung zu geben, und das Gedächtniß mit nützlichen Lehren und Kenntnissen zu bereichern. Unter allen Merkmalen eines aufgeklärten Jahrhunderts ist vielleicht keines untrüglicher, als eben dieses lebhafte Bedürfniß der Lektüre, welches sich bis auf die untern Volksklassen erstreckt. Nur ist es zu bedauern, daß ein so reger Trieb von denen, die sich zu Schriftstellern berufen glauben, selten gewissenhaft befriedigt wird, indem die reifliche Erwägung der großen Pflicht, welcher sie sich unterziehen, gerade dasjenige ist, was sie am wenigsten zu kümmern scheint. Wenn indeß unter den jährlichen Hekatomben, welche nur durch ihre Anzahl einen Werth erhalten, der Wohlgeruch eines reineren, der Weisheit würdigen Opfers auf dem Altar der Göttin duftet, so wird sie mit den Sterblichen versöhnt, und läßt sich vom hohen Sternensitz in ihre nideren Hütten herab. Wenn ein Buch, das durch merkwürdige wissenschaftliche Resultate, lebhafte Schilderungen von Gegenständen, die den Menschen nahe angehen, und Darstellung großer gefahrvoller Thaten oder ungewöhnlicher wirklichen Begebenheiten die Wißbegierde, das Nachdenken, die Einbildungskraft, die Empfindungen und Leidenschaften der Leser nach einander anregt – zugleich dem Verstande eine Menge neuer Begriffe, Erkenntnisse, Urtheile und Grundsätze einprägt, welche, da sie unmittelbar aus Erfahrung fließen, durch ihre praktische Beziehung auf das Leben, einen tiefen und bleibenden Eindruck machen: so kann es zur Bildung jedes einzelnen Lesers im erhabensten Sinne, nämlich zur zweckmäßigen Entwicklung seiner edelsten Anlagen, sehr wesentlich, und oft mit glücklicherem Erfolge beytragen, als manche Lehren, die auf das Wort des Meisters für apodiktisch gelten, und denen sein Beyspiel widerspricht. Das Gepräge des gemeinnützigen Fleißes, des beobachtenden Scharfblicks der männlichen Vernunft, der Unbefangenheit und Einfalt, zeichnet Cooks Schriften, so wie seine Thaten, aus. Der Mann, dem überall

Mittel zur Ausführung seiner Endzwecke zu Gebote standen, wußte auch Worte zu finden, wenn er tief empfundene Verhältnisse, sorgfältig durchspähete Naturgestalten und mit unnachahmlicher Kunst und großer Kühnheit vollbrachte Arbeiten, ohne Anmaßung, aber voll Ernst und Nachdruck erzählen wollte. Weder fremde Anleitung, noch vertraute Bekanntschaft mit großen Mustern, sondern der innere Drang, wodurch er auch Entdecker ward, bildete seinen ungeschmückten, aber reinen, deutlichen Styl. Ohne Anhänglichkeit an Systeme die er nicht kannte, an Vorurtheile die er belächelte oder verabscheute, blieb sein fester Punkt getreue Darstellung dessen, was er gesehen und erfahren hatte. Fassen wir den Inhalt seiner Reisegeschichte zusammen, so zeigt sie, was der Mensch auf verschiedenen Stufen der Bildung ist; was über die ganze Oberfläche des Erdbodens die wesentlichen Bedingungen eines glücklichen, nach seinen verschiedenen Bedürfnissen modificirten Zustandes sind; was die Natur ihm dazu darbietet, und was er aus den verborgenen Tiefen seines eigenen Wesens schöpfen muß; endlich, was der gesittete, vernünftige Mensch Großes vermag, wenn er den ganzen Reichthum seiner Organisations- und Verstandeskräfte aufbietet, und seinen Genuß in ihre unbegränzte Thätigkeit setzt. Aus dieser reichen Quelle schöpften bereits weise, gelehrte, erfahrene Männer Belehrung und Nahrung für ihren gebildeten Geist; und noch ergiebiger strömt sie für die aufblühende Jugend mit ihrer Wärme des Gefühls und ihrer beflügelten Phantasie. Deutscher Jüngling! auch Du lasest Cooks unvergeßliche, thatenvolle Entdeckungsgeschichte. Sprich! wurdest Du nicht belehrt, aufgeklärt, zum Nachdenken erweckt; jezt unwillkührlich durch Züge von erhabener Größe erschüttert; dann zu sanftem Mitleid, zur Tugend- und Menschenliebe hingerissen, oder zum edlen Selbstgefühl und zum Streben nach nützlicher Betriebsamkeit entflammt; und von Dank und Bewundrung für den Entdecker durchdrungen?

Gerecht ist dieses Opfer der Bewundrung, welches jedes gefühlvolle Herz dem verewigten Seemanne darbringt; gerecht, und seinem Andenken desto heiliger, da es der Lohn ist, um welchen er gerungen hat. Zwar seiner kalten Asche frommt unser Lob nicht mehr; und der Geist des Helden, wie der Engel des Dichters,

wird nicht herrlicher
Durch eur Entzücken; wird nicht mächtiger
Durch eur Vertrauen!

Die Welt könnte seine Wohlthaten genießen, und, wie sie so oft gethan, des Gebers vergessen. Allein der Nachruhm ist das eigentliche Erbe der wenigen Edlen. Oft zündete die Ehre, die man dem Andenken eines großen Mannes weihte, den Funken des Genius in einem andern Busen an. Mit einem Eifer, der alle Hindernisse besiegt, kämpfte er dann um diesen Preis, der ihn so groß, so rein und göttlich dünkt; und wenn er am Ende seiner Laufhahn einen Blick in das Vergangene wirft, verläßt er diesen geschäftigen Schauplatz zufrieden, froh und mit dem festen Vertrauen, daß sein Beyspiel und der Ruhm seines Namens die wohlthätige Flamme fortpflanzen werde, so wie er sie zuerst empfing. So wird der Nachruhm gleichsam eine Schuld, welche die Nachwelt tilgen muß; und ein Zeitalter, welches bey den Verdiensten eines großen Mannes schweigt, verdient die Strafe, daß es keinen ihm ähnlichen Mann aus seiner Mitte hervorbringen kann.

Was der Mensch mit auf die Welt bringt, ist die innere Energie seines Wesens, und ihre verschiedenen Grade der Empfänglichkeit. Wie der Bildungstrieb des Körpers in verschiedenen Menschen nicht von gleicher Stärke ist, und bald Paragonen, bald Lappen und Samojeden, auch in einerley Klima Riesen und Zwerge hervorbringt, bald früh, bald spät, gleichförmig oder anfallsweise sich entwickelt; eben so ist die eigenthümliche Thätigkeit des Willens und der Denkkraft, und die Beweglichkeit der Phantasie und des Gefühls an innerer Stärke verschieden. Es herrscht aber auch eine unbegreifliche Harmonie zwischen den Gegenständen der Vorstellung, und der Fähigkeit ihre Eindrücke anzunehmen. Gewisse Menschen werden durch besondere Klassen von Vorstellungen kräftig erschüttert, die auf andere keinen Eindruck zu machen scheinen. So tönen gespannte Saiten von selbst harmonisch, doch nicht eher, als bis der gleichgestimmte Klang sie durchzittert. Ein Weiser sagt irgendwo sehr schön und richtig: „es hängt nur von uns ab, das Verhältniß unserer Geisteskräfte unter einander zu prüfen und sie ins Gleichgewicht zu bringen; ihr intensiver Reichthum aber ist die unbedingte Gabe der Götter." Diese Ungleichheit des innern Kraftmaaßes wird offenbar, so bald man das Menschengeschlecht nur etwas genauer betrachtet; allein die auffallenden Beyspiele von auszeichnender Größe sind in allen Ständen selten, obgleich an keinen ausschließungsweise gebunden. „Selbst die meisten Fürsten," sagt ein großer freymüthiger Geschichtschreiber, „zöge man ihnen den Purpur aus, und würfe sie nackt in die Welt, würden unverzüglich in die unterste Klasse der Gesellschaft zu Boden sinken, ohne Hofnung sich wieder empor zu schwingen." Dagegen hatte die Natur unsern Entdecker in der geringen Hütte des Bauers mit einem vollen Maaße von Kräften gerüstet. Die Grundkraft seines Wesens lag in einem siegreichen Bestreben, zur Wirksamkeit und That auszuströmen; sie schlummerte nie, sie bedurfte nicht erst der Anregung der Sinne, und sinnlicher Genuß leistete ihr kein Genüge. Cooks Enthaltsamkeit war auf diese Art eine angebohrne Tugend, nicht die Folge eines hartnäckigen Kampfes. Seine Begierde konnte nur durch Erkenntnisse gesättigt werden, und sie mögen ihm nun Zweck oder Mittel, oder wechselsweise beydes gewesen seyn: so erzeugte dieses Bedürfniß, oder dieser Genuß, jenen nie ermüdenden Fleiß, jenes so bewunderte Ausdauren und Beharren, wodurch er so große Thaten vollbrachte, und gegen Arbeit, Schwierigkeit, Gefahren und Widerwärtigkeiten unüberwindlich blieb. Eine Einbildungskraft, welche die Verhältnisse der Dinge schnell und deutlich auffaßte und bemerkte; ein

Beurtheilungsvermögen, welches richtig erkannte und unbestechlich entschied; eine Reizbarkeit des Gefühls, deren Übermaaß zuweilen leidenschaftliche Ausbrüche veranlaßte, aber noch öfter unter der Herrschaft der Vernunft sich zur Gerechtigkeit, Güte und Menschlichkeit neigte; – Anlagen, welche den Adel der Seele beweisen, sollten sich einst in Cook, dem Sohn eines Pächters, zu großen Zwecken entwickeln. Seine Geburt und die Dürftigkeit seiner Umstände begünstigten indeß keineswegs seine Ausbildung. Eine frühzeitige Neigung für das Seeleben entschied sein Schicksal. Sein thätiger Geist, stark in Entschlüssen, kühn und schnell in der Ausführung, zerriß die Fesseln, die man ihm angelegt hatte, und begab sich freywillig unter die Zucht eines Kohlenschiffers. Hier erlitt er funfzehn Jahre lang, als gemeiner Matrose und als Steuermann eines Kauffahrers, alles Ungemach und alle Mühseeligkeiten des harten Dienstes, den er in der Folge seinen Untergebenen zu erleichtern suchte; hier ward er mit den Schwierigkeiten und Gefahren der Schiffahrt vertraut; hier stählte sich sein Herz gegen den grausenvollen Anblick des nahen, kaum noch vermeidlichen Todes; hier legte er auch den Grund zu jener vollkommenen Geschicklichkeit im praktischen Theile seiner Kunst, zu der genauen und vollständigen Kenntniß des Schiffs und der Ausrüstung desselben, der Pflichten des Matrosen und der in ihm erforderlichen Fertigkeiten und Talente, wodurch er sich hernach vor unzähligen Befehlshabern so vortheilhaft auszeichnete. Nichts giebt uns einen anschaulichern

Begriff von der Festigkeit seines Charakters, als diese lange Prüfungszeit, wo er im eigentlichsten Verstande mit seinem Schicksal kämpfte, und dennoch den Sieg davon trug. Hätten wir die Geschichte jener funfzehn schrecklichen Jahre seiner Jugend, wie lehrreich für den Menschenkenner würde sie seyn, welchen Aufschluß würde sie über den ruhigen Muth und den Reichthum der Seele dieses großen Mannes geben, der mitten im rohen Schwarm gemeiner Seeleute, – deren Sitten oft Abscheu und Ekel erregen, deren Hang zur gröbsten Sinnlichkeit in Laster ausartet, deren Leichtsinn zuweilen Verbrechen gebiert, selten eines großen Gedankens, nie eines festen Entschlusses fähig ist, – unerkannt und ohne andere Aufmunterung oder Belohnung als seinen eignen Beyfall, seinen Grundsätzen getreu bleiben konnte und seinem Ziel, so fern es auch seyn mochte, unermüdet entgegen arbeitete, ohne vom Beyspiel angesteckt zu werden, oder bey drückenden Umständen und fehlgeschlagenen Hofnungen die Hände und das Haupt sinken zu lassen! Fast scheint es auch, als wenn Cook sein großes Maaß von Kräften damals hauptsächlich vertheidigungsweise gebraucht haben müsse; denn die eingeschränkte, niedrige Sphäre, wohin ihn sein Schicksal verbannt hatte, bot ihm nicht Stoff genug, sich zu beschäftigen, und in dem Grade, wie seine Fähigkeiten und Anlagen es gestatteten, sich Kenntnisse und Fertigkeiten zu erwerben. Die praktischen Erfahrungen, welche beynahe das einzige waren, womit er seinen Verstand hier bereichern konnte, gewannen indessen bey ihm, durch den Scharfsinn und die gesunde Beurtheilungskraft, womit er sie verdauete, eine neue Gestalt, und leiteten ihn bald zu dem wichtigen Resultate, welches Tausende in seiner Lage übersehen, daß mathematische und vorzüglich astronomische Kenntnisse zur Bildung des geschickten Seemannes unentbehrlich sind. Ehe noch Cook das erste Ziel seines Ehrgeizes erreichen und ein Fahrzeug als Schiffer besteigen konnte, warf ihn sein Schicksal plötzlich auf die königliche Flotte. Hier bahnte ihm sein Verdienst zum erstenmal den Weg zur Ehre. Die Aussicht zu einer höheren Bestimmung zu gelangen, fachte seine Geisteskräfte zu neuer Anstrengung und neuen Arbeiten an. Wie vorhin zum Matrosen, so bildete er sich jezt zum Officier. Die Tiefen der Mathematik waren seinem Ernst ein leichtes und unterhaltendes Spiel; und er widmete sich ganz der Mechanik und Sternkunde, auf denen die Theorie der Schiffahrt beruhet. Wer es weiß, welche Ordnung und Klarheit der Begriffe das Studium der Mathematik über alle Klassen von Kenntnissen verbreitet, der wird sich vorstellen können, welch eine wichtige Veränderung mit unserm Seemanne jezt vorgehen mußte. Doch bey allem Reichthum seiner Geisteskräfte, bey der Vollständigkeit und Gründlichkeit seiner Kenntnisse, hätte Cook, ohne eine günstige Verkettung von Umständen, vielleicht nie den Gipfel erstiegen, wo die Welt den großen Mann in ihm erkannte. Das Glück, welches blindlings bald die Tugend, bald den Wahnwitz krönt, geht nur zu oft vor dem bescheidenen Verdienst vorüber, und kränkt dadurch nicht sowohl dieses, als vielmehr das ganze Menschengeschlecht. Oder trift dieser Vorwurf nicht die Begebenheiten einer Welt, wo ein ununterbrochener Zusammenhang von Ursach und Wirkung alles bestimmt? Wie dem Wortstreit auch sey; genug, Cook gehörte unter die wenigen begünstigten Ausnahmen, oder er war zum Entdecker der halben Erdkugel ausersehen. Das mühsame Geschäft, die Küsten von Neufundland aufzunehmen, war vier Jahre lang gleichsam die Vorübung zu seiner größeren Laufbahn. Er erlangte dabey eine von wenigen erreichte Fertigkeit und Genauigkeit sowohl im Ausmessen, als im astronomischen Beobachten. Schon dort übte er seine Wachsamkeit und Vorsicht, seine Unerschrockenheit und Gegenwart des Geistes im Augenblick der Gefahr, sein mildes, schonendes Betragen gegen ungesittete Völker; – Eigenschaften, welche hernach auf seinen Weltumschiffungen im Charakter des Entdeckers glänzten, und zur Vollkommenheit gediehen. Die unerwartete und ehrenvolle Aufforderung zu diesen Entdekkungsreisen gab endlich seinen Geisteskräften die höchste Spannung, und goß ein neues Feuer in alle seine Handlungen. Seine Entwürfe waren groß, durchdacht, wohlgeordnet und von männlicher Kühnheit; sein Genie beseelte ihre Ausführung, und bürgte für den Erfolg. Die Ehre, das Ansehen, der Wohlstand seiner neuen Lage verengten sein Herz nicht, und änderten nichts in seinem Betragen; er blieb nach wie vor der Mann von einfachen Sitten, der zwischen seiner Pflicht und seinem Vergnügen keinen Unterschied kannte. Seine Empfänglichkeit für Begriffe und Gefühle war noch in voller Kraft, und schien vielmehr mit jeder Reise zu gewinnen; ja es finden sich, vorzüglich in der letzten, Spuren einer ungleich zarteren Empfindung, als man in dem abgehärteten Seemanne gesucht hätte. Dieser Zug, wenn sonst keiner, gäbe schon ein vollgültiges Zeugniß für seine große Seele, deren stets währendes Bestreben es war, sich immer vollkommner zu bilden: Kaum wird es jezt noch befremdend seyn, daß jener dunkle Trieb sich hervorzuthun, der allmählig in Ehrgeiz und Begierde nach Wohlstand übergieng, sich bey einer so reich organisirten Seele zuletzt in ein weit feineres und edleres Gefühl für den Nachruhm verwandelte. Dank sey es der Natur, daß es Wesen von so empfänglicher Organisation giebt, welche dieser zarte Antrieb, der zugleich die Menschen in Liebe vereinigt, zu großen Thaten wecken kann! Läßt sich auch die Eigenliebe geselliger und liebenswürdiger denken, als indem sie dahin strebt, sich selbst in andern lieben zu können?

Vollständiger, als er selbst es voraussehen konnte, hat Cook auch diesen letzten Endzweck erreicht. Ich denke mir ihn, in der Schwärmerey eines Augenblicks, als einen der wohlthätigen Helden des Alterthums, die auf Adlersschwingen zur Versammlung der seligen Götter emporgestiegen sind. Würfe er dann einen Blick vom Olymp auf diese Erde, so sähe er eben dieselbe philosophische Gesellschaft, die schon einmal seine Verdienste krönte, sein Andenken auf Münzen verewigen; er sähe die Zähre der Wehmuth fließen, so oft ein edler Mensch seinen zu frühen, von ganz Europa beklagten Verlust erfährt; er sähe sein eignes Werk, die Geschichte seiner Reisen, ein besseres Denkmal als Erz oder Marmor werden; – er sähe auch die Freundschaft Blumen auf sein Grab streuen!

ÜBER LECKEREYEN

nec sibi coenarum quivis fernere arroget artem,
non prius exacta tenui ratione saporum.

Unter dieser Aufschrift sind wir keinesweges gesinnet einen Beytrag zum Kochbuch zu liefern, wenn es gleich seit einiger Zeit üblich ist, daß unser Geschlecht dem andern ins Handwerk fällt und sich mit Dingen beschäftigt, welche unsere ernsthafteren Vorfahren mit stolzem Selbstgefühl dem Weiberregiment überließen. Die Fertigkeit manches jungen Herrchens im Filetstricken ungerechnet, wem ist es nicht bekannt, daß Männer sich erdreisten, die Hausmutter in ihren Geschäften zu unterweisen; daß sie Lucinen vom Lager der Kreissenden entfernen und ihren Beystand entbehrlich machen; daß sie, sonst dem Magnet der Schönheit so folgsam, jezt selbst die Damen magnetisiren; daß sie endlich die Mysterien des weiblichen Luxus entweihen, und über die endlosen Verwandlungen der Putzgöttinn Tagebücher halten! Um also keinem gehässigen Verdachte Raum zu geben, wiederholen wir unser freywilliges Geständniß, daß wir mit niemanden gemeinschaftliche Sache machen, um auf fremden Küsten Kaperey zu treiben. Wir lassen das schöne Geschlecht unangefochten im Besitz des Vorrechts, die edle Kochkunst nach Regel und Vorschrift oder auf dem sichern Wege der Tradition zu lehren, und begnügen uns hier nach Anleitung der menschlichen Natur, so wie sie unserer Erfahrung sich darstellt, von jenem verfeinerten Sinnengenuß, der seinen Sitz auf der Zunge hat, und von seinem Gegenstande, jedoch hauptsächlich nur von den wohlschmeckenden Naturprodukten des Pflanzenreichs zu handeln. Ehe wir weiter gehen, müssen wir zuerst etwas näher zu bestimmen suchen, welche Naturprodukte eigentlich unter diese Rubrik gehören und als natürliche Leckereyen erwähnt zu werden verdienen. Es wäre kurz von der Sache zu kommen, wenn man geradezu sagen dürfte, die Natur habe auf Zunge und Gaum die zarten Nervenwärzchen in bestimmter Gestalt und beträchtlicher Menge zusammengedrängt, damit sie durch mannichfaltigen Reiz gekitzelt, das angenehme Gefühl einer behaglichen Existenz, in schnellen und auffallenden Veränderungen erneuern sollten; und was jenen Reiz verursache, sey eigentlich lecker. Allein so wohlfeil läßt man uns nicht durchkommen, und es muß noch etwas weiter ausgeholt werden.

Die Organisation des Menschen erscheint nähmlich bey verschiedenen Völkern in einer so wesentlichen Abänderung, daß derselbe Gegenstand ganz entgegengesetzte Eindrücke verursachen kann. Auch der Kalmyke, der Tunguse und Kamtschadale, wie nicht weniger der Neger und Amerikaner, hat gewisse Nahrungsmittel, die er für lecker hält, und die wir nicht dafür gelten ließen. Wir wollen unsere Leser mit dem seltsamen Verzeichnisse derselben verschonen, und denjenigen, der etwa darnach neugierig seyn möchte, und seinem Magen etwas bieten könnte, an einen scharfsinnigen Menschenforscher verweisen, dessen unermüdeter Fleiß ihm leicht mehr als hinreichende Befriedigung gewähren dürfte. Hier gilt es nur die Frage, ob nun gar keine Regel vorhanden sey, nach welcher sich zwischen diesen Extremen ein allgemeines Urtheil fällen läßt? Wir alle kennen ein altes lateinisches Sprichwort, welches jeden Streit in Sachen des Geschmacks verbietet; und in der That versuchte man vergebens den Grönländer zu überreden, daß Thranöl nicht der wahre Göttertrank sey; so wie es wahrlich auch verlorene Mühe wäre, unsern Gaum mit diesem ekelhaften Wallfischfette aussöhnen zu wollen. Die Organe sind verschieden, die Eindrücke müssen also verschieden seyn; und es bleibt uns weiter nichts als die Untersuchung übrig, welche von beiden Organisationen die vorzüglichste sey? Zwar, wissen wir wohl, daß einem jeden die seinige am besten gefällt, und sagen uns selbst zuerst, daß eine jede, für dasjenige, was sie im Gewühl der Erdewesen sollte, und für den Platz den sie ausfüllt, die zweckmäßigste ist. Aus diesem Gesichtspunkt aber, haben die verschiedenen Gattungen der Natur überhaupt keinen Rang, und das Sandkorn ist in seiner Art so vollkommen als Newton. Gleichwohl, wer zu wählen hätte, in der unübersehbaren Fülle der Wesen, die zwischen diesen beiden Gränzpunkten liegen, würde der, die Fähigkeit zu unterscheiden und zu vergleichen vorausgesetzt, wohl etwas anders als die Menschheit, und zwar diese ihre höchste Stufe der Entwickelung, allen übrigen vorziehen? Doch wir eilen vorwärts, vielleicht mit allzu raschem Schritte. Die Receptivität der menschlichen Natur hat so einleuchtende Vorzüge, daß keine andere Erdengestalt ihr die Wahl streitig machen kann; nur zwischen Mensch und Mensch, wo die Schattirungen feiner, und die verschiedenen Ansprüche bedeutender sind, muß unser Urtheil noch wanken. Soviel Festigkeit gegen Hitze und Kälte, Wasser und Luft, und so mancher Sinn von durchdringender Schärfe; was nähmlich der Wilde vor dem gesitteten Menschen voraus hat, beredete schon einmal einen Philosophen, es sey ungleich besser, nackt im Walde Eicheln zu fressen, als hinterm Ofen in Schlafrock und Mütze zu deraisonniren; nur Schade, daß es ihn nicht auch zum Tausch bereden konnte.

Ein Weiser, der mit sich selbst im Widerspruch ist, wird uns aber schwerlich irren können, sobald wir mit demselben Maaßstab in der Hand, womit wir zwischen Thier und Mensch entschieden, jezt auch die Nuancen unserer Gattung untersuchen wollen. Die intensive Stärke dieses oder jenes sinnlichen Eindrucks entscheidet noch nichts für die höhere Vollkommenheit desjenigen Nervensystems, welches nur dafür empfänglich ist. Denn auch dieselben Sinne und Triebe, die im Menschen zwar vereinigt, allein in ihrem Grade nicht hervorstechend sind, erblickt man einzeln bey verschiedenen Thieren in einer weit durchdringenden Schärfe, und mit einer unwiderstehlicheren Kraft. Die Vermannichfaltigung, welche in der Einförmigkeit unseres Planeten herrscht, beruht lediglich auf dieser vereinzelten Darstellung verschiedener Eigenschaften, die in ihrem höchsten Grad als Karrikatur erscheinen, und da wo sie alle beysammen im Gleichgewicht liegen, unmöglich ihre gänzliche Entwicklung erreichen können. In der Menschengattung ist das Individuum gewöhnlicherweise auch nur ein solches katoptrisch verzerrtes Bild, in welchem bald diese bald jene Anlage mehr hervorragt, diese oder jene Fähigkeit mit Hintansetzung der andern bis zur höchsten Stufe der Ausbildung gelangt ist. Wer vermag es, alle zahllosen Extreme herzuzählen, in denen der Mensch bald so bald anders modificirt, jezt in einem besondern Theile des Körpers mechanische Fertigkeiten besitzt, die uns in Erstaunen setzen; jezt durch die Schärfe eines Sinnes, durch die Allgewalt einer Leidenschaft, durch die erhöhte Reizbarkeit der Phantasie, des Gedächtnisses, der Denkkraft, ein Phönix vor unsern Augen glänzt? Gleich unvermögend an diesen Excentricitäten etwas zu ändern, und auch nur die Möglichkeit, daß eine Änderung bessern könnte, einzusehen, entzückt uns das immer neue Schauspiel dieser ringenden Kräfte, indem es uns auf die einfachsten Naturgesetze zurückführt. Nur der Stoß erzeugt Bewegung; nur aus härterem Aneinanderreihen geht Licht und Feuer hervor; und nur in unaufhörlichen partiellen Disharmonien konnte der große Zusammenklang des Weltalls bestehen!

Ohnstreitig scheint aber auch unter uns diejenige Organisation den Vorzug zu behaupten, welche vor allen andern zu einer gewissen Universalität der Empfindungen und der Verhältnisse vorbereitet ist. Nur dieses feinere Gewebe empfängt und vergleicht sodann die Menge verschiedenartiger Eindrücke, wägt sie gegen einander ab, und bestimmt ihren relativen Werth, indeß der grobe, wenn gleich in einzelnen Fällen schärfere Sinn, den wenigen Empfindungen, für die er empfänglich ist, ohne Wahl und Vergleichung, bloß instinktmäßig gehorcht. Man muß entweder die auszeichnenden Charaktere der Menschheit, wodurch sie sich vom Affen unterscheidet, ganz aus dem Auge verlieren, oder nicht länger zweifeln, daß jene gerühmte schärfere Sinnlichkeit gewisser Völker, nur ein blinder Instinkt ist, der sie an die Gränze der Thierheit zurückstellt. Wir haben uns zwar nicht mit einem Sprunge auf unsern jezigen Gipfel der Verfeinerung gehoben; allein daß wir die wesentliche Bedingniß dazu, eine zarte, mithin allumfassende Empfänglichkeit von Alters her besaßen, die nur Gelegenheit bedurfte, um sich zur höchstvollkommenen Sinnlichkeit zu entwickeln, dieß läßt sich sogar historisch beweisen. Ein mildgemischtes Blut floß leicht doch langsam in den Adern unserer gothischen Vorfahren; denn hoch war ihr Wuchs und blendend ihre Weisse; ihr Auge blau und das Haar von goldener Röthe. So nahe an jene einzelnen kränklichen Menschen, die man Albinos oder Kakerlacken nennt, gränzte eine Form der Menschengattung, in welcher die Natur die höchstmögliche Zartheit mit männlicher Stärke vereinbaren wollte. Später als bey allen andern Menschenstämmen regte sich bey ihnen der Geschlechtstrieb, und ein altes Herkommen gebot ihnen jede Art der Mäßigkeit bis in ein Alter, wo der Körper sein vollkommenes Wachsthum und Festigkeit in allen Theilen erlangt hatte. Hingegen findet man auch bey ihnen keine Erwähnung irgend einer durchdringenden instinktähnlichen Sinnesschärfe, dergleichen die nomadischen Horden am Altai, und manche amerikanische Wilde nur für gewisse Arten des Reizes besitzen; sondern die verschiedenen Anlagen der menschlichen Natur befanden sich bey ihnen zu einer allgemeinen zarten Empfänglichkeit harmonischer verwebt. Wie Land und Clima nun zu ihrer Entwickelung mitgewirkt, wie viel die Verkettungen des Schicksals, durch den wechselseitigen Einfluß der Völker dazu beygetragen haben, einen Menschenstamm, der mit dieser allgemeinen Verwandschaft ausgerüstet war, gerade so zu stellen, daß alle Gegenstände der Welt auf ihn wirkten, und er endlich zur Perception aller möglichen Eindrücke gelangen konnte: dies auseinander zu setzen, führte uns hier zu weit vom Ziele. Genug, das Phänomen ist da; und augenscheinlich mußten diese wirksamen Verhältnisse, die uns im Ganzen genommen auf die Höhe der wissenschaftlichen sowohl, als technischen Bildung versetzten, zugleich im Einzelnen zu allen Enormitäten einer raffinirten Sinnlichkeit führen, welche in einem oder dem andern Individuum die übrigen Anlagen theils umschuf, theils mehr oder weniger unterdrückte.

Kürzer, aber schwerlich deutlicher, hätten wir statt alles bisherigen sagen können: die Richtigkeit der Vorstellungen steht im direkten Verhältniß der Empfänglichkeit des Organs, multiplicirt in die Zahl der zu vergleichenden Eindrücke; niemand aber hat ein Recht Begriffe festzusetzen als wer richtige Vorstellungen erhielt, und wenn gleich niemand eigentlich wissen kann, ob z. B. eine Ananas gut schmeckt, als der sie gekostet hat, so gehört doch mehr als dieses Kosten zu einem Urtheil. Nur der Europäer kann daher bestimmen, was ein Leckerbissen sey, denn nur er ist vor allen andern Menschen im Besitz eines feinen unterscheidenden Organs, und einer durch vielfältige Uebung erhöhten Sinnlichkeit, oder mit andern Worten: er hat wirklich einen leckeren Gaumen, und neben seinen Gastmälern besteht der Genuß, selbst einer chinesischen Tafel nur in einer unfläthigen Fresserey. Ihm fröhnen alle Welttheile mit ihren Erzeugnissen, deren mannigfaltige, oft sogar widersprechende Eigenschaften sein weiserer Sinn allein zu einem vollkommenen Ganzen vereinigt. Er allein unterscheidet und classificirt die verschiedenen Arten des Geschmacks, nicht bloß nach dem Eindruck auf seine Zunge, sondern nach der Verschiedenheit der Bestandtheile einer jeden Substanz die er kostet, und nach deren Beziehung auf die Ernährung und Gesundheit des Körpers. Zwar müssen wir gestehen, daß der feine Sinn des Geschmacks der mit unbeschreiblich zarter Unterscheidungsfähigkeit die unzähligen Abänderungen des Angenehmen und des Widerlichen von einander zu sondern und mit einander zu vergleichen weiß, nicht auch im gleichen Grade die verschiedene Zuträglichkeit der Lebensmittel zu prüfen geschickt ist. Die nahrhaftesten Speisen sind insgemein die geschmacklosesten, und können schon darum am längsten genossen werden, weil sie nicht durch übermäßigen Reiz die Nervenwärzchen verwunden noch auch durch die öftere Wiederholung desselben Eindrucks endlich Überdruß erregen. Allein von allem Wohlschmekkenden überhaupt gilt dennoch die Regel, daß nicht sowohl dessen besondere Eigenschaft, als vielmehr nur das Uebermaaß einem Gesunden schaden könne. Nichts ist also gewisser, als daß die Bildung der Geschmackswerkzeuge nicht lediglich auf die Befriedigung des Hungers und des Durstes, noch auch ganz alleinauf die Sicherheit vor dem was schädlich ist, abzwecken kann. Im Gegentheil, so vielfältig man auch die Teleologie in der Naturkunde mißbraucht, so gewiß sie oft auf ein bloßes Wortspiel hinausläuft, und so wenig absolutes sie überhaupt haben mag, so ist doch im gegenwärtigen Falle entschieden, daß die Veränderungen die der Genuß wohlschmeckender Speisen in uns hervorbringt, uns zunächst auch wahres Vergnügen gewähren sollten, und daß es die Natur verläumden heiße, wenn man behaupten will, sie habe dem Menschen zwar Ansprüche auf ein frohes Daseyn verliehen, jedoch die Mittel dazu von allen Seiten versagt. Man sollte denken, es verstünde sich von selbst, daß die Fähigkeit zu genießen auch eine Bestimmung dazu mit in sich schließt, sobald die Gegenstände des Genußes in der Natur anzutreffen sind. Dieses von selbst verstehen aber, welches nur die Sache des gemeinen Menschenverstandes ist, war nie die Sache gewisser Köpfe, die sich und andere überreden wollen, wir hätten Füße um nicht zu gehen, eine Zunge um nicht zu schmecken, Augen um sie nicht aufzuthun, und so weiter fort. – Sie finden die Selbsterhaltung im Entbehren und Dulden; und ob sie gleich vom Wissen eigentlich nicht viel halten, so glauben sie doch, es könne wohl, eher noch als der Genuß, unsere Bestimmung seyn. Das Mittel, wodurch sie alle Erfahrung entbehrlich machen wollen, geht dann freylich auch über den gemeinen Menschenverstand; und auf diesen Sprung ins weite Blaue verstehen sie sich allein.

Weit entfernt ihnen folgen zu können, scheint uns vielmehr alles hienieden so in einander zu greifen, und wechselsweise bald Wirkung, bald selbst wieder Ursache zu seyn, daß die Verfeinerung der Sinnlichkeit, mithin auch selbst die Leckerey, so wie sie nur bey kultivirten Völkern entstehet, auch wieder ihrer Seits die allgemeine Aufklärung befördern muß. Ohne noch auf irgend eine Lieblingshypothese Rücksicht zu nehmen, geben rein historische Fakta schon dieses Resultat. Die dümmsten Völker nähren sich auf die allereinfachste Art; die Lebensart der klügsten ist am meisten zusammengesetzt. Die armen Feuerländer, die sich selten einmal satt essen mögen, ließen auch die Reisenden in Zweifel, ob sie die wenigen Vorstellungen, deren sie fähig schienen, zur Vernunft oder zum Instinkt rechnen sollten? Wo giebt es rohere Menschen als die bloß fleischfressenden Hirtenvölker im östlichen Asien; wo schwächere, als die Indier, die größtentheils nur vom Reis leben? Wie verschieden hingegen ist der Fall so manches handfesten und verständigen europäischen Bauers, der bey einer gemischten Diät, so oft er sich gütlich thut, die beiden Indien in Contribution setzt, um zu seinem Hirsebrey Zucker und Zimmt zu genießen!

Noch ungleich fruchtbarer an Folgerungen ist aber die von allen Physiologen anerkannte Wahrheit, daß die Eigenschaften der Speisen auch die Beschaffenheit der Säfte verändern, und folglich auf die ganze menschliche Organisation den wesentlichsten Einfluß haben müssen. Schon die Krankheiten geben hievon ein sehr in die Sinne fallendes Beyspiel. – Allein diejenigen Veränderungen, welche vermittelst der Diät, selbst im Gehirn und Nervensystem Statt finden können, sind vielleicht viel zu subtil an sich, und gehen auch zu langsam von Statten, als daß es möglich gewesen wäre, sie zu beobachten; und dennoch liegt schon in der ausnehmenden Zartheit des unbekannten Wesens, welches der Grund der Eigenthümlichkeit eines jeden Naturkörpers ist, die Möglichkeit, daß es irgend wo in einem Körper dem es einverleibt wird, sein analoges Plätzchen findet, und irgend ein feines Organ modificirt. Wir belachen heut, und glauben vielleicht schon morgen an diese Art der Umgestaltung der Sinnes- und Verstandsorgane; denn ein paar genaue Erfahrungen wären hinreichend sie außer Zweifel zu setzen. Selbst die Empfänglichkeit einer Organisation könnte solchergestalt vielleicht durch den Genuß mannigfaltiger Nahrungsmittel erhöhet werden, und es ließe sich mit einem gar geringen Aufwand von Dialektik am Ende noch wahrscheinlich machen, daß die Menschenfresserey aus einer sehr natürlichen instinktmäßigen Begierde nach Vervielfältigung der Vorstellungen entstanden sey. Wenigstens, möchte man fragen, wer erkennt nicht in dem Spott wovon der Britte über seinen Nachbar trieft, die ganze Energie, die einst in seinem Rostbeef und Plumpudding steckte?

Diese Betrachtungen gewinnen noch ein ernsthafteres Ansehen, indem wir uns des geheimen Einflusses erinnern, welchen Theile unsers Körpers von ganz verschiedener Bestimmung, und Geschäften die dem Anschein nach völlig abgesondert sind, auf einander äußern. Wie auffallend sind nicht, zum Beyspiel, die Wirkungen jenes feinen, fast unsichtbaren Consensus zwischen den Werkzeugen des Verstandes und denen der Verdauung? Wer von allen Physiologen dürfte sich vermessen darzuthun, daß Friederichs Heldenmuth, seine unermüdete Thätigkeit, der Adlerblick seines Verstandes und die Blitze seines Geistes von der übermäßigen Eßlust seines Magens unabhängig waren? Auch wird kein Sachkundiger läugnen wollen, daß die Stimmung unserer Gefühle großentheils ganz offenbar von der vermehrten oder geringeren Reizbarkeit der Nerven des Unterleibs abhängt: und wenn es wahr ist, daß sich die sanften Regungen des Mitgefühls noch nie bey einem Straußmagen befanden, sondern allemal ein schwächeres Verdauungssystem voraussetzen; wie glücklich war es dann nicht für Friederichs Unterthanen, daß Polenta und Nudelnpastete ihm besser schmeckten, als sie ihm bekamen? Ja um die Folgerung nicht unberührt zu lassen, die schon so deutlich in diesen Prämissen liegt, und weil wir uns einmal bis zu jenem Namen verstiegen haben, den unser Zeitalter und das kommende mit Ehrfurcht nennt, müssen wir seinen Lästerern noch sagen, daß gemeine Seelen, bey der ärgsten Lust auszuschweifen, oft aus Furcht enthaltsam sind, und sich zu einem feigherzigen Leiden verdammen, um nur noch länger leiden zu können, indeß ein hoher Grad von Mannskraft dazu gehört, Befriedigung mit Schmerz zu erkaufen.

Unsere Leser werden uns hoffentlich bis hieher zu gut verstanden haben, um uns die Absicht beyzumessen, als ob wir ihnen ein Muster zur Nachahmung aufstecken, oder ihnen gar mit guter Manier zur Indigestion verhelfen wollten; da wir weiter nichts wünschen, als jedes Original in seinem Werthe gelassen zu wissen. Es sey immerhin wahr, daß Vollkommenheit im Gleichgewicht der Kräfte liegt und keiner größer je genannt zu werden verdient, als der Vortreffliche, in welchem sich alle Anlagen, Empfänglichkeiten und Triebe gleichförmig entwickeln; so ist doch in der würklichen Natur, wo alles von einer unvollkommenen Bildung und von äußeren Verhältnissen in den eisernen Banden der Nothwendigkeit gehalten, nur seine gemessenen Kreise beschreibt, ein solches Ideal der Abstraktion wohl schwerlich anzutreffen. Vielleicht konnte, vielleicht wollte die Natur die edlen Prädicate: Geistesgröße und Majestät, nicht ohne Versetzung mit einer niederen Eigenschaft ausstempeln, und der größte König mußte vielleicht ein wenig lecker seyn, so wie seine Goldmünze Kupfer enthält. Auch dürfte die reingute Menschheit, wenn sie in der Welt erschiene, mit den reinguten Harzgulden bald einerley Schicksal haben. Gern überlassen wir daher der Dummheit ihren Wunsch, die ganze Menschengattung nach ihren Lieblingsgestalten zu modeln; und wenn die verwegene Herrschsucht, die mit schärferem Blicke die Triebfedern menschlicher Handlungen ergründet hat, sogar etwas jenem Wunsch entsprechendes auszuführen versucht, erwarten wir geduldig, sie an der Unmöglichkeit scheitern zu sehen. Weder Zwang noch Blendwerk, weder Gesetzgebung noch Glaube, und nicht einmal die Allgewalt der überredenden Philosophie, vermag zu sammlen, was die Natur zerstreut, oder Theile gleichartig zu machen, die eben unter sich verschieden seyn mußten, um ein vollendetes Ganzes zu bilden.

Ohne den Misbrauch zu rechtfertigen, ist er gleichwohl die Bedingung alles Guten, was der Menschengattung eignet; und ohne die Schwelger des alten Roms oder irgend einer freyen Reichsstadt in Schutz zu nehmen, müssen wir gestehen, daß man ihnen zum Theil die emsigere Untersuchung der Natur in allen Welttheilen schuldig ist. Es bedarf auch in der That nur eines Blickes auf den Gang der Entwicklung unserer Sinnlichkeit, um uns zu überzeugen, daß wir fast alle unsere Kenntnisse dem Sinne des Geschmacks verdanken; und gleichwie Bedürfniß von der einfachsten Art der Stachel ist, der unwillkürlich unsere ersten Bewegungen erregt, so wird im Fortgange der Ausbildung, wenn mehrere Gegenstände die Begierden reizen, ein vervielfältigtes Bedürfniß die Quelle neuer Thätigkeit. Der bloße Instinkt lehrt ein neugebornes Kind, noch ehe es die Augen öffnet, in Ermangelung der mütterlichen Brust, an seiner kleinen Hand zu saugen. Das Gesicht, der Geruch, und der betastende Sinn, der in den Fingerspitzen wohnt, sind in der Folge nur die Diener dieses mächtigen Triebs, dessen Gegenstände sie auskundschaften und gleichsam ihm zuführen müssen. Nicht umsonst sind daher die meisten Früchte mit lebhaften Farben geziert; ihr lieblicher Duft ladet schon von ferne ein zum Genuß, und das Gefühl, das den Grad ihrer Reife erforscht, spannt oft die Begierde so hoch, daß man eigentlich sagen darf, sie ströme dem Genuß entgegen. Es giebt allerdings auch Beyspiele, wo das rein physische Bedürfniß der Ernährung zur Entdeckung einer wohlschmekkenden Speise die nächste Veranlassung gab; und hatte nicht der zürnende Hunger, der Niemands Freund ist, mit Krebsen und Meerspinnen, mit Austern, Schildkröten und Vogelnestern das erste Experiment gewagt, so wüßte jetzt wohl schwerlich ein Aldermann sie unter die Leckerbissen zu zählen. Allein die eigentliche Leckerey ist nicht die Erfindung eines Hungrigen, sondern eine Folge des Nachdenkens über einen gehabten Genuß, ein Bestreben der Vernunft, die Begierde darnach durch andre Sinne wieder zu reizen; und es war sicherlich kein geringer Fortschritt im Denken von der Sorge für den Magen, zu der

Sorge für den Gaum! Es ist immer schon viel gewonnen, wenn das Nervensystem auch nur bey dieser Veranlassung und nur zu diesem Endzweck seine höheren Übungen beginnt. Das Gedächtniß erhält doch neue Eindrücke; die Einbildungskraft brütet darüber; und selbst die Beurtheilungsgabe kann in einem größeren Kreise der zu vergleichenden Vorstellungen würken. So entwickeln sich fast unmerklich die Begriffe des Nützlichen, Guten und Schönen nebst ihren Gegenbildern, und die Schwingungen des Hirns werden immer feiner und schneller, bis man endlich gar ein Wohlgefallen daran findet zu denken, bloß um gedacht zu haben; eine Beschäftigung, womit die Menschen auf der höchsten Stufe der Bildung sich entweder die Langeweile zu vertreiben, oder – weil die Extreme wieder zusammenkommen – sich Brod zu verdienen suchen.

Urtheilen wir ferner wie billig, von der Wichtigkeit und dem Würkungskreise einer Ursache, nach den Folgen die wir vor Augen sehen, so wüßten wir keine von so weit ausgebreitetem Einfluß, als die Befriedigung des Gaums. Die eigenthümliche Beschaffenheit verschiedener Gattungen organisirter Körper, das Verhältniß ihrer Menge und Anzahl gegen einander, und mit demselben das äußerliche Ansehen der Natur, ist durch diese mächtige Triebfeder menschlicher Handlungen verändert worden. Ohne der Viehzucht und des Feldbaues zu erwähnen, weil sie sich nur in wenigen Fällen auf die Leckerey beziehen, ist schon die Jagd, bey gesitteten Völkern, so wie die Zucht des zahmen Geflügels, die Bienenzucht, und der Anbau der Fruchtbäume aller Art, an sich eine Folge der Verfeinerung jenes Sinnes. Allein welche künstliche Metamorphosen gehen nicht mit den Thieren und Pflanzen selbst vor, um sie für den Genuß einer üppigen Zunge zuzubereiten? Dringt nicht das Messer in die Eingeweide unserer Hüner, um sie zu Capaunen und Poularden zu verstümmeln? Versteht nicht der Sicilianer, und bey uns der Jude, die grausame Kunst, den Gänsen eine ungeheure Leber wachsen zu machen? Und wer zählt die endlosen Varietäten unseres Obstes, deren jede an Größe, Zeitigung und Geschmack verschieden ist, und die alle ursprünglich von einigen wilden Stämmen mit herben, kaum eßbaren Früchten abgeleitet sind? Wie viele andere Pflanzenarten hat nicht ihr Anbau verdrängt, und wie manche Thierart ist nicht in einigen Ländern ausgerottet worden, damit Rehe und Hasen für uns allein übrig blieben. Doch wie sollten die Menschen auch die Wölfe und Füchse verschonen, da sie um eines Leckerbissens willen im Stande sind einander aufzuopfern. Wir haben zwar keinen römischen Pollio mehr, der seine Muränen mit Sklaven fütterte, damit sie ihm desto köstlicher schmeckten; hingegen treiben wir den Negerhandel, um ein paar Leckereyen, wie Zucker und Kaffee, genießen zu können. Von den attischen Feigen rühmt ein Grieche, daß sie ein Hauptgrund waren, weßwegen Xerxes die Athenienser bekriegte: und wie noch jetzt der Akajou im eigentlichen Verstande ein Zankapfel der Brasilianischen Völker ist, so haben auch die Spanier, Portugiesen und Holländer um den Besitz der Gewürze blutige Kriege geführt. Gleichwohl dürfen diese zerstörenden Würkungen geringfügig heißen, wenn man daneben den Zusammenhang des großen politischen Räderwerks, und auch hier noch die Zunge als bewegende Feder, erblickt. Die Leckerhaftigkeit unseres Welttheils unterhält Geschäftigkeit und Betrieb im ganzen Menschengeschlechte. Der ganze Handel von Westindien und Afrika, und ein großer Theil des Handels im mittelländischen Meere beruht auf der ungeheuern Consumtion von ausländischen Leckereyen im Norden; und es ist ein eben so zuverläßiges, als für die Zukunft bedenkliches Faktum, daß das Gold und Silber, welches die Bergwerke von Peru und Mexiko liefern, durch die dritte oder vierte Hand für Theeblätter nach China geht. So gewiß aber die Verhältnisse der Nationen gegeneinander aus diesen und ähnlichen Ursachen sich ändern und ihre Thätigkeit auf andere Gegenstände und in andere Kanäle lenken werden; so zuverläßig dürfen wir doch den Ausspruch thun, daß Bewegung und Handlung, Entwicklung, Verfeinerung, und Aufklärung, mit allen ihren sonderbaren Erscheinungen, von so reizbaren Organen, wie die unsrigen, stets unzertrennlich bleiben, und immer wieder aus dem Schutt veralteter Verfassungen hervorgehen müssen; da hingegen, die geringste Umgestaltung, wie etwa nur eine knorpelartige Zunge, uns schlechterdings zu andern Wesen umschaffen würde.

Betrachtet man endlich dieses kleine Glied zugleich als Sprachorgan, so erscheint seine

Wichtigkeit in einem noch ungleich stärkeren Lichte, indem nunmehr die menschliche Perfectibilität großenteils wesentlich darin beschlossen liegt. In der Vereinigung dieser beyden Naturanlagen, des Geschmacks und der Rede, in einem gemeinschaftlichen Werkzeuge, findet der Naturforscher und Anthropologe einen reichhaltigen Stoff zum Nachdenken, den wir für jetzt unberührt lassen müssen, um, nach so manchen Seitensprüngen, auf die Frage: *was ist lecker*? zurückzukommen.

Wenn man, nach allem was wir darüber gesagt haben, den Europäern das allgemeine Entscheidungsrecht dennoch streitig machen wollte, so wird man ihnen wenigstens zugestehen müssen, daß nur sie von dem was ihnen schmeckt, bestimmte Nachricht geben können. Die große Verschiedenheit des Geschmacks bey Personen von einerley Volk und Familie scheint zwar eine jede Bestimmung von dieser Art zu vereiteln; allein die Abstraktion, die nur von allgemeineren Übereinstimmungen ausgeht, nimmt keine Rücksicht auf die Ausnahmen: daher kann sie wahr im Ganzen und doch falsch im Einzelnen seyn. Die Freßgier eines leeren Magens, der seltsame Appetit der Schwangeren, und das instinktmäßige Verlangen der Fieberkranken, nach Speisen die ihrem Zustand angemessen sind, können so wenig wie beyder Abneigung gegen manche wohlschmeckende Nahrungsmittel, in Anschlag kommen. Es giebt Menschen, die weder Milch, noch Butter und Käse kosten mögen, und man hat gesehen, daß gesunde Leute weder den Geruch noch den Geschmack von Erdbeeren vertragen konnten, und von dem Genuß derselben in der unbedeutendsten Menge gefährliche Zufälle bekamen. Man erzählt das Beyspiel eines Mannes, der vom jedesmaligen Genuß einiger Tropfen Weins im Abendmahl krank wurde, wenn er sie nicht unverzüglich mit einer ganzen Kanne Wasser verdünnte. Wer sich an diese Idiosynkrasien kehren wollte, der müßte auch läugnen, daß die Katzen zahme Hausthiere sind, weil es Menschen giebt, die ihre Ausdünstung nicht ertragen können,

Nachahmung, Zwang und Gewöhnung, oder was man insgemein Erziehung nennt, können ferner, so wie Mode, Eitelkeit und Besorgniß vor Krankheiten, den Genuß gewisser Nahrungsmittel in allgemeine Aufnahme bringen, ohne für ihre Leckerheit das mindeste zu beweisen. So gewöhnen sich von Jugend auf die südlichen europäischen Nationen an den Genuß des scharfen Knoblauchs, und des wie Feuer brennenden spanischen Pfeffers, deren der blondere Menschenstamm entübrigt seyn kann; und der allgemeine Gebrauch des widerlichen und giftigen Tobacks, den wir wegen seiner vermeinten Heil- und Verwahrungskräfte zuerst von den amerikanischen Wilden entlehnten, beruht zum Theil auch auf der Eitelkeit unserer Knaben, die gern für Männer gelten möchten. Ein ähnliches Vorurtheil hat die allgemeine Einführung des Branntweins begünstigt, der anfänglich gegen die Pest und manche andere Krankheiten als ein sicheres Mittel empfohlen ward, worauf der alte Name Aquavit eine bedeutende Anspielung enthält. Von diesen einzelnen Ausnahmen hinweggesehen, dürften die kultivirten Völker Europens hauptsächlich darin übereinstimmen, sowohl was die Zunge gar zu heftig reizt, als das ganz fade und geschmacklose vom Begriff des Leckern auszuschließen; hingegen dasjenige vorzüglich wohlschmeckend zu finden was auf ihre Nervenwärzchen einen sanfteren Eindruck macht, weil in seiner Zusammensetzung streitende Elemente mit einander gebunden und gesättigt sind. Alles ganz bittere, ohne anderweitige Beymischung, so wie das faulichte, dessen Grundstoffe durch die Auflösung entwickelt, um soviel heftiger neue Verbindungen suchen, ist eckelhaft und unangenehm; alles herbe, zusammenziehende, ätzende und ranzige ist nicht nur widerlich, sondern verletzt auch die zarten Werkzeuge des Geschmacks. Süßigkeiten aber, milde Säuren, Mittelsalze, Fettigkeiten und die flüchtigen Öle des Gewürzes sind entweder an sich wohlschmeckend, oder machen doch in Verbindung mit einander den unbeschreiblich lieblichen Eindruck, den wir lecker nennen müssen. Durch die Beymischung des süßen, sauren oder würzhaften erhält sogar in manchen Fällen das Widerliche einen ganz erträglichen, oft pikanten, und von leckern Zungen sehr gesuchten Reiz, für welchen die Kunstsprache unserer Sardanapale die erborgten Namen fumet und hautgout geheiligt hat.

Unter allen möglichen Verbindungen der Elemente behauptet indessen die Süßigkeit, diese mit Brennstoff gesättigte Pflanzensäure, als die allgemein gefälligste, ohn' allen Zweifel den Vorzug; und selbst die Lispeltöne (Υχ,δ, dulcis, dolce, süß, sweet, slodkie,) welche diese Mischung bezeichnen, tragen in Klang und bildlicher Anwendung die untrüglichsten Spuren des hohen Wohlgefallens der europäischen Völker an ihrem Geschmack. Weit über die ganze Erde ist schon in den ältesten Zeiten der Genuß des Honigs üblich gewesen, und Griechen und Römer, die ihn zur Speise und zum Trank der unsterblichen Götter erhoben, hatten sicherlich von seiner Köstlichkeit den höchsten Begriff; sie selbst genossen ihn bey ihren Gastmählern, und mischten ihn unter den Wein. Noch jezt ist Honig eine allgemein beliebte Leckerey fast aller Völker der Erde; die Orientaler und alle südlichen Asiaten mit Inbegriff der Chineser, die Neger und Hottentotten, die Peruaner und die Einwohner von Quito und Cayenne, ja selbst die Mantschu-Mongolen, (die aber ihren Honig mit Bärentalg mischen,) haben sämtlich einen Sinn für seine Lieblichkeit. Auch in Europa würde man wie vor Zeiten den Honig in Menge genießen, hätte nicht ein minder ölichtes Süß, das sich in trockner Gestalt darstellen läßt, mithin wegen seiner Reinlichkeit einen allgemeineren Gebrauch verstattet, ihn seit der Anpflanzung des Zuckerrohrs in Westindien, verdrängt. Unstreitig wird der Zucker unter allen Leckereyen in größter Menge zur Bereitung unserer Speisen und Getränke verbraucht. Selbst den ärmeren Volksklassen ist der Genuß desselben beynahe unentbehrlich geworden; und bey weitem die größte Anzahl aller Delicatessen, die auf vornehmen

Tafeln als Dessert, die schon befriedigte Eßlust erneuern, enthalten einen ansehnlichen Theil Zuckers in ihrer Mischung. Die Natur, welche nirgends so groß ist als in den unaufhörlichen Beziehungen, die sich zwischen ihren verschiedenen Geschöpfen wahrnehmen lassen, hat daher hauptsächlich im Pflanzenreiche mit unglaublicher Freygebigkeit die zuckerähnlichen Substanzen vervielfältigt. Die Palmen Indiens, der Kokos, Saguer und Lontar führen einen weinähnlichen Saft, der abgezapft und eingedickt, zum Djaggree oder Palmenzucker wird. Den Arabern giebt die Dattelfrucht, den Kanadiern ein Ahorn und ein Wallnußbaum, den Mexikanern eine Aloe (Agave) Zucker. Im Orient bereitet man aus der Frucht des Weinstocks einen köstlichen Traubenhonig; auch das Bambusrohr liefert einen süßen Milchsaft, das berühmte Tabaxir, das Araber und Perser mit Gold aufwiegen. Im Norden fließt ein Syrup aus der Birke, und in Italien und Languedoc giebt ihn die Lotusfrucht. Die Emsigkeit der Bienen trägt in allen Welttheilen aus den Blüthen vieler tausend Pflanzenarten Honig zusammen; selbst bis in die Wurzel liegt die Süßigkeit bey Mohren, Mangold und Bärenklau versteckt; ja damit dem Ocean wie der Erde sein Theil beschieden würde und keine Klasse vegetabilischer Organisationen leer ausginge, erzeugt sich an den Küsten von Schottland, Norwegen und Island ein süßer Saft im sogenannten Zuckertang. Allein auch außer dieser Leckerey, liefert nur das Pflanzenreich die ausgesuchtesten Ingredienzen unserer Brühen und Tunken, unserer zahllosen großen und kleinen Schüsseln, unserer sinnreichen Erfindungen erlöschende Begierden durch die Neuheit des Reizes wieder anzufachen. Gegohrne Säfte und Getränke, Aufgüsse aller Art, abgewogne und gebrannte Wasser, wohlriechende Essenzen, Pflanzenmilchen aus Öl und Gummi gemischt, einheimische aromatische Kräuter, und jene im heißen Erdstrich mit Feuer gesättigten Gewürze, wie Zimmt und Vanille, Nelken und Muskaten, Cayenne, Pimento und Pfeffer; Säuren von mancherley Art und Geschmack aus dem Saft der Traube, aus dem Wein der Palmen, und aus so vielen Früchten; milde Fettigkeiten und Öle, nahrhafte Saleps, Soyas, Sagus, Schampignons-Extrakte und Schokolade; dieß alles sind lauter Produkte des Pflanzenreichs, zu denen wir sogar das einzige genießbare Mineral, das Kochsalz selbst noch zählen könnten, indem es in mehr als zwanzigerley Pflanzen vorhanden ist. Wie zahlreich sind übrigens nicht die Suppen- und Salatkräuter, die frischen und eingemachten Gemüße, die eßbaren Sprossen und Wurzeln, kurz alle jene Gattungen des Pflanzenreichs, aus denen unsere Kochkunst wohlschmeckende Speisen bereitet, verglichen mit der geringen Verschiedenheit von vierfüßigen Thieren, Vögeln, Fischen und Geowürmen, die man ebenfalls nicht ohne Zubereitung genießt?*

Doch die Natur weiß in der Pflanzenschöpfung allein, ohne alles Zuthun der Kunst, dem Menschen ein Mahl erlesener Leckerbissen zu bereiten, indeß das Thierreich außer der Milch, die ihren vegetabilischen Ursprung durch die

Menge des darin enthaltenen Zuckers verräth, dem leckern Gaum nur höchstens noch Austern roh darbieten darf. Vermag die so gerühmte Zunft der Wiener und Pariser Köche, vermag das ganze Heer der Confiseurs, Destillateurs und Zuckerbecker nur ein Produkt der Kunst uns aufzutischen, das diese *Leckereyen der Natur* ersetzte? Was säumen wir länger, sie zu nennen, diese köstlicheren Erzeugnisse des Pflanzenreichs, die edlen Früchte aller Art, wo der Honigsaft mit einer lieblichen Säure, mit feurigen oder mit schleimartigen Ölen in tausend verschiedenen Verhältnissen versetzt, durch unzählige Veränderungen den Gaum bald kühlend erquickt, bald mit Würze durchdringt, bald wieder die gereizten Nervenspitzen mild umhüllt und zu neuem Genusse stärkt!

Mit Wohlgefallen ruht das Auge des Forschers auf diesen zarten Pflanzennaturen; mit höherem Entzücken bemerkt er ihre erste Entwicklung, und verfolgt ihr wunderbares Wachsthum, bis er ihre reine, ätherische Nahrung erspäht, Indeß das Thier schon ausgebildete Körper verschlingt, sie zermalmt, aus ihrem zusammengesetzten Safte sich ergänzt und ihre unreinen Überreste von sich stößt, saugen diese feinen Rühr- und Zellengebilde die einfachsten Elemente begierig aus der Luft. Aus Sonnenlicht und Ätherfeuer gewebt, wie sonst nur Dichter träumen durften, lacht unserm Blick das sanfte Grün* der Wälder und Fluren; und seht! Im unendlich zarten Geäder der Blumenkronen und der reifenden Früchte, glüht der siebenfache Lichtstral, und ziert die Pflanzenschöpfung mit seinem mannigfaltigen Farbenspiel!

Licht und Feuerstoff, zu Körpern verdichtet, kostet auch die Zunge in der Süßigkeit und im Öl der Gewächse; denn die Entzündung und Verflüchtigung des letztem scheint das Daseyn jener Urwesen anzudeuten, so wie im Zucker selbst, wenn man zwey Stücke aneinander reibt, ein Phosphorglanz das inwohnende Licht verräth. Wo die Sonnenstralen senkrecht fallen, wo jene überirdischen Elemente mit stärkerem Moment die Pflanzen durchströmen, in den heisseren Gegenden des gemäßigten Erdstrichs und in der brennenden Zone, dort prangt daher die Erde mit den meisten und edelsten Früchten; dort bilden sich in der Rinde, im Blüthenkelch und im Samen der Bäume jene flüchtigen wohlriechenden Öle, die man ihres Urquells wegen *ätherisch* nennen muß; dort scheidet sich Kampher aus den mit Brennstoff überfüllten Säften, um schnell wieder zurück, in seinen Limbus zu entfliehen. In den kalten Polargegenden aber, wohin nur eine überlegene feindliche Macht ein schwächeres Volk verscheuchen konnte, reift für den Menschen eine sehr geringe Anzahl kleiner Beeren, die selten eher eßbar sind, als bis der Frost ihre Säure gemildert hat. Unser Norden besitzt ebenfalls nur wenige, und außer Erdbeeren und Himbeeren, keine vorzüglich wohlschmeckende einheimische Früchte; doch hat der Kunstfleiß der uns eigen ist, nicht nur aus Italien und Kleinasien allmählig Kirschen, Apricosen, Pflaumen, Pfirschen, Melonen, Feigen, Trauben, Wallnüsse und Mandeln hier hergebracht und mit Erfolg gepflanzt, sondern auch durch anhaltende Kultur das herbe Waldobst zu guten Äpfeln und Birnen veredelt. Allein wer zählt nun allen Reichthum Pomonens in jenen gesegneten Ländern, welche der jungen Menschengattung Wiege waren, wo sie noch nicht zur Knechtschaft verdammt, die Rechte der Freygebohrnen genoß, und nicht mit Schweiß und Ermattung das Glück des Daseyns zu theuer bezahlen mußte? Bekannte und unbekannte Namen zieren das lange Verzeichniß der asiatischen Früchte; Apfelsinen, Pompelmosen, Pisangs, Datteln, Mangos und Mangostanen, Durionen, Nankas, Jambolans, Jambusen, Blinbings, Litschis, Lansas, Rambuttans, Zalacken, – doch was sollen unsere Leser mit allen noch übrigen fremden Benennungen dieser von der Natur so reichlich ausgespendeten Leckereyen? Wir nennen ihnen lieber noch die Frucht der Kokospalme, die zugleich mit Speise und Trank den Glücklichen labt, der nicht zu träg ist, ihren schlanken Stamm hinanzuklimmen; und jenes ceylonische Nepenthe, welches in seinen schlauchähnlichen Blättern ein süßes, kühles Wasser für den durstigen Wanderer enthält. Nicht minder reich an Früchten ist der neue Welttheil, trotz allem was man zu seiner Herabwürdigung gesagt hat; außer Kokosnüssen und Pisangfrüchten, die er mit dem alten Continente gemeinschaftlich besitzt, gehören ihm die Ananassorten, die in unsern Treibhäusern so berühmt geworden sind, die Mombin und Persimon-Pflaumen, die Sapoten, Sapotillen und Mammeifrüchte, die Papayen und Guayaven, der Akajou, die Grenadillen, die Avokatobirnen, die Breyäpfel, und darunter die in Peru so gepriesene Tschirimoya, nebst einer Menge anderer Obstarten und Nüsse. Auch in dieses neuentdeckten Landes heissen Gegenden konnten also die Menschen mit geringer Mühe einen reichlichen Unterhalt finden, der zugleich den Sinnen schmeichelte, und durch den sanften Reiz wuchernder Säfte den Geschlechtstrieb stärker entflammte; auch hier konnten also Anfänge der Kultur und gesellschaftliche Verbindungen in der vermehrten Volkmenge entstehen; und wirklich fanden sie die Spanier hier in Peru und in Mexiko.

Doch indem wir darthun wollen, wie wichtig dem Menschen sein Sinn für die süßen Erzeugnisse des Erdbodens werden kann, müssen wir uns endlich noch erinnern, daß jene Leckereyen nicht für ihn allein existiren, indem es in allen Klassen der Thiere gewisse Gattungen giebt, die ein lebhafter Instinkt für das Süße zum Genuß desselben auffordert. Die Bären unseres Nordens, das Ratel und der Honigkukuk in Afrika, das zahlreiche Geschlecht der Kolibris, die mit den Schmetterlingen zugleich den Blumennektar schlürfen: ja die Bienen selbst sowohl, als Ameisen, Zuckergäste, und gemeine Fliegen, theilen sich mit uns in diesen Balsam der Natur.

Fragment eines Briefes an einen deutschen Schriftsteller, über Schillers Götter Griechenlands

Dem Wahrheitsuchenden gefällt die freymüthige Äusserung Ihres misbilligenden Urtheils über Schillers neues Gedicht; denn jeder hat das Recht, seine Meynung nicht nur für sich zu hegen, sondern auch frey zu bekennen und mit Gründen zu rechtfertigen. Wir suchen die Wahrheit, jeder mit eigenem Gefühl, jeder mit Geisteskräften die für *ihn* unfehlbar sind und seyn müssen. Giebt es also eine allgemeine, von allen anzuerkennende Wahrheit, so führt kein anderer Weg zu ihr als dieser, daß jeder sage und vertheidige, was ihn Wahrheit *dünkt*. Aus der freyen Äusserung aller verschiedenen Meynungen, und ihrer eben so freyen Prüfung muß endlich, insoweit dieses eingeschränkte, kurzsichtige Geschlecht überhaupt zu einer solchen Erkenntnis geschikt ist, die lautere Wahrheit als ein jedem Sinne faßliches und willkommnes, jeden Sinn erfüllendes Resultat hervorgehen, *freywillig* von allen angenommen werden, und dann im Frieden allein über uns herrschen.

Der Zeitpunkt dieser allgemeinen Übereinstimmung ist noch nicht gekommen. Die Systeme von Gefühlen und Schlüssen, worin jeder lebt und webt, und die allein vermögend sind, sein Wesen mit Genuß zu erquicken, widersprechen einander oft in allen wesentlichen Punkten; und dennoch sucht ein jeder die Überzeugung die ihn glücklich macht, auch andern mit Begeisterung anzupreisen, um auch sie an seinen Freuden Theil nehmen zu lassen. In diesem Triebe unseres Herzens, sich alles zu verähnlichen und das Verschiedene gleichartig zu machen, sehen wir auch bis dahin nichts sträfliches sondern vielmehr etwas edles, menschenfreundliches, gutes; und gäbe es ein Land, wo die Gesetze *jedem Bürger* in Beziehung auf diesen Trieb völlig gleiche Rechte zugestünden, so würde dort vielleicht die Wahrheit am ersten allen und jeden leuchten, und ihr weises, liebevolles Reich beginnen: gewiß aber blühete dort das allgemeine Wohl, die Menschenliebe und die Achtung für den Adel unserer Natur. Liegt gleich ein solcher Staat bis jetzt noch im Reiche der Möglichkeiten, so belohnt sich doch schon die Annäherung zu seinem Regierungssystem durch heilsame Wirkungen. Es darf sogar eine gewisse *Form der Glückseligkeit* den übrigen vorgezogen, und denen, die sich dazu bekennen, ein Vorrecht über ihre Mitbürger eingeräumt werden: so wird dennoch, so lange nur persönliche Freyheit und Eigenthum dadurch unangefochten bleiben, so lange Wahl, Bekenntnis und Prüfung frey gestattet werden, der Geist der Vaterlandsliebe (wiewohl in etwas geschwächt,) die Gemüther einigen, die in ihren Gefühlen und Begriffen hundertfältig von einander verschieden sind. Der unrechtmäßige Vorzug, den eine Meynung vor den andern erhält, die Ungerechtigkeit, gleichen Bürgern gleiche Rechte vorzuenthalten, weil ihr Gefühl und ihre Vernunft in Sachen *jenseits ihres gesellschaftlichen Verhältnißes*, nicht übereinstimmen,

– diese Sünde wider die Menschheit entgeht indessen ihrer Strafe nicht; denn von einer so fehlerhaften Grundverfassung erwarten zu können, daß sie die Wahrheit am Ziel erreichen werde, bleibt nach allen Gesetzen des Denkens ein Widerspruch.

Insgemein überschreitet man aber auch diese äußerste Gränze. Die gutmüthige Absicht, für die Glückseligkeit anderer sorgen zu wollen, oder die hinterlistige Herrschsucht, die sich dieser Larve bedient, äußert sich nur gar zu oft in *Zwangmitteln*, um jene begünstigte Form zur einzigen zu erheben, alle andere neben ihr zu vernichten, und sie, die einzige, ewig unverändert zu erhalten. Diese Anmassungen beruhen gleichwol auf der ganz irrigen Voraussetzung, daß die Gesetzgebung eines Staats dessen Glückseligkeit und Moralität bewirken könne; da doch nichts mit siegreicheren Gründen erwiesen ward, als daß Selbstbestimmung, oder mit andern Worten, moralische Freyheit, die einzigmögliche Quelle der menschlichen Tugend ist, und alle Funktionen der Gesetze, so wie sie aus dieser Freyheit geflossen sind, sich auch einzig und allein auf ihre Beschirmung einschränken müssen. „Derjenige Zwang“, sagt ein vortreflilcher Denker, „ohne welchen die Gesellschaft nicht bestehen kann, hat nicht, was den Menschen gut, sondern was ihn böse macht, zum Gegenstande; keinen positiven, sondern einen negativen Zweck. Dieser kann durch eine äußerliche Form erhalten und gesichert werden; und alles Positive, Tugend und Glückseligkeit, entspringen dann aus ihrer eigenen Quelle. – Menschlicher Eigendünkel, mit *der Gewalt verknüpft, andere nach sich zu zwingen*, es sey nun, daß er sich in Auslegung und Handhabung natürlicher oder offenbarter Gesetze an den Tag lege, kann überall nur böses stiften, und hat es von Anbeginn gestiftet.“ Eben dieser tiefsinnige Philosoph bemerkt daher, daß jene Zeiten, wo die hierarchische Form die herrschende, beynah die einzige der Menschheit war, und alle übrigen verschlang, an Gräueln, und an Dauer dieser Gräuel, alle andere Zeiten übertrafen. „Wenn aber“, so fährt er fort, „diese gräsliche Epoche meist vorüber ist; wem haben wir es zu verdanken? Etwa irgend einer neuen Form, irgend einer gewaltthätigen Anstalt? Keineswegs. Zu verdanken haben wir es jener unsichtbaren Kraft allein, welche überall, wo Gutes in der Welt geschah, und Böses ihm die Stelle räumen mußte, wenn nicht an der Spitze, wenigstens im Hinterhalte war, *dem niemals ruhenden Bestreben der Vernunft*. So unvollkommen die Vernunft sich auch im Menschen zeigt, so ist sie doch das beste was er hat, das Einzige was ihm wahrhaft hilft und frommet. Was er außer ihrem Lichte sehen soll, wird er nie erblicken; was er unternehmen soll, von ihrem Rath entfernt, das wird ihm nie gelingen. Kann wohl jemand weise werden anderswo als im Verstande? *im Verstande, den er selber hat*? Kann er glücklich werden außer seinem eigenen Herzen?“ In der That, so wenig wie ein Mensch dem andern den Auftrag geben kann, statt seiner zu empfinden und zu denken, so wenig kann der Bürger die gesetzgebende Macht bevollmächtigt haben, ihn glücklich zu machen, wozu er eigener Gefühle und Einsichten bedarf. Diese Vollmacht aber von der Voraussetzung abzuleiten, daß Glückseligkeit und Tugend nur mit den spekulativen Meynungen des Gesetzgebers bestehen, wäre nun gar der augenscheinlichste Zirkelschluß. Gäbe es ein Symbol, welches allen wahr, allen alles seyn könnte, so wissen wir doch mit apodiktischer Gewisheit, daß jedes Symbol, welches mit Gewalt aufgedrungen werden muß, dieses ächte nicht seyn kann. Zwang ist hier das Kennzeichen des Betrugs. Kennen wir gleich, wie Lessing sagt, bey weitem nicht das Gute, so trägt wenigstens das Schlimme sein unauslöschliches Brandmal an der Stirne.

Wer demnach die moralische Freyheit kränkt, und Meynungen nachdrücklicher als mit Gründen verficht, sey er König und Priester, oder Bettler und Laye, er ist ein Störer der öffentlichen Ruhe. Ein Satz, an welchem auch nur ein einziger noch zweifelt, ist wenigstens für diesen einen noch nicht ausgemacht, beträfe es auch das Daseyn einer ersten Ursach oder die ewige Fortdauer unserer Existenz. Giebt es etwa ein Mittel, jemanden seine Überzeugung zu nehmen, ihm eine andere einzuimpfen, wenn die Vernunft der andern ihm immer nicht unfehlbar, oder wohl gar inconsequent zu seyn scheinet? Man wird ihn von Ämtern und Würden ausschließen, ihn verbannen, darben lassen, vielleicht martern und erwürgen; nur überzeugen kann man ihn durch dieses alles nicht. Es ist daher unmöglich, auch *nur einen* spekulativen Satz zu gestatten, dessen

Annahme blindlings und unbedingt gefordert werden könnte, ohne zugleich die Rechte der Menschheit bis in ihre Grundfesten zu erschüttern, und alle Gräuel der Gewissensklaverey wieder über uns zurückzuführen. Wenn nicht alles, was diesem oder jenem für wahr gelten mag, Wahr seyn soll, so ist die Wahrheit also noch nicht gefunden. Jeder hat sein Loos in dieser großen Lotterie, und jedem bleibt es unbenommen, mit fester Überzeugung sich des höchsten Gewinnes im Voraus versichert zu halten. Kann er diese Hofnung, die ihn beglückt, in seinem Herzen nicht verschließen, so mag er es versuchen, die anderen zur Wegwerfung ihrer Loose zu bereden, sich aber zugleich mit Geduld wafnen, wenn mancher, bey völlig gleichen Ansprüchen, seine Einfalt belächelt. Setzt er hingegen jedem, der ihm in den Weg kommt, das Pistol auf die Brust, und ertrotzt das Bekenntnis, daß nur diese Nummer die glückliche sey, wen empörte nicht dieses Verbrechen der beleidigten Menschheit?

Jetzt kehre ich von einer Abschweifung, welche sowohl für unsere Materie, als wegen einiger neueren Attentate gegen die Denk- und Gewissensfreyheit wichtig ist, zu Ihnen zurück. Noch einmal, im Namen aller, die mit uns die Freymüthigkeit lieben, haben Sie Dank, daß Sie es wagten, ein allgemein bewundertes Gedicht zu tadeln, weil es Ihrer Überzeugung und Ihren Grundsätzen widerspricht. Ohne Ihren besonderen Meynungen beyzupflichten, dürfte mancher sich in einem ähnlichen Falle befinden; allein wer hätte gleich den Muth, über einen

Dichter, der Apollons immer straffen Bogen führt, öffentlich und keck den Kopf zu schütteln? Doch Sie, mit Lorbeer auch umkränzt, treten hervor, den goldenen Geschossen Hohn zu bieten. Nun wird sich leicht ein ganzes Heer zu Ihrer Fahne sammlen, und den griechischen Göttern tapfere Gegenwehr leisten. Wie reizend in der Phantasie die Regierung jener „schönen Wesen aus dem Fabelland“ erscheinen mag, so passen sie doch, denke ich selbst, nicht in unsere Zeiten, und höchstens kann man ihnen noch in unseren Parks und Pallästen, wo sie zieren und nicht gebieten, ihre Nischen und Fußgestelle vergönnen.

Es wäre überflüssig, Sie an die erste Feldherrnregel zu erinnern: Ihren Gegner nicht für schwächer zu halten als er ist. Sie kennen nicht nur die Macht der Dichtkunst über die Gemüther, sondern auch den unnachahmlichen Zauber, den insbesondere dieser Götterfreund seinen hohen Gesängen einhauchen kann. Alles hört ihn mit Entzücken; allen um sich her theilt er die Glut der Begeisterung mit; dergestalt, daß Sie im Ernst zu besorgen scheinen, man werde seinen Göttern wieder Altäre bauen, und jede andere Sekte müsse unterliegen, die in der Wahl ihrer Empfehlungsmittel minder glücklich ist. Zwar mit gewafneter Hand wird er sie nicht einsetzen wollen; und daß Sie ihm nicht wehren können, von ihrer Rechtmäßigkeit überzeugt zu seyn, versteht sich von selbst. Auch ist sein Recht, die Gründe seiner Überzeugung an den Tag zu legen, dem Ihrigen, ihn mit Gegengründen zu bestreiten, völlig gleich.

Ist Ihr Verdacht gegründet, ist der Verfasser im Herzen ein Heide, der nur Gelegenheit sucht, den ganzen Olymp wieder in Besitz seiner ehemaligen Würden zu setzen, und fühlen Sie sich berufen, Ihre Mitbürger dawider zu warnen; so muß Ihnen alles daran liegen, Ihren Gründen das Vollgewicht zu verschaffen, welches *freywillige Überzeugung* nach sich zieht. An Ihres Gegners Gedicht und an seiner Methode überhaupt müssen Sie die unhaltbare Seite erspähen, und dort mit unwiderstehlicher Macht auf ihn eindringen. Ein kaltblütiger Zuschauer sieht indes oft besser, als die in Fehde begriffenen Parteyen selbst, welche Wendung der Streit zu nehmen scheint; und wem er aus treuherziger Meynung einen Wink ertheilt, welcher Anleitung geben kann, eine unvortheilhafte Position zu verändern, bey dem glaubt er um so mehr auf Gehör rechnen zu dürfen, als er sich dadurch gewissermaßen auf seine Seite zu lenken scheint.

Schon der erste Ausfall, gegen die Moralität der griechischen Götter, so arg es auch damit gemeynt war, mußte Ihnen gänzlich mislingen. Wir wollen einstweilen annehmen, daß ihre Beschuldigungen gegründet sind, so beweisen sie zuviel, und folglich gar nichts. Wie konnte es Ihnen entgehen, daß in allen möglichen Systemen, die Begriffe, aus welchen man die Gottheit construirt, vom Menschen abgezogen sind; mithin, daß überall die anthropomorphistische Vorstellung der Gottheit, durch Raum und Zeit begränzt, keine andere Definition giebt, als diese, eines nach Umständen und mit Leidenschaft handelnden Wesens? Die Rachsucht, der Haß, ja die Liebe selbst, sind es nicht Leidenschaften, sobald wir uns etwas dabey denken? Übrigens wissen Sie ja, daß wo man immer den Unbegreiflichen begreiflich zu machen gesucht, man ihm die *Menschheit* beygelegt hat.

Vielleicht verleitete Sie der Gedanke, daß die Moralität der Völker von der Moralität ihrer Götter abhängt. Allein davon giengen wir aus, meyne ich, daß kein Symbol, kein Glaubenssystem eine solche Beziehung haben kann. Noch heutiges Tages giebt es große Staaten, deren Religionssystem Verbrechen um Geld verzeiht, oft gutheißt, ja sogar zuweilen gebietet. Wird aber wohl billigerweise jemand behaupten, daß diese Staaten vor allen andern in Laster versunken sind? So wenig hängt die Moralität der Menschen von ihrem Wähnen über Dinge ab, die jenseits ihrer Erfahrung und Erkenntnis liegen! Man schütze die persönliche Freyheit und das Eigenthum, so wird die Tugend aus der innern Energie der menschlichen Natur hervorgehen, die Menschen werden vom äußerlichen unabhängiger, das ist *moralisch frey* werden, der Vernunft zu gehorchen, und ihrem eigenen, wie aller Vortheil nachzustreben. Nennen Sie daher die griechische Fabel so ausschweifend, wie Sie wollen, so beweisen Sie damit nimmermehr, daß es in Griechenland an klaren Begriffen von Tugend und Verbrechen fehlte, oder daß das Laster dort ungestraft mit frecher Stirne einhergieng. Eine menschliche Gesellschaft mit solchen Grundsätzen könnte keinen Augenblick bestehen; wie die kadmeische, aus Schlangenzähnen entsprossene Brut, würde sie sich selbst aufzehren. Die Griechen hingegen, giengen in manchen Fällen weiter als wir, und indes unsere Gerechtigkeit nur das Schwerd ausreckt, hielt die ihrige mit der Hand auch den lohnenden Kranz. Die Entscheidung der Frage, ob die Welt jetzt tugendhafter als vor diesem ist, beruht übrigens auf einer allzusubtilen Berechnung, wozu die meisten Data uns fehlen. Weit entfernt, den Zweck der griechischen Fabel für unmoralisch zu halten, singt Schiller vielmehr:

> Sanfter war, da Hymen es noch knüpfte,
> *heiliger* der Herzen ew'ges Band.

Wie gegründet diese Äußerung seyn möge, gehört nicht hieher; sie soll hier nur darthun, daß der Dichter von einem nachtheiligen Einfluß seiner Götterlehre auf menschliche Handlungen sich nichts träumen ließ; und mir nur Anlaß geben zu erinnern, daß Sie ihn zwar behauptet, aber nicht erwiesen haben.

Eine ähnliche Bewandnis hat es mit Ihrer Beschuldigung, das Gedicht Ihres Gegners verletzte die Wahrheit. Bey allen Grazien! dies ist seine unüberwindliche Seite. Welch ein eigener Unstern mußte Sie regieren, ihn gerade von keiner andern anzugreifen? *Nur das Zeugniß der Wahrheit selbst kann Ihre Anklage erhärten.* Getrauen Sie sich, diese jungfräuliche Zeugin, die noch niemand erkannt hat, vor Gericht zu stellen? Ich muß besorgen, Sie unternehmen das Unmögliche. Unser Philosoph sagt sogar: „ich begreife nicht einmal den Stolz, der sich Wahrheit zu verwalten untersteht. Das ist Gottes Sache. Also laßt uns ehrlich nur bekennen, was wir ehrlich glauben. Er wird schon zusehen!“ Gleichwol scheinen Sie Ihrer Sache ziemlich gewiß, und wenn ich recht verstehe, geben Sie nicht undeutlich zu rathen, daß die Wahrheit insgeheim mit Ihnen des vertrautesten Umgangs pflegt. Glückseliger, – und muß ich hinzufügen? – indiskreter Sterblicher! Doch was sehe ich? Sie guter Mann lassen sich täuschen, wie ein anderer Ixion. Ihre *Überzeugung* nennen Sie also Wahrheit? In dem nämlichen Augenblick, wenn Sie damit im Gerichtssaal auftreten, werden ganze Schaaren ähnlicher Wolkengestalten erscheinen. Umsonst rufen Sie, die Ihrige sey allein die ächte. Hundert andere Stimmen erklären sich laut, eine jede für eine verschiedene *vermeyntliche* Wahrheit. Wollen Sie jene anderen alle überschreyen? So wünscht man Ihnen Glück zum großen Loose, und jeder lacht oder zischt, nachdem Sie ihm Milz oder Galle erregen.

Der Eifer um die vermeyntliche gute Sache kann vom Ziele führen; der Zorn aber ist ungerecht, er beleidigt und empört. Wird man Sie wohl von diesem Affekt ganz frey sprechen können? Statt der Gründe, sind Ihnen Ausdrücke entfahren, welche man nur denen, die den Kürzern gezogen haben, gleichsam zur Entschädigung, zu verzeihen pflegt. Sie hatten in der That alle Fassung verloren. Sie suchten ein Schimpfwort! – und fanden keines wegwerfend und verächtlich genug.

Späterhin, gab Ihr Gedächtnis doch noch eines her; und wie der Blitz! flog dem Dichter der Naturalist nach dem Kopf. Es giebt bekanntlich Leute von gewissen Grundsätzen, die man, ich weiß nicht, ob mit ihrer eigenen Einwilligung, Naturalisten nennt. Allein mich dünkt, ich sage Ihnen etwas allbekanntes, wenn ich hinzusetze, daß die *Vielgötterey* und der *Naturalismus* ganz getrennte Dinge sind. Übrigens ist es eine verunglückte Erfindung um diese Kunst, die Leute mit ihren eigenen Namen zu schimpfen. Im Vertrauen! wiederholen Sie nie diesen Versuch. Ich ersparte Ihnen und mir gern das unangenehme Gefühl, welches Sie uns doch selbst bereitet hätten, falls Ihr Gegner den Stein, der ihn verfehlte, auf Sie zurückschleudern, und in den einzigen Ausruf: *Christ*! seinen ganzen Unwillen zusammenpressen sollte.

Was die Menschen für Tugend halten, ist gewöhnlich dasjenige, dessen Ausübung ihnen am schwersten fällt. Daher mag es wohl kommen, daß Dulden, Demuth und Fassung da so äußerst selten angetroffen werden, wo man sie für verdienstlich hält, ihnen eine besondere Wichtigkeit beylegt, und sie als wesentliche Hauptstücke der Sittenlehre empfiehlt. Wo hingegen eine richtige Schätzung der Dinge von selbst zu einer gewissen Billigkeit im Denken und Handeln führt, dort werden diese sogenannten Tugenden zwar ausgeübt, jedoch ohne alle Zurechnung und Anmaßung. Von Ihnen, zu welcher Klasse Sie auch gezählt seyn wollen, erwartet man aber diese Eigenschaften, es sey als Folgen Ihrer Glaubensregeln oder Ihrer Lebensphilosophie. Denn wer, wie Sie, in die Schranken tritt, um seine Überzeugung geltend zu machen, muß weit entfernt beleidigen zu wollen, vielmehr gefaßt seyn, Beleidigungen, die nicht zur Sache gehören, mit Gelassenheit zu ertragen; er darf sich keine Rechte anmaßen, die er nicht auch jedem Andersgesinnten einzuräumen gesonnen ist, und er ist der Gottheit oder dem Schicksal dieses Bekenntnis als ein Opfer der Demuth schuldig: daß wo seine Gründe keinen Eingang finden, seine Überzeugung aufhöre Wahrheit zu seyn. Sie haben bisher, dieser Verhaltungsregeln uneingedenk, einen Ton angenommen, der Ihren Gegner berechtigen könnte, Ihnen vielleicht mit Empfindlichkeit zu antworten. Das, worauf ich Sie jetzt aufmerksam machen werde, leidet kaum Entschuldigung. Einem Menschen, welcher über spekulative Gegenstände anders denkt, als Sie, dürfen Sie öffentlich nachreden: er lästre Gott? Es ist wahr, genau untersucht, hat dieser Ausdruck keinen bestimmten Sinn; allein die Emphase, womit Sie ihn niederschrieben, zeugt offenbar, daß Sie keinen leeren Schall zu sagen vermeynten, und wissen Sie nicht, welch' eine Bedeutung die Bosheit ihm unterschiebt, um die Dummheit zu ihren Endzwecken anzuspornen? Sie bekennen sich zu einer Partey, deren Meynungen die herrschenden sind, ohnerachtet *Meynungen* nie herrschen sollten. Desto sorgfältiger müssen Sie aber den erniedrigenden Verdacht vermeiden, als wollten Sie mit der überlegenen Macht Ihres Haufens drein schlagen, und wo es Vernunftgründe gilt, die Keule der Unfehlbarkeit schwingen. Sie sind Manns genug um sich keiner Helfershelfer, keiner unerwiesenen Behauptungen, keiner Schmähungen zu bedienen. Ergreifen Sie die rechtmäßigen Waffen, so haben Sie, wenn Sie auch unterliegen sollten, wenigstens Ehre von dem Kampf. Aber freylich! gegen den *Lästerer* brauchen Sie sich nicht zu stellen; mit diesem einzigen Worte ziehen Sie sich behend aus der Sache, und überlassen den friedlichen Streit der Vernunft einer heiligen Hermandad, die ihn etwa mit dem Holzstoß entscheidet. Nennen Sie dieses *prüfen*? Dies wären die Gründe, womit Sie sich der Götter Griechenlands erwehren wollen? Doch genug! Sie entsetzen sich gewiß vor den möglichen Folgen Ihrer Heftigkeit. Nie konnte es Ihre Absicht seyn, unedel und unritterlich, selbst an einem Feinde zu handeln: nur im Augenblick der Leidenschaft konnten Sie sich selbst so weit vergessen, die einzige That zu begehen, die man Gotteslästerung nennen könnte, weil sie an seinem Bilde geschieht.

Jetzt müssen Sie noch erfahren, daß auch dieser Wurf das Ziel verfehlte. Ich will über die Bedeutung jener Redensart nicht rechten, nicht untersuchen, wie die Gottheit mit sich selbst uneins seyn könne, nicht die endlosen Labyrinthe der Fragen vom freyen Willen, vom Ursprung des Übels, vom Fall der Engel, von der Erbsünde, durchirren; alles, sogar die Anwendung des abscheulichen Worts, mögen Sie nach Ihrer Art rechtfertigen können; aber – – : *Ihren* Gott hat denn doch der Vertheidiger der olympischen

Götter nicht gelästert! Seine Seitenblicke sind auf den philosophischen Gott gerichtet, das „*Werk des Verstandes,*“ wie er ihn ausdrücklich nennt.

> Freundlos, ohne Bruder, ohne Gleichen,
> Keiner Göttin, keiner Irrd'schen Sohn,
> herrscht ein Andrer in des Äthers Reichen, etc.

War es möglich diese Stelle zu lesen, und sich nur einen Augenblick träumen zu lassen, daß sie auf einen wirklich existirenden, geoffenbarten Gott gienge, dessen Sohn auf Erden gewandelt hat, und dessen ganze Familie weltbekannt ist? Von seinen Göttern rühmt der Dichter:

> Selbst des Orkus strenge Richterwaage
> hielt der Enkel einer Sterblichen;

um den Vorzug dieses Anthropomorphismus vor einem metaphysischen Hirngespinste zu behaupten, also keinesweges, um einen andern anthropomorphistischen Lehrbegrif zu bestreiten. Haben Sie es vergessen, daß unser Weltrichter um einen Grad näher mit dem Menschengeschlechte verwandt ist? Jetzt werden Sie also Ihr Unrecht tief empfinden. Den Mann, der die *demonstrirte Gottheit*, das ist, mit andern Worten, den *Atheismus* so eifrig angreift; den Mann, der das Gefühl, und nicht die kalte Vernunft zur Quelle der Gottesverehrung erhebt, den schimpften Sie einen Lästerer und Naturalisten? Sowohl das System, welches der Dichter vertheidigt, als jenes, welches er erschüttert, sind im Westphälischen

Frieden nicht begriffen, und man könnte sein Gedicht von dieser Seite mit den Todtengesprächen in eine Klasse stellen. Es ist darin nur von den Todten die Rede, denen Konstantin der Große und Kant das Leben raubten. Nunmehr dürfte es Ihnen selbst vielleicht seltsam vorkommen, daß Sie ein Meisterstück der Fiktion – nicht auch als Fiktion behandelten. Was ich Ihnen bis hieher gesagt habe, berechtigt mich aber, für das folgende Gehör zu erbitten.

Eine schöne, lange Reihe von Jahren – dies kann Ihnen so wenig als mir entgangen seyn – war Griechenland höchst beglückt unter der Herrschaft seiner Götter; und wenn Rom zulezt diese herrlichen Freystaaten verschlang, so war das schwerlich Jupiters oder Apollons oder irgend eines Olympiers Schuld; sondern der Wohlstand, nach welchem alle Völker streben müssen, und der sie alle, sobald sie ihn erlangt haben, innerlich verzehrt, dieser rafte auch die schönste Blüthe der Menschheit dahin. Jenen Zeiten, wo die Geisteskräfte des edelsten Menschenstammes sich unter den günstigsten Verhältnissen entwickelten, jenen Zeiten, die nie wiederkommen werden, verdanken wir doch alles, was wir bis jezt geworden sind. Mehr als eine Mutter und Amme war unserm Geiste Griechenland; und ob ich gleich die Zumuthung äußerst unbillig finden würde, ich nie der Gesellschaft meiner Amme entziehen, ihre Mährchen stets andächtig nachbeten, und ihre Unfehlbarkeit nie bezweifeln zu müssen; so gestehe ich doch gern, daß die Erinnerung an meine Kinderjahre mir oft ein lebhaftes Vergnügen gewährt, und daß ich nicht ohne Rührung und Dankbegierde an die gute, wenn gleich nicht immer weise, Pflegerin denke.

In diese Klasse von Empfindungen setze ich das Entzücken, womit ich Schillers Gedicht unzäligemal nach einander las, und womit es von meinen Freunden und Bekannten, ja überall, wohin es nur gekommen ist, gelesen ward. Mit jugendlich glühender Phantasie versetzt sich der Dichter in die Zeiten der Vorwelt, in ihre Denkungsart. Er wird hingerissen von den poetischen Schönheiten einer Fabellehre, welche der Jugend des Menschengeschlechts angemessen ist, lauter Scenen des thätigen, leidenschaftlichen Lebens schildert, nicht in transcendenten Worten, sondern in anschaulichen Bildern, das Gefühl und nicht das Abstractionsvermögen beschäftigt, und statt Verneinungen, begränzte Ideale von menschlicher Schönheit und Vollkommenheit aufstellt. Indem ihn diese Gestalten der Einbildungskraft umschweben, kommt der Geist der Lieder über ihn und kleidet seine Anschauungen in Worte. Wer kennt den Zustand der Begeisterung besser als Sie, da Sie ihn als Entäußerung seiner selbst so treffend beschreiben? Wir hören nicht mehr unsern teutschen Mitbürger; ein Grieche würde so klagen, der nach Jahrtausenden erwachte, und seine Götter nicht mehr fände: ein Grieche, dessen junge, in Bildern spielende Vernunft noch keinen Sinn hat für einen metaphysischen Gott. Dies ist das hohe Vorrecht des Dichters, mit jeder Seele sich identificiren zu können. Dachten sich nicht die Schauspieldichter so an die Stelle eines jeden neuen Charakters in ihren unsterblichen Werken? Bey Ihrer Frage: „hat der Dichter zwo Seelen?“ waren sie uneingedenk eines Vorrechts, das Ihnen selbst wohl eher zu statten kam, und ohne welches wir keine lebendige, *poetische* Darstellung hätten.

Da die Wahrheit, welche Sie in Schillers Gedicht vermissen, in jedem Kopfe anders modificirt erscheint, mithin als *absolut* für die jetztlebende Menschheit nicht existirt, warum sollte ich mich nicht an die relative Wahrheit halten, welche der Dichtung eigen ist, und welche gerade in diesem, Ihnen so misfälligen Werke des Genies, allgemeines Entzücken erweckt, ja Ihnen selbst mit unwiederstehlicher Anmuth den Tribut der Bewunderung entlockt? Die Wesen des Dichters sind Geschöpfe der Einbildungskraft, welche das wirklich Vorhandene innig auffaßt, und wieder zu hellen, lebendigen Gestalten vereinigt. Natur und Geschichte sind die nie versiegenden Quellen, aus welchen er schöpft; sein innerer Sinn aber stempelt die Anschauungen, und bringt sie als neugeprägte Bilder des Möglichen wieder in Umlauf. Keinen Gegenstand giebt es daher im weiten Weltall und in den mannichfaltigen Ereignissen der Vorzeit, dessen Darstellung nicht durch eines Dichters reines Feuer geadelt würde; aber auch keinen, der einer besudelten Einbildungskraft nicht frischen Zunder reichte. Aus derselben Blüthe bereitet die Biene sich Honig und Gift. Dem Menschen ist die freye Wahl gelassen, welches von beyden er aus den Bildern, die sich seinem Anschauungsvermögen aufdringen, für sich einsammlen will. In dem vor uns liegenden Falle schuf der Dichter aus Götternamen und personificirten Eigenschaften der Gottheit ein Ganzes, mit einer in Bildern schwelgenden, aber keiner verderbten Vorstellung fähigen Phantasie. Was geht es ihn an, wie tief hinab sich mancher mythologische Dichter senkte? Was würden Sie zu einer Messiade sagen, die ihre Bilder aus dem *Toldos Jeschu* entlehnte?

Lehrreich soll uns eine jede Dichtung seyn; sie soll uns mit neuen Ideenverbindungen bereichern, das Gefühl des Schönen in uns wecken, unsere Geisteskräfte üben, schärfen, stärken, durch ihre glühend lebendige Darstellung, uns Begriffe des Wirklichen in dem Gemählde des Möglichen zeigen. Die Gewalt des Dichters über die Gemüther besteht gänzlich in dieser schaffenden Energie seiner Seelenkräfte; durch sie rührt und erschüttert, oder erweicht und entzückt er die harmonisch mit ihm fühlende Seele, nicht durch sein Lehrsystem, nicht durch einen besondern ästhetischen Satz, den er etwa beweisen will. Ließt wohl jemand Klopstocks Epopee als einen versificirten Katechismus, und gefällt die Gierusalemme nur als ein Compendium der christlichen Moral?

Vielleicht ist es mir geglückt, befriedigend genug zu zeigen, daß man Schillers Götter Griechenlands bewundern könne ohne ihre fabelhaften Urbilder anbeten zu wollen. Ich wünschte hier, wie überall, den Misverstand hinwegzuräumen. Nicht die Äußerung Ihres Misfallens, wofür ich Ihnen als freyer Mann Dank weiß, sondern die Art des Benehmens, welche für Sie und andere von nachtheiliger Wirkung ist, veranlaßte diese gutgemeynten Winke. Ihre öffentliche Darlegung ist Barmherzigkeit, verübt an manchem zarten Gewissen, welches vor dem schrecklichen Ruf des Wächters zusammenfuhr, und alle die zerrütteten Folgen empfand, die von der Entdeckung einer zuvor an sich selbst ungeahndeten Sündlichkeit unzertrennlich sind. Mein sey der süsse Lohn, den schüchternen Kindern eines gütigen Vaters die Überzeugung wiedergeschenckt zu haben, daß ihre Freude über ein schönes Gedicht ihn kindlicher, als die knechtische Furcht oder der unbefugte Eifer, ehrt: denn die Quaalen des Zweiflers, wenn sie auf jemanden zurückfallen müssen, so fallen sie nicht auf den, der einen Wahn bestreitet, sondern auf den Feind des Menschengeschlechts, der Seligkeit und Verdammniß daran knüpfte. Auf ihm allein haftet das Wehe! über den der Ärgerniß giebt; sonst hätte die Weisheit sich selbst verdammt, und der Weg zur Wahrheit bliebe auf ewig verschlossen. Ist aber nur die leere Furcht vor selbstgeschaffenen Schrecknissen besiegt, so können wir wieder ruhig empfinden, prüfen, überlegen, mit unserm Sinn und unserm Herzen zu Rathe gehen. Am Ende halten wir uns doch an unser Gefühl und unsere Einsicht, in Ermangelung einer bessern, und weil Sinn und Verstand eines andern – nicht die unsrigen sind; wir fordern aber auch von niemanden Gleichheit der Denkungsart und Glaubenseinigkeit, und feinden niemanden an, der anderes Sinnes ist; nicht, daß wir den

Indifferentismus affektirten, sondern weil wir überall das Bild der Wahrheit im Spiegel der Vernunft, bald mehr bald weniger verzerrt, auch in der seltsamsten Stralenbrechung noch ehren, und von unserer eigenen Vernunft, ohne die lächerlichste Inconsequenz nicht glauben dürfen, daß sie allein untrüglich, und ihr Spiegel allein geradflächig sey.

Fühlen Sie dem ungeachtet den Beruf, die Ehre, nicht sowohl der Gottheit, als Ihrer Vorstellungsart zu retten? So würde ich Ihnen wenigstens wünschen, daß Sie mit einem so delikaten Subjekt als der Anthropomorphismus, äußerst behutsam umgiengen, und sich ja wohl bedächten, was für einen Sie dem griechischen entgegenstellen. Der Begriff des Seyns, bleibt leer für uns, solange wir nichts relatives hineinlegen; obschon das Seyn alles erschöpft. Denken Sie sich aber einen Gott mit Attributen, so wird er menschlicher, Sie bringen Ihn sich, und sich Ihm näher, und Schillers Worte werden wahr;

> Da die Götter menschlicher noch waren,
> waren Menschen göttlicher.

Für den erkünstelten Zustand der kalten Besonnenheit gehört freylich diese Vorstellungsart nicht; allein die leidenschaftlichen Stunden, wo wir alles personificiren, sind nicht die unglücklichsten für phantasirende Geschöpfe wie wir. Jeder Frühling und jede Blüthe, der Mann von Genie und seine Dichtungen, alles, alles ist für mich in solchen Stunden eine herrliche Offenbarung!

Gnügen Ihnen diese Offenbarungen und meine Erinnerungen nicht, so bleibt Ihnen ein ziemlich unbetretener Weg noch übrig. Setzen Sie Ihren Lehrbegrif in das helle Licht, welches jetzt die Götter Griechenlands in Schillers Liede umfließt; bieten Sie alle Kräfte auf zu einem unsterblichen Gesange, der Ihres Gegners Talente verdunkelt, und seinen Zauber auflößt. Den Beystand der neun Schwestern dürfen Sie zwar nicht dazu erflehen; allein, wer weiß, ob nicht eine, uns unbekannte Muse auch in Ihrem Himmel wohnt? – – – –

Leitfaden zu einer künftigen Geschichte der Menschheit

Fingere cinctutis non exaudita Cethegis
Continget: dabiturque licentia sumta pudenter.
Hor.

Neulich fiel mir Prior's *Alma* wieder in die Hände. In diesem Spottgedichte, wo er die Träume der Philosophen über den Siz der Seele belacht, hat er den drolligen Einfall, die Seele durch die Zehspizen in den neugebildeten Körper dringen, und allmählig in verschiedenen Perioden des Alters, durch die Beine und Schenkel hinauf, zum Gürtel, dann zum Herzen, endlich in den Kopf steigen zu lassen.

Statt des Beweises, beruft er sich auf die Erscheinungen, die eine jede Lebensepoche auszuzeichnen pflegen. Die Seele des Säuglings zum Beispiel, kan nach seiner Meinung nirgend anders, als in seinen Füßen wohnen; denn mit diesen stößt und zappelt er schon lange, ehe er kriechen und andere Theile seines Körpers bewegen lernt. Auch beim Knaben verweilt sie noch in diesen Extremitäten. Sieht man nicht am Steckenreiten und Springen, an der Rastlosigkeit, die es ihm unmöglich macht, einen Augenblick still zu stehen, daß seine Beine in einem fort seinen Willen bestimmen? Allein es komt die Zeit, wo die Seele höher steigt; andere Organe bilden sich zu ihrem Thron, von wannen sie den ganzen Körper beherscht, und alle seine Handlungen beziehen sich auf die Bestimmung und Kraft dieser Theile. Kindisches Spiel und rasches Umhertreiben ergözt den blühenden Jüngling nicht mehr; ein neuer Trieb erfüllt sein ganzes Wesen, richtet alles Wirken seines Geistes auf einen Punkt, und kettet ihn an den Gürtel der Liebe. So geht es nun weiter zur Karakteristik des männlichen und höheren Alters.

Die Ausführung dieser Fantasie, die zwar etwas unfein und desultorisch, in Prior's eigener Manier gerathen ist, hatte wenigstens Laune genug, um zu ihrer Zeit das Lächerliche eines nunmehr vergessenen gelehrten Streits aufzudecken und scherzhaft zu züchtigen. Jezt fängt man an, mit der Sache das Gedicht zu vergessen; denn die neuere Philosophie hat wichtigere Sorgen, als diese, dem Wohnort der Seele nachzuspüren. Sie stehet am Rande jenes *kritischen* Abgrunds, den Milton's Satan einst durchwanderte. Die Substanzen, sagt man, fliehen sie stärker, je eifriger sie ihnen nachforscht; sie hat nicht nur die Seele ganz aus dem Gesichte verloren, sondern sogar der Körper soll ihr neulich abhanden gekommen sein. Wenn es so fortgehet, und alles um sie her verschwindet, so läuft sie wirklich Gefahr, im großen idealischen Nichts sich selbst zu verlieren, wofern nicht das uralte Chaos sie eben so freundschaftlich wie den Höllenfürsten lehrt, in jener „Unermeßlichkeit ohne Grenzen, Ausdehnung und Gegenstand, wo Zeit und Raum unmöglich sind," – sich *zu orientiren*! Doch zurück von dieser Nacht des Ungrunds, des Zwists und der Verwirrung, wohin vielleicht keiner von meinen

Lesern weder einem gefallenen Engel noch einem exaltirten Denker Lust zu folgen hat.

Kaum hatte ich jenes Gedicht wieder gelesen, so reihte sich in meinem Kopf ein ganzes Sistem der sogenannten Geschichte der Menschheit daran. Das Bindungsglied war jener so bekante, als gemißbrauchte Vergleich der verschiedenen Lebensepochen des einzelnen Menschen mit den Stufen der Kultur bei ganzen Familien und Völkern. Ich weis wieviel ich wage, indem ich diese Ähnlichkeit des Allgemeinen mit dem Besondern wieder hervorsuche. Wie leicht sind nicht Ähnlichkeiten überall gefunden? die Weisheit der alten Base entdeckt bei jedem jungen Ehepaar gleichförmige Züge, deren Anziehungskraft, nach ihrer Physik, zu wechselseitiger Neigung die erste Veranlassung gab. So bemerkt sie auch an jedem älteren Ehepaar immerfortschreitende Verähnligung, und wundert sich, daß demungeachtet die Anziehungskraft mit jedem Jahre sich merklich vermindert. Solten, aller Vorsichtigkeit ungeachtet, die Resultate meiner Wahrnehmungen mit dieser ehrwürdigen Matronenphysiognomik eine unglückliche Verwandschaft verrathen, so werde ich mich gleichwol, mit dem unvermeidlichen Schicksal aller meiner Vorgänger, die den Eräugnissen im Gebiete der Humanität nachgeforscht haben, wie es einem Philosophen ziemt, zu trösten wissen.

Ohne *Prior's* dichterischen Apparat zu benuzen, und ohne mich, mit wem es auch sei, über die Art und den Namen des wirkenden Prinzips um Menschen zu entzweien, halte ich mich zuförderst an die Erfahrung allein, und betrachte Erscheinungen oder Wirkungen, die unsern Augen täglich kund werden, die sich täglich berichtigen lassen.

Die ersten Organisationskräfte, man nenne sie plastisch mit den Alten, Seele mit *Stahl*, wesentliche Kraft mit *Wolf*, Bildungstrieb mit *Blumenbach*, u.s.w. wirken im Menschen dahin, daß er sich selbst erhalten, und sein individuelles Dasein hier gegen alle äusseren Verhältnisse behaupten könne. Die wesentliche Bedingniß zur Erreichung dieses Endzwecks, ist *Wachsthum* des Körpers, Festigkeit und Stärke der Glieder, vor allen derjenigen, die zur *Bewegung* erforderlich sind, der Knochen und Muskeln. Von der Empfängniß an, bis zum Augenblick der natürlichen Auflösung bemerkt man daneben einen allmähligen Übergang aus einem vollkommen flüßigen Anfang, in einen bis zur Verhärtung festen Zustand der meisten Organe, und in eine zähe Verdickung der Säfte. Die Federkraft des organischen Stofs nimt so lange zu, als das Wachsthum dauert, und vielleicht noch länger, indem die Vollkommenheit aller Theile des Körpers in einem *mittleren Verhältniß* zwischen ihren festen und flüßigen Urstoffen besteht. Zuerst also ist der Wirkungskreis der Kräfte, die eine menschliche Gestalt beleben, auf ihre eigene Materie und deren Entwicklung eingeschränkt. So wie die ganze Organisation mehr Konsistenz erhält, erweitert sich die Sphäre ihrer Wirksamkeit auch jenseits ihrer körperlichen Grenzen, vermittelst der willkürlichen Bewegung; doch hat sie ausser der Selbsterhaltung, und der damit verbundenen Vernichtung fremdartiger Organisationen, noch keinen bestimteren Zweck. Bewegung ist der Genuß des Knabenalters; sie entspringt aus einem Gefühl der Kräfte, und ist Wirkung ihres inneren Reizes; auch befördert sie wieder das Wachsthum, die gleichförmige Entwicklung und die Stärke des Körpers.

Eine Folge des allgemeinen Wachsthums ist aber die Ausbildung der Organe und Absonderung der Stoffe, welche zur Hervorbringung derselben Form des Daseins in andern Individuen unentbehrlich ist. Der Mensch wird zur *Fortpflanzung* fähig, ehe er zu seiner bestimten Länge und Stärke gelangt, ehe er völlig ausgebildet ist, ehe die Knorpel alle geschwunden sind. Mit der Entwicklung jener Organe, mit der Scheidung jener Säfte verbindet sich ein starker Reiz, das Kennzeichen einer neuen Richtung der Organisationskräfte, die auf ein Wirken außer sich, und zwar nicht mehr auf Zerstörung, sondern auf Vereinigung und Mittheilung hinausläuft. Die Blüthezeit des Menschen, die frohe Zeit des berauschenden Genusses, der im Tausch der Empfindungen und wechselseitiger Hingebung besteht, ist jedoch wie jede Blüthezeit ein kurzer, schnellvorübereilender Augenblick.

Nach der Erscheinung des Geschlechtstriebes erreicht der Körper sein volles Wachsthum, seine höchste Reife. Der Widerstand der Theile komt mit der ausdehnenden Kraft ins Gleichgewicht. Knochen, Sehnen, Muskeln gewinnen den höchsten Grad ihrer Festigkeit, Spannkraft und Stärke.

Das Blut, welches zur Ergänzung, nicht mehr zur Vergrößerung des Körpers seinen Kreislauf fortsezt, ist nicht nur in größerer Menge vorhanden, sondern wird feuriger, in sich selbst lebendiger und belebender, als zuvor. Man ist daher geneigt, schon im voraus eine wichtige Revolution im Menschen, bei diesem *Stillstand* in seinem Wachsthume zu erwarten. Wenn die Erhärtung gewisser Theile der bildenden Kraft nun Grenzen steckt, und keine Ausdehnung mehr statt finden läßt, so würde bald das Blut in allen Adern stocken, falls es kein Mittel gäbe, dasselbe in dem Maaße, wie es aus den Speisen bereitet wird, wieder zu verarbeiten. Dieses Mittel bietet aber die Abnuzung der Organe dar, welche jezt um so schneller vor sich geht, je heftiger das Gefühl ihrer Kraft zu anhaltender Bewegung, zu gewaltsamer Anstrengung, zur Thätigkeit im Äussern reizt. Nie trug der Körper größere Lasten, nie regten sich die Glieder mit geringerer Erschöpfung, nie vermogten die gespanten Muskeln mehr als jezt, da die Ergänzung aus dem reichen Blutsquell so leicht von statten geht. In der That steigt auch das Gefühl der eigenen Kraft im Menschen jezt auf den höchsten Punkt; er empfindet mehr als jemals den Trieb außer sich zu wirken, den mächtigen Willen, womit er sich ein Herr der Schöpfung wähnt, und die zur Leidenschaft verstärkte Begierde, wodurch er, ohne die Gefahr im Hinterhalt zu ahnden, ein Sklave der coexistirenden Dinge wird. Nach dem Rausch eines Augenblicks, kehrt das Gefühl der freien Selbstheit zurück, zum Gebrauch der inwohnenden Kraft; aber milder ist doch der Genuß in dieser langen Epoche des reifen Alters, welches auch im Erhalten die Macht seines Wirkens fühlt.

Das feuchteste, weichste, zarteste, eindruckfähigste Organ, das Organ der Empfindung, der Erinnerung und des Bewußtseins, mit einem Worte das *Hirn*, empfängt und sammelt von Kindheit an die Einwirkungen der äußeren Gegenstände, vermittelst der Sinneswerkzeuge, und des ganzen Nervensistems. Seine Masse bleibt weich, und erlangt erst in späteren Alter eine gewisse, jedoch immer sehr geringe Festigkeit. Kein Wunder also, daß erst in der Periode des Stillstands die Lebenskräfte des Hirns ihre höchste Regsamkeit äussern, und durch die von solchen Äusserungen unzertrenliche Reaktion die Klarheit des Bewußtseins erhöhen. Wenn bereits die Knochen spröde, die Muskeln steif, die Sinne stumpf und die Nerven überhaupt weniger empfindlich geworden sind, erhält sich noch die Wirksamkeit dieses bewundernswürdigen Organs. Zurückgezogen aus seinem größeren Wirkungskreise, bleibt alsdann der Mensch sich selbst noch übrig, und findet in dem zarten Gewebe seines Hirns das Weltall wieder, wenn es ausserhalb desselben kaum mehr für ihn existirt. Herlicher Genuß auch dieser, und vielleicht der herlichste von allen, dieses erhöhte Bewußtsein des Menschen, der in sich selbst eine Welt beschaut, und solchergestalt die lezten Höhen seiner Ausbildung ersteigt.

So sind also die Hauptbestimmungen des

Menschen: Selbsterhaltung, Fortpflanzung, Wirksamkeit außer, und Rückwirken in sich selbst, von einer nach und nach erfolgenden Veränderung verschiedener Organe abhängig, und im genauesten Verhältnisse mit den Perioden des Wachsthums, der Pubertät, des Stillstands und der Hirnerhärtung.

Mit allen Thieren haben wir Erhaltung und Fortpflanzung gemein; in so fern also sind diese Funktionen mit den besondern und ausschließenden Bestimmungen der Menschheit nicht zu vergleichen. Das Dasein des Einzelnen und der gesamten Gattung hinge gleichwol an einem gar zu schwachen Faden, wenn die Periode des Wachsthums und des Geschlechtstriebes nicht vor der höchsten Entwicklung der Thätigkeit nach Aussen und der Denkkraft vorherginge. Vor allen Dingen müssen wir *sein*; sodann erst können wir auf eine bestimte Art und Weise unsere Kräfte äussern. Da indessen das Wachsthum aller Organe gleichzeitig fortschreitet, (wiewol das zarteste früher ausgearbeitet erscheint,) da nur die Zeitpunkte ihrer *höchsten* Wirksamkeit, *ihrer Reife* verschieden sind; da auch das Handeln und Denken schon während der Epoche des Wachsthums seinen Anfang nimt: so darf man in gewisser Hinsicht behaupten, daß unsere Existenz zu keiner Zeit bloß thierisch ist.

Was scheint nun wol natürlicher, als die Voraussezung, daß zwar keine Anlage im Menschen unbenuzt und unentwickelt bleiben, aber auch keine auf Kosten der übrigen ausgebildet und vervollkommnet werden dürfe? die Natur bindet sich jedoch nirgends an diese Regel. Wäre sie unabänderlich, so wüßten wir nicht, wie weit sich die Perfektibilität jedes einzelnen Organs erstreckt, und in welchem Grade die Lebenskraft sich darin äussern kan, sobald sie sich ganz darauf konzentrirt und die übrigen Organe vernachläßiget. Nun wird aber diese Kraft durch geringe Anomalien der Bildung und hinzutretende äussere Verhältnisse so bestimt, daß einzelne Theile durch sie im Körper gleichsam herschend werden, daß alles sich auf diese zu beziehen scheint, und zur Vervielfältigung, Erleichterung und Vervollkommnung ihrer Funktionen dienen muß. Das unbändigste Kraftgefühl, die unersättlichste Salacität, die heftigste Leidenschaft und der göttlichste Tiefsinn können nimmermehr in einem Menschen vereinigt sein; sondern eine von diesen Eigenschaften, sobald sie in ihrem Grade hervorsticht, verdrängt die übrigen, und entzieht andern Organen die erforderliche Energie. Der Wollüstling Sardanapal konte nicht die Geseze des Zusammenhangs ergründen, wie der Denker Newton; die enthaltsamen Kornaren hatten nicht, wie Milo der Kämpfer, einen Ochsen getragen, u. s. f. Gleichgewicht unter jenen Eigenschaften ist also das Kennzeichen ihrer Mittelmäßigkeit, und beruht auf einer sehr vertheilten Lebenskraft; die Mannigfaltigkeit hingegen erfordert partielle Disharmonien und Excentricitäten.

Die Ursache dieser Abweichungen von einer gleichförmigen Entwicklung entzieht sich unseren Blicken. Verkettungen des Schicksals aufsteigend in unabsehlicher Reihe, wirken im Moment der Zeugung unaufhaltsam, das Maaß der Empfänglichkeit der neuen Organisazion in allen ihren Theilen zu bestimmen; ein geringfügiger, dem Anschein nach unbedeutender Umstand, durch eine eben so lange Reihe vorhergehender Begebenheiten vorbereitet, ertheilt durch einen unmerklichen Stoß dieser Maschine eine Richtung, die sie Zeitlebens behält; und jeden Augenblick des Daseins folgen sich schnell diese Stöße und verrücken die Kreise, die unsere Philosophen in Gedanken ziehen.

Diese allgemein bekanten Erfahrungen scheinen sich mir auch in der großen Masse des Menschengeschlechts zu bestätigen, und ganze Völker scheinen jene verschiedenen Stufen der Bildung hinanzusteigen, die dem einzelnen Menschen vorgezeichnet sind. Die Natur scheint anfänglich auch bei diesen Haufen nur für Erhaltung zu sorgen; späterhin, wann sie reichlichere Quellen der Subsistenz ausfindig gemacht haben, komt der Zeitraum ihrer Vermehrung; sodann entstehen große Bewegungen, gewaltsames Streben nach Herschaft und Genuß; endlich entwickelt sich der Verstand, verfeinert sich die Empfindung, und die Vernunft besteigt ihren Thron.

Tanz und Kampf sind die ersten Fertigkeiten des Wilden, der sich um eine einzige Stufe nur über das Bedürfniß der Thierheit erhebt. Er fühlt seine Kraft im Vernichten; im Taumel der Siegesfreude stampft er unwillkürlich die Erde mit seinen Füßen; alles an ihm ist unbändiger Knabenmutwille, und inneres Streben ohne Richtung.

Der Überfluß, gleichviel ob Jagd und Viehzucht oder Ackerbau ihn erzeugte, läßt in der behaglichen Ruhe, die er veranlaßt, durch den sanfteren Reiz wuchernder Säfte den Geschlechtstrieb stärker entflammen. Ein mildes Klima, ein fruchtbares Land, eine ruhige, ungestörte Nachbarschaft, und wer mag bestimmen, welcher andere Zusammenfluß von Organisazion und äusseren Verhältnissen beschleunigte das Wachsthum sowol der Chineser und Indier als der Neger, entwickelte früher ihren Geschlechtstrieb, führte die Polygamie unter ihnen ein, und machte sie zu den volkreichsten Nazionen der Erde. Allein Erschlaffung ist das Loos einer zu üppigen Verschwendung der Zeugungskräfte. Im Herzen und Hirn dieser Völker schlief die belebende Kraft, oder zuckte nur konvulsivisch. Zur Knechtschaft geboren, bedurften sie, und bedürfen noch der Weisheit eines Despoten, der sie zu den Künsten des Friedens anführt, und mechanische Fertigkeit in ihnen weckt. Die Ruthe des Despotismus, auch wenn eine milde Hand sie regiert, kan jedoch nur das Menschengeschlecht auf dem Wege der Nachahmung und Gewohnheit in ewig einförmigem Schritte vor sich hintreiben, nicht eigenthümliche Bewegung und erfinderische Kraft in ihm hervorrufen. Was ist der höchste, aber geschmacklose und keiner Vervollkommnung fähige Kunstfleiß noch werth, bei jener starren Unveränderlichkeit der Sitten und Gebräuche, jener finstern Schwärmerei einer herz- und sinnlosen Religion, jener schwerfälligen, kindischen Vernunft der asiatischen Völker?

Unter einer andern Verbindung von Umständen begünstigte hingegen der Zeitpunkt, wo der ruhige Besiz des Eigenthums eine stärkere Bevölkerung nach sich zog, die Entwicklung eines Keims zu großen und erhabenen Leidenschaften, der schon im rohen, Zerstörung athmenden Barbaren liegt. Die beherzten Räuberbanden in Griechenland und Latium schufen sich eine Verfassung, wo Tapferkeit, Vaterlandsliebe, Freiheitssinn, Edelmut, Ehrgeiz und Herschsucht, schon lange bevor noch ein Stral von wissenschaftlicher Aufklärung ihnen leuchtete, die Triebfeder großer Handlungen waren. Weichlinge, ohne dieses Löwenherz voll Kraft, konten nicht jenes hohen Gefühls, nicht einer jener Heldentugenden fähig sein.

Nur solche Völker, die in ihrer früheren Periode der Wollust glücklich entgangen, und in den Armen der Freiheit zu männlicher Stärke herangewachsen sind, können und müssen zulezt den höchsten Gipfel der Bildung ersteigen, wo die ganze Energie unseres Wesens sich in den feineren Werkzeugen der Empfindung und des Verstandes am thätigsten erweiset. Nur dreimal, nur in Europa, und jedesmal in anderer Gestalt erblickte die Welt das Schauspiel dieser lezten Ausbildungsstufe. Einzig und unerreichbar erhob Athen zuerst Ihr stolzes Haupt, da blühende Fantasie und reiner Schönheitssinn in ihr die Erstlinge der Kunst und Wissenschaft erzeugten. Rom war nicht mehr frei, und die Beute der halben Welt hatte daselbst bereits das zügelloseste Sittenverderbniß angezündet, als es die

Trümmer attischer Kultur in seinem Schooß aufnahm, und glänzender durch Üppigkeit als durch hohen Schwung des Genies, für seine künftigen Überwinder sie aufbewahrte. Schon war der sanfte Frühlingszauber von Duft und Blüte dahin, und die Periode römischer Aufklärung glich einem schwülen Sommertage, den am Abend ein Donnerwetter beschließt. Uns endlich, der Nachkommenschaft eines glücklich-organisirten Barbarenstammes, bei dem hernach das romantische Feuer des Rittergeistes so schön aufloderte, uns bleibt der Herbst mit seinen reifen Früchten noch übrig; wir ernten und keltern und füllen unsere Scheuren, der Himmel weis, für welchen bevorstehenden Winter! –

Doch es sei für heute genug geträumt von diesen vier Stufen der *muskularischen, spermatischen, heroischen und sensitiven* Kultur. Die mancherlei Schattirungen, welche zwischen einigen dieser Haupteintheilungen fallen, gehen mich hier nichts an, und lassen sich leicht klaßifiziren. Ich verspare die Ausführung meines Sistems für ein dickes Buch, wozu ein Ozean von Citaten in Bereitschaft liegt, der bei seiner Überschwemmung alle Einwürfe, wie unsichere Dämme zu durchbrechen und zu vertilgen droht. Mit Citaten kämpf man ja gegen Citaten, und wie die Erfahrung lehrt, auch nicht selten sehr glücklich gegen den Menschenverstand. Die meisten alten Eintheilungen der Menschengattung sind ohne dies schon längst verworfen. Noahs Söhne; die vier Welttheile; die vier Farben, weiß, schwarz, gelb, kupferroth, – wer denkt noch heut zu Tage an diese veralteten Moden? Ein anderes ist es freilich um eine metaphysische Eintheilung! Dem kühnen Versuch, alle Völker der Erde von einem guten und einem bösen Prinzip abstammen zu lassen, fehlt nichts als – ein Beweis, – so streicht meine Hypothese die Segel, und ihr Urheber muß sich noch allzuglücklich schäzen, daß er kein *geborner Teufel* ist.

Über Proselytenmacherei

An die Herausgeber der Berlinischen Monatsschrift

Verschiedenheit der Meinungen war nie ein Grund, der Sie bestimmt hatte, jemanden Ihre Freundschaft zu entziehen. Nie versagten Sie Ihre Hochachtung einem rechtschaffenen Manne, der aus Überzeugung und nach Grundsätzen, diese mochten von den Ihrigen so abstechend als möglich sein, ohne Beeinträchtigung der Rechte des einzelnen Menschen oder des gesellschaftlichen Vertrages handelte. Nur der Unwürdige war Ihnen verächtlich, der die Stimme der natürlichen Gerechtigkeit in seinem Busen übertäuben, und gegen besseres Wissen vorsetzlich die Befriedigung seines Willens auf Kosten der Freiheit und des Eigenthums seines Mitmenschen suchen konnte.

Der Satz, von welchem alle Moralisten ausgehen: die Anerkennung derselben Rechte, die man für sich verlangt, in jedem einzelnen Menschen; führt mich also, mit dem Bewußtsein, daß er die unerschütterliche Grundlage Ihres Denkens und Handels bleibt, in vollem Vertrauen zu Ihnen, indem ich eine *Meinung*, welche von der Ihrigen abweicht und sie bestreiten soll, durch Ihre Monatsschrift vor das Publikum zu bringen wünsche.

Der August Ihrer Monatsschrift von diesem Jahr enthält, unter der Rubrik: *Proselytenmacherei*, ein Schreiben des Herrn Hofgerichtsraths Bender zu Eltvill im Rheingau an die katholische Wittwe eines Protestanten; worin er ihr mißräth, ihre Söhne in der lutherschen Religion erziehen zu lassen. Die öffentliche Bekanntmachung dieses Schreibens soll, Ihrer Erinnerung zufolge, „zur *Beschämung* des Briefstellers dienen, der auf das *hinterlistigste* alle Motive in Bewegung zu setzen sucht, um eine *schwache* und betrübte Person zu einem unredlichen Schritte zu verleiten, indem er ihr denselben als Pflicht und als Befehl von Gott vorspiegeln will.“ Erlauben Sie mir, daß ich über die Wahl der auffallenden Worte, deren Sie Sich bedienen, ein wenig mit Ihnen rechten darf.

Proselytenmacherei. Ich begreife nicht, wie man im protestantischen Deutschland, welches so lange her bemüht gewesen ist, von allen Verschiedenheiten im Menschengeschlechte, in Absicht der Vorstellungsart, der Sitten, Gebräuche, Religionen, und Verfassungen, der Armuth und des Reichthums der Begriffe, des Gebrauchs, Mißbrauchs und Nichtgebrauchs der Verstandeskräfte genaue Kenntnisse einzusammeln; ich begreife nicht, wie man da den Geist eines angeblich alleinseeligmachenden Glaubens je soweit hat verkennen können, um sich zu schmeicheln, daß seine Bekenner dem ernsten Bestreben entsagen würden, Andersgesinnte zu ihrer Meinung zu überreden. Von wem mag sich die Behauptung wohl herschreiben, daß die Katholiken auf Bekehrungen je Verzicht gethan? Niemand hat mir ihren Urheber zu nennen gewußt; und dies vielleicht um soviel weniger, als es gewiß ist, daß dieser Wahn erst seit kurzem gerügt wird, und überall so wenig Beifall findet, daß er kaum der Rüge werth zu sein scheint. Wenn ich einer Muthmaßung Raum geben dürfte, so würde ich seine Entstehung dort suchen, wo man ihn zuerst widerlegte. Von Schulverbesserungen, von Aufnahme der Wissenschaften und Künste, von Klösteraufhebungen, von Duldung andrer Glaubensverwandten, von Beförderungen protestantischer Gelehrten im katholischen Deutschland, hatte man, und zwar mit Recht, viel rühmen gehört. Wie leicht schwärmt man nicht für *das* Gute, welches jedem nach seiner Einsicht das *Beste* scheint! Es bedurfte nur einer lebhaften Einbildungskraft und eines edlen Enthusiasmus für die Wohlthat der Reformation, um den Trugschluß zu erzeugen: daß ein aufgeklärter Katholik im Stillen schon mehr als halber Protestant sein müsse. Die Katholiken waren wohl weit entfernt, sich von dieser vermeintlichen Metamorphose ihrer selbst etwas träumen zu lassen; eben so entfernt, wie jene Protestanten, denen derselbe Enthusiasmus auf den Kopf zusagen durfte: sie könnten, *ohne es selbst zu wissen*, heimliche Jesuiten sein. Allein es währte gewiß nicht lange, so mußte der Mann, der diese unsichtbaren Verwandlungen erspäht zu haben glaubte, sich selbst seinen Irrthum eingestehn, sobald er nehmlich zur wirklichen Untersuchung schritt, und die deutschen Katholiken gegen das Ideal in seinem Kopfe hielt. Nach dieser Entdekkung wußte er sich dann vermuthlich keinen andern Rath, als jenen so notorisch gewordnen Kampf mit seinem eigenen Hirngespinnst. Die längstbekannte, nie bezweifelte Überzeugung der Katholiken, daß die Bekehrung der Andersgesinnten verdienstlich sei, mußte itzt auf einmal etwas *unerhörtes* heißen, damit man über protestantische Sorglosigkeit laute Klagen erheben und uns in die polemisirenden Jahrhunderte zurükversetzen konnte. Wenn der Verdruß über jene Selbsttäuschung auch so weit gegangen wäre, daß er über alles und jedes Beginnen unsrer katholischen Landsleute die unbilligsten Urtheile veranlaßt hätte; so würden Sie Sich mit mir über eine so natürliche, dem menschlichen Herzen so angemessene, Wirkung wohl schwerlich gewundert haben.

Ich wiederhole also: daß die meisten Katholiken sich durch den Lehrbegrif ihrer Kirche berufen glaubten, Proselyten zu machen, dies konnte *keinem* in seiner Religion zwekmäßig unterrichteten Protestanten, keinem, für dessen Belehrung und Unterhaltung durch unsere zahllosen Journale gesorgt werden sollte, *unbekannt* geblieben sein. Der Glaube, daß außer dem Schooße der Kirche keine Seligkeit zu hoffen sei, stände ja mit der Menschenliebe im Widerspruch, wenn er nicht an den Wunsch eine allgemeine Bekehrung zu bewirken innig gebunden wäre. Diese beiden Grundsätze stehen und fallen miteinander; und die Katholiken können nicht eher aufhören zu bekehren, bis sie aufhören zu verdammen. Der aufgeklärte Protestant, der allen christlichen Parteien ziemlich gleiche Ansprüche auf die Seligkeit zugesteht, muß zwar nach seinem Gefühl diesen verdammenden Glauben mit seiner unmittelbaren Folge, dem Bekehrungseifer, mißbilligen und verwerfen; allein er wird zugleich gestehn, daß der Katholik auch bei diesem Glauben wenigstens noch *konsequent* ist. Daß dieser Glaube, daß so mancher andere Glaube sich des menschlichen Herzens hat bemeistern können: darüber darf der Philosoph das Loos der Menschheit bedauern, denn das ist *seinem* Glauben gemäß; er wird aber unstreitig der letzte sein, der seinen Mitmenschen die güldene Freyheit absprechen möchte, zu glauben was sie *wollen* oder *können*. Diese Freiheit aufzuheben, ist nicht nur unerlaubt, sondern auch zum Glük nur in unaufgeklärten Ländern noch möglich.

„Der Himmel bewahre“, wird man mir antworten, „daß ein Protestant, er sei Philosoph oder nicht, den Einfall haben sollte, einen andern Glauben, wäre es auch der alleinseligmachende selbst, im Heiligen Römischen Reiche verfolgen oder in einem gehässigen Lichte darstellen zu wollen. *Das* aber läßt sich keinem wehren, daß er nach Grundsätzen einer erleuchteten Vernunft, welche seit kurzem so manche Riesenschritte gethan, sich selbst von seiner Überzeugung Rechenschaft geben, sich gegen eine Religion, welche die Zahl ihrer Bekenner zu vermehren sucht, mit Gründen verwahren, seine Glaubensgenossen vor dem Abfall sichern, und der Wahrheit Zeugniß geben darf“.

Wahrheit! schönes, großes, heiliges Wort, unzertrennlich von Empfindung und Gedanken; und dem Menschengeschlechte so theuer, daß

Religion und Philosophie an die Ergründung seines göttlichen Sinnes die höchste Glükseligkeit knüpften! Wer ist so blödsinnig, daß er Wahrheit nicht erkennen; wer so neidisch, daß er die erkannte Wahrheit nicht mittheilen möchte? Verzeihen Sie diese Apostrophe; Sie wissen ja, ich war von jeher ein Eiferer für

Die Sonnen: *Wah*r und *Gut* und *Schön*!

Wahrheit also muß behauptet, muß mit Gründen verfochten werden; und so lange sie einem unaufgelöseten Problem ähnlich sieht, das ist, überall wo Verschiedenheit der Meinungen herrscht: kann ihre Erforschung ohne Diskussionen, ihre Mittheilung ohne Überredung nicht von Statten gehn. Indem ich hier die Gründe meiner Überzeugung darlege, wünsche ich ihre Gültigkeit anerkannt zu sehn; sie sind die Überredungsmittel, deren ich mich bediene, um meinen Erkenntnissen Eingang zu verschaffen, um Andere mit mir gleichförmig denken und empfinden zu lassen, um für meine Meinung Stimmen zu gewinnen. Indem Sie durch Ihre Monatsschrift dem Aberglauben, der Schwärmerei und dem Betrug entgegen arbeiten wollten, hatten auch Sie die Absicht, der Wahrheit, wie sie von Ihnen erkannt worden war, Beistimmung zu erwerben, Ihre Überzeugung in mehreren Köpfen geltend zu machen, Ihre Leser, mit einem Worte, zu überreden. Behauptungen, von deren Zuverläßigkeit man überzeugt ist, die man aber nicht ausbreiten will, bringt man auch nicht ins Publikum.

Von der Wahrheitsliebe ist also der Bekehrungsgeist unzertrennlich, insofern er das Bestreben ist, andere zu seiner Meinung zu gewinnen. Vom Wilden bis zum Großinquisitor, vom frommen Schwärmer bis zum Philosophen sind wir alle *Proselytenmacher*; und was so tief in der menschlichen Natur gegründet ist, kann nicht an sich, kann nur durch den Gebrauch unrechtmäßiger Mittel sträflich sein. Der Streit zwischen Protestanten und Katholiken hatte vieler Menschen Blut gekostet, als endlich ein feierlicher Friedensschluß jeder Partei die *gewaltthätige Beeinträchtigung* der andern untersagte. Allein auch damals schon kannte man die Rechte der Menschheit zu wohl, damals schon hatte man sie mit so großem Nachdruk geltend zu machen gewußt, daß jedem deutschen Manne *Freiheit des Gewissens* zuerkannt, mithin auch allen Religionsparteien, deren Rechtmäßigkeit jene Sanktion förmlich bestätigte, gestattet wurde, Proselyten anzunehmen, die sich durch Bestimmungsgründe, welche ihnen überwiegend schienen, zu einem freiwilligen Tausch bewogen fänden. Dem Katholiken steht es also frei, aus eigener Wahl zur protestantischen Religion überzugehn, und eben so dem Protestanten, katholisch zu werden.

Wenn es nun unläugbar ist, daß der Geist der Proselytenmacherei so lange unter den Katholiken nicht erlöschen kann, bis die katholische Kirche durch eine bestimmte, alle ihre Bekenner bindende, *Auslegung ihres Lehrbegrifs* den Andersgesinnten die Hofnung der Seligkeit zugestehn wird; wenn ferner durch die itztgültigen

Religionsverträge die Gewissensfreiheit anerkannt, und der Übergang von einer Kirche zur andern gestattet worden: wer möchte es wagen, den Katholiken ihre Proselytenmacherei zu wehren, oder auch nur dieses Wort mit dem Ausdruk der Verunglimpfung auszusprechen, um die Handlung selbst und die Religion, welche sie zu billigen scheint, in einem gehässigen Lichte zu zeigen? Die Erbitterung war einst heftig zwischen der protestantischen und katholischen Partei; kaum sind sie noch besänftigt, kaum ist Mäßigung und Duldung allgemeiner geworden; und in diesem reizbaren Zustande kann leicht ein hartes Wort die Ruhe stören und für einen wirklichen Angrif gelten. Die erneuerte Wuth der Religionsstreitigkeiten – ich appellire an Ihr Gefühl! – würde dem Schluß des achtzehnten Jahrhunderts keine Ehre machen.

„Sind denn aber die Schranken nicht zu bestimmen, innerhalb welchen eine wohlgemeinte Warnung erlaubt und unbeleidigend ist? Soll der eifrige Protestant ruhig zusehn, daß die katholische Religion von allen Seiten um sich greift, überall durch ihre Überredungskünste neue Bekenner an sich lokt, und das Häuflein seiner Glaubensgenossen größtentheils oder (– meinen Sie? –) endlich ganz verschlingt“? Hier ist meine Antwort. Können die Protestanten wirklich der Macht der Überredung nicht widerstehen, ist es mit ihrem Herzen und ihrem Verstande so bestellt, daß die Lehre, für welche das Blut ihrer Väter einst geflossen, ihnen itzt verwerflich scheint: so ist ja alle Rettung verloren, aller

Widerstand vergeblich, und jede Anklage eines katholischen Proselytenmachers bei dem Publikum eine Herausforderung, welche die gefürchtete Apostasie des großen Haufens und demnächst den Sturz der ganzen Partei nur beschleunigt. Setzen Sie den Islam, oder welche Religion Sie wollen, an die Stelle der katholischen; und das Resultat bleibt dasselbe. Könnte die göttliche Sendung Mohammeds durch Gründe vertheidigt werden, welche jeden Einwurf Ihrer Vernunft und Ihres Gefühls besiegten, so müßten Sie noch heute Muselmänner sein.

Doch die gute Sache des Protestantismus ist bei weitem so verzweifelt noch nicht, als die Furcht vor den Bekehrern sie zu machen scheint. Was beide Parteien, nächst ihrer Überzeugung, an Gründen für ihre verschiednen Glaubensmeinungen vorzubringen wissen, ist alles längst gesagt; und wenn etwas mit Wahrscheinlichkeit behauptet werden kann, so ist es dieser Satz: den Polemikern auf beiden Seiten sei Trotz geboten, daß sie auch nur Ein neues Argument noch anzuführen wüßten! Ihr Streit ist schon darum nicht zu vermitteln, weil er die ersten Prinzipien betrift, und schon darum schwer zu führen, weil die tiefsinnigsten Denker, wo es auf Prinzipien ankommt, einander so leicht mißverstehn.* Doch, gesetzt, daß einige der größten menschlichen Geister jene allgemeingültigen Prinzipien, die jeder individuellen Menschenvernunft Gesetze geben, so gefaßt – oder errathen – hätten, daß sie darüber einverstanden wären, und darnach über die Ansprüche der Religionen aburtheilen könnten: so wäre doch ihr Urtheil für die Millionen von eingeschränkteren Fähigkeiten unerreichbar, mithin kein Entscheidungsgrund. Auch die Vernunft κατ' εξοχηε͂ν existirt nur für den, der sie zu fassen glaubt; jedem andern aufgedrungen, wird sie ein Götze, dessen Unfehlbarkeit zu predigen entweder Thorheit oder noch schlimmere Anmaßung scheint.

Wenn man demnach, um Protestant oder Katholik zu werden, auf die ersten Prinzipien selten zurükzukommen pflegt, weil man es nicht kann oder mag: so müssen wohl andere Ursachen den Ausschlag geben, so oft eine von beiden Parteien einen Proselyten macht. Hat es ferner seine Richtigkeit, daß die Anzahl der von den Protestanten für die katholische Kirche gewonnenen Proselyten bedenklich ist: so wird die Veranlassung zu diesen Bekehrungen, sobald sie sich entdekt, das Mittel an die Hand geben, ihnen Einhalt zu thun.

Es giebt nur zwei Wege, wie man auf die Überzeugung eines Menschen wirken kann: durch den Kopf, und durch das Herz. Je heller und erleuchteter aber der Verstand, je reiner, edler und einfacher das Gefühl; desto fester steht die Überzeugung, desto schwerer wird es, eine andere an ihre Stelle zu setzen, desto wichtiger, erhabener, vollkommener müssen die Gründe seyn, wodurch man eine Bekehrung bewerkstelligen will. Sie werden mir zugeben, daß bei Protestanten, welche schön und wahr und gut empfinden, richtig und scharfsinnig denken, keine Bekehrung zu befürchten sei; weil Sie dem

Katholizismus, sobald ihn Menschen von dieser Bezeichnung wählen könnten, entweder entschiedene Vorzüge einräumen müßten, oder wenigstens gegen den Übertritt mehr nichts als die bloße Verschiedenheit Ihrer Geisteskräfte einzuwenden hätten. Also: aus welcher Klasse von Protestanten kann sich die katholische Kirche Proselyten suchen? Die Antwort ist bereits im vorhergehenden enthalten: aus derjenigen Klasse, worin so mancher Protestant keinen Sinn für die Moralität seiner Religion, für ihre Gründe zu wenig Vernunft besitzt, und nur vermöge der zufälligen Verhältnisse seiner Lage und seines Aufenthalts durch Erziehung und Gewohnheit im Protestantismus erhalten wird. Wie nun jeder höhere Grad der Vernunft nur demjenigen, der ihn besitzt, Gesetze geben, und das geläuterte Gefühl seine Wirkungen von dem roheren nimmermehr erwarten darf: so reduziren sich alle Mittel, welche nicht auf die Erwekkung des moralischen Sinnes, und auf verstärkte Wirksamkeit der eignen Denkkräfte im einzelnen Menschen abzwekken, und wodurch man gleichwohl die Anhängigkeit an eine bisher nur aus Gewohnheit von ihm anerkannte Religion erzwingen will, auf eine wirkliche Beeinträchtigung der Gewissensfreiheit, offenbare Gewalt, Recht des Stärkeren. Ist die Religion in die Verfassung unzertrennlich verwebt, ist sie ein Hauptrad der großen Staatsmaschine, und sieht sich aus diesem Grunde die gesetzgebende Macht gezwungen, um der Proselytenmacherei zu wehren, dem Gewissen des Bürgers Fesseln anzulegen: so hat alle freie Diskussion ein Ende; von Vernunft, Aufklärung und Wahrheitsliebe kann weiter nicht die Rede sein; Denkfreiheit und Moralität der Wahl sind vernichtet; Maschine steht nur gegen Maschine, und je früher man die zwei- oder dreimalhunderttausend Argumente Ihres Königs ins Feld rükken läßt, desto schneller und sicherer ist der Sieg des Protestantismus entschieden.

So wären wir aber heute noch auf demselben Punkte, wo man vor dreihundert Jahren stand; und so viele Märtyrer der Wahrheit, von allen Religionen und Sekten, wären ganz umsonst gestorben! Märtyrer der Wahrheit, sage ich; nicht der besondern Meinung, die ihnen wahr und der Aufopferung des Lebens werth dünkte, – denn unter widersprechenden Meinungen kann höchstens eine nur die wahre sein, und doch litten Huß und Servet wie Märtyrer des Kalenders, – sondern der theuer erkauften, mit Blut besiegelten Wahrheit: *daß der Glaube eines Menschen, was immer sein Gegenstand sei, keiner Gewalt auf Erden unterthan, und selbst vom eignen Willen unabhängig ist*!

Nein. Die allgemeine Anerkennung dieser Wahrheit haben wir vor den dunkleren Jahrhunderten voraus; selbst die unumschränktesten Herrscher haben sie zur Richtschnur gewählt; und durch ihre Kraft ist das schrekliche Zwangssystem in Gewissenssachen endlich gefallen. Jene großen Regenten wagten es also, diejenige Klasse von Unterthanen, deren Verstand und Gefühl den Argumenten der Bekehrer den wenigsten Widerstand leisten konnte, sich selbst zu überlassen.

Ohne Zweifel hatte diese Sorglosigkeit die betrübtesten Folgen für die protestantische Kirche? Ganze Dörfer, ganze Städte und Distrikte bekannten sich zur katholischen Religion? Die protestantischen Pfarrer ermüdeten das Ohr ihrer Monarchen mit Klagen über die Verminderung der Zehenten?

Da wäre nun der Fall doch bedenklich, und die göttliche Sache der Wahrheit bedürfte wohl zu ihrer Rettung – menschlicher Hülfe. In der That muß ein jeder rechtschafner Protestant, der in seinem System mehr Wahrheit und Menschenglük findet, als andre Lehrbegriffe ihm darzubieten scheinen für die Erhaltung dieses Systems unter solchen Umständen recht ernstlich besorgt sein: er muß es um so viel eher, da er keine unmittelbare Dazwischenkunft einer höhern Macht zum Besten irgend eines menschlichen Glaubens, auch nicht des wahren, in unsern Zeitläuften erwartet, sondern leicht den Beruf fühlen kann, statt aller Wunderkräfte seine Klugheit und Redlichkeit für das Werkzeug anzusehn, in welchem für diesesmal die Beschirmung der Wahrheit beschlossen liegt. Hier ist indessen keine Zeit zu verlieren. Was räth uns die Klugheit?

Zuerst, die *Bekehrer* selbst zu erforschen. Durch welche Vorspiegelungen, durch welche Künste gelingt es denen, die nach der so ängstlich wiederholten Klage der protestantischen Jurnalisten, von der katholischen Kirche zu diesem Geschäfte besonders ausersehen *sein sollen*, so viele Protestanten zu bethören? Es werden vielleicht Männer von tiefer Einsicht, von warmem Gefühl, von hinreißender Beredsamkeit sein? Weit gefehlt! Von rohen Mönchen und verschmitzten Priestern sprechen die Kläger. „Jenen, so lautet ferner die Beschuldigung, ist ihre Regel der Inbegrif alles Wissens, ihr Gefühl ist Köhlerglaube, die Quelle ihrer Beredsamkeit ist die Legende. Diese, fährt man fort, erschleichen das Zutrauen, schmeicheln dem Gewissen, halten dem Eigennutz eine Lokspeise vor." Wir wollen hier die Fragen: ob Menschen von dieser Bezeichnung wirklich vermöge eines erhaltnen Auftrags handeln? und die andre: ob man überhaupt noch Missionen in das protestantische Deutschland schikt, fürs erste unerörtert lassen; genug.

Die *Proselyten solcher Bekehrer* sind also nur Wundersüchtige von schwacher Vernunft, oder Gewinnsüchtige von erstorbenem Gefühl. Die Unglüklichen! die Bedaurenswürdigen! – Welches grausame Schiksal stieß sie so weit hinab, daß sie die schönste Bestimmung des Menschengeschlechts verfehlen, im Gebrauch ihrer Anlagen glüklich zu sein, glüklich als denkende und empfindende Wesen? Wer fesselte ihre Vernunft, wer stumpfte ihr Gefühl?

„Sie sind Sklaven."

Um ihrer Denkkraft Wirksamkeit, ihrem Gefühl sittliche Vollkommenheit zu verschaffen, fordern wir also ihre Wiedereinsetzung in alle Rechte der Menschheit. Freie Menschen nur können ihrer Bestimmung gemäß handeln. Laßt uns hinwegeilen über das allzubekannte, allzuwahre, was, so oft man es erwähnt, die Lebenskraft selbst des Sklaven mit seiner Wahrheit durchdringt: Frei sein heiße Mensch sein; der Freie nur bilde sich hinauf zum Vollkommnen; er sammle und erkenne die Verhältnisse der Wesen zu ihm und untereinander, fühle ihre Harmonie, ehre die heilige Kraft der Menschennatur, die das Weltall in ihn trägt, und genieße die Wonne, sich selbst und seinen Himmel im Busen mit Andern zu theilen! Ein freier Bürger eines freien Staats, und zugleich ein Proselyt zu sein: das wäre dann entweder ein Widerspruch, oder es gereichte dem Kopfe und dem Herzen des *Freiwählenden* zur Ehre.

Man hat wohl eher den beklagenswerthen Zustand jener Unglücklichen, die der Despotismus herabwürdigt, die er des Adels der Menschheit beraubt hatte, durch eine schlaue petitionem principii zum Beweise angeführt, daß die Vormundschaft eines Despoten ihnen unentbehrlich sei; als ob nicht selbst das roheste oder auch das verworfenste Volk eine größere Masse von Einsichten und mehr lauteres Menschengefühl in sich faßte, als je ein Despot allein besitzen kann. Doch es sei der Fürst der weiseste und beste Mann im Staate; Weisheit und Güte beweisen noch nicht das Herrscherrecht. Kann ich die gesetzgebende Macht *meiner* Vernunft über mich selbst nur veräußern? Die Gesetze einer Vernunft befolgen, die nicht die meinige ist? Sie annehmen, sie anerkennen, sie verstehn, setzt bei mir gleichen Grad der Vernunft voraus: allein alsdann höbe die letzte Voraussetzung die erste auf.

Diesem Dilemma entgeht man nie: ohne Anerkennung giebt es keine Superiorität; Anerkennung aber ist unmöglich bei ungleichem Fassungsvermögen; mithin ist die Herrschaft, selbst des Weisesten und Besten, kein Recht, sondern Gewalt. Die Einschränkung der Gewissensfreiheit ist nur der auffallendste Akt dieser Gewalt; ein Akt, wodurch der Despotismus seinen Untergebenen die Rükkehr zu ihrer eignen Vernunft gar abzuschneiden, alle freiwillige Regungen in ihnen zu erstikken sucht. Mit der Freiheit: sich vom Übernatürlichen andre als die vom Regenten vorgeschriebnen Vorstellungen zu machen, verschwindet die letzte Veranlassung zur eignen Anstrengung der Vernunft; bei der maschinenmäßigen Befolgung einer Heilsordnung, die alles Nachdenken verbietet, erlischt der letzte Funke von Empfindung, womit nur *erkannte* Wahrheit das Herz zu erwärmen pflegt. Weise Regenten, denen diese tödliche Folgen unverholen blieben, schenkten daher dem Volke die Gewissensfreiheit als ein kräftiges Mittel zur eigenen Bildung, wodurch es vorbereitet werden könnte, die Majestätsrechte der Menschheit in sich selbst zu empfinden, und deren Ausübung dereinst in seine Hände zurükzufordern. O warum glaubten sie, daß es noch dieser Vorbereitung bedürfte? Warum fühlten sie sich nicht groß genug, um die Befreier ihres Volks zu werden? Warum bedachten sie es nicht, daß einen Theil ihrer Rechte aufzuopfern, soviel als gar nichts der Freiheit des Bürgers einräumen heiße, solange der Nachfolger auf dem Throne alles niederreißen darf was sein

Vorfahr baute, und die Gesetzgebung von der Willkühr eines jeden neuen Sultans, diese von den Eingebungen seines Divans, und diese wieder von den Launen des Harems, abhängt?

Es soll mich nicht wundern, wenn man diese Gedanken eines schwärmerischen Anstrichs zeiht. Lebhaftigkeit des Geistes und Wärme der Empfindung führen uns bald über die Gränzen des Wirklichen hinaus; und was immer der Lieblingsgegenstand sei, womit sich unser intellektuelles Wesen beschäftigt, so idealisirt ihn unsre Phantasie. In Ihrer Monatsschrift, diesem Schauplatz der Schwärmereien für und wider die Vernunft, mag immerhin auch die meinige ihre Stätte finden. Sollen wir schwärmen, so sei es für die *Freiheit*! Das ist wenigstens eine unschädliche, ehrwürdige, herz- und geistererhebende Schwärmerei, die nach dem Zeugniß der Geschichte, nicht immer ohne wohlthätige Folgen bleibt. Doch itzt zurük aus unsern utopischen Theorieen in die wirkliche sublunarische Welt.

Die Gewissensfreiheit existirt wirklich in einigen Staaten, deren Verfassung das Widerspiel der republikanischen ist; und man besorgt also im Ernst, daß die Bekehrung derselben zur katholischen Kirche unvermeidlich sei? Inzwischen, was nach der Theorie so zuverlässig war, so unfehlbar eintreffen mußte, ist gleichwohl bis itzt noch nicht geschehen: kein Distrikt, keine Stadt, kein Dorf in jenen Ländern ist bekehrt, kein Pfarrer hat über die Verminderung seiner Heerde und die Abnahme seiner Einkünfte geklagt. Beispiele von einzelnen Proselyten lassen sich nachweisen; allein sie bleiben seltne Ausnahmen, und können eben so wenig einen allgemein gewordnen Hang zum Katholizismus unter den Protestanten darthun, als Steblitzki und Lord Gordon die besondre Neigung der itzigen Christen zum Judenthum beweisen. So giebt es auch neuerliche Beispiele, daß Katholiken zur protestantischen Religion übergetreten sind; nur fallen sie selten so in die Augen wie der Übertritt des itzigen Herzogs von Norfolk, und man giebt sich keine Mühe sie zusammenzusuchen, weil die Kühnheit, daraus etwas allgemeines folgern zu wollen, hier jeden abschrekken muß. Bei der bekannten Denkungsart der katholischen Glaubensverwandten, die den Wunsch nach Bekehrungen rege und die Bewerkstelligung derselben verdienstlich macht, muß allerdings die Zahl der Proselyten, welche zu dieser Kirche übergehn, die der andern weit übersteigen, ohne jedoch für eine stärkere Neigung bei Protestanten zur Apostasie das mindeste erweislich zu machen. Der ganze Unterschied liegt darin, daß die Protestanten sich nicht wie so manche Katholiken, um neue Bekenner ihres Glaubens bewerben. Bedenkt man aber die unleugbar häufigen Versuche und Bemühungen eifriger Katholiken, die Protestanten zur Annahme ihres Bekenntnisses zu überreden, es sei nun, daß sie ihre Gründe vom weltlichen oder geistlichen Vortheil oder von beiden zugleich entlehnen, das Herz oder den Verstand in Anspruch nehmen; und zählt man noch hinzu, was so oft und dringend von der heimlichen Geschäftigkeit gewisser papistischen Ordensmänner durch den

Weg geheimer Gesellschaften, physikalischer und hyperphysischer Prästigiatoren und andrer Emissarien in Ihrer Monatsschrift behauptet worden ist: so möchte man in Versuchung gerathen, den unbedeutenden Erfolg dieser mächtigen Bestürmung, bei der vorausgesetzten Schwäche der Prinzipien des großen protestantischen Haufens, geradezu einem Wunder zuzuschreiben: wenn uns, in Ermangelung der aufgeklärten Vernunft, die *Macht der Gewohnheit* nicht das Räthsel lösete. Daß bei vernünftigen Männern Hypothesen sich in Dogmen verwandeln, daß die aufgeklärten Britten den Sonntag wie puritanische Kopfhänger feiern, daß die katholische Kirche sich noch der Kurie unterwirft, daß Sklaven sich mißhandeln lassen von schwächern Tyrannen: diese und so viele Dinge mehr werden durch die Macht der Gewohnheit bewirkt. Wie? und der protestantische Glaube wäre allein nicht sicher unter ihrem Schutz? Wenigstens bei den Versuchen katholischer Proselytenmacher ihn wankend zu machen, sollte ich meinen, daß wir ruhig schlafen könnten. Oder wollen wir erst sehn, durch welche Mittel die Macht der Gewohnheit untergraben und überwältigt werden kann?

Zwei Kräfte giebt es allerdings, deren Wirksamkeit die Gewohnheit nicht widersteht: der *Trieb der Selbsterhaltung*, und das *Beispiel*. Ihre Art zu wirken ist sehr verschieden: die erste bringt schnelle, plötzliche Revolutionen zuwege; die zweite kommt unvermerkt und langsam zum Ziel. Der Druk des Despotismus, wenn er zu gewaltsam ist, wekt auch in einem anscheinlich erstorbenen Staatskörper das Selbstgefühl des Bürgers. Zum Selbstgefühl erwachen, heißt schon frei sein; denn ein jeder Despotismus ist wie der nächtliche Alp verschwunden, in dem Augenblik, wo das Volk zum ganzen Bewußtsein wieder erwacht. So schüttelt Frankreich itzt den Todesschlummer ab, in welchem es versunken lag, und wird frei. So befreite auch ein plötzliches Erwachen der Vernunft unsre deutschen Voreltern vom hierarchischen Joch, und nimmermehr wird dieselbe Reformation, die so schnell und unaufhaltsam jene aufs äußerste getriebenen Gemüther ergrif, durch eine ähnliche Veränderung wieder plötzlich und auf einmal in den Limbus der geistlichen Alleingewalt zurüksinken. Die einstimmige Mißbilligung solcher Maaßregeln, die auch nur dem leisesten Verdacht eines *neuen* Eingrifs in die Rechte der Gewissensfreiheit unterworfen sind, beweiset zur Genüge, daß die Tyrannei einer *protestantischen* Unfehlbarkeit schwerlich in der Reihe der ausführbaren Dinge zu suchen ist. Nichts geringeres aber als der Druk einer solchen Tyrannei könnte die Protestanten auffordern, das Joch ihrer Kirche plötzlich abzuwerfen; – doch auch alsdann gewiß nicht um ein schwereres freiwillig wieder aufzunehmen.

„Allein die *Macht des Beispiels*, diese langsam und sicher wirkende, sanft überredende, sich einschmeichelnde Macht, kann unvermerkt die Wachsamkeit der Protestanten einschläfern und alle Stützen ihrer Kirche untergraben." Ich räume Ihnen ein, von dieser Seite drohet den Protestanten noch die meiste Gefahr. Wo katholische Fürsten protestantische Staaten beherrschen, und die Religion bei der Besetzung der Ämter ihnen mehr gilt als Geschiklichkeit und Verdienst: dort lassen sich die nachtheiligen Folgen des Beispiels leicht voraussehen. Dagegen hat man aber in solchen Staaten dem Mißbrauch der oberherrlichen Gewalt schon vorzubeugen und alle Besorgnisse in Zukunft überflüssig zu machen gewußt. Im Kurfürstenthum Sachsen ist die Besetzung der Landesstellen mit Subjekten die der Augsburgischen Konfession nicht zugethan sind, dem katholischen Regenten gänzlich untersagt. In Hessen mußte Friedrich II. unter der Garantie von England und Dännemark der Erziehung seiner Kinder entsagen, dem ältesten Sohn die Grafschaft Hanau abtreten, und den versammelten Ständen mit einem feierlichen Eide betheuern, daß sein Übertritt zur katholischen Religion keines der konstitutionsmäßigen Rechte der herrschenden reformirten Kirche schmälern sollte. Diesen Maaßregeln muß man es zuschreiben, daß das Beispiel der regierenden Fürsten in beiden Ländern ganz unschädlich geblieben ist. Allein diese Unschädlichkeit, muß ich bekennen, ist die Wohlthat der Verfassung, welche zwar von ächtrepublikanischer Freiheit weit entfernt, aber gleichwohl frei genug gewesen ist, um der Willkühr des Fürsten Gränzen zu setzen

Ganz anders und ohne allen Vergleich gefährlicher müßte es um die Sicherheit der protestantischen Kirche in solchen Ländern stehen, wo alles von der unumschränkten Gewalt eines

Einzigen abhängig ist. Gesetzt einmal, der Beherrscher einer protestantischen Despotie träte öffentlich zum katholischen Glauben über; er besetzte die öffentlichen Ämter mit Katholiken; er suchte durch eine Verordnung nach der andern den Geist der protestantischen Kirche umzumodeln, katholische oder eigentlicher papistische Grundsätze in denselben überzutragen, die Denk- und Gewissensfreiheit einzuengen, kurz alles dahin einzuleiten, daß der große Schritt einer feierlichen Wiedervereinigung mit Rom zuletzt weder auffallen noch empören könnte; gesetzt, er wäre schlau genug, das sinkende Ansehen des Papstes in Deutschland unter einem politischen Vorwand aufrecht zu erhalten; er legte endlich dem aufgeklärten Patriotismus der katholischen Erzbischöfe neue Hindernisse in den Weg, und hemmte dadurch die Fortschritte der deutschkatholischen Kirche zur Läuterung und Independenz; – unter diesen, freilich höchst unwahrscheinlichen, Voraussetzungen den Erfolg bezweifeln zu wollen, verriethe doch eine gänzliche Unbekanntschaft mit den Gesetzen der Analogie. Nur scheint es mir aus diesem eventuellen Falle, wie aus allem Bishergesagten, bis zur unleugbaren Evidenz zu erhellen, daß nicht der Katholizismus an und für sich, sondern einzig und allein in Verbindung mit den Gräueln einer despotischen Regierungsform, der protestantischen Kirche furchtbar ist. Nehmen wir den Katholizismus ganz hinweg aus der Reihe der Dinge, so können Sklaven immer noch durch irgend ein andres geistliches Zwangssystem, irgend ein symbolisches Formular, in Lastthiere verwandelt werden, an denen, wie an den polnischen Leibeigenen, die menschliche Gestalt, das Ebenbild der Gottheit und folglich das Sigel der Freiheit, kaum noch kenntlich ist.

Es ist keine neue Lehre, die ich hier vortrage; man hat schon längst gesagt, schon längst, vielleicht mit kräftigern Gründen, die Ohnmacht des hierarchischen Despotismus, außer in Verbindung mit dem weltlichen, erwiesen; den letztern hat man vielfältig vor dem höchsten Tribunal der Menschheit aller Majestätsverbrechen angeklagt und schuldig erfunden. Seine Tükke sei indeß noch so gefährlich, so können Umstände eintreten, welche ihn in gewissen Schranken halten, ihn nöthigen, seinen weitaussehenden Projekten, wenigstens auf einige Zeit zu entsagen. Wenn unter mehrern Staaten von verschiednem Interesse und verschiedner Verfassung, die aber durch Sprache, Sitten, Handel und Litteratur im engsten Verkehr miteinander stehen, einer oder der andere sich der uneingeschränkten Regierungsform nähert; so scheuet doch daselbst die Ungerechtigkeit die von jenem Verkehr unzertrennliche *Publizität*. Der gewöhnliche Despotismus schämt sich, wie die niedrigen Raubthiere, wie Tiger und Panther, wenn man ihn auf seinen Schlichen ertappt. Der Blutdurst muß wirklich so hoch steigen, wie bei den Nachfolgern Augusts auf dem Römischen Kaiserthron, eh er sich über diese Furcht hinaussetzt. Wäre demnach der Fall *möglich*, daß irgend ein Alleinherrscher den Katholizismus in protestantischen Staaten begünstigte, so scheint mir wenigstens in der Publizität ein sichres Zufluchtsmittel für die bedrängte Kirche zu liegen; die Besorgnisse der Unterthanen und der Nachbarn würden vereinigt bis zum Throne dringen, und vielleicht wäre es nicht einmal nöthig, die Stimme des Tadels und der Mißbilligung zu erheben. Denn oft füllt auch ein sanfter, gutmüthiger Fürst den Despotensitz; in diesem Falle würde man auch durch Anspielungen seinen Endzwek erreichen, und die Proselytenmacherei könnte dann der kleine Husar sein, den man statt des Despotismus peitschte.

Eine solche Metonymie hätte aber auch ihre Gränzen. Es wäre doch unter diesen Umständen unbillig, Scherz in Ernst zu verwandeln, und auf die Proselytenmacherei so aus allen Kräften loszuschlagen, als ob sie wirklich etwas verschuldet hätte. Am wenigsten dürfte es in einem solchen Falle – dem einzigen, wo es überhaupt zu entschuldigen wäre, gegen die Bekehrer Zeter! zu schreien – am wenigsten dürfte es da nöthig sein, die Handlungen, Meinungen, Briefe, auch wenn Sie wollen, die Thorheiten und Inkonsequenzen irgend einer Privatperson von übrigens unbescholtnem Rufe, öffentlich zur Schau zu stellen, und der Mißdeutung oder gar der Verachtung Preis zu geben, bloß weil sie mit unserm Gemisch von Ahndungen, Fertigkeiten, Überzeugungen und Syllogismen, welches wir unsere Religion nennen, nicht zu reimen sind.

Beschämung! – ja! Beschämung des Briefstellers nennen Sie aber die andere Absicht, welche Sie bewogen hat, das Schreiben des Herrn Hofgerichtsraths Bender in Ihrer Monatsschrift abdrukken zu lassen. Sollte wohl sein Betragen dieses harte Urtheil von Ihnen in einer öffentlichen Schrift verdienen? Er ein Katholik, räth seiner Glaubensgenossinn, ihre Kinder katholisch zu erziehn, aus Pflicht *zu seiner Religion* und als Freund. Seit wenn ist es ein Verbrechen, nach seiner Überzeugung zu handeln? Seit wenn darf ein Freund keinen wohlgemeinten Rath ertheilen, der die Gewissensruhe und die Annehmlichkeit der äußern Verhältnisse der so berathenen Person zur Absicht hat? Allerdings ein großes, unverzeihliches Verbrechen, daß ein katholischer Beamter in einem katholischen Lande katholische Grundsätze hat; daß er den Satz vom einzig seligmachenden Glauben steif und fest annimmt und darnach handelt; daß er von seinen Ältern, in der Schule, von orthodoxen Theologen seiner Kirche diese Meinung mit der Muttermilch und mit der ersten Milch des Unterrichts eingesogen hat! Ich müßte mich sehr irren, oder die Katholiken dürfen sich wohl über protestantische Intoleranz beschweren, wenn dasjenige, was nach protestantischen Grundsätzen höchstens ein bedaurenswerthes Unglük ist, einem Menschen zum Verbrechen und zur Schande angerechnet wird? Ist es aber in den Augen eines Protestanten schändlich, ein Katholik zu sein, und seinem Glauben gemäß zu handeln; so wird man sich auch nicht wundern müssen, wenn Katholiken den Protestantismus verabscheuen, und von den Handlungen der Protestanten, die aus ihrem Lehrbegrif fließen, manches lieblose Urtheil fällen sollten.

Wahrlich, diese gegenseitige gute Meinung bereitet die beiden Parteien zu einer gar brüderlichen Verträglichkeit als Christen und Landsleute vor!

Mit einem nicht minder harten Ausdruk heißt es ferner: der Rath dieses Mannes sei auf das *hinterlistigste* motivirt; und gleichwohl hatte er nicht den Schaden, sondern den Vortheil der Wittwe zur Absicht. Wenn ich mir Sie Selbst, meine Herren, an dem Platz des Briefstellers denke, der sich in seinem Gewissen verpflichtet glaubt, seiner Kirche die Kinder der Amtmannswittwe als Proselyten zuzusichern, so begreife ich wohl, daß Sie überzeugender, eindringender, pathetischer geschrieben; allein ich kann mir nicht vorstellen, daß Sie, als Katholiken, andre Beweggründe gewählt hätten, oder bei deren Erwählung sich einer Hinterlist bewußt gewesen wären. Der Bekehrungseifer, den der alleinseligmachende Glaube nothwenig zur Folge hat, suppeditirt alle in dem Schreiben vorkommende Argumente, und macht es begreiflich, daß der Briefsteller sogar *geglaubt* haben könne, ein Versprechen dürfe gebrochen werden, wenn nur der Kirche die Knaben nicht entgingen. Die Täuschung läßt sich leicht erklären, vermöge welcher man widerrechtlich handelt, und dennoch sein Gewissen dadurch zu beruhigen glaubt. Kennen wir nicht die Macht religiöser Meinungen über die Gemüther? Nicht die traurigen Wirkungen der Vorurtheile und Autoritäten, zumal einer vermeintlich göttlichen Autorität? Diese rechtfertigte ja sogar vorzeiten jeden Angrif auf leibliche Freiheit und materielles Eigenthum der Andersgesinnten; und noch itzt wird die Usurpation, womit sie ihre Aussprüche jeder Vernunft aufdringen und bei einem jeden Räsonnement vorausgesetzt wissen will, über den ganzen Erdball theils für rechtmäßig anerkannt, theils des verjährten Besitzes wegen tolerirt. „Gott" – so lautet der gewöhnliche Ausdruk: – „Gott selbst hat geredet, hier verschwinden alle Einwürfe der Vernunft". So urtheilt der gewissenhafte Mann nach den Postulaten seines Glaubens. Daß dadurch ein Mensch, der vielleicht auch mit unüberwindlicher Stärke des Vorurtheils an seinen Glaubensmeinungen hing, und von ihrer ausschließenden Wahrheit nicht weniger überzeugt sein mochte, in seinen Erwartungen hintergangen, daß ein feierlicher, freiwilliger Vertrag gebrochen wird; – von der *Unredlichkeit* dieses Schrittes, die Sie ihm vorwerfen, hat er keinen Begrif. Immerhin mag die Frömmigkeit mit der Jurisprudenz davon gelaufen sein; unredlich kann der Briefsteller nur alsdann erst heißen, wenn er von der Ungültigkeit seiner Gründe schon voraus überzeugt gewesen ist, wenn er die Wittwe (die bei Ihnen wohl nur in Konformität einer gewissen Terminologie eine *schwache* und *betrübte* Person heißt) mit Vorspiegelungen, *die seiner eignen Überzeugung nicht genügten*, aufgefordert hätte, den Schatten ihres verstorbnen Ehemanns noch im Grabe zu beleidigen.

Sie scheinen mir in diesem Falle von einem Katholiken protestantische Grundsätze zu forden, wenigstens seine Handlungen und Absichten nicht aus *seinem* Gesichtspunkte zu beurtheilen, und auf diese Weise zu jenen harten Ausdrükken gekommen zu sein, womit nur vorsetzliche Verbrechen, keinesweges aber die Verirrungen, die aus religiösen Meinungen entspringen, geahndet werden dürfen. Dadurch geben Sie manchem Leser, ganz wider Ihre Absicht, eine hinreichende Veranlassung, Ihre Darstellung des katholischen Bekehrungseifers in die Klasse gewöhnlicher Kontroversschriften zu setzen und den Vorwurf der Proselytenmacherei zu retorquiren. Ihre gewiß verdienstliche Bemühung, dem Heer von Betrügern aller Art entgegen zu arbeiten, und sowohl das geistige Eigenthum unsrer klaren Begriffe als auch das materielle unsrer Baarschaften vor jenem Raubgesindel zu sichern, macht den Wunsch in mir rege, daß nichts in Ihren Aufsätzen vorhanden sein möchte, was die Beschuldigung des Parteigeistes auch von fernher nur begünstigen könnte. Es ist aber unmöglich, bei der Wahrheitsliebe, die aus Ihren Aufsätzen hervorleuchtet, nicht zugleich zu bedauern, daß darin ein etwas leidenschaftlicher Synkretismus zuweilen sichtbar wird, welcher über wissentliche Betrüger, und über die treuherzigen Anhänger an Vorurtheile der Erziehung und religiöse Autorität gleiche Verdammniß ergehen läßt; ein Synkretismus, welcher die edelsten Menschen, wenn sie eine Ihnen verdächtige Sache aus einem andern Gesichtspunkte ansehn, sogleich für Mitschuldige erklärt, und als solche zu züchtigen sucht. Ich darf wohl sagen, daß dieses Verfahren dem Nutzen, welchen Ihre Monatsschrift stiften kann, sehr wesentlichen Abbruch thut, ohne, so viel ich einsehe, den mindesten Ersatz zu liefern.

Es raubt Ihnen erstlich alles Zutrauen der Katholiken; nicht allein der sogenannten rechtgläubigen, die jeder Widerstand, wenns möglich wäre, zu größerer Anstrengung gegen den Protestantismus reizen muß; sondern auch derjenigen, die mit redlicher Unverdrossenheit unter ihren Glaubensgenossen die Masse von Kenntnissen zu vermehren, den Geist der Duldung und seine wohlthätigen Wirkungen immer mehr zu verbreiten, und ihre Volksreligion nach und nach von allem papistischen Sauerteig zu reinigen wünschen. Diese gutdenkenden Männer muß es verdrießen, daß die Nekkereien der Protestanten und ihre Vorwürfe den Eifer orthodoxer Katholiken gerade für diejenigen Sätze wach erhalten, deren Mißbrauch und schädliche Mißdeutung sie längst erkannt haben, deren Ansehn aber einschlummern muß, eh es ganz gestürzt werden kann. Anstatt also der Aufklärung des katholischen Deutschlands in die Hände zu arbeiten, wirken Sie ihr gerade entgegen. In der That fehlt es den Katholiken weder an Scharfsinnigkeit in Ansehung der Mängel, noch an Wetteifer mit den Protestanten, um ihnen abzuhelfen; allein das Allgemeinwerden dieser Denkungsart kann nur die Macht des Beispiels bewirken: des Beispiels der bereits aufgeklärtern Katholiken, die von ihren Fürsten als fähigere Köpfe hervorgezogen werden und durch eigne Vortreflichkeit des Charakters glänzen müssen; der Protestanten, indem sie ihre Nachbarn den unendlichen

Gewinn an Wohlstand und innerer sowohl als äußerer Prosperität aller Art, den ihnen politische und religiöse Freiheit verschaft, in vollem Maaße empfinden lassen, und dadurch den Wunsch nach den Mitteln ähnliche Vortheile zu erlangen, im höchsten Grade erwekken müssen. Wie viel bleibt auf diesem Wege nicht noch den Protestanten für sich selbst und ihre katholischen Brüder zu erringen übrig?

Von der Härte, womit Sie Sich gegen Andersgesinnte äußern, besorge ich ferner einige unvortheilhafte Eindrükke auch für Ihre protestantischen Leser. Eines Theils wird dadurch die Abneigung gegen die Katholiken und der Religionshaß nur genährt; andern Theils aber, wo dieses nicht der Fall ist, hebt die Unbilligkeit, die man Ihnen hier vielleicht Schuld geben möchte, auch die gute Wirkung auf, welche sonst Ihre öffentliche Schaustellung der neuen Schwarzkünstler, Desorganisatöre, Goldköche, Monddoktoren, Rosenfelder, und anderer Betrüger unfehlbar in weit größerem Umfang äußern müßte.

Ward einmal der leiseste Verdacht von Parteilichkeit in einer Rüksicht veranlaßt, so ist man immer geneigt in jedem Falle sie wieder im Spiel zu vermuthen.

Bei der höchsten Achtung für die eigne Beruhigung, welche aus dem Bewußtsein einer guten Absicht entspringt, bleibt mir endlich der Wunsch noch übrig, daß Männer, die mit gleich redlichem Eifer, mit mannichfaltigen Schätzen der Erfahrung und des Wissens, mit erleuchteter Vernunft und richtiger Empfindung auf dem Wege der

Erkenntniß fortschreiten, bloß des verschiednen Ganges willen, der jedem eigen ist, und eines Tones willen, den innere und äußere Verhältnisse modifizirten, um der besondern Ansicht willen, wodurch das Eine Wahre jedem anders erscheint, doch nie vergessen möchten, daß wechselseitiges Wohlwollen ihre höchste Ehre ist. Der Aufklärung unsers Jahrhunderts scheint es unwürdig, daß gelehrte Streitigkeiten zu persönlicher Verbitterung führen. Wie lange wird diese Intoleranz, die gehässigste von allen, noch dauren? Wenn wird man aufhören zu glauben, daß, weil diese oder jene Prinzipien und Meinungen uns wahr und alleingültig scheinen, sie darum in eben dem Lichte von andern gesehn werden müssen? Sollte man nie dahin kommen können, die Unabhängigkeit der Vernunft, die jeder für sich verlangt, auch allen andern zuzugestehn; dergestalt, daß kein ens rationis den freien Menschen fesseln, keine Vernunft der andern gebieten dürfe, daß die individuelle Vernunft eines jeden Menschen allen andern vernünftigen Geschöpfen das respektabelste Wesen sei, und daß die wahre Aufklärung, welche nimmermehr den Endzwek haben kann, gewissen allgemeingültig seinsollenden Prinzipien einen Despotensitz zu erbauen, vielmehr der eignen Vernunft und dem Gefühl eines jeden Menschen freie, ungehinderte Wirksamkeit verschaffe?

Allein bei der Stimmung unsrer Zeitgenossen, bei ihrem Wahlspruch: nul n'aura d'esprit hors nous et nos amis, bei der traurigen Fertigkeit Andersgesinnte für ehrlos zu halten, und dieses

Privaturtheil auch sogleich im Druk zu verkündigen, bleibt die Denkfreiheit nur ein frommer Wunsch. Dürfen wir wohl, wenn die Katholiken über eine Abweichung von ihrem Religionssystem noch hie und da das brutum fulmen einer zukünftigen Verdammniß herabschleudern, dürfen wir da wohl von Unvernunft sprechen, so lange das mildere oder strengere Urtheil, welches wir von diesem Glauben fällen, hinreichende Veranlassung giebt, eine sichere zeitliche Verdammniß, die Schändung des guten Namens, über uns zu bringen? Nach welchen menschlichen, nach welchen angeblich göttlichen Gesetzen kann dieses Verfahren gerechtfertigt werden? Noch einmal: die Nichtanerkennung der Wahrheit bringt keinem Menschen Schande, sondern die Nichtbefolgung der erkannten Wahrheit. Wer sich nicht belehren ließe, daß die drei Winkel eines Dreieks zwei rechten Winkeln gleich sind, dem würde man zwar mit Recht die Fähigkeit zur Mathematik absprechen; aber *ehrlos* wäre er darum nicht. Sind nun Begriffe von Ehre und Schande nicht einmal mit der Anerkennung oder Nichtanerkennung mathematischer Axiomen verbunden, wie wäre es billig, sie an spekulative Sätze oder gar an Glaubenssachen, deren Evidenz schlechterdings nur subjektiv ist, zu knüpfen?

Doch gesetzt, die Wahrheit wäre das unverfälschte, ausschließende Eigenthum der einen Partei: ist Entehrung der andern das natürliche Zeichen, woran man sie erkennt, das Mittel, wodurch man ihr allgemeine Annahme verschaft? Ich zweifle sehr, ob man auch bei dem glühendsten Bekehrungseifer den Nutzen der Verunglimpfung bei diesem Geschäfte behaupten, oder sich schmeicheln wird, seinen Gegner dadurch leichter zu gewinnen. Wo nun aber der Streit unterschiedne Meinungen betrift, wo es vielleicht niemals ausgemacht werden kann, auf wessen Seite das Recht sich befindet, wo vielleicht Wahrheit und Täuschung auf allen Seiten unzertrennlich in und nebeneinander bestehen: *was nutzt es* da, die Ehre seines Gegners anzutasten? Ich erwarte keine Antwort auf diese Frage: dahingegen die andre: *was es schadet*? leicht so beantwortet werden kann, daß ein behutsameres Verfahren gegen Andersgesinnte ungleich räthlicher erscheint. Oder ist der gute Namen eines Privatmannes, der nach andern Grundsätzen als die unsrigen handelt, ein Ding womit man nach Gutdünken spielen kann? Daß Menschen, die das Bedürfniß geliebt zu werden innig empfinden, so leichtsinnig andern entziehen wollen, was sie liebenswürdig und achtungswürdig macht! Daß Philosophen sich einer Handlung nicht enthalten können, von welcher es, gelindestens zu reden, unentschieden ist, ob sie gut oder böse, nützlich oder schädlich sei! Daß der Wahrheitseifer noch immer so verzehrend brennt, zu einer Zeit, wo die Verschiedenheit der Meinungen nicht größer sein kann; wo der freie Untersuchungsgeist erst anfängt seine Fakkel in die Gruft des Ungeheuers, Autorität, zu tragen; wo Scharfsinn und Tiefsinn, Erfahrung und Selbstgefühl so dringend bitten, die Entscheidung der immer nöthiger gewordnen Frage: *was ist Wahrheit?* zuvor abzuwarten!

Diese Gedanken erwachten von neuem in mir bei der Lesung der wenigen Zeilen, womit Sie das Schreiben des mainzischen Beamten begleitet haben, und bewogen mich, Ihrem darin geäußerten Urtheil über den Briefsteller meine Meinung von der Nothwendigkeit, dem Nutzen und der Billigkeit Ihres Verfahrens entgegenzustellen. Ich will mir schmeicheln, daß ich dadurch bei manchem Ihrer Leser, der vermuthlich auf Ihr bloßes Wort den Briefsteller schon der Hinterlistigkeit und Unredlichkeit schuldig glaubte, eine Revision des Prozesses veranlassen, bei einigen auch vielleicht Milderung des Urtheils bewirken werde. Dies ist wohl die geringste Entschädigung, welche man einem unbescholtenen Manne* für die Kränkung, sich öffentlich beschuldigt und verurtheilt zu sehen, verschaffen kann; und mich dünkt, auch ohne in irgend einem nähern, persönlichen oder unmittelbaren, Verhältnisse mit ihm zu stehn, würde keiner, dem meine Gründe einleuchten, Bedenken tragen, damit vor dem Publikum aufzutreten. Sehr erfreulich würde es mir sein, wenn dieser Aufsatz so beschaffen wäre, daß Sie Selbst über die darin verhandelten Gegenstände Ihre Gesinnung ein wenig mildern, und insbesondre Sich dadurch überzeugen könnten, in der Verurtheilung des Briefstellers weiter gegangen zu sein, als die Unbekanntschaft mit seiner Denkungsart, und die in seinem eignen Schreiben vorangeschikten Religionsbegriffe es zu rechtfertigen scheinen. Auf keinen Fall, glaube ich, daß es schaden könne, durch die Eröfnung einer Ansicht der Sachen, welche von der Ihrigen abweicht, weiteres Nachdenken und nähere Prüfung zu veranlassen; dem Ziel, auf welches ich nur hindeuten konnte, kommt dann vielleicht ein andrer etwas näher, und was uns dabei an absoluter Wahrheit verloren gehen möchte, das gewinnen wir an relativer Erkenntniß wieder.

Bedürfte die öffentliche Bekanntmachung meines Aufsatzes dennoch einer Entschuldigung, so fände ich einen sehr nahen Beruf dazu in dem Mißtrauen, welches Ihre Monatsschrift, durch wiederholte Angriffe auf den Katholizismus und mißbilligende Erwähnung einzelner Auftritte in katholischen Ländern, bei dem hiesigen Publikum gegen die von einem aufgeklärten Fürsten hergezogenen Nichtkatholiken endlich doch erwekken *könnte*. Dieser Schade wäre schon an sich so groß, daß er in meinen Augen von keinem vermeintlichen Vortheil aufgewogen werden kann; denn er ginge zuletzt darauf hinaus, die wohlthätige Absicht, welche man durch die Anstellung der Ausländer, ohne Rüksicht auf ihre religiöse Meinungen, erreichen wollte, zu vereiteln. Wenn irgendwo gegen die Bekenner andrer als der herrschenden Glaubenssätze ein ungegründetes Vorurtheil obwaltet; so scheint kein Mittel wirksamer dasselbe zu entkräften, als die Verpflanzung solcher Andersgesinnten in den Staat, damit sie als nützliche, rechtschaffene und ruhige Bürger von jedermann erkannt und nach ihrem Verdienste geschätzt werden können. Wie aber, wenn es in protestantischen Ländern hinlänglich ist, ein Katholik zu sein, um schon Mißtrauen zu erwekken; wenn man sichs dort erlaubt, unter dem

Vorwande der Bekehrungsgefahr die Privatverhältnisse eines jeden Katholiken mit neugierig-argwöhnischen Augen zu durchspähen; wenn Protestanten, nicht zufrieden diese Wachsamkeit, sie sei nun überflüssig oder nicht, auf ihre eigene Heimath und Staaten, wo der Protestantismus herrscht, vorsichtig einzuschränken, ihren Späherblik auch über die Gränze, gleichsam in Feindes Land – weil man dem Feinde keine Schonung schuldig zu sein glaubt? – umher irren lassen, und dort ohne Rüksicht auf die Gehässigkeit dieser Rolle, das Innere der Familie, welches sogar der Gesetzgebung heilig ist, auskundschaften, die willkührlichen Privatmeinungen der Menschen vor ihren Richterstuhl ziehen, und indem es die Sicherheit der protestantischen Kirche erheischen *soll*, mit einer Anmaßung, die sich bis itzt noch zu keinem Rechte hat legitimiren können oder wollen, gegen vermeintliche Vergehungen die harte Strafe der öffentlichen Beschämung zu erkennen? Vielleicht könnten auch billigdenkende Katholiken in diesen Schritten endlich einen unversöhnlichen Religionshaß, einen zügellosen Parteigeist zu erblikken glauben, und sich dann selbst den Vorwurf machen, daß sie zu frühzeitig angefangen hätten, gegen Protestanten mit sorglosem Zutrauen und unbefangener Offenheit zu handeln. Je weiter sich im Mainzischen die Toleranz gegen Nichtkatholiken bereits erstrekt, desto mehr wird die Unbilligkeit daselbst auffallen müssen, womit einzelne Beispiele von weitgetriebener Anhängigkeit an den tridentinischen Lehrbegrif mühsam hervorgesucht werden, um eine Beschuldigung zu motiviren, die man hier so wenig verdient. Ist es nicht auffallend, wie selten von einer Seite die Beispiele von katholischer Intoleranz in hiesiger Gegend, und wie erpicht und verhetzt auf der andern manche Menschen auf diese Jagd sein müssen, da der im Grunde doch unbedeutende Vorfall in Eltvill von *zwei verschiednen Einsendern* aufgeschnappt worden ist? In der That, wenn man katholischer Seits alles einräumen wollte, was Sie in Beziehung auf den Eltviller Briefsteller nur verlangen können, wird sich dann wohl mehr daraus ergeben, als die Intoleranz eines individuellen Menschen? Man wird es bedauren, daß in einem, wie Sie ihn nennen, frei und besserdenkenden katholischen Staate, Ausnahmen von der Regel anzutreffen sind, und daß ein Beamter, der allenfalls Gelegenheit gehabt haben könnte, redlichere Ausleger der katholischen Lehre als Bellarmin, Busenbaum und Konsorten, um Rath zu fragen, unglüklicherweise nicht gewußt zu haben scheint, daß man auch ohne den Probabilismus ein guter Katholik, und auch als Katholik zuerst Mensch und Bürger sein könne. Aber mit diesem einzigen Falle, oder auch mit mehrern ähnlichen, wenn sich dergleichen finden ließen, es rechtfertigen wollen, daß diesem Lande der rege Geist der Proselytenmacherei zugeschrieben wird: dies hoffe ich, werden nicht allein Katholiken, sondern auch Protestanten einer zu weit getriebenen Besorgniß zuschreiben, um Ihnen keinen Vorwurf darüber zu machen. Es versteht sich von selbst, wenn man vom Geiste eines Landes spricht, so spricht man nicht von einzelnen Ausnahmen; sonst wären die Katholiken berechtigt die Stimme eines Herausgebers der Berlinischen Monatsschrift für den Geist des Protestantismus zu halten. Wenn also die Ausnahmen nicht gelten sollen, so *ruhet* allerdings der Geist der Proselytenmacherei in den mainzischen nicht nur, sondern in den meisten aufgeklärteren deutsch-katholischen Staaten. Es werden von hier aus weder Missionare in protestantische Länder ausgeschikt, noch die hier wohnenden Protestanten durch Bekehrungsvorschläge beunruhigt. Protestanten können hier zu allerlei weltlichen Ämtern gelangen; die hiesige Universität hat sogar das rühmlichste Beispiel einer uneingeschränkten Toleranz gegeben, und ohne Rüksicht auf religiöse Meinungen einem *Juden* den medizinischen Doktorhut ertheilt; endlich, unter dem milden Einfluß eines weisen Menschenfreundes auf dem Kurfürstlichen und Erzbischöflichen Throne hat die aufgeklärte Geistlichkeit einem protestantischen Gelehrten, meinem seligen Vorgänger Dieze, in der hiesigen Johanniskirche eine ehrenvolle Grabstätte brüderlich eingeräumt. In einem Lande, wo ich, wie alle protestantischen Gelehrten, der uneingeschränktesten Gewissens- Denk- und Preßfreiheit genieße; in einem Lande, wo man sich der Usurpation der römischen Kurie und allen ihren Eingriffen in die Rechte der Menschheit muthig widersetzt; in einem Lande, wo alles von der Absicht des Regenten, Vorurtheile hinwegzuräumen und eigenes Denken zu befördern, redende Beweise giebt: in diesem Lande fühle ich den Beruf, sowohl den katholischen Einwohnern das Zeugniß einer wahren brüderlichen Duldung fremder Religionsverwandten zu ertheilen, als auch im Namen manches rechtschaffenen Nichtkatholiken, welcher hier das freundschaftliche Vertrauen würdiger Menschen mit mir theilt, öffentlich zu versichern, daß wir aus eigener Erfahrung und nach reiflicher Erwägung der Anklage, Ihrem Urtheil über die mainzische Proselytenmacherei nicht beipflichten können. Herberufen, nicht um seine besondre Religionsmeinung in Aufnahme zu bringen, sondern um gemeinnützige Kenntnisse in Befolgung seiner Amtspflichten anzuwenden, ehrt der Ausländer hier den moralischen Endzwek und die frommen redlichen Lehrer und Bekenner eines jeden Glaubens, ohne dasjenige was ihm Menschliches jedem beigemischt zu sein scheint, damit verwechseln zu müssen. Verehrungswürdig aber ist ihm dasjenige Publikum, welches den apostasirenden Protestanten unfehlbar mit Verachtung auszeichnen würde; und dieser einzige Zug enthält einen Beweis von richtigem Gefühl, der alle bisher bekanntgewordenen vorgeblichen oder wahren Beispiele von Proselytenmacherei, insofern sie eine *allgemeine Stimmung* darthun sollen, zu Schanden macht.

Um die Übersicht zu erleichtern, fasse ich itzt die Hauptpunkte meiner Meinung zusammen.

I. Der katholische Bekehrungseifer hat selbst unter den nachtheiligsten Umständen für die protestantische Kirche, noch keinen beunruhigenden Erfolg gehabt.

II. Die Gewissensfreiheit ist aber bei despotischen Regierungen immer in Gefahr.

III. Aller Zwang bildet Maschinen, und jedes Symbol ist der freien Moralität des Menschen nachtheilig.

IV. Wenn Protestanten apostasiren, so läßt sich in den meisten Fällen die Ursache auf Mangel an Einsicht und moralischem Gefühl zurükführen.

V. Das einzige sichere Mittel diesem Mangel abzuhelfen ist Freiheit.

VI. Jedes andre Mittel ist gewaltthätig, und schon darum unwirksam.

VII. Denn seiner Meinung die Beistimmung andrer verschaffen, (Proselytenmacherei) ist im Erkenntnißtriebe gegründet, und *an sich* tadelfrei.

VIII. Nach der gewöhnlichen Auslegung der katholischen Glaubenslehre kann der Bekehrungseifer sogar eine Pflicht scheinen.

IX. Unredlichkeit findet nur Statt, wo man gegen bessere Überzeugung handelt, und also nur in diesem Falle kann der Bekehrer Beschämung verdienen.

X. Die Befugniß aber, Privatverhältnisse öffentlich bekannt zu machen, zu richten und zu bestrafen, wenn sie gegen die Meinung einer Privatperson anstoßen, ist dieser letztern noch nicht zugestanden.

XI. Auch ruhet wirklich der Geist der Proselytenmacherei in den deutschkatholischen Staaten, und einzelne Beispiele von intoleranten Menschen beweisen nichts wider diese Behauptung.

XII. Man ist vielmehr in verschiednen deutschkatholischen Staaten eifrig mit der Läuterung der Religionsbegriffe, mit Erringung der Unabhängigkeit von Rom, und mit der Einführung der Druk- und Gewissensfreiheit beschäftigt.

Diese Sätze, habe ich geglaubt gegen Sie, meine hochgeschätzten Herren, behaupten zu können. Itzt überlasse ich sie nebst meinen Gründen, ihrem Schiksal, und bitte Sie nur noch um Erlaubniß, hier an ein paar Worte unsers verewigten *Lessing* über einen gewissen Ring zu erinnern.

Der rechte Ring
Besitzt die Wunderkraft beliebt zu machen,
Bei Gott und Menschen angenehm. Das muß
Entscheiden! Denn die falschen Ringe werden
Doch das nicht können! – Nun; wen lieben zwei
Von Euch am meisten? – Macht, sagt an! Ihr schweigt?
Die Ringe wirken nur zurük? und nicht
Nach außen? Jeder liebt sich selber nur
Am meisten? – O so seid Ihr alle drei
Betrogene Betrüger!

Mainz, d. 7 Septemb. 1789 Georg Forster

Über den gelehrten Zunftzwang
Vorrede zu Volneis Ruinen

Das Gesez der Vernunft kann nur Eines seyn: ihre Anwendung auf alles was ist, auf alles was durch die Sinne unmittelbar wahrgenommen oder mit Hülfe der Reflection als existirend gedacht werden kann. Das Gegentheil, die Behauptung, daß wir diese Anlage empfangen hätten, um sie nicht zu benutzen, ist so widersprechend in sich selbst, daß man sie keiner ernsthaften Widerlegung würdigen kann. Je künstlicher jemand diesen Saz vertheidigte, desto mehr Ausbildung seiner eigenen Vernunft würde selbst dieser Misbrauch derselben verrathen; die Vernunft aber gegen sich selbst sprechen lassen, heißt wohl mehr nicht, als einen metaphysischen Selbstmord begehen, der, wenn man auch die Befugnis dazu sehr glimpflich beurtheilen wollte, doch immer nur als Ausnahme von der Regel gelten kann. Dagegen ist der Durst nach Erkenntnis und Wahrheit so tief in unsern unwillkührlichsten Trieben gegründet, so innig verwebt mit den wesentlichsten Bedürfnissen unserer Existenz, daß sogar die Völker Asiens, denen wir an Kultur und Energie des Geistes so weit überlegen sind, die Erweiterung des Wissens zu einer Vorschrift ihres Sittengesetzes erheben, daß es in Indien die unerlaßliche Pflicht des gelehrten Brahmen ist, Lehre und Unterricht zu verbreiten, und daß der schwärmerische Prophet Arabiens allen seinen Gläubigen im Koran gebietet, „nach Erkenntnis zu forschen bis an die entferntesten Enden der Erde". Wäre es hier erlaubt, auf Kosten des Menschengeschlechts zu scherzen, so könnte man sagen, daß das positive Gebot vermuthlich an der schlechten Befolgung Schuld gewesen sey. Wir haben keine ausdrükliche Vorschrift dieser Art; allein unsere Moralität ist überhaupt keinem Gesez unterworfen; unsere höhere Empfänglichkeit wurde vorausgesezt, als man uns, statt aller Pflichten, das sanfte Geheis der freien Humanität auferlegte: uns zu lieben untereinander.* Diese Emancipation vom blinden Gehorsam die alle Zwangmittel und alle Befehle überflüssig macht, sezt zugleich voraus, daß wir die Richtschnur unseres Verhaltens in unserm Innern besitzen und ruht mit Zuversicht in der Überzeugung, daß wir mit dem Pfunde, welches uns anvertraut ist, nach der Freisprechung von jedem dogmatischen Zwange wuchern, jedesmal nach bester Einsicht handeln und unaufhörlich streben werden, diese zu berichtigen und zu erweitern.

Demungeachtet giebt es schwerlich eine Gefahr, welche die Europäer noch zur Zeit weniger zu befürchten hätten, als die Erschöpfung aller Quellen ihres mannichfaltigen Wissens. Auf die Erhaltung der Unwissenheit scheint sogar von jeher eine größere Anzahl Menschen absichtlich bedacht gewesen zu seyn, als auf die Erweiterung der Gränzen menschlicher Erfahrung; wenigstens giebt die Geschichte, von den ältesten bis auf unsere Zeiten, das merkwürdige Zeugnis, daß wo man von der Verbindung des Eigennutzes mit der Macht die eifrigste Betriebsamkeit um Berichtigung und Vermehrung der gemeinschaftlichen Masse von Kenntnissen hätte erwarten sollen, gerade dort der gänzlich fehlende Wille mehrentheils diese Erwartungen kläglichst getäuscht habe. Dieses langsame Fortschreiten, diese immer wieder in den Weg tretenden Hindernisse denken wir uns in der weitesten Zusammenfügung aller Glieder der großen Schiksalskette schon vorherverordnet; nicht, als ob wir eine Regel hätten, nach welcher sich die Moralität (daß ich so sage) dieser Anordnung a priori darthun ließe, sondern weil wir gezwungen sind, zu unserer Beruhigung jene Moralität in das Geschehene hineinzutragen. Die Werkzeuge aber, deren Gleichgültigkeit, Schwäche oder Unart bei dieser Verzögerung im Spiele war, können uns, wie viel wir auch von ihren Werken auf des Schiksals Rechnung setzen, doch darum keinen Augenblik ehrwürdiger scheinen; vielmehr, da der Aufschub uns höchstens nur als Bedingung des endlich zu erreichenden Guten erträglich werden kann, so bleibt uns dasjenige, was ihn verursacht, ein Gegenstand des Misfallens und dafern es ein freies denkendes Wesen ist, der Verachtung. Wenn indessen hienieden unversöhnliche Feindschaft zwischen den Reichen der Wahrheit und der Unwissenheit besteht; wenn die Einsammlung aller vereinzelten Stralen der Erkenntnis in Einen Brennpunkt der Erleuchtung – dieses herrliche Ziel menschlicher Wisbegierde – nur im erhabenen Kampfe der Geduld und des Ausharrens errungen werden kann und jeder Schritt zu diesem Ziele mit neuen Opfern der

Selbstverläugnung erkauft werden muß: so begreift man wohl, daß eine Begeisterung, die sich selbst belohnt, aber weiter keinen Lohn zu hoffen hat, ziemlich selten seyn müsse; allein man ahndet zugleich das schöne Bewußtseyn eines Geistes, der so viele Triumphe als Anstrengungen zählt.

In der That gebricht es unserm Zeitalter nicht gänzlich an dieser unbefangenen Wahrheitsliebe; fast möchte ich auch behaupten, daß die neuesten Versuche geistlicher und weltlicher Unterdrücker, dem freien Untersuchungsgeiste Fesseln anzulegen, so verabscheuungswürdig sie an und für sich seyn mögen, an dem unvollkommenen Zustande unseres Wissens weniger Schuld haben, als jene andere, weit allgemeinere Äusserung der angeborenen Herrschlust, welche die Resultate ihres Forschens zu Machtsprüchen und Gesetzen erhebt, von denen keine Appellation statt finden soll. Ich rede daher auch nicht an diesem Orte von der Beeinträchtigung der Preßfreiheit und noch viel weniger von dem zweklosen Bestreben, dasjenige, was seiner Natur nach das freieste auf Erden ist, den Glauben, an ein gewisses Symbol zu binden. Diese Künste der Regierung, wenn es ja Künste seyn sollen, kommen jezt um ein ganzes Jahrhundert zu spät und sind der wahren Aufklärung so wenig gefährlich, daß sie ihr vielmehr, obgleich wider des Erfinders Absicht, dienen müssen. Wie der finstere Körper eines Planeten, der im Lichtmeere schwimmt, ohne sein Verdienst die Sonnenstralen, die sich an ihm brechen, zurückwirft und die Dunkelheit der

Nacht zerstreuen hilft; so muß in einem erleuchteten Zeitalter der Fanatismus der Unvernunft, wenn er sich hinein verirrt, den Abstich des Guten vom Schlimmen, des Wahren vom Falschen, des Brauchbaren vom Unnützen nur noch unverkennbarer machen.

Die Tyrannei der Meinungen war aber von jeher dem Menschengeschlechte um so viel gefährlicher, je künstlicher sie sich hinter der Larve der Vernunft selbst zu verbergen wußte. Ein Phantom, welches unter dem Namen allgemeine Vernunft, die unbedingteste Huldigung verlangt, scheint noch jezt die Freiheit jeder wirklich existirenden subjektiven Vernunft beeinträchtigen zu wollen. Nicht genug, daß alle Zweige unserer Erkenntnis zu den allgemeinen Gesetzen des Denkens zurückgerufen und wie es recht ist, mit der systematischen Form einer Wissenschaft neu ausgeprägt werden; soll dieses Gepräge nun auch jeden anderweitigen Gebrauch der Verstandskräfte theils entbehrlich machen, theils die Resultate desselben ausser Curs setzen und zur verrufenen Münze herabwürdigen; gerade, als ob sich für die transcendente Verschiedenheit der Menschen, in Absicht auf die Intensität und Proportion ihrer Kräfte und für die Wirkung der coexistirenden Dinge auf jedes Individuum, von einem Geiste, der nicht alle mögliche Combinationen umfaßt, eben so gut eine Regel a priori entwerfen ließe, wie für das bedingte Subjektive unserer Vorstellungen, welches sich aus den allgemeinen Einschränkungen der menschlichen Natur entwickeln läßt. Auf diese Weise wirkt die scharfsinnigste Anwendung der Vernunft, wodurch sie, zum unschäzbaren Gewinn der Wissenschaften, eine Gränzbestimmung ihres eigenen Vermögens zu Stande brachte, sehr nachtheilig auf den Verstand zurück und hemmt den freien Gebrauch seiner Kräfte, wenn die Bedingnisse zur Gültigkeit der angemaaßten Urtheile ausser der Sphäre des Richters liegen. Die Trägheit und die Eitelkeit finden sich beide geschmeichelt durch jene Theorien, die als Fäden, woran wir unsere Erfahrungen reihen können, so brauchbar sind, aber ihrer Natur nach, weil sie auf unvollständigen oder gar auf falschen Prämissen ruhen, mit jeder neuen Entdeckung schwanken oder einstürzen müssen. Mit Recht warnt daher die Philosophie, die auf die Erhaltung der Freiheit und der Eigenthümlichkeit im Menschen bedacht ist und kein despotisches Interesse hat, ihre individuellen Überzeugungen allgemein geltend zu machen, vor jenem in allen Wissenschaften noch so wirksamen zünftigen Despotismus, der genau wie der politische und hierarchische, darauf ausgeht, die Menschen in den Zauberkreis eines Systems zu bannen, ausser welchem die Wahrheit nicht anzutreffen seyn soll, und innerhalb dessen Bezirk gleichwohl die Beschränktheit des Raums und die Armuth der Ideen die Hälfte unserer Anlagen zur Unthätigkeit verdammen, indeß die andere ein mechanisches opus operatum treibt.

Es scheint besonders nöthig, diese Warnung vor einem Buche her zu schicken, dessen Verfasser dem gelehrten Zunftzwange so wenig

Achtung schuldig zu seyn glaubt, als den verschiedenen politischen Gesammtheiten und bürgerlichen Innungen seines Vaterlands, die er als Mitglied der constituirenden Nationalversammlung zur Gleichheit hat zurückführen helfen. Allerdings ist es Zeit, der Spiegelfechterei der Authoritäten ein Ende zu machen und der Wahrheit die Ehre zu geben, die ihr gebührt, die Ehre nämlich, daß sie blos ihrer eigenen Kraft bedarf, um sich gegen allen Irrthum und alles Blendwerk zu behaupten. Verzweifelt stünde es in der That um die Sache der Wahrheit, wenn sie irgend eines Zwangmittels vonnöthen hätte, um sich geltend zu machen, wenn sie nur da den Sieg davon trüge, wo ihre Widersacher nicht reden dürften. Ist aber vollends ausgemacht, daß es für endliche, sinnliche Geschöpfe, wie wir, nur immer eine bedingte, zufällige, keine selbstständige, absolute Wahrheit giebt – die ausgenommen, die sich nicht denken, sondern nur höchstens im geheimsten Innern des Empfindungsvermögens ahnden läßt, die folglich unbegreiflich und unaussprechlich ist und weder mitgetheilt noch geprüft und von der Schwärmerei und dem Wahnsinne nicht unterschieden werden kann – so finden wir kein besseres Mittel, unsere Vervollkommnung zu befördern, als die lehrbegierige Auffassung jeder verschiedenen Modification, nach welcher sich das All des Denkbaren in verschiednen Köpfen gestaltet. Diejenige Vorstellungsart aber, die keine andere neben sich dulden mag, die allein gelten will, wo alle gleiche Ansprüche und gleiche Mängel haben, verdient allein in die Schranken der Gleichheit zurückgewiesen zu werden.

Weit entfernt also, dem Ideengange des Verfassers das Recht einzuräumen, irgend eine andere Meinung gewaltthätig zu verdrängen, fordert man billigerweise nur für ihn das Recht, neben so vielen anderen frei aufzutreten und die Prüfung mit ihnen zugleich auszuhalten. Die Hypothese, womit er seine Landsleute bekannt macht, ist unter uns zwar nicht ganz unerhört; allein seine Gabe sie vorzutragen und auszuschmücken, macht sie zu einer unterhaltenden Lektüre. Wem es nicht um Namen und Worte zu thun ist, der wird vielleicht in manchen Stellen dem wesentlichen Inhalt des Buchs und der richtigen Anwendung des Verstandes Beifall geben und mit der lauteren Humanität und Philanthropie des Verfassers auch alsdenn noch sympathisiren können, wenn das Ganze ihn ein Hirngespinnst dünkt, oder seine Überzeugung an einer andern Vorstellungsart haftet. Wer hingegen am Schlusse des achtzehnten Jahrhunderts noch Pharisäer genug ist, sich selbst oder der Welt zu heucheln: er habe die Wahrheit; den rufen wir auf, den ersten Stein auf unsern Träumer zu werfen!

Über das Verhältniss der Mainzer gegen die Franken

Gesprochen in der Gesellschaft der Volksfreunde den 15ten November 1792

Mitbürger!
Die Ränke und heimlichen Intriguen der Übelgesinnten scheinen es mit jedem Tage dem guten Bürger dringender ans Herz zu legen, daß er ihnen gesunde Vernunft und offenherzigen, lauten Widerspruch entgegensetze. Dieser Gegenstand ist insbesondere bei unserer, der Belehrung bestimmten Gesellschaft immerfort an der Tagesordnung; und ich bitte daher mit Vertrauen auf Eure brüderliche Zuneigung, um Eure Aufmerksamkeit, indem ich willens bin, Euch von unserm Verhältniß zu den Franken zu unterhalten, und wo möglich, einige der schwachen Einwendungen zu widerlegen, welche die Feinde des gemeinen Wohls sorgfältig unter das Volk ausstreuen, welche manche vielleicht Gutmeinende, aber Irregeführte, ihnen nachbeten, welche endlich die Absicht haben, zwischen uns und der Frankenrepublik allerlei Dämme und Scheidemauern zu errichten, im Grunde aber nur durch ihre Menge und durch die heimliche Art ihrer Fortpflanzung, als Werke der Finsterniß wichtig sind. Gelingt es mir, Euere Beistimmung zu den Gründen die ich vorbringen werde zu erhalten, so hoffe ich desto eher für meinen Eifer um die gute Sache und die Wärme meiner Aufforderungen an Euch liebe

Mitbürger, Eurer Genehmhaltung gewürdigt zu werden; in jedem andern Falle, hat der reine gute Wille einigen Anspruch wenigstens auf Entschuldigung.

Zuerst will ich der Misverständnisse erwähnen, welche zwischen unsern Brüdern den Franken und uns, etwa aus der Verschiedenheit des Nationalcharakters entspringen könnten, welche man aber auf eine hinterlistige Art so sehr zu vergrößern sucht, daß man sie als Beweise von der vermeinten großen Schwierigkeit einer politischen Vereinigung zwischen beiden Nationen anzuführen sich nicht entblödet. In dieser Rücksicht werden sie einer Gesellschaft wichtig, deren Zwecke diese Vereinigung sein und bleiben muß.

Bisher war es eine schlaue Politik der Fürsten, die Völker sorgfältig von einander abzusondern, sie an Sitten, Charakter, Gesetzen, Denkungsart und Empfindung gänzlich von einander verschieden zu erhalten, Haß, Neid, Spott, Geringschätzung einer Nation gegen die andere zu nähren und dadurch ihre eigene Oberherrschaft desto sicherer zu stellen. Umsonst behauptete die reinste Sittenlehre, daß alle Menschen Brüder sind; dieselbe Innung, die einen besondern Beruf zu haben vorgab, das zu lehren, hetzte diese Brüder gegeneinander auf; denn ihr verderbtes und versteinertes Herz erkannte keinen Bruder. Die Befriedigung ihrer oft niedrigen, oft bitteren Leidenschaften, ihr stolzes Ich gieng ihnen über alles und ließ kein Mitgefühl in ihnen emporkommen. *Herrschen* war ihre erste und letzte

Glückseligkeit und um ihre Herrschaft zu erweitern, gab es kein zuverläßigeres Mittel, als diejenigen, die sich schon unter ihrem Joch befanden zu blenden, zu täuschen, und sodann – zu plündern.

Unter den tausenderlei Erfindungen, womit sie ihre Untergebenen zu hintergehen wußten, gehört auch diese, daß sie sichs sorgfältig angelegen sein ließen, den Glauben an erbliche Unterschiede unter den Menschen allgemein zu verbreiten, durch Gesetze zu erzwingen, und durch gedungene Apostel predigen zu lassen. Einige Menschen, hieß es, sind zum Befehlen und Regieren, andere zum Besitz von Pfründen und Ämtern *geboren*; der große Haufe ist zum gehorchen gemacht; der Neger ist seiner schwarzen Haut und seiner platten Nase wegen schon zum Sklaven des Weißen von der Natur bestimmt; und was dergleichen Lästerungen der heiligen gesunden Vernunft noch mehr waren.

Aber sie sind verschwunden von unserm gereinigten, der Freiheit und Gleichheit geweihten Boden, sie sind auf ewig in das Meer der Vergessenheit geworfen, diese Denkmäler der Bosheit der Wenigen und der Schwachheit und Verfinsterung der Menge. *Frei sein und gleich sein, der Sinnspruch* vernünftiger und moralischer Menschen, ist nunmehr auch der unsrige geworden. Für den Gebrauch seiner Kräfte, des Körpers und des Geistes, fordert jeder gleiches Recht, gleiche Freiheit; und nur die Verschiedenheit dieser Kräfte selbst bestimmt die verschiedene Art ihrer Anwendung und Nützlichkeit. Du Glücklicher!

dem die Natur große Vorzüge des Geistes, oder auch gewaltige Leibesstärke geschenkt hat, bist du nicht zufrieden, zu so großem Genuße deiner eigenen Kräfte ausgestattet zu sein? Wie darfst du dem der schwächer ist als du, das Recht versagen, mit seinem geringern Maas von Kräften anzufangen, was er kann und was er ohne Nachtheil eines andern will?

Dies, Mitbürger ist die Sprache der Vernunft, die so lange verkannt und erstickt worden ist. Daß wir sie hier laut reden dürfen, hier, wo sie nie ertönte, so lange nicht der Auswurf des Menschengeschlechts, nämlich ausgeartete, schwachsinnige Privilegirte, hier ihre besseren, nicht privilegirten Brüder verdrängten, – daß wir diese Sprache reden, wem andern verdanken wir es als den freien, den gleichen, den tapferen Franken?

Es ist wahr, man hat dem Deutschen von Jugend auf eine Abneigung gegen seinen französischen Nachbar eingeflößt; es ist wahr ihre Sitten, ihre Sprachen, ihre Temperamente sind verschieden; es ist wahr, als die grausamsten Ungeheuer noch in Frankreich herrschten, da rauchte unser Deutschland auf ihr Geheiß, da ließ ein Marquis de Louvois, dessen Namen die Geschichte aufbewahrt, damit die Völker ihm fluchen mögen, die Pfalz in Brand stecken und Ludwig der vierzehnte, ein elender Despot, lieh seinen Namen zu diesem verhaßten Befehl. –

Laßt Euch aber nicht irre führen, Mitbürger, durch die Begebenheiten der Vorzeit; erst vier Jahre alt ist die Freiheit der Franken, und seht, schon sind sie ein neues, umgeschaffenes Volk;

sie, die Überwinder unsrer Tyrannen, fallen als Brüder in unsere Arme, sie schützen uns, sie geben uns den rührendsten Beweis von Brüdertreue, indem sie ihre so theuer erkaufte Freiheit mit uns theilen wollen – und dies ist das erste Jahr der Republik! So kann die Freiheit im Herzen der Menschen wirken, so heiligt sie sich selbst den Tempel, den sie bewohnt!

Was waren wir noch vor drei Wochen? Wie hat die wunderbare Verwandlung nur so schnell geschehen können, aus bedrückten, gemishandelten, stillschweigenden Knechten eines Priesters, in aufgerichtete, lautredende, freie Bürger, in kühne Freunde der Freiheit und Gleichheit, bereit frei zu leben oder zu sterben! Mitbürger! Brüder! die Kraft, die uns so verwandeln konnte, kann auch Franken und Mainzer verschmelzen zu Einem Volk!

Unsere Sprachen sind verschieden; – müßen es darum auch unsere Begriffe seyn?

Sind Liberté und Egalité nicht mehr dieselben Kleinode der Menschheit, wenn wir sie Freiheit und Gleichheit nennen? Seit wenn hat es die Verschiedenheit der Sprachen unmöglich gemacht, demselben Gesetz zu gehorchen? – Herrscht nicht Rußlands Despotin über hundert Völker von verschiedenen Zungen? Spricht denn nicht der Ungar, der Böhme, der Österreicher, der Brabanter, der Mailänder seine eigene Sprache, und sind sie nicht alle eines Kaisers Knechte? Und hießen nicht einst die Einwohner der halben Welt Bürger von Rom? – Es wird doch freien Völkern nicht schwerer werden, sich gemeinschaftlich zu den ewigen Wahrheiten, die in der Natur des Menschen ihren Grund haben, zu bekennen, als es den Sklaven war, einem Herrn zu gehorchen? -

Damals, als Frankreich noch unter der Peitsche seiner Despoten und ihrer abgefeimten Werkzeuge stand, war es ja das Muster, nach welchem sich alle Kabinette bildeten! damals fanden Fürsten und Edle nichts so ehrenvoll, als ihre Muttersprache zu verläugnen, um schlechtes französisch, noch schlechter auszusprechen. Doch seht! die Franken zerbrechen ihre Ketten, sie sind frei, – und plötzlich ändert sich der ekle Geschmack des lispelnden und lallenden Aristokraten; die Sprache freier Männer verwundet seine Zunge; gern mögt' er uns jezt überreden, daß er durch und durch ein Deutscher sei, daß er sich sogar der französischen Sprache schäme, um hinter drein mit dem Wunsch hervorzutreten, daß wir doch nicht den Franken nachahmen sollten.

Hinweg mit diesen hinterlistigen, diesen schwachen Eingebungen! Was wahr ist, bleibt wahr, in Mainz wie in Paris und es mag gesagt werden wo und in welcher Sprache man will. Irgendwo muß das gute doch *zuerst* an den Tag kommen, und sich dann über die ganze Erde verbreiten; ein Mainzer erfand die Buchdruckerkunst; und warum nicht ein Franke die Freiheit des achtzehnten Jahrhunderts? Mitbürger, beweiset es laut, daß der Siegesruf dieser Freiheit auch in deutscher Mundart den Knechten fürchterlich klingt; verkündigts ihnen, daß sie rußisch lernen müßen, wenn sie die Rede freier Männer nicht hören und nicht sprechen wollen – was sage ich?

Nein! donnert es in ihre Ohren, daß man bald alle tausend Sprachen der Erde nur aus dem Munde freier Menschen hören und den Sklaven nichts übrig lassen wird, als, nachdem sie der Vernunft entsagt haben, auch zum bellen ihre Zuflucht zu nehmen.

Wie? Die Thorheiten und Laster der Nachbaren, da sie noch von ihren Tyrannen gemisleitet wurden, drang man mit lächerlicher und strafbarer Nachahmungssucht dem Deutschen auf, man schämte sich nicht, dem Volke darin mit verderblichem Beispiel voranzugehen – und jezt, da wir Weisheit, Tugend, Glückseligkeit, – kurz Freiheit und Gleichheit aus ihrer Hand erhalten können, will man uns warnen vor dem fränkischen Beispiel? Wer durchschaut nicht diese armseligen, ohnmächtigen Künste der sterbenden Aristokratie?

Immer entzweite die Aristokratie die Menschen miteinander, immer säete sie Zwiespalt und Haß, um ihre Herrschaft sicher zu gründen; jezt, in ihrem gefallenen Zustande, streut sie noch erdichtete Nachrichten, verläumderische Anklagen, heimtückischen Verdacht, leere Drohungen, und tausendfache Schrecken unter das Volk, um Zeit zu gewinnen, um uns in Unthätigkeit zu versenken, um Lauigkeit und Betäubung hervorzubringen und sich den Weg zur Tyrannei von neuem zu bahnen. – Allein der Geist unsrer Gesellschaft, der überall ein siegreicher Gegner jener ränkevollen Herrschgier gewesen ist, wird auch innerhalb unsern Mauern seinen unwiderstehlichen Einfluß äußern, und ihre Plane zertrümmern. Ihren Bemühungen uns zu entzweien, setzen wir den engen, treuen Bruderbund entgegen; wollen sie den Freiheitseifer dämpfen und alle Bewegung unter uns hemmen; wohlan! so ist Thätigkeit, Betriebsamkeit, Wirken unser Grundgesetz; wir fachen die heilige Flamme an, wir spornen zur Erreichung des großen Ziels, wir ruhen nicht, bis Freiheit und Gleichheit als die unumstößlichen Grundsätze menschlicher Glückseligkeit anerkannt worden sind, wir bieten die so lang gefesselten Kräfte auf, um uns den Besitz der unschätzbaren Wohlthat zu sichern, die uns durch die Ankunft unserer Brüder der Franken, ohne einen Schwertstreich zu Theil geworden ist.

Mit Recht erinnere ich noch einmal, was nie zu oft in dieser Gesellschaft gesagt werden kann, daß die Feinde des Bürgers geschäftigt sind, ihren Gift überall einzumischen, damit nur Mainz still sitze, damit es fürchte und warte, mit einem Wort: Damit es nimmermehr frei werde! dies ist der wichtige Punkt, wohin ich eigentlich kommen mußte, um von unserm Verhältniß zu den Franken zu reden. Hütet Euch, Mitbürger, vor denen die Euch rathen, die Hände in den Schoos zu legen und der Freiheit nicht entgegen zu kommen; traut den Ohrenbläsern nicht, die Euch gern beschwatzen mögten, die alte Tyrannei unter einem neuen Namen wieder anzunehmen. Ich kann Euch beweisen, daß es nicht nur ehrenvoller ist, die ganze, unvermischte Freiheit zu wählen, sondern daß in diesem Falle wie es immer seyn muß, das *beste* und *ehrenvollste* auch zugleich das *Vorteilhafteste* und *sicherste* ist. Dürfte ich hier einen Augenblick Euch an die Verhältnisse desjenigen, der mit Euch spricht, erinnern, so würde es nicht zur Unzeit gesagt seyn, daß sein Rath desto treuer, unverdächtiger und annehmenswerther ist, weil keine besondere Privatleidenschaft ihn antreibt, gegen Despotismus zu eifern.

Dies ist aber ein Zeitpunkt, wo kein guter Bürger unentschieden bleiben darf; jeder muß jezt zum allgemeinen Besten seinen kleinen Beitrag liefern, und vor allem ist jeder schuldig, jezt seine wahre Gesinnungen an den Tag zu legen. Nach diesen Grundsätzen, liebe Brüder, richtet mich. Ich finde mich in meinem Gewißen gedrungen, öffentlich zu bekennen:

1. Daß mir die freieste Verfassung die beste scheint.

2. Daß wir es vor Gott und der Welt nicht verantworten könnten, wenn wir die Gelegenheit, wo wir eine Verfassung bekommen können, von uns stießen.

3. Daß man jedesmal, so oft es auf das dauerhafte Glück einer ganzen Stadt und eines ganzen Landes ankommt, auf einzelne Personen keine Rücksicht nehmen, vielweniger der Befriedigung einiger wenigen, wenn sie auch sonst unbescholten wären, die Freiheit und die damit verbundene moralische Veredlung Aller aufopfern darf.

Endlich 4. daß dies der glückliche, erwünschte Zeitpunkt wirklich ist, wo wir alle Kräfte anspannen müßen, um die Freiheit und Gleichheit, die unsere fränkischen Brüder uns darbieten, mit Eifer und warmen Dankgefühlen anzunehmen und mit Muth bis in den Tod für ihre Beibehaltung zu streiten.

Was die drei ersten Punkte betrift, so wäre es eine Beleidigung der gesunden Vernunft, wenn ich hier, in diesem der Freiheit und Gleichheit geheiligten Versammlungsort nach allem dem, was Brüder Boos, Hoffmann, Metternich und Wedekind Euch schon über die Wahl der besten Verfassung gesagt haben, noch erst weitläuftig erläutern müßte, daß es besser ist frei zu seyn als zu dienen, besser, ganz frei als ein halber Sklav zu seyn; daß Viele mehr werth sind und mehr Rücksicht verdienen als Einer, daß es nicht genug sey, die Freiheit für das bessere zu erkennen, sondern daß man sie auch wollen, und zu rechter Zeit entscheidende Schritte thun müße, um sie zu erringen. – Alle diese Sätze sind so wahr in sich selbst, tragen das Siegel der Wahrheit so deutlich an der Stirne, daß man ohne Wahnsinn das Gegentheil nicht behaupten kann.

Es bleibt nur noch übrig zu zeigen, daß dieses der rechte Augenblick sei, der uns die Freiheit auf ewig zusichern kann; und wenn die unsrige älter als drei Wochen wäre, würde ich mich auch schämen, dieses noch erst beweisen zu müßen. Es kömmt darauf an, die Zeichen unserer Zeit zu kennen; von der Macht der europäischen Höfe, von ihrer Politik, von ihren Kabinetten einige Kenntniß zu haben, und die Mittel, welche sie in Stand setzen, den Krieg noch ein Jahr zu verlängern, gehörig berechnen und prüfen zu können. Es ist aber auch nöthig, die Stimmung der Nationen in Europa, den Enthusiasmus von fünf und zwanzig Millionen freier Menschen, die durch die Lage ihres Landes, durch ihre Reßourcen, durch ihren Muth – durch die Freiheit unüberwindlich sind, mit in den Anschlag zu bringen.

Schaut um Euch her Mitbürger; Ihr seht, die mächtige, die drohende Verschwörung der Despoten gegen die fränkische Freiheit hat ihren Endzweck verfehlt. Mit 150.000 streitbaren Miethlingen konnte der Braunschweiger nicht bis nach Chalons kommen, und die Verrätherei zu Longwy und Verdün abgerechnet, nicht eine französische Festung erobern. Die siegreichen Fahnen der Republik haben ihn aus ihren Gränzen vertrieben; er mußte dem Hunger und der Pest entfliehen – und indem er die Überbleibsel seiner gedemüthigten Schaaren in Sicherheit zu bringen suchte, strömt das Kriegesheer der Freiheit schon über die Gränzen; ganz Savoyen, Nizza, Speier, Worms, Mainz und Frankfurt fallen fast ohne Widerstand den Franken in die Hände; Mons öfnet seine Thore dem Sieger Dumouriez, Trier kann die Ankunft des wackern Wimpfen kaum erwarten, und im Gebirge jenseit des Rheins fliehen Hessen und Preußen vor Cüstine, dem Bürger und Heerführer und seinen Freiheitsschaaren! die ganze östreichische Macht in den Niederlanden ist im Begriff durch Desertion auseinander zu gehen oder nach Luxemburg zu flüchten; die Überreste der Preußischen müßen wählen zwischen dem Rückzug nach Westphalen oder dem Hunger in Koblenz.

Welche Hofnungen bietet noch der künftige

Feldzug den Feinden der Freiheit dar? Ganz Deutschland ist an Subsistenzen aller Art, an Lebensmitteln die zum Unterhalt großer Armeen unentbehrlich sind, gänzlich erschöpft. Östreichs Kassen sind leer und sein Kredit wird tiefer sinken, als im vorigen Jahr die Assignaten Frankreichs fielen; die Assignaten stehen wieder hoch und Östreichs Kredit kömmt nie wieder empor! Preußen, ein kleines, blos durch Finanzoperationen und Überspannung aller Art, zum ersten Rang erhobenes Königreich, hat seine besten Truppen aufgeopfert, seinen Schatz, das wahre Geheimniß seiner künstlichen Größe, ausgeleert, und sein Monarch weis nicht zu sparen, nicht zu fechten, nicht zu denken, wie sein Oheim Friederich; er hat Friedrichs kluge Diener entlassen, und Herzberg, der ihn retten könnte, ist von Geistersehern und windigen Hofschranzen verdrängt. Die rußische Kaiserin hat überdies die schöne Gelegenheit benuzt, ihre beiden Nebenbuhler zu überlisten, und während sie den Narrenzug nach Frankreich machten, ganz Pohlen unter ihre Botmäßigkeit gebracht; jezt sehen sie ihren Fehler ein und wissen kaum, wie sie sich des koloßalischen Weibes erwehren sollen. – Sachsen, Baiern, Hannover beobachten eine weise Neutralität, die jezt nöthiger als jemals wird. Schweden ist seit seinem Kriege mit Rußland in Ohnmacht versunken; Dännemarks monarchische Regierung sucht weislich ihre Fortdauer durch Erleichterungen der Volksbürde und durch Preßfreiheit zu sichern; Italien winkt seinen Erlösern und Spanien ist so tief verschuldet, daß es kein Geschwader gegen Frankreich rüsten kann. Die freien Britten jauchzen den freien Franken Beifall zu! Das ist die Lage von Europa.

Tollheit und Raserei nur können unter diesen Umständen zur Fortsetzung des Krieges gegen Frankreich rathen. Freilich wird man mir sagen, daß von den Kabinetten heutiges Tages nichts anders als Tollheit und Raserei zu erwarten steht, und ich bekenne es, ihr diesjähriges Unternehmen giebt davon ein überzeugendes Beispiel. Gesezt also, die verbündeten Höfe spannten alle noch übriggebliebenen Kräfte an, um mit Heeresmacht gegen den Rhein zu ziehen; gesezt sie kämen mit ungeheuren Magazinen unterstützt, (woher sie diese füllen sollen, weiß ich zwar nicht) und brächten die schwere Artillerie, welche sie dieses Jahr vergessen hatten mit; – wo meint Ihr wohl, Mitbürger! daß die Franken sie erwarten werden? Doch nicht in den Mauern von Mainz, wenn Franken und Sehwaben ihnen offen liegen, bis an die böhmische und östreichische Gränze?

Die lächerliche Furcht vor einer Belagerung im Winter will ich nicht mehr erwähnen; sie verräth zu deutlich die jämmerlichen Bemühungen unserer Aristokraten, sich die Unbekanntschaft ihrer Mitbürger mit kriegerischen Operationen zu Nutz zu machen, um ihnen ungegründete Besorgnisse einzuraunen. Ihr, meine Brüder! Ihr lacht über solche abgeschmackte Drohungen; Ihr wisset auch, daß Ihr jezt, statt der hochadelichen Memmen, die beim ersten Anschein von Gefahr mit all, ihrer Habe entflohen, freie Männer zu Beschützern habt, die ein Herz im Leibe tragen.

Im Sommer also, soll der Angriff geschehen? Werden aber die Feinde nicht erst Kastel nehmen müßen? Ihr wisset ja, wie gut sie sich auf Belagerungen verstehen! Und wenn sie es nun haben, so wisset, daß Mainz nur von der Landseite belagert werden kann. Wo werden sie aber über den Rhein gehen, wo werden sie Magazine anlegen, um in einem ganz von Subsistenzen entblösten Lande zu leben? Sollen denn endlich die Franken müßig zusehen, derweil die Preußen oder die Kaiserlichen Euch beschiessen? Die Franken? Sie haben Euch Schutz bis auf den lezten Blutstropfen zugesagt; das werden sie leisten, denn es sind nicht Söldner eines treulosen Fürsten; sie sind Republikaner, Brüder und freie Männer, denen ihr Wort heilig ist. Habt Ihrs vergessen, daß jeder Franke die Waffen fürs Vaterland trägt? Zu hunderttausenden, und wenn das nicht zureichte, Millionenweis, werden sie hinzuströmen, wo Gefahr den Brüdern droht; ihre Haufen werden immerwährend sich folgen, daß die Sklaven wieder sagen, sie wüchsen aus der Erde hervor, und die Despoten auf ihren Thronen erzittern!

Allein, verlaßt Euch darauf, Mitbürger! wenn Ihr es zum einem zweiten Feldzuge kommen seht, daß die Vorsehung Deutschlands und des ganzen Erdenrunds Freiwerdung beschlossen und die Herrscher samt ihren Dienern mit unheilbarer Blindheit geschlagen habe. Noch neulich glaubte ich, Deutschland jenseit des Rheins sei zur Freiheit nicht reif; aber die Hand des Schicksals thut Wunder und nichts kann dort die privilegirten Stände noch erhalten, als schleuniger Friede, Aufopferung dessen, was schon verloren ist, und weise, den Umständen angemessene Nachgiebigkeit und Gelindigkeit gegen das Volk. Der Druck eines neuen Feldzuges wird die langduldende Menschheit empören; endlich wird sie losbrechen und an ihren Henkern gerechte Rache nehmen! –

Wenn wir als unpartheiische Menschen, den Schein von der Sache selbst absondern, wenn wir die Minister, die Höflinge, den Adel Deutschlands und die kapitelfähige Geistlichkeit, ohne den äußern Glanz betrachten, den ihr Rang, ihr Reichthum, ihre Anmaßungen, ihre Verschwendung, kurz, den das Vorurtheil ihnen lieh – o dann sehen wir die Morgenröthe der Freiheit, in der Blöse, dem Aberwitz, der unglaublichen Feigheit und Unwissenheit dieser kläglichen Klasse von Menschen, welche die Staaten von Europa regiert, ihre politischen Verhältnisse knüpft, ihre Finanzen administrirt, ihre Armeen anführt, und ihre Manifeste schreibt.

Dies ist also der günstige Zeitpunkt, Mitbürger, wo Ihr frei werden und frei bleiben könnt, so bald es Euch ein rechter Ernst ist, Euch an die Franken fest anzuschließen und mit Ihnen gemeinschaftliche Sache zu machen. Jezt bringt es Euch Ehre, die Ersten in Deutschland zu seyn, welche den Ketten entsagten; laßt nicht Eure Nachbaren in edlem Wetteifer Euch zuvorkommen. Wahrscheinlichkeit des Erfolgs ist alles, wornach Menschen sich entscheiden müßen; wer schlechterdings gar nichts wagt, wird auch schlechterdings nie etwas erwerben. Diese Betrachtung ist es aber nicht allein, die Euch auffordert, Euch zur Annahme der neufränkischen Verfassung zu rathen. Ich habe gesagt, daß dieser Schritt zugleich unter den gegenwärtigen Umständen der Sicherste ist, den Ihr thun könnt; jezt setze ich noch hinzu, bei jedem andern ist für Euch Gefahr; nicht nur Gefahr, daß Eure Vermögensumstände leiden mögen, sondern daß auch Ihr selbst in schwerere Knechtschaft, als Ihr noch je empfunden habt, gerathet.

Der Rhein, ein großer, schiffbarer Fluß, ist die natürliche Gränze eines großen Freistaats, der keine Eroberung zu machen verlangt, sondern nur die Nationen, die sich ihm freiwillig anschließen, aufnimmt und von seinen Feinden für den so muthwillig von ihnen veranlaßten Krieg, eine billige Entschädigung zu fordern berechtigt ist. Der Rhein, wird der Billigkeit gemäß, die Gränze Frankreichs bleiben; dies sieht schon jedes an die politischen Verhältnisse gewöhntes Auge voraus, und zu diesem Opfer würde man sich schon längst verstanden haben, wenn der Franken Ehrenwort sie nicht noch bände, auch die Niederlande (Belgien) und Lüttich den Tyrannen zu entreißen.

Zweifelt also keinesweges, Mitbürger, daß die fränkische Republik Eure Erklärung selbst nur erwartet, um Euch ihren Schutz und ihre Verbrüderung zuzusagen. Wenn der Wunsch der Einwohner von Mainz und der umliegenden Gegend ausgesprochen ist, *der Wunsch*, frei und Franken zu werden, – so seid ihr dem unzerstörbaren Freistaat einverleibt!

Vielleicht hat man Euch gesagt, daß es schwer halten werde, die Länder diesseit Rheins vom deutschen Reiche loszureißen; – ich frage: Riß man nicht Elsaß und Lothringen von Deutschland los, und gab sie an Frankreich zurück? Alles hängt gewöhnlich vom Glücke der Waffen, jezt aber auch vieles von Euerm freien Willen ab. Gebunden durch ihr Wort und durch euer Verlangen, muß die fränkische Republik Euch vertheidigen, wie sie ihre eigenen Provinzen vertheidigt.

Ich nehme aber das Unmögliche an, ich nehme an, was nicht geschehen wird, daß Frankreich, um des lieben Friedens willen, dennoch für gut fände, Mainz dem deutschen Reiche zu überlassen; dann, Mitbürger, könnt ihr nur in dem einzigen Falle unglücklich seyn, wenn ihr es jezt versäumt, Euch fest an die Franken anzuschließen. Nimmermehr würde die Frankenrepublik die Freiheit eines Staats aufopfern, der sich ihr in die Arme geworfen, der sich auf ihre Grosmuth verlassen hätte, und dessen freie Verfassung ihr künftighin zur Vormauer gegen die Despoten dienen könnte. Die vollkommenste Sicherstellung und Garantie Eurer freien Verfassung wäre dann unfehlbar eine Bedingung des Friedens.

Es ist daher schlechterdings unmöglich, daß nachdem ihr einmal der fränkischen Freiheit theilhaftig geworden wär't, ihr wieder einem Fürsten zufallen könntet; ich setze blos die eine Bedingung hinzu, *daß ihr nicht wollt*. Einen Fürsten aber wird niemand wollen, wer die Freiheit einmal gekostet hat. Ich traue den Mainzern überhaupt die Einsicht zu, daß sie zwischen dem

Schlimmen und Guten zu wählen wissen werden; denn Ihr insbesondere, *Brüder dieses Bundes*, Ihr habt bereits für Zeitlebens gewählt, Ihr habt der Freiheit und Gleichheit geschworen!

Ungern muß ich noch einen Fall setzen, obwohl ich ihn für unmöglich halte; es giebt aber Menschen in Mainz, die noch immer nicht an die Stimme der Freiheit gewöhnt, noch immer nicht von ihrem Geist durchdrungen sind, und für diese Schwachen sei das Wort, das ich jezt hinzusetzen will. Sollten die persönlichen Eigenschaften eines Mannes, den Deutschland immer hochgeachtet hat, zusammentreffen mit der ungünstigsten Wendung der fränkischen Angelegenheiten, die sich zwar denken, aber nicht vermuthen läßt, um Euch dennoch wieder zur Annahme eines Fürsten zu bewegen und zu zwingen – auch alsdann wird Frankreichs Garantie Euch wenigstens eine Verfassung sichern, wobei ihr nicht die ganze Freiheit wieder einbüßen müßt, *vorausgesetzt*, daß Ihr durch euer jetziges Betragen diese mütterliche Sorgfalt der Republik verdient.

Und glaubt nur nicht, daß in einem solchen Falle der Fürst, der einen Tropfen Redlichkeit im Herzen, einen Funken Vernunft im Kopfe hat, es je an euch ahnden würde, daß ihr im kritischen Augenblick euch als Männer gefühlt und den unschätzbaren Werth der Freiheit und Gleichheit erkannt hättet. Wie könnte man Euch diese Liebe zur Freiheit übel deuten, da sie jezt das Mittel zur Erhaltung eures Vermögens und Wohlstands ist? Dann würde jeder Euch Thoren und Unsinnige schelten, dann würde selbst ein Fürst sich unglücklich schätzen Euch zu beherrschen, wenn falsche Maasregeln, wenn Kleinmuth und Menschenfurcht Euch in den Fall gebracht hätten, ihm beim Friedensschluß nichts als ein erschöpftes, verarmtes, auf immer zu Grunde gerichtetes Land in die Hände zu geben.

Ihr erstaunt? Ihr fragt, wie die Vorliebe zu gewissen gemäßigten Planen, diese Wirkung haben könne? Wundert Euch nur nicht; die Erfahrung lehrt ja, mit tausendfältigem Beispiel, daß in großen, entscheidenden Zeitpunkten, die Mitteldinge, die nicht halb und nicht ganz, nicht kalt und nicht warm sind, durchaus gar nichts taugen, alle Parteien beleidigen und alles in Gährung bringen. Habt Ihr denn noch nicht genug am Beispiel Frankreichs und der sogenannten gemäßigten Hof- oder Feuillants-Partei? Erinnert Euch, daß diese kurzsichtigen, kleinen Intriganten, die immer nur unter der Decke spielten, heimliche Plane und ränkevolle Kabalen schmiedeten, umher schlichen die Gemüther aufzuhetzen, Verläumdungen, Drohungen, Schmähschriften ausstreuten und durch Bestechungen Anhänger zu gewinnen suchten, – daß diese zulezt mit dem Dolch in der Hand die Eingeweide ihrer eigenen Mutter, ihres Frankreichs, zu zerfleischen suchten. – Das ist das Ziel und Ende des Moderantismus, der immer nur mit einschläfernden Worten, mit sanfter Stimme, mit Engelsblicken, Euch einzuwiegen sucht, um Euch hernach desto bequemer mit Haut und Haar zu verschlingen.

Ich behaupte nichts zuviel; Ihr werdet alles verlieren, wenn Ihr jezt nicht alles nehmt, wenn

Ihr nicht jezt von ganzem Herzen ganz frei werden wollt. Die Sache ist ja klar am Tage! Wer soll Euch denn Euer sauberes Mittelding, Euer gemäßigtes Feuillantenprojekt, Euern gewählten Fürsten, Eure Schulden- und Ahnenreichen Landstände, Euere zwei Kammern, wer soll sie Euch garantiren? Doch nicht das liebe heilige deutsche Reich, das sich selbst kaum garantiren kann und in den lezten Zügen liegt? Doch nicht der Reichstag in Regensburg, wo der mainzische Direktorialis von Strauß seit der Einnahme von Mainz mit einer politischen Unpäßlichkeit geplagt ist, die den ganzen Reichstag in Unthätigkeit versetzt? Doch nicht Östreich und Preußen, die sich um Euch so wenig bekümmern? Doch nicht die Fürsten selbst, denen Ihr Euch wieder anvertrauen wolltet? Da hättet Ihr eine schöne Sicherheit! Ihr wißt vielleicht nicht, wie leicht es den Fürsten wird, so bald sie Macht haben, alles vorhergehende was nicht nach ihrem Sinne geschehen ist, geradeweges als ungesetzmäßig anzusehen, aufzuheben und noch oben drein Recht zu behalten.

Diejenigen, die immer mit dem deutschen Reich, als einem Schreckbild auftreten, bedenken nicht, daß sie uns zu sagen vergessen haben, wie denn das deutsche Reich mit uns über die neue – gemäßigte? – Verfassung negoziiren soll. Mit wem von uns soll es denn in Unterhandlung treten? Wird es provisorisch unser Recht anerkennen uns eine neue Verfassung zu geben? das Gegentheil haben wir bei Lüttich gesehen; und ich gehe weiter, ich sage, das deutsche Reich kann nach seinen Grundsätzen nicht mit uns über diesen Gegenstand unterhandeln; denn das hieße ja zugeben, daß die angeblich unverbesserliche und unverletzbare Feste der Reichskonstitution – wirklich nichts anders als eine zusammengeflickte, höchstgebrechliche Polterkammer ist, in welche jeder ein Loch machen kann, der sie nur mit Einem Finger berührt.

In dieser alten Poltenkammer spukt jezt ein lügenhaftes Gespenst, das sich für den Geist der deutschen Freiheit ausgiebt; es ist aber der Teufel der feudalischen Knechtschaft, wie man solches deutlich in den ungeheuren Aktenstößen erkennen kann, womit es sich herumschleppt und an den Ketten, die überall klirren, wohin es sich wendet. Dieses scheußliche Gespenst, das von Titulaturen, Formalitäten, Pergamenten spricht, wenn vernünftige Leute von Wahrheit, Freiheit, Natur und Menschenrecht reden, kann nur auf Eine Art gebannt werden, nämlich, wenn man mit dem Degen in der Faust auf dasselbe eindringt.

Doch jezt hinweg mit diesem Bilde! Mit dürren Worten also; die bewafnete Übermacht kann wohl das deutsche Reich zu Abtretungen zwingen; sie kann es zwingen, Mainz als einen Freistaat anzuerkennen, der das Recht hat sich selbst zu konstituiren; aber während die Frankenrepublik mit Preußen und Östreich noch im blutigen Kampf begriffen ist, zu glauben, daß Mainz vom deutschen Reich eine neue Verfassung durch Unterhandlungen garantirt bekommen könne, ist leider ein Beweis von politischer Kurzsichtigkeit, der sich nur mit Mangel an Übung in solchen Sachen entschuldigen läßt.

Wenn aber das teutsche Reich im Frieden, durch das Obergewicht der Franken genöthigt wird, den Mainzern ihren Willen zu thun, und ihnen die gemäßigte Verfassung, mit einem Wahlfürsten und Landständen und wie die süßen Herren weiter titulirt werden, heilig zuzusichern? Ja, das ist etwas anders; dann habt Ihr Recht, Ihr Herren vom Handelsstande, dann ist es richtig mit Euerm fein ausgedachten Projekt. –

Ein kleiner Umstand fehlt noch! Wollt Ihr nicht die Güte haben uns zu belehren, wie in aller Welt die Frankenrepublik sich so sehr vergessen könnte, Euch eine Verfassung zu garantiren und vom deutschen Reich garantiren zu lassen, die den ewigen Grundpfeilern, worauf sie gebaut ist, der *Freiheit* und *Gleichheit*, schnurstraks zuwider läuft? Einer *freien* Verfassung hat sie ihren Schutz zugesagt; keiner alten Sklaverei, unter dem neuen Namen. Wähnt nicht, daß eine freie Nation sich selbst so sehr widersprechen, so thörigt handeln könne; hintergeht nicht Euch selbst mit falschen Hofnungen, die nimmermehr in Erfüllung gehn können, und hoffet nicht, uns, die Freunde der Freiheit, und unsere Mitbürger mit so leeren, so leicht zu durchschauenden Vorspiegelungen zu täuschen.

Ihr alle aber, Mitbürger von Mainz, Einwohner sowohl der Stadt als des Landes, merkt wohl auf, wohin das verfängliche, das so unschuldig scheinende Projekt jener Herren Euch führt. Es führt an den Rand des Verderbens, es führt des geraden Weges in den alten Zustand, dessen Mängel, Gebrechen, Bedrückungen und Greuel der Ungerechtigkeit, ihr alle einstimmig erkennt, und sogar Eure Verführer selbst nicht zu läugnen wagen. Wenn die Frankenrepublik sich im Frieden nicht um Euch bekümmert, wenn sie Euch eine Verfassung nicht garantirt, die ihren Grundsätzen feindselig zuwider läuft, *die sie also nicht garantiren kann*, – was bleibt Euch dann übrig, als Euch blindling, wie besiegte, ohnmächtige Rebellen, Euern vormaligen Beherrschern in die Hände zu werfen? Verlassen von Frankreich, von niemand unterstützt, könnt ihr keine Bedingungen machen, ihr müßt Euch – o schreckliches Schicksal, für jeden, der den Despotismus und die Aristokraten kennt! – ihr müßt Euch auf Gnad' und Ungnade ergeben.

Das – das ist der Abgrund, der sich vor Euren Füßen öfnet, der Höllenpfuhl, aus dem Euch Cüstine errettet hat, und in welchen man Euch von neuem stürzen will. – Es ist genug, seinen rauchenden Schlund offen zu sehen, zu sehen wie Blut und Schweiß des rechtschaffenen Bürgers zur Labung schwelgender Tyrannen ausgekocht werden, zu hören, wie Tag und Nacht das Gewinsel der gedrückten Unschuld, das Jammergeschrei der ausgemergelten Armuth aus diesem Schlund emporsteigen, es ist genug, um zurückzuschaudern, da es noch Zeit ist! –

Zwischen dem jetzigen Augenblick aber, und dem Friedensschluße giebt es einen Zeitraum, den ich nicht mit Stillschweigen übergehen kann. Ich habe gesagt, die zeitlichen Vermögensumstände eines jeden Mainzers können nur durch die Annahme der wahren, ächten Freiheit gesichert werden. Jezt will ich es beweisen. Ihr müßt nicht vergessen, Mitbürger, daß die Franken das Recht der Eroberer so lange über Euch behalten, bis Ihr Euch eine freie Verfassung gebt. Die Franken sind frei und freien Menschen befehlen sie nicht. Werdet frei, Mitbürger, gebt Euch eine freie Verfassung, und die Franken versprechen Euch Ihren Schutz; sie sind von dem Augenblick an nicht mehr Eroberer, sondern Brüder.

Bei einer jeden Verfassung aber, welche nicht auf Freiheit und Gleichheit gebauet ist, habt Ihr kein Recht, auf Ihren Schutz, auf Ihre Sicherstellung, auf Ihre brüderliche Schonung zu rechnen. Wenn Ihr nicht frei werden wollt, so seid Ihr nur überwundene Knechte eines andern Herrn, so tritt das Eroberungsrecht Frankreichs ganz vollständig ein, so hat die Republik das Recht, die von allen Völkern im Kriege jederzeit gegen die Überwundenen ausgeübte Herrschaft über Euch auszuüben; und Ihr selbst werdet einsehen, daß wenn von Leuten die Rede ist, die nicht frei seyn, die Herren und Regenten haben wollen, es doch von den Franken eine lächerliche, eine ihrem Vortheil zuwiderlaufende Schwachheit seyn würde, ihnen Erlaubniß zu geben, einem fremden Herrn zu gehorchen.

Wollt Ihr also Herren durchaus haben, so sind sie schon da; es sind die Franken, die Euch erobert haben; ihnen steht das unbezweifelte Recht zu, Euch den Huldigungseid abzufordern, den niemand den Überwindern verweigern kann und darf, der im siebenjährigen und in anderen Kriegen so oft den Überwundenen abgefordert und von ihnen ohne Widerrede geleistet worden ist.

Aus diesem Gesichtspunkt betrachtet, hat man nicht Unrecht gehabt, zu sagen, daß diejenigen, die sich nicht für die Freiheit erklären, so anzusehen wären, als wären sie für die Beibehaltung der Knechtschaft gestimmt, da denn die Behandlung, welche sie von den Eroberern zu gewärtigen haben, nicht ausbleiben kann, daß die Franken sie nämlich nicht für freie Menschen halten, sondern für solche, denen der Sieger Gesetze vorschreiben darf.

Man hat damit nicht sagen wollen, daß mit solchen Menschen etwas dem Völkerrecht, vielweniger den Gesetzen der Menschlichkeit zuwider laufendes vorgenommen werden sollte. Wem, der die edlen, freien Franken kennt, darf so etwas nur einfallen? Mishandlungen hättet Ihr nur von Sklaven und Sklaventreibern zu erwarten. – Sondern das hat man sagen wollen und zwar mit allem Recht, daß es auf jeden Mainzer ankommt, ob er seinen Wunsch frei zu seyn an den Tag legen, oder ob er, indem er das nicht thut, zu erkennen geben will, daß er sich blos für einen Eroberten hält, der keinen Anspruch auf den Schutz der Franken macht, sondern sich von ihnen befehlen lassen will, wie ihm zuvor sein Kurfürst befohlen hat, an dessen Stelle und in dessen Rechte die Eroberer getreten sind.

Was würde aber die Folge einer solchen knechtischen Entschließung seyn? Jeder sieht ein, daß es der Vortheil Frankreichs erfordert, den Feinden der Freiheit allen möglichen Abbruch zu thun, ihnen die Mittel, wodurch sie schaden können, zu nehmen, folglich, Geld und Gut, so viel sichs immer thun läßt, an sich zu ziehen, und das eroberte Land, welches nicht frey seyn will, so auszusaugen und zu erschöpfen, daß es in den Händen seiner künftigen Despoten, wenn es ihnen wieder zufallen sollte, auf viele Regierungen hinaus ein elendes, verarmtes, ausgemergeltes Land bleibe, womit sich gegen die heilige Freiheit nichts mehr machen läßt.

O welcher gutgesinnte Mensch, welcher für das Wohl seiner Brüder fühlende und besorgte Rechtschaffene kann hier noch anstehen, was er seinen Mitbürgern rathen soll? Verderben und Armuth und Sklaverei – oder Glück, Wohlstand und Freiheit? Militarische Herrschaft der Franken – oder ihren brüderlichen Schutz und ihren treuen Gleichheitsbund? Wahrhaftig, lieben Brüder, ich muß es wiederholen: Euer ehemaliger Fürst könnte selbst Euch nicht anders als zur Freiheit rathen, denn er behielte doch die Beruhigung noch übrig, Euch, da er Euch nicht mehr helfen konnte, wenigstens nicht zu Grunde gerichtet zu haben. Was seine Gesinnungen sind, lassen wir indessen dahingestellt; ich habe Euch treu und redlich die Meinigen gesagt, und ich freue mich hinzusetzen zu können, daß ein Mann, den die Mainzer Bürgerschaft immer hoch geachtet hat, ein Staatsbeamter, der unter dem lezten Kurfürsten soviel Gutes gethan, und soviel Böses verhindert hat, als sich unter einem Kurfürsten thun und verhindern läßt, im Herzen ein Freund der Freiheit und Gleichheit – daß *Johannes Müller* über diese Grundsätze mit mir vollkommen einstimmig ist, und Euch, Mitbürger, durch meinen Mund, als sein Abschiedsvermächtniß zurufen läßt, – »ohne Bedenken mitzuwirken, und ohne Zaudern d*er Freiheit und Gleichheit zu schwören.*«

Eine Macht giebt es auf Erden, die sollten alle vernünftige Menschen erkennen; die Macht der Wahrheit, meine ich, deren unwiderstehlicher Andrang jedes Hinderniß überwältigen und die unumschränkte Triebfeder unserer Handlungen werden muß. Nicht Euch, Freunde der Freiheit und Gleichheit, nicht Euch, die Ihr auf dieses Grundgesetz geschworen habt, fordere ich hier auf, der Wahrheit die Ehre zu geben und ihr gemäß zu wirken. Ihr bedürft meiner Aufforderung nicht, Ihr seid schon durch den Eintritt selbst in unsern Bund zu Söhnen der Freiheit, zu rastlos wirkenden Freunden und Wohlthätern des Menschengeschlechts, zu Mitkämpfern der freien Franken gestempelt. Aber Euch, Zuhörer und Mitbürger, die Ihr noch nicht im heiligen Bund der Brudertreue zu den Fahnen der Freiheit schwurt, Euch muß ich hier noch einige Worte ins Herz reden. Ist Eure Ehre Euch gleichgültig oder nicht? Haltet Ihr etwas auf Euern guten Namen? Liegt Euch daran, daß Franken Euch hochschätzen und Deutsche Euer Beispiel bewundern? Verdrießt es Euch, wenn man von Euerm Phlegma, von Eurer Unentschlossenheit, von Eurem Kleinmuth spricht? Wollt Ihr lieber, lebhaft fühlende, stark denkende Männer heißen? Soll man glauben, daß Ihr wißt, was Ihr zu thun habt, daß Ihr einen entschiedenen Charakter besitzt, Euch nicht von jedem Winde hin und herbewegen laßt, Euch nicht fürchtet vor den Todten, das heißt, vor dem seligen Domkapitel und seinem Fürsten, die das Frankenheer im lustigen Takt des ça ira zu Grabe getragen hat? Soll nicht ewige Schande auf Euren Namen haften, soll die Nachwelt nicht sagen, im Jahr 1792, als die Franken anfiengen die Welt von ihren Tyrannen zu befreien, da waren die Mainzer die einzigen trägen, unentschloßenen, von Sklavensinn und Feigheit niedergedrückten, fühllosen Geschöpfe, die nicht froh der Freiheit entgegenjauchzten, die Einzigen die nicht mit Eifer, mit Männermuth, mit Kraft und That ihr Glück zu schätzen wußten; sollen nicht Eure Kinder einst erröthen und sich schämen, wenn man sie Mainzer nennt? – So eilt, so strömt hinzu, so drängt Euch heran, und zeichnet Eure Namen in das Buch, das die Wünsche freier Männer enthält; so laßt die Franken endlich sehen, wie die Freiheit auch deutsche Männer begeistern kann; so erholt Euch von der entehrenden Betäubung worin Ihr noch versunken seid, so verläugnet nicht länger Euern Volkscharakter, die Stimmung zur leichten, heitern, geselligen Freude, zu Scherz und Fröhlichkeit, welche jedes Geschäft erleichtert, und jede Arbeit versüßt, so fühlt den ganzen Umfang Eures Glücks, so atmet aus freier Brust, so laßt Euch nicht länger zurückhalten von dem Recht das Euch gebührt, und tretet, tretet männlich und fest zum handeln hervor, mit dem stolzen Bewußtseyn, *daß die Herrschaft dem ganzen Volke gehört!*

Über die Beziehung der Staatskunst auf das Glück der Menschheit

Est quidem vera lex, Recta Ratio, naturae congruens, diffusa in omnes, constans, sempiterna, quae vocet ad officium jubendo, vetando a fraude deterreat. – Huic legi neque abrogare fas est, neque derogari ex hac aliquid licet, neque tota abrogari potest.

Cicero

Es wäre ein erhabenes, anziehendes Schauspiel, lieber Freund, wenn die stolzesten menschlichen Künste, die Regierungskunst und die Politik, einst vor den Richterstuhl der Vernunft gefordert würden, um von ihren Wirkungen Rechenschaft abzulegen, und sich gegen die Anklage der Tugend, und gegen das Zeugniß der Erfahrung zu rechtfertigen. Ihre Vertheidigung müßte zu Entdekkungen führen, die das Menschengeschlecht für die Zukunft gegen Mißbräuche und Unterdrükkungen, wo nicht sicher stellen, doch wenigstens mißtrauischer machen würden, als es bisher im Ganzen gewesen ist. Es würde sich zeigen, daß die Sinnlichkeit unserer Natur überall mit den beiden Angeklagten wider uns selbst in den Bund getreten sey, und daß die Unmöglichkeit von reinen Grundsätzen auszugehen, die sich erst durch lange Übung und nach manchem fehlgeschlagenen Versuch auffinden und herauswickeln ließen, allerdings eine Art von Entschuldigung abgeben könnte, wenn nicht das Beharren im erkannten und erwiesenen Irrthum eine fast unheilbare Verderbtheit durchblicken ließe. Seit einiger Zeit veranlaßte mich meine praktische Beschäftigung mit verwandten Gegenständen, die Klagpunkte, worauf es hier ankommt, bald in diesem, bald in jenem Lichte zu betrachten; und so mangelhaft, unzusammenhängend und fragmentarisch auch die Resultate meines Nachdenkens, die ich darüber zu Papier brachte, wirklich geblieben sind, so halte ich es doch nicht für ganz überflüßig, sie hier mitzutheilen, weil sie vielleicht dazu dienen können, die Sache näher zur Erörterung zu bringen, und den rechten Mann, der dieser Untersuchung gewachsen ist, dazu aufzufordern. Ich werde mich für mein Theil glücklich schätzen, die Gelegenheit zu finden, etwas Besseres, als ich noch bis jetzt weiß, über die wichtigste Angelegenheit des denkenden Menschen zu erfahren.

Das Glück der Menschheit ist, laut den Betheurungen der Regenten, das stete Ziel ihrer landesväterlichen Sorgen. Die neuesten Manifeste der Eroberer von Polen athmen nur diesen Geist, und führen nur diese Sprache. Ich will hier keinesweges ihre Aufrichtigkeit in Zweifel ziehen. Die Verwirrung des Sprachgebrauchs, wie ich anderwärts gesagt habe, ist freilich groß genug; allein an den Worten: Glück, Wahrheit, Tugend, ist unseren Führern *jetzt* noch zu viel gelegen, als daß sie es versuchen könnten, sich schon gänzlich ohne sie zu behelfen. Ohne sie würde das Recht des Stärkern gar bald eine viel zu wankende Stütze ihrer Herrschaft werden. Auch des Räubers letzte Zwecke sind ruhiger Besitz und Genuß. Wenn er Mittel fände, mit seiner Beute aus der Höhle in den Schooß der bürgerlichen Gesellschaft zurückzukehren – meinen Sie nicht, daß er als der eifrigste Vertheidiger ihrer Rechte, als der strengste Rächer des verletzten Eigenthums vorantreten würde? Schlagen Sie übrigens die Geschichte aller Revolutionen, oder zum Beispiel auch nur die der neuesten nach, und sehen Sie die Ehrgeitzigen aller so schnell auf einander folgenden Partheien, so wie sie an das Ruder des gährenden Staates gelangten, am lautesten die kühnen Revolutionsmittel verwerfen, wodurch sie das Volk zum Werkzeug ihrer Siege gemacht hatten, und dagegen Ordnung, Ruhe, Gehorsam gegen die Gesetze, und Unverletzbarkeit, sowohl der Personen als des Eigenthums predigen, nachdem sie zuvor die tobenden Tribünen, die Verläumdungen, die Anklagen, die Justizmorde, die Plünderungen, die heiligen Insurrektionen in Umtrieb gesetzt hatten.

Ich gehe gern noch einen Schritt weiter, und gebe zu, daß es der Natur des Menschen angemessen ist, das allgemeine Beste zu wollen, ohne vom Privatnutzen erst dazu aufgefordert zu werden. Wer mag bloß in feindseliger Absicht, aus bösem Willen, Böses thun? Diese Rolle setzt eine Zerrüttung der Verstandeskräfte voraus. In solchen Fällen aber, wo Blödsinn oder Wahnsinn die obersten Plätze der Gesellschaft füllten, verhüteten doch gemeiniglich die Umstehenden das

Unheil, das der Mißbrauch der Macht bei dieser unglücklichen Krankheit hätte stiften können. Nur in dem seltenen Zusammentreffen der Umstände, wodurch Menschen von großer Thatkraft, von unersättlichen Begierden und zerstörenden Leidenschaften, aus Mangel eines Widerstandes, zur wirklichen Raserei übergingen, und sich auch noch in diesem Zustande als Herren der Welt und Meister eines entarteten Volkes behaupten konnten, war in Rom die Erscheinung eines Nero, eines Caligula und der Ungeheuer, die ihnen glichen, möglich geworden. Die grimmige Verrücktheit auf dem Throne, die uns mit Abscheu und Grauen erfüllt, ist folglich nur eine seltene Ausnahme, und dient der allgemeinen Regel eigentlich zur Bestätigung.

Allein worin besteht das *Glück*, womit man dem Menschengeschlechte so geflissentlich andienen will? Der Gemeinsinn verbindet doch einen Begriff mit dem Worte, und ich weiß nicht, welches allgemeine Gefühl ihn in den Gegenstand des Strebens aller derer verwandelt, die mit uns Eines Ursprunges und ähnlicher Bildung sind. Von Jugend auf gewohnt, den Zustand des Behagens und Bewußtseyns angenehmer Eindrücke als unsere Bestimmung anzusehen, oder, mit anderen Worten, zu glauben, daß ein Wesen, welches Genuß und Schmerz unterscheiden kann, nur für den erstern geboren seyn könne, bilden wir uns allmählig eine Vorstellung von jener wünschenswerthen Art zu seyn, worin die Summe angenehmer Eindrücke die Summe der unangenehmen nicht nur übersteigt, sondern auch durch ihre

Abwechselung und Mannichfaltigkeit einen stets neuen Reitz zuwege bringt, und neue Quellen der Empfänglichkeit in uns öffnet. Sollen wir es einstweilen bei dieser Definition bewenden lassen? Dann wäre, zum Beispiel, der Zustand des Englischen Pächters *Glück*, und der des Polnischen Leibeignen *Elend* zu nennen. Der wohlhabendere Mann, der allen Überfluß seiner fetten Äcker und Weiden genießt, gut gekleidet ist, und in einem netten, reinen, mit schönem Geräthe versehenen Hause wohnt, ist zugleich in Rücksicht seines Geistes, seines Gefühls, seiner Grundsätze, seiner Überlegung, seiner Kenntnisse, mit Einem Worte, als *Mensch*, derjenige, der bei weitem den Vorzug verdient. Ihm ist wohl in allen seinen Verhältnissen; und in diesem behaglichen Zustande blickt er um sich her, forscht nach, wer, von wannen und zu welchem Ende er sey, giebt also dem bessern Theile seines Wesens, der Vernunft, die ihn über die ganze sichtbare Schöpfung hebt, ihre zweckmäßige Entwickelung, und fängt an, sich seiner Menschenwürde bewußt zu seyn. Der ausgemergelte Sklav des Sarmatischen Edelmanns hingegen, in einer morschen, räucherigen, nackten Hütte, im schmutzigen Schafpelze, vom Ungeziefer halb verzehrt, bei schwerer Arbeit und geringer, wo nicht gar ungesunder Kost, kennt bloß thierische Affekten, ruhet gedankenleer von seiner Anstrengung, und stirbt hin, ohne den höheren Sinnengenuß gekostet, ohne sich seiner Geisteskräfte gefreuet oder sie nur gekannt zu haben, um den Zweck seines Hierseyns gänzlich betrogen.

Wäre das Bild des Menschenglücks, das die Regenten vor Augen haben, dem hier gegebenen ähnlich; dächten sie sich dabei den Menschen im völligen Besitz und in gehöriger Übung seiner physischen und moralischen Kräfte, und die sinnliche sowohl als die Gedankenwelt seinem Genusse dienstbar: dann wäre unstreitig die Sorge, den Millionen, oder den Tausenden auch nur, welche die Vorsehung einem Fürsten anvertraute, ein solches, ihrer Natur und Bestimmung angemessenes Leben zu verschaffen, die edelste Auszeichnung, die einem vernünftigen Wesen über seines gleichen verliehen werden könnte. Unstreitig dürfte das noch unmündige Menschengeschlecht sich Glück wünschen, solchen weiseren und besseren Führern anvertrauet zu seyn, die ihm zu einer so wohlthätigen Ausbildung, zu einer so *menschlichen* Art des Seyns, verhelfen könnten und wollten.

Es scheint indessen nicht, daß die Vorgesetzten des Menschengeschlechts sein Glück so definiren. Einigen unter ihnen, insbesondre, heißen die Völker, wie einst die Ägyptischen Priester die Athenienser nannten: *ewige Kinder*. Es ist in ihrem Sinne ausgemacht, daß die Pflege dieser Kinder, die Verwaltung ihrer Angelegenheiten, die Einrichtung des großen Haushalts, die gemeinschaftliche Anwendung ihrer Kräfte ihnen selbst nicht überlassen werden dürfen, daß sie ihres Ursprunges unkundig, auf Treue und Glauben annehmen müssen, was ihre Vormünder ihnen darüber mitzutheilen für nöthig erachten, daß sie endlich nur in so fern glücklich seyn können, wie sie gläubig und folgsam sind. Dem Fürsten allein gebührt, nach diesem System, Unabhängigkeit, Willkühr, vollkommenes Eigenthum und der damit verbundene Gebrauch seiner ganzen Wirksamkeit; der Menge bleibt ein enger Wirkungskreis, worin sie sich nach bestimmten Gesetzen maschinenmäßig bewegt und allmählig gewöhnt, ihre Führer und Lehrer für Wesen einer höheren Art, für Wunderthäter und Götter, zu halten. Der Despotismus, um konsequent zu seyn, muß diese *moralische Nullität* der Menschheit wollen. Diesen Zustand nennt er: ihr Glück; und alle Veränderungen, die er zu bewirken sucht, so lange dieses große Ziel noch nicht errungen ist, zwecken nur darauf ab, einen solchen Zustand dauerhaft zu gründen und unabänderlich zu erhalten.

Lassen Sie uns untersuchen, was sich für ein solches Regierungs-System sagen läßt. Der gegenwärtige Zustand der moralischen Bildung hat, zumal in Europa, so wesentliche Fehler und ist mit so vielen großen Übeln verknüpft, daß man es wohl begreift, wie sogar einige denkende Köpfe unter uns zu der Überzeugung gelangen konnten, daß man den Menschen nie glücklich machen könne, wenn man ihm nicht die unglückliche Gabe vorenthalte, sich ein Sittengesetz in seinem Herzen zu schaffen, mit welchem alle seine Triebe in beständiger Fehde zu stehen scheinen. Es kommt darauf an, wie dieser Zweck erreicht, wie die *Vervollkommnungsfähigkeit*, wodurch der Mensch sich von andren Thieren unterscheidet, in einem ewigen Schlaf erhalten werden soll. Der

Naturstand, wie ihn uns der Philosoph aus Genf geschildert hat, war bekanntlich nur in seiner Einbildungskraft zu Hause. Die Natur hat nirgends ein Geschöpf, und am allerwenigsten einen Menschen aufzuweisen, „dessen Herz in immerwährendem Frieden, und dessen Körper beständig gesund ist"; und dies sind doch die Bedingnisse, die Rousseau für das Glück seines freien Naturmenschen, als nothwendig voraussetzt. Wir wissen, wie schwer es hält, die ersten Bedürfnisse unserer Thierheit zu befriedigen, wenn wir deshalb an den Zufall verwiesen werden. Es ist das Loos aller Thiere, heute zu fasten und morgen sich zu übersättigen; kann aber ein solcher Wechsel wenn er auch keine Krankheit nach sich zieht, ohne alles Unbehagen seyn, und wird man vom rohen Menschen (dem unser Philosoph das bloße Denken ohne Reflektion nicht absprechen kann, da er es den Thieren selbst zugesteht,) sagen dürfen, daß er bei heftigen Anfällen des Hungers, oder eines andern Naturtriebes, und dem steten Umhertreiben, welches die unmittelbare Wirkung derselben ist, „ruhiges Herzens" bleiben könne? Wirklich ist es sonderbar, daß die Erforschung der Ursachen der Ungleichheit unter den Menschen, nicht geradezu bei der Verschiedenheit angehoben hat, welche der Zufall schon allein in der Befriedigung der Bedürfnisse bewirken mußte. Die Entwicklung unserer vernünftigen Natur ist nicht das Werk der Noth allein; eine andere Reihe von Empfindungen und Gedanken rief der Überfluß hervor, und beide, Ungleichheit und Sittlichkeit, waren da, sobald sich zwei Menschen, zumal verschiedenen Geschlechts, auf derselben Erdscholle befanden.

In der Voraussetzung nun, daß von dem Augenblick an, wo sich der Mensch unter die Gerichtsbarkeit seiner Vernunft begiebt, und seine Handlungen einer moralischen Verantwortlichkeit unterwirft, die Summe körperlicher Leiden, die von unserer Organisation unzertrennlich sind, noch durch alle die sittlichen Qualen vermehrt werde, von denen das Thier nichts weiß; frägt es sich: durch welche *künstliche Vorkehrung* nicht nur die Befriedigung der natürlichen Bedürfnisse gegen das Ungefähr größtentheils gesichert, sondern auch zugleich der freie Gebrauch der Vernunft, als eines gefährlichen, Unheil stiftenden Geschenks, so zweckmäßig eingeschränkt werden könne, daß man allen Übeln der sittlichen Entwicklung vorbeuge, ohne auf die Vortheile, welche die bisherige Anwendung der Geisteskräfte dem Menschengeschlecht erworben hat, Verzicht zu thun. „Die Weisheit der Regenten", antwortet man uns, „hat das Mittel zur Beglückung ihrer Unterthanen erfunden; die Erhaltung der größtmöglichen Volksmenge in einem gegebenen Raum ist das aufgelösete Problem der Staatsökonomie; und darin besteht die Vollkommenheit der Gesetzgebung, daß sie alle Handlungen der Unterthanen einer unabänderlichen Richtschnur unterwirft, ihre geduldige Anstrengung hervorruft, die Sitten zu abgemessenen Bewegungen umschafft, jede Spur von Freiheit und Willkühr daraus verbannt, und alle gesellschaftlichen Verhältnisse der Möglichkeit des Wechsels entzieht. Unbedingter Gehorsam gegen alle Staatsverordnungen, blinder Glaube an jeden Lehrsatz der Kirche, rastloser Fleiß in Verrichtung der vorgeschriebenen Arbeit, sind die Hauptpflichten eines Menschen, der *von der Huld seines Herrn* die Befriedigung seiner Bedürfnisse erwartet. Und die schönen Früchte dieser Folgsamkeit? wer dürfte zweifeln? – sie sind: ein glückliches Volk, ein glänzender Hof, ein blühendes Reich!"

Wie preiswürdig erscheint die Weisheit, die mitleidige Sorge, die großmüthige Aufopferung der Fürsten, wenn wir ihnen diesen tiefgelegten, wohlthätigen Beglückungsplan beimessen und zugleich den kühnen Muth erwägen, der bei so zahlreichen, fast unübersteiglichen, durch die *Ausschweifungen der Vernunft* aufgethürmten Hindernissen zum Beharren und Vollenden erfordert wird! Der Unfehlbarkeit des vorgeschlagenen Mittels stehen indeß noch wichtige, ich fürchte gar, unauflösliche Zweifel entgegen. Es giebt ein Land, dessen Regierung der hier beschriebenen sehr ähnlich ist; ihr fester Zusammenhang überläßt wenig oder nichts der Willkühr und dem Ungefähr, und wird von manchen Schriftstellern als ein Meisterwerk der Staatsklugheit bewundert. Untersucht man aber, was die Einwohner dieses Landes, nach mehreren Jahrtausenden, unter dem Schutz und Einfluß ihrer Despoten geworden sind, so findet man nur bis zur verworfensten Weichlichkeit verzärtelte Geschöpfe, die mit allen Unarten ihres Ursprungs alle Laster dieser Schwäche verbinden, deren

Ausbildung lediglich in mechanisch erlernten Begriffen, Gewohnheiten und Fertigkeiten besteht; die endlich, ohne eigene Besonnenheit, ohne sittliches Gefühl, ihren Sinnenbedürfnissen nachgehen, wie sie gedankenlos ihren Götzen Zinnblätchen opfern, und ihren Kaiser einen Himmelssohn nennen. Man hat ehedem geglaubt, daß die Chineser – denn Sie sehen wohl daß von diesen die Rede ist – ihren hinreichenden Unterhalt hätten, und wenigstens in physischer Rücksicht ein angenehmes Leben führten; allein jetzt weiß man aus dem Munde glaubwürdiger Zeugen, mit einer Zuverlässigkeit, die keinen Zweifel läßt, daß die Masse des Elends vielleicht in keinem Lande größer ist, als bei jener gedrängten Bevölkerung, welche viele Millionen Einwohner zur äußersten Dürftigkeit verdammt, und an unzähligen Neugeborenen schon im Augenblick ihrer Erscheinung das Todesurtheil vollzieht.

Vielleicht wird man fragen: wenn sich in Europa ein dem Chinesischen ähnliches Regierungssystem endlich festsetzte, würden da die Folgen ganz eben dieselben seyn? Unsere höhere Ausbildung, unsere tiefsinnigere Erforschung der Wahrheit, unsere Spekulationen über die Gränzen unseres Wesens, unsere durch Handel und Schiffahrt so umfassend gewordenen Kenntnisse, unsere nützlichen Wissenschaften, unsere zur höchsten Zweckmäßigkeit emporgestiegenen Künste, unser Geschmack, unsere Sitten, unsere körperlichen Vorzüge – müßten sie nicht einer Form den Weg bahnen, die alle Vortheile der besten Verpflegung des Menschengeschlechtes mit der Sorge für seine moralische *Fixation* verbände? Wer kann bestimmen, welche Reihe von Jahrhunderten, welche excentrische Bewegungen, welche Gährungen, kurz, welche Revolutionen die Menschenrace im östlichen Asien zu ihrem gegenwärtigen Mechanismus vorbereiten mußten? Die Erfindung so vieler Künste, die sich, wenn gleich ohne progressive Vervollkommnung, bis auf den heutigen Tag erhalten haben; die Läuterung und Festsetzung so vieler Begriffe, die jetzt wie unübersteigliche und undurchdringliche Mauern vor dem Verstande stehen und seine eigenthümliche Wirkung auf die umgebenden Dinge verhindern; endlich jene politische Vertilgung der Bücher, welche wahrscheinlich in China die Herrschermacht, durch die ganze Stufenfolge ihrer Werkzeuge hinab, auf Jahrtausende befestigte; – zeugen sie nicht von einer vorhergegangenen großen Thätigkeit des Geistes, von einer freien Entwickelung der Verstandeskräfte, von einer Moralität der ehemaligen Einwohner jenes ungeheuern Staates? Es wäre folglich nicht ungereimt, das gewaltsame Ringen, worin die Kräfte der Menschheit seit ein paar tausend Jahren in Europa begriffen sind, ebenfalls nur als den Vorbereitungszustand anzusehen, welcher der *vollkommenen Beherrschung der Menge* vorangehen muß. Die Asiatischen Nationen aber durchliefen ihren Kreis vermuthlich darum schneller, weil die Natur weniger freigebig gegen sie gewesen ist, und ihren Fähigkeiten engere Gränzen angewiesen hat. Bei uns müssen andere Erscheinungen die Ruhe der Völker begleiten, und es ist die Frage, ob unsere Lehrer und Führer uns nicht an jenen Abgründen glücklich vorbeiführen können, in welche die Chineser versunken sind.

Die ganze Stärke dieses Einwurfes scheitert an einer richtigen Beurtheilung der Folgen, welche die Ungleichheit unter den Einwohnern des nach dem oben angeführten Muster organisirten Staates unfehlbar nach sich ziehen muß. Diese Ungleichheit, sie bestehe nun in erblichen Vorrechten verschiedener Stände, in Klassen unterschieden, die sich nie verschmelzen, oder nur in der Menge der Besitzungen und des Reichthums, veranlaßt Leidenschaften, welche desto empörender die Herzen vergiften müssen, je weniger sie von einer freigebietenden Vernunft im Zaume gehalten werden, und je weniger die Regierung selbst, in der Zuversicht, daß sie nach den genommenen Maßregeln nichts von ihren Ausbrüchen zu fürchten habe, sich darum bekümmert. Wo wäre das Mittel, dem Eigennutz, der Gewinnsucht, dem Betruge, der List, dem Neide, dem Haß, der Verläumdung zu wehren, oder die Üppigkeit, die Wollust, die Völlerei, die Eitelkeit, die Hoffart, kurz, alle Folgen von dem Übermuthe der Reichen, nicht aufkommen zu lassen? Bedenkt man nicht, daß, sobald man dem Menschen den Maßstab entreißt, nach welchem er selbst ermessen muß, was Recht und Unrecht ist, die vorgeschriebenen Sitten nur ein konventionelles Gaukelspiel sind, das jeder buchstäblich mitmacht, um hernach, sich selbst gelassen, mit desto weniger Rückhalt zu handeln, und alles, was nicht *verboten* ist, für *erlaubt* zu halten? Was hätte man also mit der Unterdrückung der Vernunft gewonnen? Die Tugend vertilgt und unmöglich gemacht, indeß das Laster bliebe, und schändliches, nicht gefühltes Sittenverderbniß zuletzt in allen Gemüthern herrschte! – So ist demnach das Glück des *zahmen Sklaven* eben so erdichtet, als das Glück des *freien Wilden*, und die beiden Extreme der Wildheit und Zähmung, sofern man ihre Verhältnisse zur Sittlichkeit betrachtet, müssen sich berühren. Ich denke dabei an die Pflanzen, deren Früchte im ungebauten Zustande herb, saftlos, ungenießbar sind; und dann wieder an jene, die, zu sehr an ihrem freien Wachsthum durch die geschäftige Menschenhand gehindert, nur mißgestaltete Blüthen bekommen und keine Früchte tragen.

Ich mag hier nicht einmal mit der Gegenfrage auftreten: ob sich auch andere Folgen von der Ungereimtheit erwarten ließen, die Vervollkommnungsfähigkeit, die einmal des Menschen Unterscheidungszeichen ist, zum ewigen Schlaf zu verdammen? Als ob es uns zustände, die Anlagen der Natur willkührlich und ungestraft zu zerstören! Bisher hat man diese despotische Grundmaxime in Europa noch nicht auf eine so konsequente Art in Ausübung gebracht, wie es im östlichen Asien geschehen ist; – etwa, weil nur Menschen von Mogolischer Abkunft diese Marionetten-Natur annehmen können, und die reichhaltigere Organisation des Europäers sich so gewaltsam nicht in eine Form zwängen, seine regeren Geisteskräfte sich nicht so gänzlich ersticken lassen? Doch wir haben ja Beispiele von Sklaverei in Überfluß, die uns lehren, wie tief die Menschheit auch bei uns herabgewürdigt, wie sehr die Denkkraft am Aufkeimen gehindert werden könne. Ich vermuthe fast, daß es weniger an den Vorzügen unserer körperlichen und geistigen Anlagen, als an der Entstehungsart unserer Bevölkerung, an den Verhältnissen, die das Klima, die Lage der Länder und das Verkehr mit anderen Nationen nothwendig erzeugten, kurz, an einer Verkettung von Umständen liegt, die bis an den Ursprung der Gesellschaft hinaufreicht, daß sich *theilweise* unter uns eine freie Regsamkeit der Kräfte erhalten hat, die der Despotismus zu seinen Zwecken behutsam anwenden, aber bisher nirgends, ohne sich selbst zu schaden, gänzlich bändigen konnte.

Oft habe ich die Vertheidiger einer despotischen Verfassung von dieser Unwürdigkeit selbst unserer Brüder ein Argument entlehnen hören, womit sie die Unvermeidlichkeit einer immerwährenden Vormundschaft erweisen wollten. Vernunft und Freiheit, hieß es dann, wären allerdings schätzbare Vorrechte; nur könnten sie, der Natur der Dinge dieses Erdrundes gemäß, bloß das Eigenthum einer geringen Anzahl vorzüglich begünstigter Menschen seyn, und die Geschichte zeuge, daß zu allen Zeiten, in allen Ländern und Staaten, Unwissenheit und ungebildetes Gewohnheitsleben das Loos der Menge gewesen wären. Man wolle ja gern den Staatsmann, den Feldherrn, den Priester, den Arzt, den Philosophen aufgeklärt wissen; man lese sogar mit Vergnügen die Produkte eines gebildeten Verstandes; man höre und sehe mit Entzücken die Werke der reichen Phantasie, der gefälligen Erfindung, des feinen Witzes, des harmonischen Schönheitssinnes: allein nun erwarte man auch von diesen größern Geistern, denen die Regenten und Höfe Gerechtigkeit widerfahren ließen, daß sie endlich fühlen möchten, wie ihre Seltenheit ihren Werth erhöhe, und daß sie mit *ihren Herren*, die zur Arbeit und zum Gehorsam geschaffene Menge verachten* lernten.

Unselige, grausame Menschenverachtung! Sie war es selbst, die jene traurigen Erscheinungen der Unwissenheit und Sklaverei unter der Menge verewigte, indem sie den Ehrgeitzigen zuerst über seines Gleichen hob; und sie wagt es jetzt, sich auf ihr eigenes Werk zu berufen? Über den gegenwärtigen Zustand unserer Gattung, ist der Philosoph mit dem Politiker einverstanden; aber er fühlt oder weiß vielmehr, was Menschen seyn könnten und sollten; er geht daher den Ursachen ihrer Herabwürdigung nach, und sucht das Mittel aufzufinden, welches sie wieder ihrer Bestimmung nähern kann. Mit einem Trauergefühle, das sich zur reinsten Philanthropie gesellt, blickt er auf ein Wesen hin, das die göttlichen Vorrechte der Vernunft und Sittlichkeit nicht genießen darf, und statt dessen, unter den Lasten der Gesellschaft, unglücklicher als die Thiere, seine ganze Wirksamkeit von seinen Trieben entlehnt. Wenn gleich das Menschengeschlecht in diesem unwürdigen Zustande wenig Achtung einflößt, so bleibt doch hier, wie überall, Hülflosigkeit die Quelle der zärtlichsten Pflicht, und der wahre Menschenfreund, so gerührt und aufgefordert, erkennt in diesem gemißhandelten und um seine Bestimmung betrogenen Haufen, den Gegenstand seiner uneigennützigen und immerwährenden Sorge.

Soll ich hier noch den so oft widerlegten und stets wieder aufgewärmten Einwurf erwähnen, daß die Beschäftigungen des großen Haufens ihm Zeit und Gelegenheit zu eigenem Forschen und Nachdenken, zur Ausbildung seiner Geistesfähigkeiten, kurz, zur sittlichen Vervollkommnung versagen? Man hebe doch nur die Last, die eine ungerechte Regierung der arbeitenden Klasse aufgebürdet hat, von ihren müden Schultern; man zwinge sie nicht länger, die Früchte ihres Fleißes dem privilegirten Räuber und Müßiggänger hinzugeben: und bald wird der kahle Vorwand verschwinden, der nur von jenen Mißbräuchen seine ganze Stärke entlehnt. Die Natur, die weniger stiefmütterlich ist, als ihre Verläumder sie schildern, legt oft in ihre Kargheit selbst den Sporn, der neue Anstrengung hervorruft, und die Geistesanlagen entwickelt. Auch der *müde* Arbeiter ist nicht immer zum Denken zu stumpf; die Freude des Erringens öffnet auch bei ihm die Thore der Empfänglichkeit. O, sie ist des Strebens werth! Nur bei vorenthaltenem Genusse wird das Gefühl der umsonst verschwendeten Mühe und des erlittenen Unrechts, allmählich die Regsamkeit des Geistes ersticken, und starre Gleichgültigkeit an die Stelle des Ringens nach Vollkommenheit treten.

Wenige, fruchtbare Wahrheiten, der reine Ertrag des äonenlangen Kampfes der Vernunft gegen Irrthum, Wahn und Betrug, genügen dem gesammten Menschengeschlechte, als die Grundpfeiler seiner Sittlichkeit, vorausgesetzt, daß sie nicht, unverstanden und unbenutzt, das Ohr allein berühren, und von der Zunge mechanisch und gedankenlos wiederholt, sondern mit eines jeden eignem Fassungsvermögen aufgenommen und seiner Empfindung gleichsam eingeimpft werden. Wer kennt aber nicht dagegen den ungeheuren Wust, womit man das Gedächtniß auch des geringsten Tagelöhners belastet, um seinen Verstand zur Unthätigkeit zu zwingen? Ammenmährchen und kindische Widersprüche in der Anwendung der Begriffe von Ursache und Wirkung, statt einer gründlichen Anleitung zur Kenntniß der umgebenden Natur; Vorschriften und Formeln zum Auswendiglernen, statt eines durch Erfahrung und Übung sanft erregten Bewußtseyns; ausgelernte Stellungen und Töne, grobe Taschenspielerkünste, freche Heiligung lebloser Fetische, widersinnige Vorstellungen von Belohnung und Strafe, Unterdrückung der Vernunft durch den seliggepriesenen Glauben an Unsinn, Unmöglichkeit und Lüge, statt eines einfachen und erhabenen Sinnes, der, über die Gränzen der Menschheit und ihres Erkennungsvermögens hinaus, ewige Wesenheit, Wahrheit und Güte ahndet, und sich ihnen anzuschließen sucht! – Diese Werkzeuge der *künstlichen* Unwissenheit trugen die Erzieher des Menschengeschlechts zusammen; ihrer bedienten sie sich, um, wo möglich, allen Menschen einerlei Oberfläche und Glätte zu geben, da doch das Naturgesetz, welches sie unwissend verkennen oder wissentlich übertreten, keine andere Bildung als jene gestattet, die in jedem einzelnen Menschen von *innen heraus*, nach Maßgabe seiner eigenthümlichen Kräfte geschieht. Allein der Despotismus forderte Automaten; – und Priester und Leviten waren fühllos genug, sie ihm aus Menschen zu schnitzen.

Die Hälfte der Zeit, die mit albernen Mummereien, hergeplapperten Formeln, abgeschmacktem Gewäsch über unbegreifliche Dinge, langweiligem Unterricht in unfruchtbaren Kenntnissen unverantwortlich verschwendet wird, reichte hin, die Aufmerksamkeit des gemeinen Mannes auf sich selbst und seine Verhältnisse zu richten, seinen Durst nach Wahrheit zu erregen, und den Wunsch in ihm zu wecken, durch eigenes Bemühen das zu seyn und zu werden, wozu ihn die Natur mit seiner eigenthümlichen Gestalt und seinen Anlagen ins Daseyn rief. Die Mittheilung nützlicher, anwendbarer Naturkenntnisse, die Anleitung zum eigenen Nachdenken, und in diesem die Belebung des zarteren Sinnes, der uns vernünftiger Freuden theilhaftig macht; diese schönen Sorgen des Menschenfreundes heischen weder ungewöhnliche Gaben noch übergroße Kräfte; die Unbefangenheit des Lehrers und des Zöglings sichert den Erfolg ihrer gemeinschaftlichen Arbeit. Hinweg daher mit dem ungerechten Spotte, daß die Schutzredner der Menschheit sich in unausführbaren Theorieen versteigen und Gelehrte hinter dem Pfluge sehen möchten. Nein! unendlich mehr Unsinn mußte man den Menschen lernen lassen, um ihn von sich selbst zu entfremden, als er ächte Grundbegriffe bedarf, um sich seiner Bestimmung zu nähern. Wie lange wird man den Regenten und Lehrern noch wiederholen müssen: was den Menschen tugendhaft und glücklich macht, kann keine Regierung und keine Erziehung ihm geben; *es ist in ihm*, aber des Tyrannen Arglist und des Erziehers Affenliebe können es nur gar zu leicht ersticken!

Sie merken wohl, daß ich den Nutzen des armseligen Nothbehelfs, den man bisher Erziehung* nannte, trotz allen seinen Fehlern und Mängeln nicht verkennen will. – Die Menschheit lag als Fündling an der Brust einer mitleidigen Säugamme, deren gesunde Säfte und liebreiche Pflege ihr Wachsthum und Gedeihen gaben. Doch Reichthum, Hoheit, Üppigkeit entzündeten die lüsternen Sinne des jungen Weibes; verführt, verführend, zügellos, spielte die Buhlerin bald mit Kronen, indeß sie ihre Pflegetochter in harter Dienstbarkeit hielt. Endlich, auf der letzten Stufe eines ehrlosen Alters zum Scheusal entstellt, fröhnt sie ihren ersten Verführern, und möchte ihnen die Freiheit, die Jugend, die Unschuld der erwachsenen Jungfrau verhandeln. Was Wunder, könnte man noch hinzufügen, wenn das Beispiel der Verderbtheit bereits die Sittsamkeit eines so verwahrloseten Geschöpfs untergraben, den Nachahmungstrieb mißgeleitet und die Leidenschaften zur ungestümsten Entwickelung gereitzt hätte? –

In Ernste, was lästern jetzt die Priester das brausende, empörte Menschengeschlecht? War es nicht seit Jahrtausenden ihnen allein anvertrauet? Waren sie nicht seine unumschränkten Erzieher? War es nicht gewohnt, ihnen blindlings zu folgen? Mußte es sich daher nicht nach ihrem Muster bilden? Fern sei es von mir, die Verbrechen zu entschuldigen, womit man die heilige Sache der Freiheit entehrte; aber, wenn auf den neuesten Revolutionen das Mahl der Unsittlichkeit haftet, wessen ist die Schuld? Wer schuf uns das falsche, schädliche System der Sittenbildung? wer ging uns mit verwerflichem Beispiel voran, und trieb die freche Verworfenheit so weit, ihr zuletzt nicht einmal mehr den Mantel der Scheinheiligkeit umzuhängen? – Armes Menschengeschlecht! aus welchen Abgründen hast du dich noch emporzuarbeiten!

Es ist wahr, was uns vor gänzlicher Sittenlosigkeit behütet hat, sind jene ersten Lehren, deren Ursprung, sey er in übernatürlichen Eingebungen oder in den lauteren Tiefen der Vernunft zu suchen, uns in jedem Falle *göttlich* heißen kann. Die einfache naturgemäße Wahrheit, die sie enthielten, that immer noch Wunder, auch seitdem sie mit Tand und Schlacken verunreinigt war. Allein ich frage, ob unsere Gattung nicht eher bedauert als glücklich gepriesen werden müsse, daß man die einzige Quelle, wo sie Weisheit und Begeisterung zur Tugend schöpfen konnte oder durfte, so treulos hütete, oder so absichtlich trübte? Sollen wir es etwa gar unsern bisherigen Lehrern zum Verdienst anrechnen, daß sie nicht *alle* Wahrheit aus dem Sittenbuche tilgten, nicht *mit einemmal* über die Vernunft den mörderischen Bannfluch sprachen? – Vielleicht dürfen wir endlich unsere Phantasie erfreulicheren Hoffnungen überlassen. Seit mehr als einem Menschenalter traten die weisesten Menschen an die große Saat, und lehrten uns das gute Korn vom Unkraut unterscheiden. Die Ernte reift; die Schnitter werden die Garben in die Scheuern sammeln und das Unkraut draußen verbrennen. Sie sorgen, mein Freund, ob nicht manche gute ihre dabei mit umkommen möchte? Sorgen Sie nicht; nichts ist verloren, wo der *Same des Guten* bleibt!

Die Gegner der Vervollkommnung sollten endlich überzeugt seyn, daß man die schönen Träume von idealischer Vollkommenheit den Schwärmern überlassen könne, ohne deshalb an der Sache der Freiheit, oder, welches gleichlautend ist, der Vernunft und Sittlichkeit, zu verzweifeln. Gutes und Böses sind in unseren Verhältnissen nirgends ganz unvermischt, und der Grad des Mehrern oder Mindern bestimmt die Unterschiede. Im strengen Wortverstande war noch keine Verfassung so durchaus böse, daß nichts Gutes mehr dabei gedeihen oder bestehen könnte, keine so schlechterdings vollkommen, daß nicht Fehler, Mißbräuche und Verbrechen darin möglich wären. Wird man aber daraus folgern dürfen, daß es die Mühe nicht lohne, dem Übermaße des Bösen abzuhelfen und seinem Fortschritt ein Ziel zu stecken? Wird es darum gleichgültig seyn, ob wir unter einer guten oder bösen Regierung leben? Wenn der Zweck unseres Daseyns lediglich durch die Übung und Anwendung unserer Verstandeskräfte erreicht werden kann, dürfen wir es gut heißen, daß die Menge von dieser Bestimmung ausgeschlossen und von ihrer Erreichung gewaltthätig abgehalten werde, weil es freilich unmöglich ist, daß alle sich in gleichem Grade zu vernünftigen und sittlichen Wesen entwickeln? Wenn jemand eine Anzahl Kugeln nach einem bestimmten Ziele zu werfen hätte, wie thöricht würde er uns vorkommen, falls er sich bereden ließe, daß er sie eben sowohl in entgegengesetzter Richtung dürfe laufen lassen, *weil sie doch nicht alle das Ziel erreichen könnten*!

Den Feinden der Freiheit bleibt noch eine Zuflucht übrig; ein Argument, das, ihrem Vorgeben nach, aus der Natur des Menschen entlehnt ist. „Der Mensch", behaupten sie, „ist nicht mehr und nicht weniger, als wozu die *Gewohnheit* ihn schuf, und der Philosoph, sammt seinem Stolze und seiner Eitelkeit, macht hier keine Ausnahme; auch auf ihn wirken, längst ehe er sichs bewußt seyn konnte, Zeit, Ort, Natur, Menschen, Verhältnisse, Begebenheiten; sie ließen jene tiefen, unauslöschlichen Eindrücke zurück, die in der Folge unvermerkt die Bahnen seiner Empfindungen und Gedanken wurden. Tugend und Laster, Weisheit und Thorheit, sind Gewohnheiten, von einem unvermeidlichen Verhängnisse bestimmt. Wer vermag dem Netze seines Schicksals zu entgehen, dessen Fäden gesponnen waren, ehe er Athem schöpfte?" – Ohne diese Behauptung von der metaphysischen Seite zu betrachten, wo sie zu einem langen Streite führt, den die Philosophie entweder längst entschieden hat, oder nimmermehr wird entscheiden können, möchte ich mich hier nur auf diejenige Erfahrungsübereinkunft berufen, ohne welche jede Verabredung, jeder Vertrag, jedes Einverständniß unter den Menschen unmöglich wäre. Diese Übereinkunft unserer Sinne ist der Grund einer gewissen Gleichförmigkeit unserer Vorstellungen; sind wir aber einverstanden über Schmerz und Vergnügen, so folgen alsbald daraus die Begriffe von Bösem und Gutem, von Recht und Unrecht, und es hängt nicht länger von uns ab, diese Grundbegriffe und ihr Verhältniß zu unserm Bewußtseyn zu ändern. Würden wir nun nicht lächeln, wenn jemand die angenehmen Empfindungen verachten wollte, bloß weil wir von Natur *gewohnt* sind, sie angenehm zu finden? Ist also der Mensch einmal so geschaffen, daß, sobald sich seine Geisteskräfte regen und moralische Begriffe zeugen, eben diese Begriffe von dem Augenblick ihrer Entstehung an, die höchste Gerichtsbarkeit über seine Handlungen, trotz aller Widerrede einzelner Vorstellungen oder Empfindungen, in ihm behaupten; so können wir keine Ehre, kein Verdienst, keinen Genuß darin suchen, diesem innern Gesetzgeber zu widerstreben, unter dem Vorwande, daß wir nur auf diese Art eine freie, eigenmächtige Wirksamkeit äußerten. *Wir*? Ich möchte wohl wissen, wo wir uns am innigsten und unzertrennlichsten der Selbstständigkeit unseres Ich *bewußt* sind: in der bloßen Aneignung einer Empfindung, oder als Richter über die Veränderung, die dadurch in uns geschieht? – Ist es also wahr, daß die Richtung, nach welcher sich unsere ganze Gattung bewegen soll, in der allgemeinen sittlichen Anlage des Menschen schon voraus bestimmt ist, – und bei aller Mannichfaltigkeit, welche die menschliche Natur durch alle Glieder ihrer Kette darbietet, ist dies der große Durchklang, in welchem alle einzelne Akkorde verhallen –: so können nur die Grade und die Art der Entwicklung unserer Geistesanlagen den äußeren Verhältnissen, worin wir uns befinden, unterworfen seyn.

Die Moralität der handelnden Personen müssen wir daher allerdings von der Moralität der Handlungen unterscheiden. Eine ungerechte That, mit guter Absicht und aus Unwissenheit des Bösen begangen, bleibt immer ein Verbrechen, wenn gleich die Schuld des Thäters wegfällt und wir nur die Beschränktheit seiner Einsicht bedauern. So kann auf der andern Seite eine gute Handlung von den wohlthätigsten Folgen, denjenigen, der sie in frevelhafter Absicht vollbrachte, von dem Vorwurfe der Immoralität nicht befreien. *Tugend*, dieser erhabene Name, dürfte von menschlichen Zungen nicht ausgesprochen werden, wenn er eine uns unerreichbare Befreiung von allem Übel, eine unbeschränkte Wirksamkeit und Energie unsers Wesens bedeuten sollte. Nach den Gränzen aber, die unsere Natur von aller absoluten Vollkommenheit ausschließen, kann uns nur *die Vereinbarung einer gerechten Handlungsweise, mit dem Bewußtseyn guter Absichten*, Tugend heißen. Hiermit verschwindet die streitige Frage: ob der Grad der eigenen Anstrengung und des innern Kampfes, womit eine solche Übereinstimmung errungen wird, bei der Definition in

Rechnung kommen müsse. Es ist vielmehr offenbar, daß eine verdienstliche Zurechnung nirgends Statt finden kann, die Tugend mag das stille Resultat einer glücklichen Harmonie der Kräfte, oder das gewaltsam erkämpfte eines mächtig wollenden Verstandes seyn. Die Eitelkeit, die noch mit dem Bewußtseyn eines Verdienstes befriedigt seyn wollte, schmälerte den Werth der Tugend, die heroisch oder liebenswürdig, oder unter jeder Gestalt, welche sie nach der persönlichen Verschiedenheit jedes Menschen und seiner Verhältnisse annehmen mag, stets ihr eigener und alleiniger Lohn bleiben muß. Wer eine solche Zurechnung dem Philosophen beimessen kann, möchte wohl an den ächten nicht gerathen seyn. Selbstkenntniß und richtige Selbstbeurtheilung, ohne welche man diesen Namen nicht mit Recht tragen darf, sind Bedingnisse, wobei sowohl pharisäischer Stolz als falsche Demuth wegfallen müssen. Wohl dem, der ohne sich mit Andern zu vergleichen, den Genuß hinnehmen kann, den die Natur mit der *Selbstgemäßheit* unzertrennlich verbunden hat!

Wahres und Falsches, welches in dem aufgestellten Argument in einer verworrenen Mischung lag, wünschte ich hier gehörig abgesondert zu haben. So lange wir mit den Worten bestimmte Begriffe verbinden, ist wenigstens so viel klar, daß man der Tugend, auch als bloße Gewohnheit betrachtet, ihren Vorzug nicht absprechen könne. Ist nun vollends der Unterschied gegründet, den wir hier zwischen der natürlichen Richtung der menschlichen Natur und der Einwirkung äußerlicher Verhältnisse angenommen haben, so bliebe noch zu untersuchen übrig, in wie fern die Abhängigkeit des Menschen von diesen letzteren, durch zweckmäßige Vorkehrungen vermindert werden könnte. Wir haben bereits gesehen, wie gefährlich und feindselig eine *unnatürliche* Erziehung werden kann, indem ihr planmäßiges, gemessenes Verfahren, der Natur gleichsam vorzugreifen und jene Bildung zu vereiteln sucht, welche sonst durch die Erfahrung allein, wahrscheinlich immer zu einem gewissen Grade der Sittlichkeit führen müßte. Ein System der Erziehung aber, welches lediglich darauf abzweckte, den Menschen in sich selbst unabhängiger zu machen, anstatt ihm schwerere Ketten anzulegen, sollte es nichts zur wahren Vervollkommnung und durch diese zum Glück unserer Gattung beitragen können? Diese Frage beweiset Ihnen, daß wir uns wieder auf dem Punkte befinden, wo wir den Hauptgegenstand dieser Erörterung verlassen hatten.

Daß es eine so gar dauerhafte Form der Verfassung und der Sittenbildung geben könne, die den einzelnen Menschen den freien Gebrauch aller ihrer Kräfte nicht schmälerte, die nur bestimmte, was die Gesellschaft an ihre Glieder fordern muß, indem sie ihnen die unschätzbaren Vortheile der persönlichen und der Eigenthumssicherheit gewährt, die folglich jeden Menschen so ehrte, wie er, mit Vervollkommnungsfähigkeit begabt, und dadurch sich selbst sein eigener Zweck, geehrt werden müßte; – dies scheint mir bis jetzt noch nicht ganz außer der Reihe der Möglichkeiten zu liegen. Nur verträgt sich die Idee einer solchen Form auf keine ordentliche Weise mit jener Vorstellung der immerwährenden Kindheit des Menschengeschlechtes, die eigentlich, wie wir gesehen haben, dem patriarchalischen Despotismus, dem mildestscheinenden von allen, zum Grunde liegt. Man müßte annehmen, daß die Vormundschaft der Regenten über ihre Völker endlich ein Ziel haben, daß in dem Maße, wie die Menschen im Gebrauch ihrer moralischen Kräfte geübter würden, die Zucht des Vaters und Lehrers in den sanften Rath des Freundes übergehen und endlich alle Spur von Herrschaft auf der einen, von Gehorsam auf der andern Seite verschwinden müßte. Diese Voraussetzung ist aber mit dem Despotismus in offenbarem Widerspruch. Welchem Fürsten könnte es je einfallen, dem Zepter zu entsagen und das Volk seiner eigenen Tugend und Weisheit zu überlassen? Vergebens gehen wir die Geschichte aller Nationen durch; nicht ein einziges Beispiel erquickt den lechzenden Geist. Nennen Sie mir nicht den edlen Timoleon; er stellte nur eine Republik wieder her, und das begeisternde Zeitalter, worin er lebte, sprach laut in seinem Herzen für die Vorzüge der republikanischen Regierungsform. Von Karln V. oder auch von jenem Könige von Sardinien schweige man nur gar, die doch lediglich den Herrscherstab ihren Söhnen zur herzloseren Führung übergaben und zu spät den Verlust ihrer Macht bereuten. Unter dem despotischen Joche mag übrigens wohl das Volk zu schwach, zu träge, zu unwissend seyn, um plötzlich sich selbst beherrschen zu können. Ohne Tugend und Weisheit kann keine freie Verfassung bestehen; und woher hätten die maschinenmäßigen Knechte eines allvermögenden Regenten beide, oder nur eine von beiden, empfangen?*

Wenn demnach vom Despotismus ein glücklicher Zustand des Menschengeschlechtes auf keine Weise zu hoffen steht; wenn die Ersättigung und Befriedigung der Naturbedürfnisse, die er so willkührlich für das einzige Glück ausgiebt, durch seine Anstalten nicht einmal erlangt werden kann; wenn jede Aufmunterung an das Volk, sich seiner eigenen Vernunft zu bedienen, ihm in seine Rechte einzugreifen scheint, und gleichwohl die Natur, indem sie Kräfte und Fähigkeiten in den Menschen legte, die Entwicklung und Vervollkommnung derselben augenscheinlich zu seiner Hauptbestimmung erhoben hat: so lassen Sie uns forschen, ob irgendwo von den Vorstehern dieser unmündig geglaubten Gattung ihr wahres Beste zum Hauptgegenstande der Regierungssorgen gemacht und die zweckmäßigsten Mittel gewählt und angewendet werden, wodurch jedes einzelne, ihrer Führung anvertraute Wesen zur innern Unabhängigkeit und sittlichen Vollkommenheit sich nähern kann? Die meisten Staatsverfassungen in Europa sind vom eigentlichen Despotismus noch ziemlich weit entfernt; mithin wäre es nicht ganz unmöglich, daß sie auch eigene, von jenen der Alleinherrschaft verschiedene Systeme befolgen könnten, um das Glück der Völker durch die Dauer ihrer Macht und ihres Zusammenhanges zu befestigen.

Nur die größten Europäischen Höfe haben indessen ein zusammenhängendes, festgesetztes Staats-System und eine damit genau verbundene Politik. Alle schwächeren Staaten müssen sich jederzeit nach den Umständen richten und ihre Erhaltung in veränderlichen Verbindungen, bald mit diesem, bald mit jenem mächtigen Nachbar suchen, um nicht in eine sklavische Abhängigkeit zu versinken, welche sie um so viel mehr erschöpft, weil noch kein Interesse des Unterdrükkers, sie zu schonen, vorhanden ist. Die Möglichkeit, daß das Glück der Untergebenen *planmäßig* betrieben werden könne, fällt hiermit in der Hälfte von Europa gänzlich weg. Wenn für die Erhaltung der Souverainetät gesorgt ist, behält der Fürst eines solchen Landes nur die Sorge übrig, mit seinem Hofstaat so reichlich zu genießen, als ihnen das Übermaß des Genusses noch Fähigkeit dazu gelassen hat, oder die Erschöpfung aller Hülfsquellen es noch gestatten will. Der erträgliche Zustand des Volkes unter einer solchen Regierung ist mehrentheils ein Werk des Zufalls.

Wo hingegen ein Regierungs-System wirklich vorhanden ist, dort – lächeln die weisen Staatsmänner der dummen, oder was *ihnen* nur eben so viel sagt, der frommen Einfalt derer, die Volksglück im Ernste für ihr Augenmerk halten. „Was wird in solchem Falle aus den Betheurungen, den Manifesten, den Proklamationen, den tausend menschenfreundlichen Äußerungen, die nichts als Liebe gegen ihre Völker athmen?" Wer dies noch fragen kann, ist wahrlich zum Staatsmann, ich will nicht sagen verdorben, aber gewiß zu ungewandt, und vielleicht zu unbefangen, zu rein. Das Geheimniß aller Staatsklugheit ist *Vergrößerung*; das Geheimniß aller Politik, *List* und *Menschenverachtung*. Doch was sag' ich, Geheimniß! In unseren Zeiten hüllen sich die Absichten der Höfe kaum mehr in diesen Schleier; nur die Mittel zur Ausführung, die Maschinen und Getriebe bleiben bis zu gelegener Zeit verdeckt. Macchiavellis Fürst wird nicht mehr von königlichen Schriftstellern widerlegt; er liegt, möchte man beinahe sagen, zur Schau im Audienzsaal; und wo wäre der Spott, der beißender die Aufklärung äffte? Es ließ sich auch wohl erwarten, daß während man in einem Extrem von Europa die Rechte der Menschheit mit den Waffen in der Hand geltend zu machen suchte, Rechte, deren sicherste Schutzwehr doch in der Vernunft allein besteht, im andern die willkührliche Gewalt trotzig ihre Larve von sich warf, um in allen Schrecken ihrer eigenen Medusengestalt das schwache Menschengeschlecht zu versteinern. –

Ich eile, einem Mißverstande vorzubeugen. Vorhin sagte ich, die Regenten schienen mir so bösartig nicht, zum Glück der Menschheit scheel zu sehen; Theils aus Eigennutz, Theils schon des bloßen Angenehmen des Wohlthuns wegen, müßte ich sie für aufrichtig halten, wenn sie dieses Glück, so eingeschränkt ihre Vorstellung davon auch sey, als eine Angelegenheit ihrer Regierungssorgen im Munde führten. Es könnte scheinen, hier hätte ich jene gute Meinung wieder zurück genommen; allein der Schlüssel zu diesem vermeinten Widerspruche liegt in der Geschichte des menschlichen Herzens. Unsere Natur ist dem Arzt und dem Psychologen gleich bewundernswürdig; denn in beider Rücksicht widersteht sie oft der gänzlichen Zerrüttung noch da, wo man meinen sollte, daß alles auf ihren Untergang schon berechnet sey. Geburt, Erziehung, Verhältnisse, alles scheint sich gegen die Menschlichkeit der Fürsten zu verschwören; und dennoch kann sie zuweilen im Sturm der ungezähmtesten Leidenschaften hervorschimmern. Allein den guten Willen eines Regenten, womit er eine menschenfreundliche Redensart in ein Manifest rücken, unter hunderttausend Leidenden einmal Einen trösten, oder, wenn es hoch kommt, von irgend einem Rechtschaffenen, der den Muth hat ihm ins Gewissen zu reden, sich eine gute That abdringen läßt, – diesen ohnmächtigen guten Willen dürfen wir nicht mit einem überlegten, nach den Vorschriften der Vernunft und des Herzens abgemessenen Handlungsplan verwechseln. Man zeige mir den Herrscher, dessen erster Gedanke bei jeder Veranlassung zum Handeln nicht dieser wäre: ist hier etwas für mich zu gewinnen? sondern der statt dessen sich fragte: ob und wie er das Wohl des Volkes hier befördern könne? und ich will glauben, daß die Gerechtigkeit vom Himmel gestiegen sey, um in der Brust dieses bessern Titus zu wohnen.

> ... è qual, che col sapere accoppia
> Si la bontà, ch'al secolo futuro

La gente crederà, che sia dal cielo
Tornata Astrea...

Ariosto

O mein Freund! wie arm ist der, dessen schwache Weichherzigkeit ihm nicht erlaubt, einen unersättlichen Bettler abzuweisen! Mehr oder weniger binden sich die Fürsten, wenigstens die Despoten, in diesem Falle; ihr alles verschlingender Bettler sind sie selbst, und keiner hatte noch den Muth, sich irgend eine Befriedigung zu versagen*.

Der Sklav seiner Bedürfnisse ist die Beute aller die ihn umgeben; er schleppt eine Kette, an der man ihn leiten kann, wohin man will. Schlaue, dreiste, behende Gefährten wissen diese Leitung in Dienstbarkeit zu verkleiden, den Augenblick der stärksten Anwandlung abzuwarten und zu benutzen, endlich, wenn Gewohnheit ihre Handreichung unentbehrlich gemacht hat, sich ein Verdienst daraus anzueignen und alsdann sogar das Gewicht der Kette zu vermehren oder sie fester anzuziehen. Die parasitische Brut der Höfe wächst auf dem schwachen Fürstenstamm, saugt seine besten Kräfte, und giebt ihm Seuchen, die er noch nicht hatte; bald sieht man sein eigenes Laub und seine Blüthen nicht mehr; nur die üppigen Misteln wuchern und grünen.

Aus den Verfassungen der Europäischen Reiche vom ersten Range, wie sie jetzt bestehen, wie sie strebend nach Vergrößerung und Erweiterung ihrer Macht, auf schlaue Bündnisse und berechnete Kriege untereinander, auf stets wachsende Heere und Steuern in ihrem Innern, ihre Dauer gründen, sollten wir uns noch schmeicheln dürfen, das Glück der Völker hervorgehen zu sehen? Wer dürfte in Ernst etwa diese Sprache führen: „daß es nicht schaden könne, wenn der Eroberungsgeist zur Hauptleidenschaft eines Fürsten würde, der wie Cäsar dem Griechischen Dichter nachspräche: *um herrschen zu können, sey es erlaubt, die Gerechtigkeit zu verletzen*; daß die Habe, das Leben etlicher Millionen Menschen, die Zufriedenheit, die Ruhe seiner eigenen Unterthanen und aller seiner Nachbaren dem Eroberer nichts wiegen müssen gegen seinen Ruhm, weil *vielleicht*, wenn dieser erst befriedigt ist, – *vielleicht* – die Periode dann eintritt, wo das Wohl des Volkes ein Gegenstand seiner Sorge werden kann; weil dann *vielleicht* die Tage der Vergeltung und des Genusses kommen, neue Gesetze dann den Übriggebliebenen den Rest ihres Eigenthums sichern, und, indem sich alles unter die Macht des Siegers beugt, sein Antlitz sich verwandeln und der bluttriefende Kriegesgott ein milder, segnender Apoll werden kann" –?

Rechnen Sie es mir nicht zu, wenn diese Apologie wie eine Satire klingt. Um ein so zweifelhaftes *Vielleicht* zu erkaufen, sollte man so große Opfer bringen dürfen? Deutschlands Glück, zum Beispiel, sollte eher nicht *möglich* werden können, als bis die Plane des Hauses Östreich *wirklich* in Erfüllung gegangen sind? Gesetzt, diese Erfüllung sey näher und wahrscheinlicher, als sie manchem Politiker gegenwärtig scheint, mit welchem Rechte darf die Nachwelt ihr Glück auf Kosten des Glücks der vorhergegangenen Generationen verlangen? Ist es nicht natürlicher und gerechter, daß jedermann für sein eignes Beste sorge, da ohnedies das Gute, welches die Vorfahren stiften, den Nachkommen zu Statten kommt?

Doch ich räumte hier schon längst mehr ein, als man billiger Weise fordern darf. Die Hoffnung der künftigen Geschlechter muß auf die *jetzige Verfassung* gegründet seyn, nicht bloß auf Eroberungs- und Vergrößerungsplane, die, wenn sie auch über alle Erwartungen gelingen sollten, ohne eine felsenfeste Organisation des Staats nur den Untergang desselben beschleunigen müssen. Ich frage, wo in Europa ist diese unerschütterliche Stärke der innern Staatsmaschine, wo dieser unzerstörbare Zusammenhang, diese vollkommene, abgemessene Übereinstimmung ihrer Bestandtheile anzutreffen? Der einzige Weg, der den Völkern eine wahrscheinliche, gegründete Aussicht auf dauerhaften Genuß versprechen könnte, ist jenem, den man eingeschlagen hat, gerade entgegengesetzt: der erobernde Staat muß organisirt seyn, ehe er sich nach außen vergrößert; wo die Vergrößerung vorangeht, ist hernach keine Organisirung mehr möglich, indem die Ungleichheit und Verschiedenheit seiner Bestandtheile, jedem Versuch, sie zu einem harmonischen Ganzen zu vereinigen, dann bereits entwachsen sind.

In der Ungebundenheit der höheren Stände, in der Unmöglichkeit ihren Anmaßungen, ihrer Macht, ihrem Einfluß unübersteigliche Schranken zu setzen, liegt der Zerstörungskeim großer Reiche. So stürzte das Römische Kaiserthum in Osten und Westen, und so muß jede Herrschaft zerfallen, die nicht auf einen orientalischen Mechanismus unabänderlicher Klassen und Kasten gegründet ist*. Als die nordische Gesetzgeberin die Rangordnungen ihres großen Reichs vervielfältigte, mag sie den Nutzen einer solchen Einrichtung geahndet haben; allein wer sieht nicht, daß es auch dort mit diesem Kunstgriffe schon zu spät ist? Nicht die Staatsverfassung, sondern die persönliche Überlegenheit des Regenten hält noch die mächtigen Satrapen im Zaum, und weiß die übermüthigen Günstlinge, die Schwämme Einer Nacht, wieder in das Nichts zurückzustoßen, aus welchem sie so schnell emporgewachsen sind.

Ist dies aber der Zustand eines ächtdespotischen Reiches, wo die Hand des Alleinherrschers alle Rechte faßt, wo vor seiner Höhe alle Rangstufen verschwinden: was wird nicht in Ländern geschehen, deren höhere Stände auf wesentliche, erbliche Vorrechte trotzen und den monarchischen Staat *aristokratisiren*?* Hier müssen die Unruhen, die Gährungen, die Umwälzungen der Verfassung unaufhörlich auf einander folgen und der stürmische Zustand desto unvermeidlicher und unheilbarer werden, je unentbehrlicher dabei diejenige Entwickelung moralischer Kräfte wird, welche die Herrschsüchtigen vergebens als bloßes Werkzeug zu gebrauchen hoffen. Die Beispiele sind zu häufig in der Geschichte, um hier einer besondern Erwähnung zu bedürfen. Sie, mein Freund, brauchte ich nur an Ihr Vaterland zu erinnern; oder – werfen Sie lieber einen Blick auf die Begebenheiten unserer eigenen Zeit? So sehen

Sie die Bestätigung meiner Behauptung in Schweden, in Polen, in Frankreich.

Die Politik der Europäischen Fürsten bewirkt also das Gegentheil von jener Harmonie, in welche sich endlich alles auflösen sollte; weit entfernt, die Ruhe des Menschengeschlechtes zu gründen, verewigt sie vielmehr seine Revolutionen; weit entfernt, allgemeines Glück zu verbreiten, kann sie die herrschenden Dynastien selbst vor dem eigensinnigsten Wechsel des Glückes nicht schützen. Große persönliche Eigenschaften machen hier eine Ausnahme; doch wie selten sind diese nicht, und wie vorübergehend ist ihre Erscheinung! Wie gefährlich kann oft der bloße Vorsatz, *allein zu herrschen*, dem kühner strebenden Regenten werden! Wie schnell, endlich, stürzt unter einem schwachen Nachfolger das bodenlose Gebäude zusammen, welches sein größerer Vorgänger zu rasch und prunkend, mehr zu den Zwekken seiner eigenen Phantasie, als für die Dauer, aufgethürmt hatte!

Nach dreißig, höchstens vierzig Jahren, erneuern sich alle handelnde Hauptpersonen auf dem großen Welttheater; sie übernehmen ihre Rollen mit anderen Anlagen, Neigungen und Kräften, anderen Kenntnissen und Handlungsweisen als ihre Vorgänger, um wie diese, auf dem einzig möglichen Wege, durch *Erfahrung*, zur Besinnung und Klugheit zu gelangen. Der große Haufe geht daneben seinen einfachen, maschinenmäßigen Schneckenweg, und bevölkert die Erde mit neuen Zeugungen, die immer wieder den unerfahrnen Nacken unter das Joch beugen und am Rande des

Grabes zu spät inne werden, daß man sie um Bildung und Genuß, um Kraft und Leben, um alle Zwecke des Daseyns mit leeren Versprechungen betrog. Wie war es bei so bewandten Umständen möglich, daß man sich je im großen Gange der Staatsbegebenheiten etwas anders als Unbestand und Glückswechsel versprechen konnte? Auf der einen Seite die heftigsten Begierden und Leidenschaften, die unter tausenderlei Gestalten immer neu, und immer mit neuer Gewalt hervorbrechen; und auf der andern das leidende Werkzeug, das ihnen zu Gebote steht, und jede Befriedigung möglich macht! Ich berühre hier die geheime Werkstätte eines Verhängnisses, das aller Berechnung spottet, einer höheren Instanz der Weltregierung, welche durch Menschen Menschenwerk zerrüttet, und den unvorhergesehenen, unwiderstehlichen Widersacher gegen den berauschten Günstling Fortunens heraufzuzaubern weiß; die Werkstätte, wo Alexanders früher Tod in Babylon, wo Cäsars Ermordung, als er kaum zu herrschen angefangen, und tausend ähnliche Bolzen des schnellen Schicksals geschmiedet wurden; die Werkstätte, aus welcher ein Gott von Brodteig hervorging und sich über Jupiters zertrümmerten Altären erhöhte; wo sichs von fern her bereitete, daß Luthers Reformation bestehen konnte gegen die vereinigten Kräfte des Papstthums, daß Östreichs und Burgunds Waffen scheitern mußten an Helvetischer Freiheit, daß die Unabhängigkeit der Niederländer eine Frucht hundertjähriger Kriege ward, daß Amerika sich aus den Händen des Brittischen Übermuthes wand!

In der That, wenn wir nicht den trostlosesten Fatalismus annehmen wollen, mit welchem alle Erörterungen über Zweck, Bestimmung und Sittlichkeit aufhören müssen, so dürfen wir nicht zweifeln, daß die Wirkungen blinder, vernunftloser Kräfte im Plane des Ganzen abgewogen, und dergestalt hinein verwebt sind, daß ihre Mißtöne sich im allgemeinen Zusammenklange verlieren. Zu allen Zeiten, unter allen Zonen, in allen Köpfen ist die Vernunft wesentlich eine und dieselbe; die nach ihren ewig gerechten Gesetzen abgemessenen Handlungen stören nie den Frieden des Weltalls, und scheinen den Handelnden als einen in die Geheimnisse des Schicksals Eingeweihten auszuzeichnen. Zwietracht und Streit sind das Werk anmaßender Begierden und Leidenschaften; das Menschengeschlecht ist nur durch seine eigene Beschränktheit vor ihrer zerstörenden Wirkung gesichert; sie selbst halten einander das Gleichgewicht, zu einem Zwecke, den der unwissende Mitwirker nicht ahndet, indem er bloß seine persönliche Absicht zu erzielen glaubt.

Wir wollen es der spekulativen Philosophie zu erforschen überlassen, warum die Sinnlichkeit fast durchgehends über die Vernunft ein solches Übergewicht behalten mußte, daß die freie Wirksamkeit dieser letztern dadurch fast unmerklich wird und die Weltregierung das Ansehen eines Chaos gewinnt, dessen Elemente sich nicht sobald organisiren, als sie auch schon eine mächtiger wirkende Anziehung wieder trennt; eines Chaos, wo Entstehung und Zerstörung der Gestalten in immerwährendem Wechsel vor unseren Augen schweben. Wir wollen hier nicht untersuchen, womit so viele tausend Millionen Menschen es verschuldet haben, daß eine traurige Knechtschaft ihnen die Entwickelung ihrer Vervollkommnungsfähigkeit fast gänzlich versagte, und welche Entschädigung ihnen dafür geworden sey oder noch werden könne. Allein, wenn die einzige Gattung von Wesen, welche zur moralischen Freiheit geeigenschaftet ist, bisher nur in äußerst wenigen ihrer Glieder, auf eine meistens unvollkommene Art, dieses Vorrecht hat genießen können; oder, daß ich mich eines ziemlich passenden Gleichnisses bediene, wenn unter vielen Millionen Raupen kaum Eine dazu gelangt, ihre Verwandlung zu vollbringen, in Schmetterlingsgestalt auf leichten Schwingen die Ätherbahnen zu durchirren und ungefesselt des Daseyns und des Weltalls froh zu werden: kann es, darf es dann einen Menschen verdrießen, daß sich irgendwo eine Wahrscheinlichkeit zeigt, wie künftighin die Beispiele dieser herrlichen Entwicklung häufiger werden könnten?

Die Vergangenheit beweiset hier nichts für die Bedingnisse der Zukunft; es könnte dargethan werden, daß die sittliche Vervollkommnung des Menschen der plastischen und zeugenden Natur völlig gleichgültig sey, daß ihre Sorge sich lediglich auf sein thierisches Wohlseyn, wie bei allen andern Geschöpfen erstrecke, und daß dieser Zweck bei den vergangenen Zeugungen allein erreicht worden sey; so wäre damit noch nichts für den Erweis geleistet, daß fernerhin dieselbe Vernachlässigung der Geisteskräfte fortdauern müsse. Im Gegentheil, schwerer kann sich niemand am Menschengeschlechte versündigen, als indem er jenen Raupenstand, jene fortwährende thierische Erniedrigung, worin alle seine höheren Anlagen unbenutzt und unentwickelt bleiben, absichtlich zu verlängern sucht, zumal nachdem der Vorwand auf diese Art das dauerhafte Glück der gesammten Gattung zu sichern, als arger Trug oder nie zu realisirende Täuschung erkannt worden ist.

Endlich, mein Freund, scheint die Zeit gekommen zu seyn, wo jenes lügenhafte Bild des Glücks, das so lange am Ziele der menschlichen Laufbahn stand, von seinem Fußgestelle gestürzt, und der ächte Wegweiser des Lebens, *Menschenwürde*, an seine Stelle gesetzt werden soll. Des Schmerzes und des Vergnügens fähig, gebildet zu leiden und sich zu freuen, lasse der Mensch die Sorge seines Glücks der Natur, die allen Geschöpfen das Maß des Genusses nach ihrer Dauer und ihren Verrichtungen bestimmt. Der Gebrauch der Geistesgaben, womit der Mensch ausschließend ausgestattet worden ist, bleibt ihm allein anheimgestellt; weise und tugendhaft zu werden, ist eines jeden eigenes Werk, eines jeden eigene Pflicht. Auf sich selbst zu wirken, ist der Zweck des so reichbegabten Wesens, nicht in träger Ruhe die Pfunde zu vergraben, wovon es die Zinsen seinem Urheber und Gläubiger darbringen sollte. Jene eingebildete Kunst uns zu beglücken, womit man das Herrscherrecht beschönigen will, war nie etwas anders als Verstümmelung. Man machte den Menschen ärmer, als ihn die Natur geschaffen hatte; man raubte ihm seine Empfänglichkeit, man suchte ihn fühllos, unempfindlich, gleichgültig zu machen, die Summe seiner Bedürfnisse zu verkleinern, und die Heftigkeit seiner Triebe abzustumpfen. Die weisen Führer der Völker, nebst ihren Günstlingen, strebten gleichwohl nicht für ihre eigene Person nach diesem gepriesenen Glücke; vielmehr vervielfältigten sie die Arten ihres Genusses und machten es zum Hauptgeschäft ihres Lebens, in sich selbst neue Reitzbarkeit, neuen Sinn, neue Bedürfnisse zu schaffen. Wohlan, Ihr Fürsten und Priester! wir gönnen Euch euern Genuß; aber wir sprechen Euch zugleich los von einer Pflicht, die alle eure Kräfte übersteigt. Anstatt uns Glück zu verheißen, laßt es eure alleinige Sorge seyn, die Hindernisse wegzuräumen, die der freien Entwicklung unserer Kräfte entgegenstehen; öffnet uns die Bahn, und wir wandeln sie, ohne Hülfe eures Treibersteckens, an das Ziel der sittlichen Bildung; denn seht! wir empfangen *Freude* und *Leid, unsere wahren Erzieher*, aus der Mutterhand der Natur!

Parisische Umrisse

Anmerkung des Einsenders. Sie werden hier einen andern Pariser Correspondenten auftreten lassen, der freilich die gegenwärtige Lage der Sache in Frankreich mit seiner eigenen Brille betrachtet. Er ist der Revolution, wie man sehen wird, auf keine Weise abgeneigt, wiewohl er sie aus einem ganz besondern Gesichtspunkt in Schutz zu nehmen scheint. Ein eigentlicher Jakobiner ist er indeß nicht; denn diese Eingeweihten erlauben es sich nicht, aus der Schule zu schwatzen, und unser Skizzenmacher scheint über allen Zunftzwang völlig hinaus zu seyn, und die Dinge so ziemlich bei ihren Namen nennen zu wollen. Seine Partheilichkeit – leider! möchte man endlich wohl auf den Gedanken geführt werden, daß Unpartheilichkeit in dem jetzigen Zeitpunkte und unter den jetzigen, Entscheidung erheischenden Umständen, weder existirt, noch möglich, noch selbst erlaubt ist – seine Partheilichkeit werden Ihre Leser wohl von selbst gewahr werden, ohne daß wir jedesmal daran zu erinnern brauchten. Übrigens aber hat es mir geschienen, als ob es theils der Abwechslung wegen, theils um die Leser in ihrer *richterlichen* Eigenschaft bei dem großen Weltprozesse vollständig zu instruiren, unmöglich schade könne, auf diese Art et alteram partem gebührend vernommen zu haben.

1

Paris, den 1sten des Wintermonds (Brumaire) im 2ten Jahr der Republik.

Die Hauptstadt Frankreichs war seit langer Zeit die hohe Schule der Menschenkenntniß. Mehr als jemals ist sie es jetzt, und es bedarf nur eines kurzen Aufenthalts und eines flüchtigen Blicks, um hier inne zu werden, was man anderwärts in Jahrzehenden kaum ergrübelt, und nicht nur den Geist der Gegenwart, sondern auch die *Zeichen der Zukunft* zu enträthseln.

In der neuen Republik ist Paris, was Rom einst in dem Universalreiche war: das ungeheure Haupt, von welchem sich alle Bewegungen durch die Provinzen fortpflanzen, und wo alle Gegenwirkungen zusammen fließen. London, mit einer weit größern Volksmenge, die, im Vergleich mit der Bevölkerung Englands, sich gegen Paris wie sieben zu eins verhält, hat nicht den zehnten Theil der Wichtigkeit und des Einflusses auf das Land.

Die moralische Herrschaft von Paris über die benachbarten Departemente, zum Beispiel, wird durch die Revolutionsarmee recht anschaulich, die gestern ausgezogen ist, um für die Verproviantirung der Hauptstadt zu sorgen; denn daß in der *öffentlichen Meinung* die größte Stärke dieses Heeres besteht, wird niemand bezweifeln wollen, der es nur sechstausend stark gesehen hat.

Diese öffentliche Meinung aber, und Einflüsse, sind Dinge, wovon man vor der jetzigen Revolution keinen richtigen, wenigstens keinen vollständigen, Begriff gehabt haben mag. Ich lese zuweilen in den jenseitigen Darstellungen von dem was bei uns vorgeht, die Worte: Zwang, Gewaltthätigkeit, Tyrannei; ich finde Vergleichungen mit der vorigen monarchischen Regierung, die gegen unsere jetzige noch golden gepriesen wird. Das mag hingehen; denn wer wird einem aufgebrachten Gegner geradeweg die Principien läugnen? und dies wäre doch das geringste, womit unser einer Ehrenhalber anfangen müßte. Aber ich begreife nicht, wie so mancher treuherzige Royalist bei einer kaltblütigen Untersuchung an das: duo dum faciunt idem, non est idem, nicht gedacht zu haben scheint, ob es gleich der erste Punkt ist, worauf sich etwas, das einer Hoffnung zum Auswege aus dem Labyrinth ähnlich sähe, fein säuberlich erbauen ließe.

Gesetzt, es hätte seine Richtigkeit, daß auch uns im Ganzen genommen, die jetzige Lage unserer Angelegenheiten gerade so schwarz und gelbgrün vorkäme, wie sie ein hypochondrischer Schriftsteller ansehen mag, wenn er sich an einer vornehmen Tafel den Magen verdorben hat; glauben Sie in Ernst, daß wir darum den koalisirten Mächten die Thore unserer Festungen aufriegeln würden? Ich versichere Sie, es wäre gerade das Gegentheil; wir riegelten nur desto fester zu. Das ist nun eine Wirkung der öffentlichen Meinung, die allgemein genug bekannt ist, um unseren *philosophirenden* Gegnern, wenn auch sonst keinen, zu denken zu geben.

Hier haben Sie gleich noch eine. Die Revolution hat alle Dämme durchbrochen, alle Schranken übertreten, die ihr viele der besten Köpfe hier und drüben bei Ihnen, in ihren Systemen vorgeschrieben hatten. Zuerst schwellte sie über den engen Kreis, den ihr Mounier wohlmeinend anweisen wollte. C'est une tête de bronze, coulée dans un moule anglois, sagten wir, weil er so hartnäckig an seiner Nachahmung der Englischen Konstitution hangen blieb; und damit war ihm das Urtheil gesprochen. Manche, auch gemäßigte Staatsmänner, gingen in ihrer Nachgiebigkeit schon weiter, und glaubten noch an die Möglichkeit einer guten Verfassung außerhalb jenes Bezirks. Als aber auch ihre Herkulssäulen, trotz der stolzen Inschrift: non plus ultra, von dem brausenden Orkan umgestürzt lagen, da verkündigte ihre beleidigte Eitelkeit schon das jüngste Gericht. Andere harrten länger aus; aber seitdem ihr letzter Ableiter, den sie im *Föderalsystem* gefunden zu haben glaubten, durch einen Blitzstrahl vom Berge zerschmettert worden ist, kommen auch sie mit der Babylonischen Hure schon aufgetreten. Die öffentliche Meinung ist alle diese Stufen hinangestiegen, und auf jeder höheren hat sie den Irrthum erkannt, den die Täuschung des falschen Horizonts verursachte. Jetzt bleibt sie bei der allgemeinsten aller Bestimmungen stehen: einer Bestimmung, die freilich den Hafen so lieblich nicht vormahlt, wo das Staatsschiff wohlgemuth einlaufen und abtakeln soll, wobei es sich aber doch mit jener mystischen Losung aus den neuen Ritterzeiten eines geheimen Ordens: in silentio et spe fortitudo mea, auf offnem Meer, und selbst mit etwas beschädigten Masten und Segeln, noch ganz bequem einherschwimmen läßt.

Die Revolution ist – vorausgesetzt, daß Sie nach unserer generalisirten Definition lüstern sind – ist die *Revolution.* Ihnen dünkt das wohl zu einfach? oder es scheint wohl gar ins Platte zu fallen? Einen Augenblick Geduld! Lange genug haben wir uns gesträubt, das Kind bei seinem rechten Nahmen zu nennen; aber wer kann für Gewalt? Daß sich alles Kopf über Kopf unter *wälzt*, ist ein vollgültiger Beweis, daß der Nahme der Sache entspricht; und wer mag wissen, ob mit dieser Bewegung nicht die Exegetik eines Deutschen Schriftstellers noch künftig gerettet werden kann, der von dem großen Worte behauptet hat, daß es eigentlicher auf die *Wiederbringung*, als auf die *Zerstörung* aller Dinge gemünzt seyn soll?

Die öffentliche Meinung ist also bei uns in Absicht auf die Natur der Revolution jetzt so weit im Klaren, daß man es für Wahnsinn halten würde, ihr Einhalt thun oder Gränzpfähle stecken zu wollen. Eine Naturerscheinung, die zu selten ist, als daß wir ihre eigenthümlichen Gesetze kennen sollten, läßt sich nicht nach Vernunftregeln einschränken und bestimmen, sondern muß ihren freien Lauf behalten. Etwas ganz Anderes, ganz davon Unabhängiges ist es aber, daß diejenigen, die von diesem Strudel ergriffen sind, ihr *eigenes* Betragen, nach wie vor, vernunftgemäß einzurichten suchen. Daß die Erde um die Sonne kreiselt und den Mond mit sich fortreißt, das hindert ihn ja nicht, sich stets um die Erde zu drehen. – Ich sah einst die Pferde mit einer Landkutsche Reißaus nehmen, und den Kutscher vom Bocke fallen. Einige Straßenjungen stellten sich an den Weg und schimpften auf die Passagiere. Einer von diesen sprang aus dem Wagen, und stürzte den Hals ab; die übrigen waren klüger: sie blieben sitzen, und dachten, wir wollen warten, bis der Koller vorüber ist*. –

Seitdem man bei uns die Revolution als eine neue unaufhaltsame Schwungkraft anzusehen gelernt hat, haben sich auch viele von ihren Gegnern wieder mit ihr ausgesöhnt; und meinen Sie nicht, daß es immer noch besser ist, ihr nachzulaufen und sie einzuholen, als mit gewissen Halbweisen, die ihr voranliefen und sie zuerst in Bewegung brachten, plötzlich stille zu stehen und sich zu ärgern, daß sie, wie eine Schneelavine, mit beschleunigter Geschwindigkeit dahinstürzt, stürzend an Masse gewinnt, und jeden Widerstand auf ihrem Wege vernichtet? Das neulich erlassene Dekret des Nationalkonvents, *daß die Regierung in Frankreich bis zum Frieden revolutionär* bleiben soll, ist der eigentlichste Ausdruck der öffentlichen Meinung, daß die Revolution sich so lange fortwälzen müsse, bis ihre bewegende Kraft ganz aufgewendet seyn wird.

Diese bewegende Kraft ist allerdings nichts rein Intellektuelles, nichts rein Vernünftiges; sie ist die rohe Kraft der Menge. In so fern, wie Vernunft ein vom Menschen unzertrennliches Prädikat ist, in so fern hat sie freilich auf die Revolution ihren Einfluß, wirkt mit in ihre Bewegung, und bestimmt zum Theil ihre Richtung; aber *präponderiren* kann sie nicht, und wenn – wie wir doch nicht in Abrede seyn wollen? – die Revolution einmal im Rathe der Götter beschlossen war, durfte sie es auch nicht, weil ihre *Präponderanz* an und für sich nur die Revolution hemmen, nie sie treiben und vollbringen kann. Ich würde sie die ächte vim inertiae nennen, wenn ich es mit einem Physiker zu thun hätt; denn einmal *überwunden von der Stoßkraft*, dürfte dennoch in ihr selbst der Grund jener langen Dauer liegen, womit die Revolutionsbewegung so manchen unerfahrnen Beobachter in Erstaunen setzte.

Als Necker dieses große, nicht zu berechnende Mobil der Volkskraft anregte, wußte er nicht, was er that. Die ersten Anfänge der Bewegung waren aber wegen des Umfangs, der Masse und des Gewichts so unmerklich, daß Klügere als er, sich täuschten, und diese ungeheure Triebfeder umspannen zu können, sich vermaßen. Allein wie bald entwand sie sich aus ihren ohnmächtigen Händen! – Es entstand ein chaotisches Ringen der Elemente; es erfolgten die heftigsten Konvulsionen, die furchtbarsten Erschütterungen. Kleinere gegenstrebende Bewegungen wurden von den größeren, allgemeineren verschlungen; so gab es denn eine gleichartige Bewegung, oder mit andern Worten: *der Willle des Volks hat seine höchste Beweglichkeit erlangt, und die große Lichtmasse der Vernunft, die immer noch vorhanden ist, wirf ihre Strahlen in der von ihm verstatteten Richtung.*

Ich weiß nicht, ob ich mich deutlicher hätte fassen können, um Ihnen von der jetzigen Beschaffenheit der öffentlichen Meinung einige Begriffe zu machen. Einem oder dem andern würde es vielleicht mehr sagen, wenn ich mich mathematisch so ausdrückte: Unsere öffentliche Meinung ist das Produkt der Empfänglichkeit des Volks, vermehrt mit dem Aggregat aller bisherigen Revolutionsbewegungen. Wer einen anschaulichen Begriff davon hat, oder auch nur aus der Geschichte und Anthropologie weiß, wie beweglich und empfänglich die Französische Nation ist; und wer dann berechnet, in welchem Grade die Ereignisse der vier letzten Jahre diese Reitzbarkeit erhöhen und das Theilnehmen an den öffentlichen Angelegenheiten schärfen mußten: dem wird es schwerlich entgehen, daß die Macht einer auf diese moralische Beschaffenheit geimpften öffentlichen Meinung Wunder thun kann.

Sie werden es nunmehr so ungereimt nicht finden, daß ich vorhin an das duo dum faciunt idem etc. erinnert habe. Die Erscheinungen unter dem Joche des Despotismus können denen, die sich während einer republikanischen Revolution ereignen, sehr ähnlich sehen, und die letzteren sogar einen Anstrich von Fühllosigkeit und Grausamkeit haben, den man dort wohl hinter einer sanfteren Larve zu verbergen weiß; doch sind sie schon um deswillen himmelweit verschieden, weil sie durch ganz verschiedenartige Kräfte bewirkt werden, und von der öffentlichen Meinung selbst einen ganz verschiedenen Stempel erhalten. Eine Ungerechtigkeit verliert ihr Empörendes, ihr Gewaltthätiges, ihr Willkührliches, wenn die öffentliche Volksmeinung, die als Schiedsrichterin unumschränkt in letzter Instanz entscheidet, dem Gesetze der Nothwendigkeit huldigt, das jene Handlung oder Verordnung oder Maßregel hervorrief.

Dieser Vortheil ist wesentlicher, als Sie es vielleicht mit vielen Antigallikanern geglaubt haben mögen, und ersetzt uns so manche Unvollkommenheit der *Revolutionsregierung*, daß man diese nie richtig beurtheilen wird, bis man ihm nicht volle Gerechtigkeit hat widerfahren lassen. Der National-Convent herrscht lediglich durch die Opinion, bald, indem er sich ihr bequemt, bald, indem er durch seine Berathschlagungen und seine ungeheure Thätigkeit auf sie zurückwirkt und sie bestimmt. So wenig wünschenswerth unser Zustand in Absicht auf die Regierung immerhin genannt und geschildert werden mag, so irrt man doch bei Ihnen gar zu sehr, wenn man von ihrer heterokliten Beschaffenheit auf ihre Zerstörbarkeit schließt; denn was ihr Dauer und Stärke verspricht, ist ja gerade diese durch das Ganze jetzt unwiderstehlich herrschende Einheit des Volkswillens, verbunden mit der Repräsentantenvernunft. Setzen Sie diese letztere so tief herab, wie es Ihnen gut dünkt; dennoch bleibt noch immer ein solcher Lichtherd übrig, daß, sobald nur jener Einklang mit dem allgemeinen Wollen vorhanden ist, nichts dem *politischen Riesen* widerstehen kann. Warum verhält es sich beim Despotismus anders? Die Auflösung liegt am Tage. Die Einheit fehlt; Vernunft und Wille sind beide nur im Kopfe des Herrschers und seiner Räthe; das Volk ist eine leblose Masse, ein todter Körper, der bloß mechanischen Antrieben gehorcht; jene geistigen Kräfte durchströmen und beleben ihn nicht, verbinden ihn nicht mit sich selbst zu einem lebendigen Ganzen. Beider Zweck und Streben sind gänzlich verschieden. Freilich giebt es noch ein Mittel, die Trägheit, oder die Kraft des Widerstandes im Volke zu überwinden; aber das Beispiel Frankreichs haben wir zu deutlich vor Augen. Wehe dem *Deutschen Necker*, der sie dort entbindet und in Bewegung setzet!

Ich wollte Ihnen mehr schreiben; denn wie manches hab' ich nicht auf diesem Herzen, das die große Nothwendigkeit fühlt, welche gerade im jetzigen Zeitpunkte, „Männer in jedem Staate fordert, die über die Vorurtheile der Völkerschaft hinweg wären und genau wüßten, wo *Patriotismus Tugend zu seyn aufhört**." – Doch fürs erste sey dies genug zur Probe, genug, um Sie den Gesichtspunkt beurtheilen zu lassen, zu dem der Aufenthalt in Paris so leicht hinführen kann.

2

Paris, den 15ten Wintermonds, im 2ten Jahr der R.

Sie wissen, so gut wie ich, mein Lieber, daß wenn man dem Französischen Leichtsinne Zeit läßt und das Stündlein des Ernstes und der Besonnenheit abwarten kann, niemand gegen Andre, und zumal gegen Fremde, billiger ist, und ihnen lieber Gerechtigkeit widerfahren läßt, als der Franzose. Dieser Zug in unsrem Nationalcharakter hat sich nicht geändert; ich möchte vielmehr sagen, man ist in der Billigkeit des Urtheils fortgeschritten, so wenig der allgemeine Krieg diese Denkungsart zu begünstigen scheint. Die Phraseologie unsrer

Tribünen und Zeitungsblätter muß Sie hierüber nicht irre machen; sie ist bloßer Kurialstyl, und gehört zur neuern Diplomatie. So lange wir von unsren Feinden keine andre Benennung als die von Schurken, Spitzbuben, Bösewichtern, Gottesläugnern und Königsmördern erhalten können; so lange schallt es gräßlich aus unsrem Revier mit Tyrannen, Räubern, Ungeheuern, Sklaven, Banditen und Viehmenschen zurück. Vernünftige Leute, deren es, wills Gott! viele auf beiden Seiten giebt, wissen, was von diesem Feldgeschrei zu halten ist, und führen den Krieg nur in der Absicht, zum Frieden zu gelangen. In Ernst hat wohl noch niemand, der bei gesundem Verstande war, mit Schimpf- und Ekelnahmen etwas zu beweisen geglaubt; und *wem* wollte man endlich auch auf diese Art beweisen? Ich weiß nicht, was größer wäre, der Eigendünkel auf der einen, oder die Selbstverläugnung auf der andren Seite, wenn so *gelehrt* und so *gelernt* werden könnte. Wenn es einmal zwischen zwei großen Mächten so weit gekommen ist, daß sie mit Kanonenkugeln und Kartätschen argumentiren, dann wird wahrlich eine Handvoll ungeschliffener Redensarten den Kampf nicht entscheiden.

Zwischen dem politischen Schimpfen diesseits und jenseits bemerk' ich aber einen sehr wichtigen Unterschied. Bei uns ist es eine Art Expletive oder Lückenbüßer, oder auch etwas, das genialisch aus der Fülle des Herzens sich hervordrängt; es gehört jetzt fast auf die Weise, wie unsre unartigen, aber ganz unschädlichen Flüche, oder wie die allzu geläufigen Gewohnheitsworte f. und b., in unsre Sprache. Bei Euch aber hat es etwas Gesuchtes, Geflissentliches, Erbittertes; und weit entfernt das Bürgerrecht in Euren Volksdialekten erhalten zu haben, findet man es nur in Euren Büchern oder höchstens im Munde Eurer Bramarbasse. Bei uns fließt es unmittelbar aus der öffentlichen Meinung, und ist ihre eigentliche Stimme; bei Euch möchte man, umgekehrt, eine öffentliche Meinung damit heraufzaubern und auf dieselbe wirken.

Da liegt es eben, mein guter Antigallikaner; bei Ihnen giebt es noch keine öffentliche Meinung, und es kann keine geben, wenn das Volk nicht zugleich losgelassen wird. Es dort loslassen, diese ungemessene, unberechnete Kraft auch in Deutschland in Bewegung setzen: das könnte jetzt nur der *Feind des Menschengeschlechts* wünschen. Wir haben uns für unsre ganze Gattung aufgeopfert, oder, was gleich gilt, aufopfern lassen. Wenigstens komme unser Kampf, unser übermenschliches Ringen, unser wahres Märtyrerthum, den übrigen Nationen Europens zu Gute! Eure Weisen und Gelehrten haben gut deklamiren, sich ereifern und uns beweisen, daß wir es hätten besser machen sollen. Ei, Ihr lieben Herren! wir konnten's eben nicht besser. Nun dann hätten wir's nicht anfangen sollen. Freilich wohl! aber auch *das* hat nicht von uns abgehangen. Wenn Donquichotte die Galeerensklaven auf freien Fuß stellt, und zum Lohn von ihnen zerbläuet und geplündert wird: wer hat die meiste Schuld, der schwärmende Ritter oder die verwahrloseten Menschen? Doch ich dächte, wir thäten hier am besten, niemand zu richten und zu verdammen. Die Menschen erscheinen in ihren Handlungen, wie sie sind; jeder thut, was er nicht lassen kann, und trägt die unausbleibliche Folge. Wenn ein Thron stürzt, und zwar so leicht und ohne Anstrengung, wie es bei uns der Fall gewesen ist, so ist es doch wohl augenscheinlich, daß alle seine Stützen und Untergestelle schon morsch gewesen sind! Nun bedurfte es nur jenes weltbekannten Zusammenflusses von Ursachen, die im Jahr 1787 die unbegreifliche Schwäche und Hülflosigkeit des Französischen Hofes vor Aller Augen entblößten, und jede nachherige Katastrophe folgt in einer nicht zu unterbrechenden, nicht zu ändernden Verkettung. Fragen Sie, warum die Vorsehung dieses Mißverhältniß zwischen der Unhaltbarkeit einer Regierung und der Unfähigkeit des Volks sich eine neue zu schaffen, geduldet, und in diesen Zeitpunkt die Revolution hat fallen lassen? – Wer anders kann Ihnen antworten, als die unbegreifliche und unergründliche Weisheit der Vorsehung selbst! Ich fühle nicht den Beruf, diesen Artikel der Theodicee auszuarbeiten, wenn ich gleich für mich überzeugt bin, daß unsre Revolution, als Werk der Vorsehung, in dem erhabenen Plan ihrer Erziehung des Menschengeschlechts gerade am rechten Orte steht, und daß Frankreich, nach dem schweren Verhängnisse, das über ihm waltet, sich dennoch zu einer geläuterten, vernünftigen, wohlthätigen Verfassung emporarbeiten wird. „Wer aber diese Revolution als eine *bloß Französische* ansieht,“ hat Mallet du Pan mit einem echten Sehergeiste gesagt, „der ist unfähig sie zu beurtheilen;“ denn sie ist die größte, die wichtigste, die erstaunenswürdigste *Revolution der sittlichen Bildung und Entwickelung des ganzen Menschengeschlechts.*

Je richtiger der Blick ist, womit die auswärtigen Regenten den gährenden Zustand Frankreichs gefaßt und daraus die Nothwendigkeit abgenommen zu haben scheinen, gerade jetzt den Völkern auf keine Weise Luft zu machen oder den Zügel schießen zu lassen: desto unzweckmäßiger, ich möchte sagen widersinniger, kommt mir das unablässige Bemühen so vieler Schriftsteller bei Ihnen vor, einen Geist des Hasses gegen die Franzosen unter ihren Landsleuten anzufachen und sie auf eine solche Art *in ihrer eigenen Kraft und Wirksamkei*t gegen uns zu schicken. Ich lasse das Unsittliche dieser Aufhetzerei an seinen Ort gestellt; die unbefleckte Tugend, die kein angelegeneres Geschäft kennt, als unser Schuld- und Sündenregister unaufhörlich abzulesen, wird vermuthlich in ihrer Kasuistik über diesen Punkt Beruhigung gefunden haben. Allein auch die Erfahrung hat hier mitzusprechen, und wie hat man es vergessen können, daß nichts gewöhnlicher ist, als Menschen von einem Extrem zum andren übergehen, eine aufgereitzte Leidenschaft in Unbändigkeit ausarten, und alle Leitung verschmähen zu sehen? In der That, wenn es nicht weltkündig wäre, daß unsre gänzliche Vernachlässigung alles Verkehrs mit dem Auslande unsrem ehemaligen diplomatischen Ruf zur unauslöschlichen Schande gereicht, und wenn man nicht auf diese angeerbte Tugendtafel hin, uns jene berüchtigte *Propagande*, die wir bei einigem Machiavelismus unstreitig hätten stiften müssen, bloß angedichtet hätte; – so könnte man leicht auf den Gedanken kommen, daß wir jenen Schwarm von Aufhetzern heimlich besoldeten, um den Völkern, die bisher geistlich todt geblieben sind, einen lebendigen Odem der Eigenmächtigkeit, des *leidenschaftlichen Wollens und Vollbringens*, in die Nase zu blasen.

Zum Glücke hat es mit der ganzen Sache keine große Gefahr, und das Mittel, die öffentliche Meinung zu beleben, ist übel, ja im höchsten Grade schlecht, ausgedacht. Die Frage: wie entsteht öffentliche Meinung, und wie erhält sie ihre Kraft, auf den Willen zu wirken? kann uns bald aus dem Traume helfen. Man wird eben so leicht beweisen, daß der Katechismus tugendhaft machen, daß die Prosodie in dithyrambische Begeisterung versetzen, kurz, daß die Regeln das Genie, und nicht das Genie die Regeln, schaffen können, als es uns deutlich und überzeugend darthun, daß die Äußerungen des freien Willens (öffentliche Meinung) erscheinen können, ehe der Wille frei ist. Gestehen Sie es nur, der Karren steckt im Schlamme, und nichts ist possierlicher, als die kannengießernden Heupferde herabspringen zu sehen, in der Hoffnung, ihn in Bewegung zu zirpen. Wenn indeß nicht alle (Französische) Zeitungsnachrichten trügen*, so regt sich hier und dort in Deutschland etwas, das der zahmen Gelehrigkeit der Nation eben nicht das Wort redet, und die Weisheit Eurer Prophetenknaben zu Schanden macht. Ich betheure Ihnen, daß mir diese Nachricht keine Freude verursacht; die Reihe ist jetzt nicht an Deutschland, durch eine Revolution erschüttert zu werden; es hat die Unkosten der Lutherischen Reformation getragen, so wie Holland und England, jedes zu seiner Zeit, den Schritt, den sie zur sittlichen und bürgerlichen Freiheit vorwärts thaten, mit einem blutigen Jahrhundert haben erkaufen müssen. Jetzt gilt es uns, und ich wünschte so herzlich, Ihr möchtet Euch an unserm Feuer wärmen, und nicht verbrennen! Aber ach, durch Schaden klug werden, und am Unglücke Anderer sich spiegeln, ist nicht jedermanns Sache! – –

3

Paris, den 24. Wintermonds, 2.

Verzeihen Sie mir, mein Freund, daß ich Sie immer wieder von unserer *öffentlichen Meinung* unterhalte; allein sie ist das Werkzeug der Revolution, und zugleich ihre Seele. Folgen Sie ihr durch alle ihre Verwandlungen, die sie seit sechs Jahren und drüber, durchgegangen ist, und Sie werden von dieser Wahrheit eben so wie ich, durchdrungen seyn. Ich setze wohlbedächtig ihre ersten Umgestaltungen noch in die letzten Zeiten der Monarchie: denn die Größe der Hauptstadt, die in ihr concentrirte Masse von Kenntnissen, Geschmack, Witz und Einbildungskraft; das daselbst immer schärfer ätzende Bedürfniß eines Epikureisch kitzelnden Unterrichts, die Losgebundenheit von Vorurtheilen in den oberen, und mehr oder weniger auch in den mittleren und niederen Ständen; die ungezwungene Mischung in Gesellschaften; die stets gegen den Hof strebende Macht der Parlemente; die durch die Freiwerdung von Amerika, und Frankreichs Antheil daran, in Umlauf gekommenen Ideen von Regierung, Verfassung und Republikanismus; die Abhängigkeit der im Übermaß genießenden Klasse von der ihren Begierden dienstbaren, die sich dadurch immer mehr emancipirte; das böse Gewissen des Hofes und der Administration, die einem Staatsbanquerott entgegen sahen; endlich die dadurch entstandene Straflosigkeit der politischen Broschürenschreiber, die zu Hunderten jetzt die Wunden des Staats sondirten, und mit gränzenloser Keckheit und Quacksalberweisheit ihren Wundbalsam darauf zu streichen sich erkühnten; – dies alles bahnte der Denkfreiheit und der Willensfreiheit dergestalt den Weg, daß schon eine geraume Zeit *vor* der Revolution eine entschiedene öffentliche Meinung durch ganz Paris, und aus diesem Mittelpunkt über das ganze Frankreich, beinahe unumschränkt regierte. Was ich hier in so wenige Worte zusammengepreßt habe, können Sie ausführlicher und bis zum Anschauen überzeugend, in Arthur Youngs vortrefflicher Beschreibung seiner *Reise durch Frankreich* lesen. Von jenem Zeitpunkte an, lassen sich die Verwandlungsstufen ordentlich zählen: die erste Versammlung der Notablen; die Weigerung des Parlements, den impôt unique zu registriren; Neckers Eintritt in das Ministerium; die zweiten Notablen; die Reichsstände (états generaux); der entscheidende Schritt des tiers, der sich zur *Nationalversammlung* erklärte; die Eroberung der Bastille; der 5te und 6te Oktober; die Aufhebung des Adels; die Asignate; die Föderation; die Flucht nach Varennes; die neue Verfassung der Klerisei; die Konstitution von 1791; der 20ste Junius, der 10te August, der 7te September; die Republik; die Eroberungsplane des vorigen Winters; die Hinrichtung Ludwigs XVI.; die Unglücksfälle des Frühlings; der Kampf der beiden Partheien im National-Convent; der Sieg der Bergparthei am 31sten Mai; die neuen Finanzoperationen Cambons, insbesondere die Zwangsanleihe; die Aushebung von 800.000 Rekruten und 40.000 Pferden; die gänzliche Erdrückung aller Gegenrevolutionsbewegungen; die Brot-Taxe und das Maximum; die neue Zeitrechnung; die Hinrichtung der Königin, des Herzogs von Orleans und der föderalistischen Deputirten; und endlich noch das merkwürdige Erlöschen des Katholicismus in der Sitzung vom 17ten dieses Monats.

Man darf als ausgemacht annehmen, daß die öffentliche Meinung in einer jeden dieser Epochen sich entschieden geäußert, und zugleich von den Hauptereignissen derselben einen besondern Charakter angenommen habe. Von Stufe zu Stufe entwickelte und läuterte sich die allgemeine Vernunft, und die letzten Schritte sind nicht die unbedeutendsten gewesen: zum sichern Beweise, daß diese Kraft noch im Wachsen ist und für die Zukunft noch merkwürdige Erscheinungen verspricht. Ich weiß, daß mancher Ihrer Landsleute hoch aufschreien würde, wenn er diese Stelle zu lesen bekäme: „der Himmel wolle uns vor einer solchen Vernunft bewahren!" Es ist mir ordentlich, als ob ich's hörte. Wissen Sie mir aber nicht einen Aufschluß darüber zu geben, wie es doch kommen mag, daß in einem Lande, wo es seit dem Anfange dieses Jahrhunderts die tiefsinnigsten Philosophen gegeben hat, unter einigen Gelehrten und Schriftstellern die gevatternhafteste Ansicht der Dinge noch Statt finden kann? Wer möchte für die Revolution eine Lanze brechen, wenn es darauf abgesehen wäre, die Moralität und Vernunftgemäßheit aller einzelnen Auftritte und Begebenheiten in ritterlichen Schutz zu nehmen? Allein soll man deshalb auch den bewundernswürdigen Ideenreichthum, die Menge der erhabensten Vernunftwahrheiten, die unzähligen Berührungen und Schwingungen des edelsten Menschensinnes, kurz das große Schauspiel des Ringens und Hervordringens einer solchen Masse von Geisteskräften, die bei jenen Anlässen bald empfangen und bald sich mittheilen, schlechterdings verkennen und für Nichts rechnen? Leichter ist es unstreitig, einem ganzen Volke, einem Volke von so vielen Millionen Köpfen, Verstand und Tugend geradesweges abzusprechen, und nun alles, was dort geschieht, für Werke der Bosheit und der Finsterniß auf der einen, des Blödsinnes und der Schwäche auf der andren Seite auszuschreien; leichter, von einer relativen, konventionellen Immoralität der Begebenheiten und Handlungen auf die Ruchlosigkeit der handelnden Personen zu schließen – als sich die Mühe zu nehmen, den unermeßlichen, nicht zu berechnenden Antheil, den die unvermeidliche Verkettung der in's Ganze wirkenden Ursachen und Wirkungen auf die Ereignisse des Zeitalters hat, von dem was den handelnden Personen eigenthümlich ist, gehörig abzusondern, diesen sodann in ihre sämmtlichen Verhältnisse zu folgen, und zuletzt die tröstliche Überzeugung mit nach Hause zu nehmen, daß Unvollkommenheit und Irrthum zwar allenthalben der Menschen Loose, Unsittlichkeit und Unverstand aber, zur seligsten Beruhigung der Menschheit, im Durchschnitt immer nur Resultate der Unwissenheit und Unthätigkeit sind. Wenn bürgerliche und sittliche Freiheit, wenn die Ausbildung der Geisteskräfte, die Läuterung und Veredlung der Gefühle, mit Einem Worte, wenn Vervollkommnung das Ziel ist, nach welchem Nationen streben: mögen sie dann auch manchen Umweg nehmen, manchmal fallen und wieder sich aufraffen, und in Augenblicken sogar auf dem steilen Pfade zurückzugleiten scheinen; dennoch bürgt ihr Streben selbst schon dafür, daß sie ihren Zweck nicht gänzlich verfehlen können; jeder Schritt vorwärts ist ein Sieg über Hindernisse, der sie dem Ziele näher bringt. Wenn der *Khan* oder der *Visir* seinen Sultan bekriegt, wenn Pugatschew in Rußland einen Aufruhr stiftet, so sind diese Revolutionen, was auch immer ihr Erfolg seyn mag, für das Menschengeschlecht unfruchtbar; denn die Absicht ihrer Urheber ist bloß persönlicher Eigennutz, und die Beförderung der Humanität kann ihnen nicht einmal Vorwand und Mittel seyn.

Es könnte seyn, daß ich von Ihren Landsleuten auf einmal zu viel verlangt hätte; ich erinnere mich, daß ich selbst davon ausgegangen bin, die Übersicht, die ich mir jetzt von unseren Angelegenheiten entworfen habe, meinem Aufenthalte in Paris und der vortheilhaften Lage dieses Standpunkts zuzuschreiben. Wie manches mag nicht bei Ihnen zusammen kommen, um die Gegenstände in einem falschen Lichte und durch allerlei Media zu zeigen, deren verschiedene Refraktion sie verzerren und verunstalten kann, ehe sie bis ins Auge gelangen! Wenn dies aber der Fall seyn sollte, darf man nicht hoffen, daß Ihre Mathematiker diese Refraktionen berechnen werden, sobald man sie damit bekannt gemacht hat? Der Wunsch, ich kann es nicht bergen, liegt meinem Herzen sehr nahe, daß, indem wir uns verständigen, ein reiner Gewinn für Deutschland, oder warum nicht lieber gleich für das ganze Menschengeschlecht, durch die richtigere Beurtheilung und die darnach unausbleibliche Benutzung unserer Revolution erwachsen möge. Bliebe mir diese Aussicht mit einiger Wahrscheinlichkeit verbunden, so wollt' ich mir gern in der ersten Hitze des Argumentirens ein: *Paule, du rasest*! zu rufen lassen, und getrost erwarten, daß meine Gründe doch nachwirken müßten. Sehr traurig aber wäre die Gewißheit, die mir auf der andern Seite werden könnte, daß der Fehler an den Augen Ihrer Beobachter läge. Leider! spricht das Evangelium wohl von der Finsterniß, die daraus entsteht, wenn das Auge ein *Schalk* ist; aber wie diese Krankheit zu kuriren sey, davon wird nichts erwähnt, und es steht daher zu vermuthen, daß für diesen Fall sogar die in einer andern Stelle vorkommende kräftige Augensalbe, aus Speichel und Koth, nichts helfen würde.

Die Riesenschritte unserer öffentlichen Meinung werden, dünkt mich, dann erst merkwürdig, wenn man sich der Überzeugung nicht länger erwehren kann, daß sie auf den Umsturz d*es in unserm Zeitalter* mehr als jemals *herrschenden Geistes* gerichtet sind. Dieser Richtung waren sich weder die ersten Urheber unserer Revolution, noch diejenigen, die seitdem als Hauptfiguren auftraten, deutlich bewußt; jetzt liegt sie indessen so klar am Tage, daß man kaum mehr an die Revolution Hand anlegen kann, ohne sie zur Absicht zu haben; und mir beweiset sie augenscheinlich die höhere Einwirkung, die bei den Schicksalen unserer Gattung mit im Spiele gedacht werden muß, wenn wir nicht auf dem Ocean der Teleologie den Kompaß verlieren, uns einem blinden Ungefähr gänzlich Preis geben, und zugleich alle Begriffe von Recht und Wahrheit, von Güte und Größe für bloße Hirngespinnste und Spiele der Einbildungskraft halten wollen. Ich will Ihre Neugier keinen Augenblick über die Natur und den Nahmen dieses Geistes schmachten lassen; es ist der allvermögende *Egoismus*, der bis zum Widersinn und zur Unvernunft gehegte und gepflegte Trieb der Selbsterhaltung, der um des Lebens willen vergessen macht, warum man lebt.

Mit jedem Tage wird das Anschauen klarer in meiner Seele daß ohne unsere Revolution vor jener immer gewaltiger um sich greifenden

Selbstsucht keine Rettung mehr zu hoffen war. Die Beweise von ihrer Existenz und dem unbegränzten Umfange ihres Wirkens können Sie mir füglich erlassen; es bedarf nur eines prüfenden Blicks auf die Geschichte des Jahrhunderts, so steht sie da in ihrer Ungeheuersgröße, und rechtfertigt die Klagen aller unserer Moralisten über die Kleinheit ihrer Zeitgenossen. Das vervielfältigte Bedürfniß der Sinne und der Eitelkeit verschlingt die ganze physische und moralische Thatkraft des Menschen, und läßt der edleren Eigenliebe, die sich im Andren sucht und erkennt, keinen Raum. Wo fände man Gedankengröße, Schwung der Gefühle, begeisternden Schönheitssinn? wo Selbstverläugnung, Aufopferung, Unabhängigkeit des Geistes? Mit *haben, gewinnen, besitzen, genießen*, schließt der Ideenkreis eine Kette um den Menschen, die ihn an Staub und Erde fesselt*. – Und nun das Mittel alle diese Todesbande zu lösen, jene lebendigmachende hingegen wieder anzuknüpfen? Es ist allerdings so heftig als der Zustand des Menschengeschlechts verzweifelt war; allein von seiner Wirksamkeit macht man sich keinen richtigen Begriff, bis man nicht alles in der Nähe gesehen hat. Wie die öffentliche Meinung den Umsturz der Autoritäten und Stände vorbereitet, wie sie durch denselben alles Ansehen der Person vernichtet habe, brauche ich Ihnen nicht zu erzählen; die letzte große Wirkung dieser Art hat sogar die gespannteste Erwartung überrascht, und eine Klasse, deren Vorurtheile sonst unheilbar scheinen, zur Selbsterkenntniß und Selbstverläugnung gebracht. Der sanfte Tod des Priesterthums und seiner Hierarchie in Frankreich ist der redendste Beweis von der Macht der öffentlichen Meinung. Man hat es gar nicht nöthig gehabt, durch ein Dekret die Pflege des Altars vom Staate zu trennen; der Aberglaube hatte so wenig Nahrung, daß er von selbst, wie ein verglommenes Licht, ausgegangen ist. Die Wunder des 17ten dieses Monaths werden noch katholische Heiden bekehren, und was die Reformation in Deutschland bisher nicht hatte bewirken können, das echte, anspruchlose *Christenthum des Herzens und des Geistes*, ohne alle Ceremonie, ohne alle Meisterschaft, ohne Dogmen und Gedächtnißkram, ohne Heilige und Legenden, ohne Schwärmerei und Intoleranz, als eine praktische Moralphilosophie mit den Palmen einer frohen Ahndung, wird anfangen aufzukeimen. – „Unglaube und Atheisterei!" hör' ich mir entgegenrufen. Auch diese Erscheinungen will ich nicht läugnen, da sie von der mangelhaften Einsicht und Beurtheilung, von der Gewalt der Umstände, und ich möchte fast hinzusetzen von der Erscheinung des Guten, unzertrennlich sind. Wo wächst das Unkraut üppiger, als auf gegrabenem Erdreich? Allein es hieße doch ein gar zu schlechtes Zutrauen zu der Wahrheit haben, wenn man befürchten sollte, daß sie allein sich selbst gelassen, unter dem Schilde der Freiheit nicht gedeihen könne.

Ich komme zur letzten und mächtigsten Wirkung der Revolution und der ihr inwohnenden Kraft der öffentlichen Meinung. Sie hat der Habsucht, der Gewinnsucht, dem Geitze, mit Einem

Worte, der ärgsten Knechtschaft, zu welcher der Mensch hinabsinken konnte, *der Abhängigkeit von leblosen Dingen*, einen tödtlichen Streich versetzt. Die Finanzoperationen des National-Convents zweckten schrittweise dahin ab. Indem man den Wechsel- und Aktienhandel verbot, indem man eine Zwangsanleihe ansetzte, die den Kapitalisten und Rentirer traf; indem man alle Staatsschulden in ein Buch einschreiben ließ; indem man die Ausfuhr aller Waaren, die zu den Bedürfnissen des Lebens gerechnet werden, untersagte; indem man endlich die Handwerker requirirte, daß sie für den Staat arbeiten, und die junge Mannschaft des ganzen Landes, daß sie ihren Herd verlassen und die Gränzen decken sollte: lehrte man die ganze Nation Aufopferungen machen, die dem Eigenthum einen Theil seines eingebildeten übermäßigen Werthes benahmen. Die Vorstellung, die sich dem Gemüth des Bürgers allgemein vergegenwärtigte, daß die Noth Aller von jedem Einzelnen die Beisteuer seiner Habe, seiner Kräfte, seines Blutes sogar verlange, machte ihn gewissermaßen schon von allen diesen Gegenständen los. Die kriegführenden Mächte aber dürfte es befremden, daß nichts so kräftig zu dieser moralischen Emancipation beigetragen hat, als die Maßregeln, wodurch sie uns den meisten Abbruch zu thun glaubten. Der Verlust unsres auswärtigen Handels, die abgeschnittene Zufuhr von Lebensmitteln, die daraus erfolgte Brot- und Waaren-Taxirung und die strenge Bestrafung derer, die sich des Aufkaufs schuldig machen: was haben sie anders als

Geringachtung des todten, unbrauchbaren und sogar gefährlichen Reichthums auf der einen, und Mäßigkeit, genauere Haushaltung, Einschränkung, Entsagungen aller Art auf der andren Seite, zuwege gebracht? Die Einfalt in den Sitten; die Verbannung alles Luxus, sogar der silbernen Löffel von den Tafeln; die auf das bloß Unentbehrliche und Unscheinbare zurückgeführte Kleidertracht; die enthusiastische Liebe zur Gleichheit, der jede Auszeichnung einen Verdacht einflößt; – alle diese durch den Drang der Umstände hervorgebrachten und von der öffentlichen Meinung geheiligten, stillschweigenden Übereinkünfte, haben vollends gegen Geld und Gut und Eigenthum aller Art einen Grad von Gleichgültigkeit erzeugt, der, ohne eine ausdrückliche Verordnung, die Menschen auch in Absicht der Glücksgüter für den Augenblick wenigstens näher rückt, und ihren Geist von den äußeren Dingen unabhängiger macht, als man es sich im Auslande vorstellen kann. Gewiß, den Reichthum unbrauchbar zu machen, war das bewährteste Mittel, ihn verachten zu lehren. Es ist beinahe buchstäblich wahr, daß *Brot* und *Eisen* noch unsre einzigen Bedürfnisse sind; und daraus folgt, wenn nicht die Weisheit aller Jahrhunderte trügt, daß wir so gut als unüberwindlich seyn müssen.

Was die öffentliche Meinung noch nicht erzwingen konnte, das ergänzt überall, wo es noch nöthig ist, die Revolutionsarmee: ein Corps, das in verschiedenen Theilen der Republik zusammenberufen wird, um den saumseligen, oder auch noch selbstsüchtigen Gutsbesitzer, den reichen

Pächter, den in die Scheuren sammelnden Landmann zur Ablieferung seines Überflusses in die Stadtmagazine anzutreiben. Diese Armee, deren Detaschements von keiner großen Stärke sind, entlehnt im Grunde, wie ich ihnen schon gesagt habe, von der Entschiedenheit der öffentlichen Meinung ihren Nachdruck. Es scheint Menschen zu geben, die sich lieber die Täuschung des Zwanges machen, als freiwillig zu den Bedürfnissen ihrer Mitbürger beitragen wollen: eine Erscheinung, die bei der übergroßen Liebe zum Eigenthum nicht befremdend ist. Die moralische Wirkung bleibt indeß eben dieselbe, wenn sie gleich um etwas verspätet wird: man tröstet sich endlich, wenn man sieht, daß es dem Nachbar um nichts besser ergeht, daß man nothdürftig zu leben hat, und daß niemand des Überflusses froh werden kann. Was anfänglich Ergebung in die Nothwendigkeit ist, wird durch fortgesetztes Nachdenken endlich zur Anerkennung der Gesellschaftspflicht, der Billigkeit gegen den nothleidenden Mitbürger; und auf diese Weise wird endlich der härteste Boden weich genug, um die süßen Früchte der Humanität: Aufopferung, Mittheilung, Nächstenliebe und Vaterlandsliebe, zu tragen.

Die ersten Schritte sind jederzeit die schwersten: sie waren es auch in diesem Falle. Man hielt es beinahe für unmöglich, das Agiotage zu tödten; die Strenge der Gesetze und das allgemeine Gefühl der Nation, das sich gegen den Eigennutz der Kaufleute empörte, brachten gleichwohl die Assignate bald wieder in Kredit. Jetzt blieben aber noch die vorigen ungeheuren Preise; der Verkäufer gewann nur um so viel mehr. So entstand die Nothwendigkeit der Waaren-Taxirung. Das Gesetz war anfänglich unvollständig abgefaßt; man hatte weder dem großen noch dem kleinen Verkäufer einen billigen Gewinn ausgeworfen: und dennoch bewirkte die Allgewalt der Opinion, daß selbst in Paris keine vollkommene Stockung des Handels entstand. – Jede vorhergehende Maßregel verbreitete ein neues Licht über den Zustand der Nation; und je mehr sie sich über ihr eigenes Interesse unterrichtet, je mehr sie die Ideen simplificirt und in den gehörigen Zusammenhang bringt: desto leichter und schneller folgt sie der Impulsion, welche sie von ihrem Haupte, dem National-Convent, erhält. Jetzt, da der Begriff gehörig entwickelt ist, daß die Stärke der Republik in den Aufopferungen der einzelnen Bürger besteht, jetzt darf man alles von den Franken erwarten, was die Bedrängnisse und Bedürfnisse der Zeit noch verlangen können.

Die unermüdete und beispiellose Thätigkeit des National-Convents war Anfangs nothwendig, um diese Nationalkraft zu wecken und in Schwung zu bringen. Gegenwärtig bedarf er sie, um das Zutrauen der Nation, durch die zweckmäßige Anwendung der in ihm selbst unstreitig in hohem Grade vorhandenen Talente, Kenntnisse und Ressourcen aller Art beizubehalten. Es wäre wohl der Mühe werth, wenn auch nur flüchtig, doch in einigem Detail, die wissenschaftlichen Arbeiten des Convents durchzugehen, um das wichtige Resultat überzeugend darzustellen, daß die Entwickelung der Verstandeskräfte mit der Revolution Schritt gehalten hat, wenn auch die jetzige Versammlung mit der konstituirenden im Punkt des Genies und der geschmackvollen Talente sich nicht messen kann. Allein jene Arbeitsamkeit, jene Lichtmasse von Vernunft, jene nie sich verläugnende Energie im Augenblick der Gefahr, jenes vor Aller Augen aufgesteckte Beispiel der Selbstverläugnung – erhoben sie nicht auch den National-Convent auf eine Höhe der Unumschränktheit, wo sie nur die öffentliche Meinung erhalten kann? Ohne Auszeichnung, ohne irgend etwas Äußeres, das die Sinne besticht, ohne Vorzug, und selbst ohne Autorität außer ihrem Versammlungssaale, ohne prätorianische Wache, endlich noch des Vorrechts der Unverletzbarkeit beraubt, herrschen die Repräsentanten des Volkes durch die öffentliche Meinung ohne Widerrede über vier und zwanzig Millionen Menschen. Nie befolgte man ihre Dekrete mit unbedingterem Gehorsam, nie war der Nahme des National-Convents so die allgemeine Losung des Beifalls, des Zutrauens und des republikanischen Stolzes.

4

Paris, den 1sten des Eismonds, (Frimaire) 2.
Ich kann es mir nicht versagen, m. Fr., Ihnen in diesen langen Winterabenden eine Gespenstergeschichte zu erzählen. Hören Sie mir einige Augenblicke zu. Einer von meinen Jugendfreunden, der in H... studierte, reiste auf dem Postwagen nach Berlin, und war, wie es bei dem

langweiligen Fuhrwerk und im Sande leicht möglich ist, sanft eingeschlafen. Als er wieder erwachte, war es finstre Nacht; allein er sah ganz deutlich eine lange Riesengestalt neben dem Wagen hergehen. Sie war durchaus leuchtend, und verbreitete einen matten Schein um sich her. Von Zeit zu Zeit schien sie sich in andre Formen zu verwandeln; bald schwebte sie einige Schritte weit voran, bald trat sie drohend näher, als wollte sie einsteigen und neben den Passagieren Platz nehmen. Mein Freund – er war ein Mediciner – wußte nicht, was er von der Sache denken sollte. Die Herren von der Fakultät pflegen sich bekanntermaßen an die handgreifliche, sichtbare Natur zu halten und vor dem Reiche der Geister keinen Respekt zu haben; in den anatomischen Heften seines Professors stand auch keine Sylbe von dem zarten Lichtkörper, Evestrum genannt, der nach dem Tode übrig bleibt und des immateriellen Geistes Hülle werden kann, wie davon weiland Herr Crusius, ingleichen mancher hochwürdige Schüler des erleuchteten Rosicrucius, des Breitern nachzulesen sind. Inzwischen machte ihn die Erscheinung doch ein wenig irre; er rieb sich etlichemal die Augen, und sah nur immer deutlicher und gewisser den furchtbaren Schatten einherschreiten, der vielleicht gar um seines Unglaubens willen nichts Gutes mit ihm im Sinne hatte. Dieser Gedanke that Wunder: der junge Mann hatte Muth, und faßte auf der Stelle den Entschluß, dem Feinde zuvorzukommen; oder – daß ich seiner Vernunft nicht Unrecht thue – er schämte sich der ersten Anwandlung eines unphilosophischen Zweifels, und wollte durch ein entscheidendes Experiment das Gespenst auf die Probe stellen und sich selbst bestrafen. Im Augenblick war sein Degen, den er zwischen den Füßen hielt, aus der Scheide; und als der leuchtende Bewohner der Unterwelt wieder in den Wagen guckte, führte unser Held einen mächtigen Hieb, der ohne Widerstand mitten durch den Lichtkörper, wie Diomedes Schwert durch einen Olympier, oder Bonnets Scheere durch einen Polypen, fuhr, und außer einem leisen Knistern weiter keine Wirkung nach sich zog. Trotziger als je, wandelte der schaurige Drache neben dem Wagen; und wer weiß, wohin es mit dem Unglauben meines neuen Celsus gekommen wäre, hätte er nicht von ungefähr einen Lichtfunken an seiner Klinge kleben sehen. Er griff zu – und siehe da! es war ein Johanniswürmchen, ein kleiner Leuchtkäfer, einer aus einem gedrängten Schwarm von vielen Myriaden, die in einer schwülen Nacht, wie Mücken an der Abendsonne, ihr luftiges Wesen trieben. –

„So endigen sich die Mährchen alle!" werden Sie sagen, und ein wenig schmollen, daß ich nichts Besseres zu erzählen wußte. Haben Sie noch immer freundliche Nachsicht, und hören Sie auch den Kommentar oder die Nutzanwendung; denn, frei gestanden, bloß um dieser willen steht das Geschichtchen da. Ich möchte Sie nehmlich gern bestechen, mich noch einmal über den Gegenstand anzuhören, von dem ich Ihnen bereits so manches vorgeplaudert habe; Ihrem Verlangen nach Details und Thatsachen möcht' ich noch eine kleine Frist abgewinnen. Was hätten Sie auch davon, mein Gespenst so frühzeitig niederzusäbeln und sich und Andern die Illusion zu stören? Zu der Mikrologie, die sich mit den einzelnen Käferchen beschäftigt, bleibt es immer noch Zeit genug. Erst lassen Sie uns die Gattung als ein Ganzes betrachten; wahrhaftig, ein Ganzes, das dem Philosophen sein Concept verrückt, und wären seine Elemente nur Ameisen, verdiente doch schon als solches einige Aufmerksamkeit. Nun aber gar dieses, wovon ich Sie bisher unterhielt, das nicht bloß von einem gemeinschaftlichen Geiste getrieben wird, sondern sich desselben auch *bewußt* ist! Ändert das nichts an der Sache? Ist die Erscheinung, die ich vor Ihnen heraufgezaubert habe, nur noch ein bloßes Ding der Einbildungskraft, nur ein Insektenschwarm, dem die Furcht oder der Aberglaube Einheit und Seele verleiht? Gewiß, m. Fr., Sie können es nicht in Abrede seyn, daß der Geist der bürgerlichen Gesellschaft ein wahrer Geist genannt zu werden verdient; denn er ist ja der Vereinigungspunkt aller der Intelligenzen, aus denen die Gesellschaft besteht.

Was von der Gesellschaft im ruhigen Zustand gilt, das gilt auch noch von der Revolution; sie hat ihren eigenthümlichen, sich bewußten Geist, und ich halte es, *Scherz* bei Seite mit ihrer Beobachtung im *Ganzen* und *Großen*. Bewußtseyn ist unsere erste und letzte Kunst, worin wir täglich Fortschritte machen können, ohne sie vollständig zu erlernen, oder ganz zu erschöpfen. Auch der gährende Staat scheint nur allmählig zur Erkenntniß seiner Kräfte, und später noch, seiner Bestimmung, zu gelangen; allein am Thermometer der öffentlichen Meinung glaub' ich wahrzunehmen, daß dieses moralische Rückwirken auf sich selbst, bei dem unsrigen bereits einen kleinen Anfang genommen hat. Alles in der Natur ist verwebt und verbunden, und der Einfluß der Staaten auf einander gehört zu den Wirkungen, die auch gröberen Sinnen bemerkbar sind. Es gab einen Augenblick in unserer Revolution, wo das Bewußtseyn dieser auswärtigen Verhältnisse sich ungefähr auf eben die Art wie bei Kindern äußerte, die alles was sie gewahr werden, entweder in den Mund stecken, oder zerzausen wollen. Die Wehrlosigkeit unserer Nachbaren machte das Spiel für sie gefährlich; und wenn mir irgend etwas ihre künftige Ruhe bei unserer fortdauernden Gährung verspricht, so ist es das Außerordentliche im Gange der Begebenheiten, welches sie, *beinahe gänzlich ohne ihr Zuthun*, gerettet hat.

Durch diese Rettung hat unsere Selbsterkenntniß einen großen Schritt vorwärts gethan. Sie ist freilich noch nicht auf dem Punkte, wo ich sie wünsche; noch ist zu viel Muthwille, und ein gewisser jugendlicher Übermuth in dem Gefühl unserer Kräfte; noch ist die Überzeugung, daß zwar Einer für den Andern, aber nicht Alle für Einen vorhanden sind, in der Anwendung auf das Verhältniß der Staaten, nicht allgemein. Indeß bringen uns die Ereignisse eines jeden Tages dieser Reife näher, und was sie jetzt noch zu verzögern scheint, sind vielleicht eben so unrichtige Vorstellungen von einer *andern* Seite, die mit unausführbaren Projekten in Verbindung stehen. Dahin rechne ich, zum Beispiel, die Wiederherstellung der alten monarchischen Regierungsform, oder auch die Usurpation eines Protektors, oder desgleichen.

Mein Leuchtkäfergespenst muß mir hier gleich noch einmal Dienste leisten. Die merkwürdige Erscheinung unserer Revolution hat mit ihm auch diese Ähnlichkeit, daß ihre einzelnen Bestandtheile beinahe völlig gleichartig sind, und sich vor einander weder durch disproportionirliche Größe, noch anderweite Überlegenheit auszeichnen. Die Menschen, mit andern Worten, die man in unserer Revolution vorzüglich wirken sieht, ragen nicht wie Halbgötter in ihrer Kraft über ihre Mitbürger hervor, und unter ihnen wird man keinen gewahr, vor dessen höherem Genius die Seelen der Andern sich neigten. Man möchte daher zweifeln, ob die Revolution mehr für die Menschen, als die Menschen für die Revolution gemacht sind? Beides trifft vermuthlich zusammen. Das Princip der Gleichheit hätte nicht leicht ein so entschiedenes Übergewicht erhalten, wenn eine auffallende, anerkannte Ungleichheit unter den Menschen ihm entgegengewirkt hätte; und gerade solche *homogene* Menschen kommen hernach mit diesem Princip am weitsten.*

Es ist wahr, in Revolutionszeiten wird den Principien öfters durch willkührliche Ausdehnung Gewalt angethan; auch bei uns hat man – wiewohl ich hier eine fremde Einwirkung in Verdacht habe – unter dem Vorwande der Gleichheit vom Ackergesetz gesprochen, alles Eigenthum aufheben, durch Herabwürdigung aller Geistesvorzüge eine wilde Barbarei herbeiführen, und ihre natürliche Folge, das Recht des Stärkern, wogegen wir eben kämpfen, wieder geltend machen wollen. Der Umweg mochte so übel nicht ausgedacht seyn; indessen gährten diese Excentricitäten hier und dort nur einen Augenblick: im nächsten vertilgte sie der allgemeine Umschwung der Revolutionskräfte, und stellte die Vernunft siegreich wieder her. Sie mußte wohl in allen Gemüthern schon rege und über gewisse Hauptwahrheiten ins Reine seyn, um so, wie es jetzt geschieht, gleich bei ihrer Erscheinung die Huldigung des ganzen Volkes zu erhalten!

Aus dieser Anregung der Verstandeskräfte, die wir der demokratischen Regierungsform verdanken, und aus der vorhin erwähnten Gleichartigkeit der jetzigen Generation folgt mit der höchsten Wahrscheinlichkeit die Sicherheit und Dauer der Republik. Die Grundsätze der republikanischen Freiheit haben bei uns überall desto tiefere Wurzel geschlagen, je mehr sie simplificirt worden sind, und sich daher von jeder Fassungskraft aneignen lassen. In Frankreich wachen wenigstens fünfmalhunderttausend Menschen über die Gesinnungen eines jeden Bürgers und die Anmaßungen eines jeden öffentlichen Beamten. Wer wäre jetzt so kühn, sein Haupt über die Menge zu heben? Wer wagte es, auch nur Demuth zu heucheln und es tiefer als die Anderen zu beugen?

Die übrigen Wirkungen des Revolutionsgeistes kommen noch hinzu, um den Raub der obersten

Gewalt so gut als unmöglich zu machen. Alle Oberherrschaft hat man nicht bloß hassen, sondern auch verachten gelernt; alle Götzen liegen im Staube; alle Vorurtheile sind zertrümmert; der Reichthum hat seine Reitze, die Bestechung ihre Kraft verloren; die öffentliche Meinung verurtheilt, noch schneller als das Revolutionstribunal, jeden Volksverräther; vor beiden gilt, wie unzählige Beispiele lehren, kein Ansehen der Person, und die freiwillige Aufopferung ist an der Tagesordnung. Hundert Dolche würden den neuen Cromwell durchbohren, eh' er als Protektor geschlafen, – was sage ich? – eh' er sich selbst noch recht seinen Ehrgeitz gestanden hätte!

„Es daure die Republik, und unser Nahme mag vergehen!" Dies ist die oft wiederholte Losung unserer Volksvertreter. In Dantons Munde lautete sie einst noch schwärmerischer: que la patrie soit sauvée, et que mon nom soit flétri! Man lacht und spottet in Deutschland über diese Rednerfloskeln, diese Deklamationen, dieses Wortgepränge, wie man es nennt, hinter dem sich oft ein fühlloses Herz und ein schaler Kopf verbirgt. Ich gebe Ihnen willig zu, daß die Übertreibung in Worten, daß eine gewisse hohle Begeisterung im Sprechen, daß der Kitzel, sich perorirren zu hören, zum Französischen Nationalcharakter gerechnet werden müsse, und ich streite Ihnen keine einzige der üblen Folgen ab, die tausendfältig aus dieser geräuschvollen, geschwätzigen Lebhaftigkeit und Reitzbarkeit erwachsen. Wenn ich aber auch noch obendrein gestehen sollte, daß bei uns der Weg zum Herzen mehrentheils durch den Kopf geht, (eine vollgültige Ursache, warum fast alles bei uns auf dem halben Wege dahin stecken bleibt): so fordere ich desto zuversichtlicher von Ihnen die Anerkennung der davon unzertrennlichen Wahrheit, daß der Kopf eines Franzosen außerordentlich thätig, für Ideen empfänglich und mit ihrer Verarbeitung sehr beschäftigt ist. Bisher waren es, leider! Frivolitäten, womit unsere Landsleute, zur großen Zufriedenheit ihrer Herren, ihr Possenspiel trieben; es tanzte und pfiff beständig im Hirn eines Franzosen, wie in seinen äußern Organen. Jetzt kamen aber ernsthafte wichtige Vernunftwahrheiten in Umlauf; die Umstände gaben ihnen Nachdruck und Interesse; uns ging so manches neue Licht auf; wir nahmen das neue Thema und die neuen Ideen begierig hin, und fingen an, rascher als je unserer Einbildungs- und Denkkraft auf diesem Felde freien Lauf zu lassen. O mein Freund, huldigen Sie mit mir der Wahrheit; bekennen Sie, daß nichts so kräftig auf den Willen wirkt, als die *einmal erkannte* Wahrheit. Jenes video meliora, proboque; deteriora sequor, ist in der That nur die Entschuldigung eines Schwachkopfs: denn was der Verstand stark und fest ergriffen hat, dem muß das Herz folgen. Hier trete nun die Erfahrung auf, und gebe Zeugniß. Haben wir seit dem Anfange der Revolution bloß geschwatzt, oder nicht auch gethan?

Ich begegne dem Einwurf, „ob denn die Sprecher auch immer die Handelnden waren?“ In einzelnen Fällen mag es sich so zusammengefunden haben; allein im Ganzen, wenn beides getrennt war, so thut es nichts zur Sache. Ist die Wirkung für die Revolution, für die Republik, nicht dieselbe? Daß man es noch immer nicht begreifen *kann* oder nicht begreifen *will*, wie unabhängig bei uns das Ganze vom Einzelnen ist! Ihre Politiker, Ihre Philosophen suchen immer noch die Republik und die Revolution in diesem oder jenem Kopfe. Lassen Sie sich diese Grille vertreiben; sie ist bei uns de l'ancien régime und völlig aus der Mode. Befragen Sie einmal einen unserer Republikaner, ob das Heil seiner Republik an Robespierre'ns, an Dantons, an Pache'ns, Heberts, oder irgend eines andern Patrioten Leben hängt? Er wird ihnen antworten, daß er von keines Menschen Nahmen etwas weiß, wo von dem Volk und Staat die Rede ist. So verschwinden die *einzelnen Käferchen* vor dem Auge des Beobachters; ihr Licht gilt nur in der Masse, wo es sich mit 24 Millionen multiplicirt. Was liegt uns daran, ob dieser nur *sprechen*, jener nur *handeln* kann? Wenn dort die Vernunft hier den Arm in Bewegung setzt, so ist der Endzweck des Staats erfüllt.

„Wird aber der Arm solchergestalt nicht öfter den Privatleidenschaften, als dem gemeinen Besten dienen?" – Mir ist bei dieser und ähnlichen Fragen immer so zu Muthe, als fragte man, ob die Franzosen wirklich auch lauter Engel sind. In der That, das sind sie so wenig, als lauter Teufel. Die große Aufgabe der Staatskunst ist die gehörige Einschränkung der Leidenschaften und ihre Unterwerfung unter das Gesetz der Vernunft. Jeder einzelne Mensch reift zuerst zur physischen

Vollkommenheit, zur Erfüllung des Zweckes seines physischen Lebens, und spät entwickeln sich in ihm die Früchte des Nachdenkens und der Erfahrung. Der *Bürger* soll daher von seiner Verbindung mit seines Gleichen über den bloßen Naturmenschen den Vortheil genießen, daß eine Macht, die mit seinen Trieben nichts zu schaffen hat, eine Macht, deren einzige Grundkräfte Vernunft und Gerechtigkeit sind, für die Entwikkelung seiner sittlichen Anlagen sorgt, und sie mit der physischen Bildung Schritt halten läßt. Wem der Staat etwas anderes ist, als diese für die sittliche Vervollkommnung waltende Macht, der darf mich nicht nach der Tugend und Sittlichkeit meiner Landsleute fragen; wer hingegen mit mir hierüber einverstanden ist, wird der von dem ersten Ringen eines Volkes, das seine Vernunft frei haben will, um sich jene zur sittlichen Vervollkommnung führende Verfassung zu schaffen, schon die Wirkung verlangen, die erst die *Frucht* einer solchen Verfassung seyn kann?

Allerdings mußten heftige Leidenschaften bei der Revolution mit einander in Kampf gerathen, und ihrem Zwecke bald günstig, bald hinderlich seyn. Wenn man aber fragt, ob je die Revolution lediglich den Leidenschaften dieses oder jenes Ehrgeitzigen, dieser oder jener Parthei gefröhnt habe oder noch fröhnen werde? so muß ich nach der Geringfügigkeit und Gleichheit der einzelnen Personen im Verhältniß zur Größe des Staats, nach der Kleinigkeit ihrer Leidenschaften selbst, nach der redlichen Vaterlandsliebe, die wenigstens eine große Menge der Einwohner Frankreichs beseelt, nach der Richtung der Revolution und dem Gange, den sie nun einmal genommen hat, nach der allgemeinen Aufklärung des Jahrhunderts, und den in unsrer Volksmasse verbreiteten geläuterten Grundbegriffen, kurz, nach der Vernunft, die von der öffentlichen Meinung, wenn nicht immer rein empfangen, doch immer rein verlangt wird – nach diesem allen muß ich schließen, daß alle die feindseligen Leidenschaften, die bei dem Umsturze verjährter Zwangsformen legionenweis hervorbrechen, sich beständig in Tugend und Weisheit so tief verhüllen müssen, daß die Verkleidung ihnen das Gehen erschwert, und ihre Befriedigung dem großen Zwecke der Revolution stets untergeordnet bleibt.

Ich will hier nur das auffallendste Beispiel, den vollkommenen Sieg der Bergparthei, erwähnen. Wenn sie in diesem Augenblicke das Ruder führen, bringt nicht jeder Tag die Überzeugung unläugbarer mit sich, daß sie es als Diener, nicht als Gebieter des Staates thun? Der Geist der Revolution, den sie selbst heraufgerufen haben, erzwingt von ihnen Tugenden und Opfer, woran einige von ihnen vielleicht bei dem Eintritt in diese Laufbahn nicht gedacht haben mögen. Sie regieren; aber sie stehen unter der wachsamsten Aufsicht, und die heiligste Verwaltung des Volksinteresse ganz allein kann ihnen die Stütze der öffentlichen Meinung sichern. Sie haben ihre Rache befriedigt; aber der Staat ist einer tödtlichen Spaltung entgangen. Sie wenden Tausende von Millionen für Staatsbedürfnisse auf; aber sie haben den Reichthum verächtlich gemacht, und müssen Muster der Selbstverläugnung und der republikanischen Sitteneinfalt seyn. Wenn sie, wie es dem Menschen so natürlich ist, *ihren* Zweck vor seiner Erreichung für ganz etwas anderes hielten, als die Erfahrung hernach es auswies; so müssen sie jetzt inne werden, daß die kleinste Anmaßung den Strom der öffentlichen Meinung gegen sie richtet und ihnen selbst das Schicksal ihrer Gegner bereitet. – Wer zieht nun von ihrem Ehrgeitze den Gewinn?

Leicht könnten also die ehernen Gesetze der Zeit und Nothwendigkeit jenen vorhin erwähnten Ausruf, bei dem man sich etwa nur dachte: es ist doch schön und groß gesagt! zum Princip der Handlungen derer machen, die ihn zuerst auf der Rednerbühne erschallen ließen. Sobald wir aber erkennen müssen, daß die Vorsehung durch die Revolution ganz andre Zwecke, als die Befriedigung der Leidenschaften einer Handvoll Ehrgeitziger, erreichen will, – und dies ist augenscheinlich, indem die Revolution von diesen einzelnen Personen unabhängig ist –: so bald gewinnt auch diese große, und in mancher Rücksicht beispiellose Begebenheit in ihren allgemeinen Verhältnissen eine so überwiegende Wichtigkeit, und ihr Totaleindruck wird so kolossalisch, daß ich mich nie genug wundern kann, wenn Menschen mit gesunden Augen nach dem Vergrößerungsglase greifen, um in der Atmosphäre dieses Kometen Sonnenstäubchen tanzen zu sehen.

„Wer ist nun aber dieser Geist des stürmenden Frankreichs? Ists am Ende ein guter Geist oder ein feindseliger Dämon? ein Meteor, das blendend durch die Lüfte fährt, zerplatzt und keine Spur seines Daseyns hinterläßt, oder ein kräftiger Hauch des Lebens, der in den Abgrund der Zeiten hinabsteigt und die kommenden Generationen zu einer noch nie gekannten Entwickelung vorbereitet?" – O, mein Lieber! wie kann ich Ihnen antworten? Fragen Sie Ihre Weisen und Schriftgelehrten, ob jenes halsstarrige Volk, das wüthend über sich und seine Kinder das Blut des Gerechten herabrief, nicht vor den Augen des Menschengeschlechts, ein Denkmahl seiner Verblendung, unheilbar durch Jahrtausende, in der Welt hat umherirren müssen! Und alsdann fragen Sie Ihr Herz: was wird das Loos eines Volkes seyn, das allen Gräueln der innerlichen Zerrüttung und allen Schwertern Europens muthig entgegenkämpft, und bei jedem neuen Kummer, voll der edelsten Selbstverläugnung, aus allen Städten und Dörfern, in den rührenden Trostgedanken ausbricht: *„es kommt unsren Kindern und Kindeskindern zu Gute!"* – Doch ich will Ihnen sagen, was ich sehe. Ein helles Licht spielt um seine Locken; vom Blute der Erschlagenen trieft sein Schwert. Zürnend, wie der Fernetreffer Apoll, blickt er über seines Landes Gränzen, und ich vernehme deutlich die Donnerworte: discite justitiam moniti!

5

Paris, im Eismond, 2.

Es gab eine Zeit, wo man sich in Deutschland mit einer Art von Siegwarts-Empfindsamkeit über die

Harmlosigkeit unsrer Revolution hoch erfreute; alles schien so gelassen, so friedlich abzulaufen, daß man Frankreich für das glückliche Schlaraffenland hielt, wo einem die – Freiheit? von selbst in den Wurf käme. Ein Paar Köpfe, auf Piken gespießt, ließ man uns hingehen; ja, man verzieh uns sogar die Aufknüpfung des armen Schluckers Favras, wodurch einer vornehmeren Kehle* geschont wurde. Als nun gar unsre Verfassung von 1791 zu Stande kam: wer hätte da noch an der Wiederkehr des goldenen Zeitalters gezweifelt? Diese utopischen Träume mußten bei der Wendung, die hernach die Sachen nahmen, eine höchst nachtheilige Wirkung thun; man ließ es uns entgelten, daß man sich in seinen Hoffnungen so verrechnet hatte. Als am 10ten August die Absetzung des Königs Blut kostete, da kündigten uns Eure Revolutionsfreunde schon Hut und Weide auf; und bald hernach verglichen sie unsre unseligen Septembernächte mit Karls des Neunten und seiner Mutter Bartholomäusnacht. Seitdem ist es so revolutionsgemäß bei uns hergegangen, daß man von dem ersten Vorurtheil endlich zurückgekommen ist. Man hat Zeit gehabt, die Geschichte andrer Revolutionen mit der unsrigen zu vergleichen. Ihre Würgengel mögen sich unter einander um den Vorrang streiten; und da unsre Rechnung vielleicht nicht so bald abgeschlossen werden kann, so müssen jetzt die Revolutionen überhaupt, und ohne Rücksicht auf ihren Zweck, vorläufig ihr Verdammungsurtheil empfangen. – O über die Kinder, die sich die Nase an einer Stuhlecke stoßen, und den Stuhl dafür peitschen! – O über die Klügler, die, wenn das Gewitter, das die Saaten erquickte, zugleich Dörfer in Brand steckt, Menschen und Heerden erschlägt, nicht wissen, ob sie es Wohlthat oder Plage nennen sollen!

Den Weibern, deren gutmüthige Schwärmerei so gern eine Unschuldswelt hervor zaubern möchte, ist es zu verzeihen, wenn sie über den *Punkt* das All vergessen. Sie sind gewohnt, das Schauspiel der Weltbegebenheiten nur in dem Einen Gegenstande, der ihr Herz erfüllt, zu erblicken; und alles um sie her ist Nacht, wenn dieser Spiegel zerbricht. „Die Guillotine“, sagte mir neulich eine Pariserin, „wird noch alle Regungen der Menschlichkeit ersticken. Selbst meine Kinder sprechen schon davon in ihren Spielen und die Straßenjungen haben längst manche Katze guillotinirt; ja, es heißt sogar, daß sie in einem gewissen Städtchen das Experiment an einem aus ihrer Mitte hätten probiren wollen.“ – Mir machten diese Beispiele von angeblicher Verwilderung um so weniger bange, da ich wußte, daß diesmal einige der neuesten Auftritte die gute Frau außer Fassung gebracht hatten. Am wenigsten durfte sie für ihre eigenen Kinder besorgt seyn, bei denen man den glücklichsten Übergang kindlicher Triebe in das zarte sittliche Gefühl unmöglich verkennen konnte. Warum sollte auch Fühllosigkeit gerade das Hauptresultat einer Revolution seyn, worin so manche Triebfedern wirken? Wer hält die Engländer darum für fühlloser als andre Menschen, weil man in London wöchentlich ganze Galgen voll Diebe, Räuber und Mörder aufhängen sieht?

Wahr indessen oder nicht; jene Besorgniß verräth immer ein schönes Gefühl, und der echte Bürger, der Mensch im größten Sinne des Worts, leidet tief bei der traurigen Erfahrung daß ohne ganze Ströme Bluts die Vortheile der Revolution deren die Welt so nothwendig bedarf, ihr nicht zu Gute gekommen wären. Ja es trifft sich zuweilen, (und dies ist unstreitig das Niederschlagendste von Allem) daß der Verbrecher im politischen Sinn, als Mensch, als Hausvater und Freund, von Hunderten die ihn kannten, betrauert wird. Bei *Ihnen* dürfte mancher auch noch fragen: ist denn das politische Verbrechen allemal so ausgemacht? Eigentlich sind wir zur Beantwortung dieser Frage noch nicht hinlänglich unterrichtet. Welcher *Dritte* kann jetzt noch darüber urtheilen, ob die Systeme und Regierungsplane der einen oder der andern Parthei den Vorzug verdienten? Allein, so bald es zwischen ihnen so weit gekommen war, daß keine Aussöhnung mehr möglich blieb und es einen Kampf auf Tod und Leben galt; so konnte nur der Ausgang über die Straffälligkeit entscheiden und die siegende Parthei fand ihre Rettung einzig und allein in der Vertilgung der andern. Was die Leidenschaften hier unter dem Mantel der unerbittlichen Nothwendigkeit gewirkt haben mögen, wird der Vergeltung nicht entgehen, wenn es auch eben kein Thurm von Siloah wäre, der über den Schuldigen zusammenstürzte; aber die Moralität jener blutigen Rache gehört wenigstens für jetzt vor keinen menschlichen Richterstuhl.

Es ziemt uns, wenn wir kaltblütig forschen

wollen, die Ursachen nicht zu übersehen, die allem Thun der Menschen so viel Unwillkührliches beimischen, daß das Wenigste zuletzt, sey es lobens- oder tadelnswerth, ihnen eigen gehört. Die gewaltsamsten Erscheinungen unserer Revolution entsprangen aus dem Widerstand und Aneinanderreiben der Kräfte. Die konstituirende Nationalversammlung wurde durch kleine Hindernisse gereitzt, die ihr der Blödsinn in den Weg legte; und täglich gewann sie dadurch ein vollkommneres Bewußtseyn ihrer Überlegenheit. In der zweiten ward die Reibung stärker: der Hof strebte nach seiner alten Macht; die Minorität gönnte ihm auch *die* nicht, die er vermöge der neuen Verfassung hatte, und in dieser Minorität lag eine andere noch ungeborne, die auf kürzerem aber halsbrechendem Wege, per saxa, per ignes, zur Republik gelangen wollte. Dessen ungeachtet blieben die furchtbarsten Krämpfe noch für die jetzige Versammlung aufbewahrt. In den Waffenkreis der auswärtigen Mächte gebannt, stürmten die los gebundenen Leidenschaften durch einander, und die Wuth der Partheien entbrannte in lichten Flammen. Unstreitig hat der gewaltsame Druck, womit man unsere Gährung dämpfen wollte, die Hitze auf den höchsten Punkt gebracht, und die heftigsten Anstrengungen in uns hervorgerufen.

Jetzt haben wir indessen unter einander ausgekämpft; alles kommt gegenwärtig darauf an, jenen zusammendrückenden, ehernen Kreis zu zersprengen. Wie mag es aber gekommen seyn, daß Europa so gegen uns sein ganzes Spiel auf Eine Karte setzt? Wer hat die Elasticität des gährenden Stoffes so genau berechnet, daß man von seiner Kraft nichts zu befürchten haben sollte? Wer kennt den Grad der Verstärkung, den unsere Gährung durch die von außen hinein gemischten Mittel noch erhalten kann? Wenn die Bombe zerplatzt, wird sie nicht alles umher zertrümmern? Ist überhaupt ein überlegter, ruhiger, fester Gang der Vernunft in diesem Plane zu suchen, oder ist es überall Leidenschaft gegen Leidenschaft, und Würfel gegen Würfel? Führen Könige und Republikaner nur Krieg mit einander, oder schlägt ein Gott die Menschengattung in Scherben, um sie im Tiegel neu umzugießen? –

Ich kann nicht glauben, daß vorsetzliche Verblendung so weit gehen könne, das Schauspiel der Revolution, das nun ins fünfte Jahr fortdauert, und die Resultate desselben, die so klar vor Augen liegen, gänzlich verkennen und für etwas anderes als sie sind, halten zu wollen. Wahrscheinlich glaubt man daher, auf die Verderbtheit der menschlichen Natur sicher und zuverlässig Rechnung machen zu dürfen; wahrscheinlich hofft man mehr vom Spiel der zügellosen Leidenschaften, als noch am Tage ist, und lächelt meiner zu frühzeitigen Behauptung: wir hätten untereinander ausgekämpft. Ich mag nicht rügen, welch eine gräßliche Verläugnung aller Gefühle von Menschlichkeit, und aller in der Politik jetzt mehr als jemals zum Vorwand und zur Larve gebrauchten Grundsätze der Sittlichkeit, aus jener eigennützigen Berechnung unserer Untugend hervorleuchtet. Jeder Rechtschaffene schaudert vor dem Gedanken, daß jemand auf eine solche Hoffnung Plane gründen und den Umsturz eines politischen Systems durch die teuflischste Verrätherei an der Menschheit bereiten könne. Allein den schlimmsten Fall vorausgesetzt, und also einmal angenommen, *daß die Zerstörung, nicht etwa der Republik, sondern des in der Wage von Europa so mächtigen Französischen Staatskörpers überhaupt*, wirklich bei dem ersten Ausbruch der Revolution, von den beiden Mächten, denen am meisten daran gelegen war, von Östreich und England, insgeheim beschlossen, die Ausführung dieser tiefen politischen Verschwörung systematisch entworfen, und dergestalt eingefädelt worden sei, daß jede neue Entwickelung der Revolutionskräfte dabei benutzt werden konnte, und die Absichten der beiden Verbündeten ihrer Reife nur um so viel näher brachte –: so müßte doch der Erfolg, im Ganzen genommen, jetzt gegen die Erfüllung ihrer noch so kühnen, noch so fein gesponnenen Entwürfe einen leisen Zweifel bei ihnen selbst aufsteigen lassen; so müßte doch der schnelle Umschwung des Revolutionsrades bei ihnen die Hoffnung schwächen, es noch nach ihrer Willkühr gegen den Felsen, an welchem es zerschellen sollte, richten zu können. Wenn es buchstäblich wahr wäre, wessen sich die redseligen Emigrirten so ungescheut rühmen, daß nehmlich alle die heftigen Krämpfe unserer Gährung nur Minen sind, die Östreichs, Englands und ihrer eigenen Brüderschaft Agenten springen lassen; daß fremdes Gold uns die Kriegserklärungen entlockt, fremdes Gold sodann Ludwigs Enthauptung bewirkt habe, um die Parthei der Kriegserklärer selbst zu stürzen; fremdes Gold endlich noch jetzt wirksam sei, um neue Spaltungen im National-Convent zu Stande zu bringen, und die Häupter der Revolution durch einander aufzureiben; wenn es wahr wäre, daß nach allen wachsamen Vorkehrungen und Verhaftnehmungen, noch *zehntausend* Emigrirte, Englische und Kaiserliche Emissarien in Paris unter mancherlei Verlarvungen das große Geheimniß der Bosheit gar kochen*, hier Anklagen schmieden, dort Armeen desorganisiren, am dritten Orte Plünderungen veranstalten, in den Volksgesellschaften und selbst in der Commüne von Paris übertriebene Maßregeln erzwingen oder erschleichen, gegen unsere wenigen noch übrig gebliebenen Alliirten beinahe offenbare Feindseligkeiten verüben lassen, die Übergabe unserer Festungen erhandeln, und, mit einem Worte, die Beweglichkeit der Volksregierung und die geringe Einsicht des großen Haufens *mißbrauchen*, um alles durch einander zu peitschen, und das oberste zu unterst zu kehren: wie ist man nicht hellsehend genug, um die wenigen Vortheile, die man durch diesen Macchiavelismus etwa wirklich errungen hat, mit dem riesenmäßigen Fortschritte der Revolution, der dadurch selbst befördert werden mußte, zu vergleichen? Was ist in Zeit von einem Jahr, oder seit der Stiftung der Republik, gegen uns geschehen? Man hat uns einige Festungen durch Einverständniß mit den Besatzungen, und Eine durch Hunger abgewonnen; man hat einige Tausend Menschen ins Gefängniß werfen, etliche Hundert enthaupten, und ein paarmal hunderttausend im Kriege – Sie sehen, ich nehme die auswärtigen Zeitungen hier zu Hülfe in Stücken hauen, und in der Gefangenschaft verschmachten lassen; man hat uns gezwungen, vielen Bequemlichkeiten zu entsagen; man hat die Sicherheit jedes einzelnen Bürgers durch das herrschend gewordene Mißtrauen und die Vervielfältigung der Verräthereien untergraben. Sehr wahr! und sehr wenig, oder gar nichts, wenn man dagegen nur einen Augenblick erwägen wollte, daß man, um diese Wirkungen hervorzubringen, den Geist der Revolution erst recht hat entflammen müssen, und daß sein verzehrendes Feuer jetzt ohne Ansehen der Person alles einschmelzt, was ihm vorkommt, ja, trotz den noch ferner angelegten und von Zeit zu Zeit springenden Minen, schneller über die Gränze zu gehen droht, als irgend eine kleine Explosion im Innern den Gang unserer bürgerlichen und politischen Einrichtungen hemmen kann.

Elend wäre der Kunstgriff und noch elender die Hoffnung derer, die, um Frankreich zu zerrütten und zu zerstückeln, den Koloß der *öffentlichen Meinung* aufrichten geholfen hätten. Ich will das Unmögliche denken; ich will annehmen, daß die Bestechung, deren man sich so dreist, oder wenigstens so unvorsichtig, rühmt, bis ins innerste Heiligthum gedrungen, daß die Hand, die das Staatsruder führt zum schwärzesten Verrath gewonnen sey: wie behutsam, wie ängstlich, wie unmerklich muß sie es nicht zum Verderben lenken! Die geringste Übereilung wäre Tod! Nur durch unumschränktes Vertrauen könnte der

Verräther sich auf den gefährlichen Gipfel der Macht emporschwingen, wo die Möglichkeit, den Staat den Feinden unwiederbringlich in die Hände zu spielen, an die Wahrscheinlichkeit der Ausführung gränzte. Allein jenes Vertrauen kann ja nur durch Mittel erworben werden, welche dem Zwecke der verbündeten Höfe gerade entgegengesetzt sind; nur durch die Rettung von unsern Übeln, und die Demüthigung aller unserer Feinde. Ich habe Ihnen schon gesagt, – und lassen Sie es mich jetzt wiederholen – kein einzelner Mann in Frankreich besitzt in sich allein die Kraft, die zu diesen großen Wirkungen erfordert wird; keiner ist *teuflischgroß* genug, um sie in sich zu verschließen, während er seine Gehülfen als Werkzeuge und die Volksmasse als bildsamen Stoff gebrauchte. – Wenn es aber dennoch einen solchen Wundermann unter uns geben sollte, den – um das Maß der Wunder in diesen ungläubigen Zeiten voll zu machen – den unsere Feinde jetzt schon genauer als wir selbst kennten; ist es möglich, die Selbstgefälligkeit bis zu dem Grade des Widersinnes zu treiben, daß man sich schmeicheln dürfte, dieser Cäsar, dieser Cromwell unseres Jahrzehends werde sich begnügen, nur Andrer Marionette zu bleiben? Wahrhaftig, so kann nur die unverbesserliche Plattheit eines gemeinen Intriganten die Menschengröße berechnen!

Es ist indeß noch eine andere Auskunft im Reiche der Möglichkeiten, wobei die politische Rechenkunst unserer Feinde weniger ins Gedränge kommt. Es hieße gar zu wenig Zutrauen zur Verschmitztheit der neueren Macchiavellen äußern, wenn man zweifeln wollte, daß sie bei einem tiefangelegten Vergrößerungsplane, nicht auch jene Ereignisse *im Voraus* in Anschlag gebracht haben sollten, die den Laien als Wirkungen des unbeständigen Glücks, oder gar als unvermeidliche Folgen der Revolution, erscheinen. Also könnte es vielleicht doch in ihren Plan selbst gehört haben, diesen ganzen Feldzug hindurch Europa und Amerika in dem Wahne zu lassen, daß gegen die Republikaner auf keinem andern Wege, als durch Verrätherei, etwas ausgerichtet werden könne? Vielleicht hat man unsere undisciplinirten Truppen und unsere Feldherren eines Augenblicks nur dummdreist machen wollen, indem man sich das Ansehen gab, ihnen nicht widerstehen zu können; die Engländer haben vielleicht die Belagerung von Dünkirchen nur deshalb aufgehoben, um im künftigen Feldzuge sicherer zu zeigen, daß unsere Sache auf den Muth unserer Krieger gar nichts wirkt; und der Held von Martinestje wird nun ehestens beweisen, daß seine Niederlage bei Maubeuge eine glänzende Kriegslist war, wodurch der Sanskülotte Jourdan unfehlbar ihm ins Garn laufen muß; ja, wer steht dafür, daß Wurmser nicht noch dieses Jahr das Elsaß räumt, um unsere Truppen zu ihrem gewissen Verderben in den anscheinenden Vortheil des Besitzes von Zweibrücken und der Pfalz am Rhein zu setzen? – Wie wird Ihnen, mein Freund? Fangen Sie nicht an neue Hoffnung zu schöpfen? Bedauern Sie mich nicht ein wenig, daß ich mich unvermuthet auf einen Gesichtspunkt gestellt habe, der für das Schicksal der Republik so bange macht? Es ist wahr, wenn man die Sachen auf diese Art ansieht, gewinnen sie eine ganz andere Gestalt, und alles, worauf wir diesseits uns freuen zu können glaubten, wird Ihnen jenseits zur Bestätigung der tiefen Weisheit des Londoner und Wiener Kabinets!

Ach ja! Wir armen Republikaner! Es wird uns theuer zu stehen kommen, daß wir uns die Königswürde, die Prinzen, den Adel, die Priester vom Halse geschafft haben! Die eingezogenen Kron-Domainen, die Güter der Geistlichkeit und der Emigrirten, das sind ungeheure Bissen, an denen wir noch ersticken werden! Die verdammten Assignate kommen zuletzt doch wohl unseren Feinden zu Gute! Was nun gar die Consolidation der Staatsschulden, und die heillose Zwangsanleihe für ein Ungewitter über unseren Köpfen zusammenziehen wird! Wie werden wir uns retten können, wenn unser baares Geld wieder zum Vorschein kommt! Ist wohl das Unglück zu berechnen, welches hunderttausend Reiche arm, und vier und zwanzig Millionen Arme wohlhabend machen wird! Wenn uns das Sparen und Entbehren, die Verbannung des Luxus und die Einführung der strengsten Sitteneinfalt nun auf den breiten, geraden Weg des Verderbens führen! Das Glockenmetall zu Kanonen umgeschmolzen, was mag nicht dahinter für ein feindseliger Östreichischer Anschlag stecken! Und unsere Waffenfabriken in Paris, die hat gewiß Pitt zu unserm Untergang erfunden!

Unsere Armeen waren schon viermalhundert tausend Mann stark; und nun kommen noch achtmalhunderttausend gesunde junge Bursche und vierzigtausend Pferde hinzu; unstreitig hat uns die schwärzeste Bosheit unserer Feinde zu dieser verkehrten Maßregel verleitet! Die armen Jungen, wenn sie erst in die Fußangeln fallen, die wahrscheinlich rund um unsere Gränze, und besonders auf dem Meere, gelegt sind! Die Nordgränze ist gedeckt, Lyon erobert, Marseille gerettet, die Vendee zerstört, Straßburg gesichert; – wir sind augenscheinlich verloren! Das katholische Heidenthum ist in ganz Frankreich wie durch einen Zauberschlag durch den Volkswillen verschwunden, und das Reich der Vernunft ist angegangen, – ach! wer hätte es sich träumen lassen, daß wir diesem tödtlichen Streiche der superfeinen Römischen Politik nicht entgehen würden! In Paris und dem ganzen Inneren unserer großen Republik herrscht die tiefste Ruhe; wer aber nicht wüßte, daß England und Östreich dahinter stecken! – O lieber Freund, wie stürmen alle diese ominösen Bilder auf mich ein! Ich muß inne halten, und mich auf mein Schicksal vorbereiten. Bleibt mir noch etwas andres übrig, als der tiefen Weisheit Ihrer Politiker zu huldigen? Scherz bei Seite, leben Sie für diesmal wohl, und

Grüßen mir Zenidens Papageyen!

6

Paris, am 13ten des Reifmonds.

Sie sollen Recht haben, mein Freund; auch habe ich nicht geradezu wegläugnen wollen, daß man aus einzelnen Zügen zuweilen den Charakter eines Zeitpunkts, eines Volkes, einer besondern Entwickelung menschlicher Geisteskräfte kennen lernt. Nur muß man diese Züge auszuwählen wissen, und nicht Handlungen ohne alle Physiognomie, denen etwa der Nahme des Handelnden ihr ganzes Interesse giebt, für bezeichnende Auftritte halten. Ich will Ihnen heute eine Begebenheit mittheilen, aus welcher, wie mich dünkt, der Geist der Revolution unverkennbar hervorleuchtet.

Laplanche, ein Volksrepräsentant, der im Departement der Manche die Aufsicht hat, schrieb vor einigen Tagen an den National-Convent, daß das 11te Bataillon der neuen Pariser Requisition, welches hauptsächlich aus den Sektionen der Tuilerien und der Eliseischen Felder formirt worden ist, sich zu Coutances rebellisch aufgeführt, die dreifarbige Kokarde beschimpft, und O Richard, o mon Roi, gesungen hätte. Wirklich sollen eine Anzahl übelgesinnter Leute, nehmlich verwöhnte Kinder reicher Handelshäuser, Advokatenschreiber, abgeschaffte Subalternen aus den Bureaux, gewesene Priester sogar, in diesem Bataillon gesteckt und durch eine üble Anwendung ihres Geldes die Andern gewonnen oder wenigstens im Rausch verleitet haben, mit ihnen allerlei ungeziemende Streiche zu verüben, die ihnen zuletzt als Aufruhr angerechnet werden konnten. In der Jakobinergesellschaft deliberirte man am Abend, nachdem jener Bericht im Convent vorgekommen war, was zu thun sey, und fand unter andern, daß man einen so übel organisirten Haufen nicht in die Vendee, oder gegen die daraus entflohenen Rebellen, sondern gegen die Östreicher hätte schicken sollen. Während dieser Berathschlagung trat ein Abgeordneter von der Sektion der Tuilerieen herein, um die Gesellschaft zu benachrichtigen: „daß die ganze Sektion, vier tausend stark, versammelt gewesen sey und einmüthig den Entschluß gefaßt habe, am folgenden Morgen den Convent um die Bestrafung dieser Aufrührer zu bitten; vorläufig hätte sie auch schon die Eltern derer, die man als Rädelsführer angäbe, verhaften lassen."

Den andern Tag, den 4ten dieses Monats, zog nun die ganze Sektion der Tuilerien, Männer und Weiber, vor die Schranken des Convents. Der Präsident der Sektion bat um Erlaubniß, die Adresse lesen zu lassen. Baudouin, als Redner, hielt zuvor diese Anrede:

„Wir sind verrathen! Ein Theil der zahlreichen Jugend, die Hoffnung des Vaterlandes, hat seine Stimme verkannt. Menschen, die sich noch eben jetzt Republikaner nannten, die den ehrenvollen Beruf hatten, für die Unabhängigkeit des Frankenvolkes zu streiten, sind zu Rebellen geworden, und haben öffentlich jenes verabscheuungswerthe Lied gesungen, woran sich die Räuber in der Vendee erkennen. Stellvertreter des Volks! So gehe augenblicklich aus dem Schooße des heiligen Berges das Rachfeuer hervor, und verzehre die Aufrührer! Das große Beispiel einer so verdienten, so schnellen Strafe, müsse den Treulosen schrecken, der sich versucht fühlte, ihnen nachzuahmen."

„Die Sektion der Tuilerien muß den Schmerz erdulden, diese Verräter an der Sache der Freiheit unter ihre Kinder zu zählen, wenn dieser Nahme noch Verräthern zukommt. Hier kommen die Väter und Mütter in Eure Versammlung; sie fordern ihre Bestrafung von Euch; sie entsagen ihnen auf ewig. Die echten Sanskülotten werden schon wissen, sich durch eine republikanische Adoption für dieses Opfer schadlos zu halten. Die übrigen richte das Volk! Ein schnelles, furchtbares Gericht vertilge von der Erde der Freiheit jene feigen Ungeheuer, die ihrem oft wiederholten und selbst in Eurer Gegenwart abgelegten Schwur, zu siegen oder frei zu sterben, ungetreu werden konnten ... Wir haben es auch geschworen; und wir haltens. Wir halten den heiligen, feierlichen Eid. Ist es nöthig, so gehen wir, ja wir gehen selbst, uns an den Platz unserer schuldigen Söhne zu stellen und ihre schnöden Verbrechen gut zu machen. Wir ersuchen Euch, uns zu erlauben, selbst Überbringer der Befehle des National- Convents zu seyn. Laßt vier Kommissarien aus unserer Mitte sie dem Volksrepräsentanten mittheilen und Zeugen von der Verurtheilung und Hinrichtung dieser Elenden werden."

Hierauf verlas er den Beschluß der Sektion, und der Präsident des National-Convents lud alle vor den Schranken Stehenden ein, an der Sitzung Theil zu nehmen. Merlin von Thionville bemerkte, daß Rom nur Einen Brutus, wir aber jetzt sechshundert zählten. Thuriot machte in einer rührenden Rede bemerklich, daß Brutus vermöge seines Amtes im Staate das Urtheil über seine Söhne fällen mußte; hier aber sey es reine Empfindung, edle, nie erreichte Aufopferung und Selbstverläugnung, die aus Vätern und Müttern eine patriotische Jury bilde. „Nun urtheilt selbst“, rief er aus, „auf welche Höhe sich der Revolutionsgeist mit der Freiheitsliebe geschwungen hat! Auf dem ganzen Erdenrunde giebt es keinen einzigen Menschen, den es nicht ergreifen und mit Bewunderung durchdringen muß, wenn er vernimmt, daß bei der bloßen Erwähnung des Verraths, dessen man die Kinder einer Sektion beschuldigt, Väter, Mütter, Freunde, Verwandte, Mitbürger in hellem Haufen hergezogen sind, um genugthuende Rache an den Verräthern zu fordern.“ Er setzte noch hinzu, daß er das Verbrechen nicht für so schlimm halte, als man es gleich Anfangs geschildert habe. Es wären Verwandte und Freunde von ehemaligen Adeligen im Bataillon gewesen: sie hätten in ihren Trinkgelagen unfehlbar die guten Sanskülotten, ihre Kameraden, ihrer Vernunft beraubt, weil die Letzteren nur auf diese Art der Freiheit entrissen werden könnten. „Aber,“ schloß er endlich, „was auch der Ausschuß des öffentlichen Wohls hierüber berichten wird, dekretirt, Bürger, – bei der Rührung fodre ich Euch auf, die jene große Bürgertugend, wovon wir Zeugen sind, in uns Allen erregte – dekretirt augenblicklich, daß die Sektion der Tuilerien sich um das Vaterland verdient gemacht habe. Durften wir glauben, daß unsern Unwillen über die neue Verrätherei die würdigen Väter, die patriotischen Mütter theilen würden, die hier ganze Ströme von Thränen vergießen und gleichwohl nicht anstehen, Euch zuzurufen: unsere Kinder sind schuldig; wir liefern sie dem Schwert der Gerechtigkeit! Wer diese Sprache gegen Euch führen kann, ist unfehlbar tugendhaft. Laut also laßt uns verkünden, daß die Sektion der Tuilerien sich um das Vaterland verdient gemacht habe! So ehren wir die guten Sitten und die Revolution, so führen wir einen tödtlichen Streich gegen die kalten Berechner des Unglücks ihres Vaterlandes, die jene Bürgersöhne in den Abgrund stürzen wollten, deren Väter hier schwören, ihr eignes Blut für das Vaterland zu vergießen.“

Der unzweideutigste Beifall hatte die Äußerungen der Sektion der Tuilerien, und diese Rede Thüriots gekrönt. Man hörte lange nichts als: „Republik und Freiheit!“ jauchzen; und Thüriots Vorschlag wurde sogleich einstimmig genehmigt. – In der Sitzung vom 11ten ist nun von dem angeklagten Bataillon selbst eine Adresse an den National-Convent eingegangen, worin es sich gegen die Beschuldigungen in dem Briefe von Laplanche ausführlich rechtfertigt. „Wir hoffen,“ sagen die jungen Krieger, „daß der unwillkührliche Irrthum eines Augenblicks uns nicht zum Verbrechen ausgelegt werden wird. Wir glaubten, den Befehlen des Ministers Folge leisten zu müssen; er hatte uns nach Cherbourg, zur Vertheidigung dieses Platzes beordert,“ (und nach den Dispositionen des Repräsentanten sollten sie gegen die Rebellen in Avranches ziehen). „Der Ausbruch des Murrens bei einigen unter uns, hat keinen Zug, keinen Schein von Aufruhr gehabt, und alle in dem an den Convent überschickten

Protokoll gesammelten Klagartikel sind verfälscht und übertrieben." Am Schlusse betheuern sie, daß die Liebe des Vaterlandes und der Wunsch seine Feinde zu bekämpfen, sie beseelt. Der Convent hat diesen Brief an den Ausschuß des öffentlichen Wohls verwiesen, der über den wahren Verlauf der Sache zu berichten hat. –

So weit können Sie alles, was diesen Vorfall betrifft, aus den Zeitungen, und vielleicht noch umständlicher als ich es hier erzählt habe, erfahren. Aber was in keiner Zeitung steht, was in seiner lebendigen Natur die Feder eines Geschichtschreibers und selbst die eines Dichters nicht erreichen kann, das waren die Scenen in der Sektionsversammlung, als der Brief von Laplanche verlesen ward, und hernach vor dem Convent, bei Überreichung ihres Beschlusses. Zwischen Bürgersinn und Elternliebe erhob sich der wunderbarste Kampf – oder darf ich Kampf nennen, was eigentlich ein Zusammenschmelzen beider Gefühle in ein unnennbares war? Die Überzeugung von der Strafbarkeit ihrer Kinder sprach augenblicklich das Todesurtheil im Herzen selbst der Väter und Mütter; und zu gleicher Zeit behauptete der Schmerz über den Verlust ihrer Lieblinge seine traurigen Rechte. Ihre Thränen stürzten unaufhaltsam hervor; aber das Vaterland und die Gerechtigkeit forderten ihre Opfer. Unter lautem Weinen und Schluchzen schrieen die unglücklichen Väter und Mütter, mit einer sie selbst betäubenden leidenschaftlichen Heftigkeit: „fort zum Tode mit ihnen! auf den Richtplatz! sie haben's verdient!" Es blieb kein trocknes Auge weder im Convent, noch unter den Tausenden von Zuschauern.

7

Paris, im Reifmond.

Paris, ich hab' es Ihnen schon gesagt, mein Freund, ist die Quelle der öffentlichen Meinung, das Herz der Republik und der Revolution. Vielleicht ließe es sich, sogar ohne Scherz, noch besser mit dem Magen vergleichen, wenn diese Idee auch schon Ihren Persiffleurs zu allerlei witzigen Einfällen Anlaß geben könnte. Mögen sie doch glauben, und ihrem Publikum weis machen, daß wir uns hier, wie die Spanischen Edelleute, die Zähne stochern, ehe wir zu Mittag gegessen haben! Wo man so viele Armseligkeiten glaubt, mag eine mehr leicht in den Kauf gehen. Aber wahr ist gerade das Gegentheil; nie hat der Bürger in Paris besser gelebt als jetzt, da freilich nur Eine Art Brot gebacken wird, hingegen auf den mit Überfluß prangenden Märkten, keine Haushofmeister und Köche von reichen Prassern mehr zu sehen sind, die den Sanskülotten das Beste vor dem Munde wegzuschnappen pflegten. Der starke Gewinn des Handwerkers setzt ihn in Stand, sich mit einer gewählteren, wohlschmeckendern Kost als zuvor gütlich zu thun, und er genießt jetzt an seinen Festtagen um geringes Geld die Leckerbissen, die Eure reichsstädtischen Sardanapalen sonst mit Extrapost aus Frankreich verschrieben und unter dem Vorsitze der Göttin Dullneß verschlangen. Die köstlichen Weine aus Languedoc,

Champagne und Bourgogne, die unsere Nachbarn uns sonst austranken, netzen jetzt nur republikanische Gaumen. Lord Howe mit seiner allmächtigen Flotte hat doch den Austern, Hummern und Steinbutten ihr Futter noch nicht abgeschnitten; wir fangen sie so fett und schmackhaft als je an unseren fischreichen Küsten. Unsere Bäuerinnen in der Normandie haben durch die Revolution die Kunst Kapaunen und Poularden zu stopfen, noch nicht verlernt. Die Ananas reifen nach wie vor in unseren Treibhäusern, und die Sonne hat uns dieses Jahr auch warm genug geschienen, um unsere unzähligen Obstsorten mit Würze, Saft und Kraft zu füllen. Die Natur scheint es nicht im geringsten übel zu nehmen, daß keine Dücs und Pairs, keine Generalpächter, sondern arme Sanskülotten ihre köstlichsten Erzeugnisse verzehren. Anstatt aber, daß vor diesem die wohlschmeckendsten Gerichte für den unersättlichen Schwelger durch den Mißbrauch ihren Reitz verloren, haben wir das Geheimniß gefunden, die Gaben unseres fruchtbaren Bodens ohne Überdruß zu genießen, indem wir mit Auswahl und Mäßigkeit nur die Feste des Vaterlandes und der Gastfreundschaft durch ihren Genuß erhöhen. An Werkeltagen genügt jedem sein Braten und ein Salat, der darum nicht schlechter schmeckt, daß ihn der letzte Erzbischof von Paris* nicht zubereitet hat.

Paris – nicht wahr, Sie verzeihen mir meine Arabesken, wenn ich nur zuweilen auf das Hauptwort zurückkomme? – Paris empfindet, denkt, genießt und verdauet für das ganze Land.

Daher war in der That der Anschlag nicht so übel erdacht, im vorigen Jahre schnurstracks hierher zu marschiren und die Revolution zu ersticken, indem man Paris von der Erde vertilgte, oder wenigstens auf ein Paar Jahrhunderte, wie Antwerpen, in den kläglichen Zustand zwischen Leben und Tod versetzte Paris giebt den Ton an, nicht bloß wegen seiner Bevölkerung und Größe, sondern weil der Umlauf des Handels, der Ideen, der Menschen selbst, im Lande noch unbedeutend ist. Kaum der zwanzigste, vielleicht nicht einmal der dreißigste Einwohner Frankreichs kommt aus seiner Stelle; indeß in England wahrscheinlich der vierte Theil der ganzen Volksmenge wenigstens einmal im Jahre durch London getrieben wird, und dadurch einen Grad von Unabhängigkeit, von Übung und von Klarheit im Denken erlangt, den in Frankreich nur der Pariser haben kann. Schon unter der monarchischen Regierung lebte der Französische Adel und alles, was wohlhabend war, das ganze Jahr hindurch in Paris; da hingegen in England den Sommer über alles auf die Landgüter hinausströmt, und überall sein Interesse von dem der Stadt zu trennen weiß. Bei uns ist Paris der einzige Maßstab der Vollkommenheit, der Stolz der Nation, der Polarstern der Republik. Hier allein ist Bewegung und Leben, hier Neunheit, Erfindung, Licht und Erkenntniß Paris ist der Kommunikationspunkt zwischen allen übrigen Städten, zwischen allen Departementen der Republik; alles fließt hier zusammen, um erst von hieraus nach den Provinzen zurückzuströmen. Die Gesetze des

Geschmacks und der Mode wurden seit einem Jahrhundert in Paris gegeben und promulgirt. Frankreich gehorchte ihnen wie Göttersprüchen; und ohne daß wir es verlangten, huldigte ihnen Europa. Noch jetzt wird ihre Oberherrschaft jenseits unserer Gränzen anerkannt, wie schon die bloße Existenz Eurer Modejournale beweisen muß, aber im Bezirke der Republik selbst gebietet jetzt Paris auf eine weit wirksamere Art: durch die Kraft der öffentlichen Meinung.

Wer der Revolution gefolgt ist, wird wissen, daß alle ihre Hauptereignisse in Paris angelegt und ausgeführt wurden. Das Pariser Volk war ein wirksames Instrument in den Händen derer, die es wagten, die Stimmung der Nation auf die Probe zu stellen, und zuerst den Sinn der Menge laut auszusprechen. Nichts beweiset so sonnenklar und unwiderleglich die Reife der Franken für eine republikanische Verfassung, als der Umstand, daß die Hauptstadt, der Sitz des frechsten Luxus und des ungezähmtesten Sittenverderbnisses, bei diesem Umsturze der Monarchie den Ton angegeben hat. Allerdings mußten in diesem ungeheuern Sammelplatze des Reichthums, der Schwelgerei und des Egoismus, die Feinde der Revolution zahlreicher und durch ihre Vereinigung stärker, als in irgend einem andern Punkte des ganzen Landes seyn; und auf diese Art erklärt sich das Phänomen der ununterbrochenen Gährung, die in Paris, mehr oder weniger offenbar, seit dem Anfange der Sitzungen der ersten Nationalversammlung fortgedauert hat. Alles, was nur durch Ränke, Verschlagenheit, Verläumdung, Bestechung und Verführung, durch Bubenstücke und Abscheulichkeiten aller Art, verübt werden konnte, um den Fortschritt des Freiheits- und Revolutions-Geistes zu hemmen: alles hat man versucht und mit unermüdetem Beharren angewendet; und alles hat gleichwohl die Überlegenheit derer, die das Gegentheil wollten, durch Kraft und Unerschrockenheit vereitelt.

Ohne hier den Werth der Revolutionsideen im geringsten untersuchen, und ihre Sittlichkeit nach konventionellen Vorstellungen abmessen zu wollen, (was überhaupt im ganzen großen Gange der Weltbegebenheiten so mißlich scheint) wird man mir zugeben müssen, daß die außerordentliche Verbreitung wissenschaftlicher Begriffe und Resultate in Paris, der Grund von jener großen Empfänglichkeit seiner Einwohner für Revolutionsideen geworden ist. Die Neugier der Pariser ist viele Grade feiner und unterscheidender, als in irgend einem Winkel des ganzen Landes, und ihre Ausbildung durch den Umgang mit unterrichteten Leuten, und durch die Übung, im Schauspiel attische Feinheiten zu empfinden, übertrifft, im Ganzen genommen, Alles, was man sich vorstellen kann, ehe man hier gewesen ist und mit eigenen Augen gesehen hat. Jetzt insbesondere ist der Abstich durch die fünf Revolutionsjahre noch ungleich auffallender geworden. Des Morgens sieht man alle Hökerinnen auf der Straße über ihrem Kohlenfeuer sitzen und die Zeitungen lesen; des Abends hört man in den Volksgesellschaften, in den Sektionsversammlungen Wasserträger, Schuhknechte und Karrentreiber von den Angelegenheiten ihres Landes, und von den Maßregeln des Augenblicks mit einer Bestimmtheit sprechen, die nur aus der einfachen Richtigkeit und Klarheit allgemein verbreiteter Grundbegriffe entspringen kann. Die Verbindungen, die mit einer geringen Anzahl von Ideen möglich sind, können eingeschränkte, einseitige Urtheile veranlassen; aber nur falsche oder Scheinbegriffe führen zu falschen Resultaten. Ein Kopf, den Moliere, Regnard, Destouches, Marivaux, Racine, Corneille und Voltaire zustutzen halfen, hat wenigstens die Wahrscheinlichkeit für sich, daß er Wahrheiten, wo nicht selbst kombiniren, doch von Anderen vorgetragen fassen und beherzigen werde. Nur in Einem Punkt irrte man sich hier durchgehends; man hatte sich von dem Joche der künstlichen und erlernten Unwissenheit schon so weit entfernt, daß man nicht mehr begriff, wie ein Kopf organisirt seyn müsse, dem ein Kapuziner alles in allem ist. Allein die Lektion des vorigen Winters hat diese überspannten Vorstellungen von der Empfänglichkeit der Nachbaren sehr herabgestimmt.

Paris wird, fürs Erste wenigstens, der Sitz der Regierung bleiben müssen. Das Föderalsystem des Amerikanischen Freistaates erlaubte dem Congreß öftere Veränderungen der Residenz, die bei den bisherigen Verhältnissen jenes so großen, aber auch so volksleeren Staats, dem Bunde noch unschädlich waren, und vielleicht zu seiner Befestigung dienen konnten. Daß man jetzt auf den Gedanken verfallen ist, eine eigene Congreß-Stadt zu erbauen, scheint mir die Unbeweglichkeit des Regierungssitzes nicht sicherer zu stellen. Das ganze Land muß sich der Bildung einer neuen Hauptstadt widersetzen wo sie aber einmal vorhanden ist, wird sie ein nothwendiges Übel, und das Wohl des Ganzen ist mit dem Wohle dieses ungeheuern Theiles so genau verflochten, daß der philosophischste Patriot auf seine Ideale Verzicht thun muß, um seinen Staat so zu modeln, wie es die gegebenen Umstände, die er nicht ändern darf, erfordern.

Dafür spielt nun auch, werden Sie mir einwenden, Paris im Staat eine Rolle, die sich das verzogenste Kind in einer Familie nicht heraus nehmen dürfte, ohne wenigstens den Haß, den Neid, die Verwünschungen der übrigen auf sich zu laden. Es ist wahr, oft hat die Stimme der Pariser für die Stimme des ganzen Volkes gegolten; aber, bemerken Sie den Unterschied: das ganze Volk hat dieser Stimme Beifall gegeben, und alle Versuche, die Departemente mit Paris zu entzweien, sind jederzeit mißlungen. Übrigens ist eine halbe Million Menschen, die, so wie hier, auf einem kleinen Flecke versammelt ist, kein übles politisches Barometer. Die Frage, worauf es in Revolutionen ankommt, ist ja auch nicht die: hat dieser oder jener Theil des Volkes seine Rechte überschritten? sondern die: hat es durch eine solche Anmaßung im Staate herrschen, oder ihn nur aus augenblicklicher Gefahr retten wollen? Wer weiß nicht, daß der 31ste März und der 2te Junius das Werk der Pariser Commüne waren? Damals schien auf einen Augenblick das Ansehen und die Macht des National-Convents vor ihr zu verschwinden. Verschwunden waren sie wirklich, wie in dem Falle einer Krankheit die individuelle Größe des Patienten vor dem Arzte verschwindet. Allein der Kranke ist genesen, und steht in höherem Ansehen, also noch je zuvor; ja, sogar die Commüne von Paris selbst, die damals so viel auf ihre Verantwortung nahm, hat sich neuerlich schon ein paarmal unter die gewaltigere Hand des Convents beugen müssen. Kaum hatte Chaumette, der Gemeinde-Prokurator, vom Gemeinderathe den Schluß fassen lassen, daß alle Revolutionnair-Ausschüsse aus den acht und vierzig Sektionen sich zu einem gemeinschaftlichen Körper mit dem Gemeinderathe vereinigen und gemeinschaftlich mit ihm berathschlagen sollten, so schlug ein Dekret des Convents diese Central-Versammlung mit dem Anathema, das immer bereit ist, gegen jede Anhäufung untergeordneter Autoritäten geschleudert zu werden; und die Gemeinde von Paris, anstatt wie eine furchtbare Skolopender auf acht und vierzig Füßen zu laufen, ist vielmehr, wegen der Macht, die den Revolutionnair-Ausschüssen zugeordnet ist, in acht und vierzig unbedeutende Insekten zerschnitten worden, deren jedes sein Leben für sich hat. Chaumette, der außer dieser Lektion neuerlichst noch, wegen des mit großem Geräusch abgeschafften Katholicismus hart mitgenommen worden ist, hat die weiseste Parthei ergriffen, sich in die Zeiten zu schicken und die Ruthe zu küssen. Seine Popularität in der Stadt war unbegränzt und ist noch jetzt sehr groß, ungeachtet des

Stoßes, den sie erlitten hat. Sein Substitut, Hebert, der bekannte Verfasser des Blättchens, welches einen Tag um den andern unter dem Nahmen des Pere Duchesne herauskommt, steht ebenfalls noch auf den Füßen, wiewohl man ihm neulich von einer gewissen Seite sehr zu Leibe gewollt hat. Von Pache, dem Maire, spricht jedermann mit Ehrfurcht, wie von einem Manne, dessen Tugend die Probe schon bestanden hat, und allgemein anerkannt worden ist. Man versichert mir, daß man seine Bekanntschaft nicht mache, ohne sein Freund zu werden. Ein solcher Mann scheint geschaffen, der Revolution das Siegel der Vollendung und Vollkommenheit aufzudrücken, oder – – – – – – – –

Eine Menge Menschen, die immer nur berechnen, was mit dem Überschusse von Leidenschaft anzufangen sey, der in diesem oder jenem Kopfe, in dieser oder jener Masse von Köpfen gährt, haben jetzt schon neue Spaltungen, neue Revolutionen, neue Koryphäen ersonnen, und wissen, als hätten sie es mit den auswärtigen Mächten abgeredet, genau zu bestimmen, wer zuerst werde springen, und wer zunächst werde folgen müssen. Wenn man sie anhört, und die Cascade von Partheien und Untergängen sich versinnlicht, so möchte man glauben, es wäre ganz darauf angelegt, noch den letzten von allen unseren fünf und zwanzig Millionen Patrioten durch die Guillotine aus dem Wege räumen zu lassen. Vor ein Paar Tagen noch hinterbrachte man mir, daß wir innerhalb zehn Monathen ein neues dénouement gewiß erfahren würden. Die

Frist ist nicht übel, dachte ich, für Leute, die, wenn es wahr ist, keinen Augenblick ihres Lebens sicher zu seyn glaubten. Ich ahnde auch manchmal, daß es ohne manchen harten Kampf nicht abgehen wird; allein wer auf diese innerlichen Reibungen die ganze Hoffnung setzt, Frankreich wieder unter das Joch zu bringen, und ungequetscht davon zu kommen, – guter Himmel! – Nicht doch, Ihr Herren, Ihr schlagt die Volte falsch, wie Ihr möget. Paris ist immer unsere Karte, und Ihr habt verloren.

E. D.

Biographie

1754

27. November: Johann Georg(e) Adam Forster wird als ältester Sohn des Dorfpfarrers und späteren Naturforschers Johann Reinhold Forster in Nassenhuben bei Danzig geboren. Sein Vater unterrichtet ihn in den Naturwissenschaften, Sprachen und Philosophie.

1765

Forster begleitet seinen Vater auf einer großen Reise durch Rußland, wo sie im Auftrag der Zarin die deutschen Kolonien an der Wolga besuchen.

1766

Übersiedlung der Familie nach England. Forster erteilt Sprachunterricht, arbeitet kurze Zeit als Lehrling in einem Londoner Handelshaus sowie als Übersetzer (bis 1772).

1772

13. Juli: Beginn einer dreijährigen Weltreise: Zusammen mit dem Vater begleitet Georg Forster James Cook auf dessen zweiter Weltumseglung. Er ist auf dieser Forschungsreise als Pflanzenpräparator und Illustrator tätig.

1775

Sommer: Rückkehr von der Reise. Der Vater wird wegen Auseinandersetzungen mit der englischen Kriegsmarine über die wissenschaftliche Auswertung der Reise mit Publikationsverbot belegt und kann die Forschungsergebnisse nicht veröffentlichen.

1777

Georg Forster verfaßt der Reisebeschreibung „A voyage round the world“, die in London herauskommt. Herbst: Reise nach Paris, dort Begegnung mit dem Naturwissenschaftler George Louis Leclerc Comte de Buffon und dem Physiker und Gesandten der USA in Frankreich, Benjamin Franklin.

1778

Forster wird zum Professor für Naturgeschichte an das Carolinum in Kassel berufen (bis 1784) und siedelt nach Deutschland über. Beginn der Freundschaft mit dem Schriftsteller und Philosophen Friedrich Heinrich Jacobi. Die von Georg Forster übersetzte deutsche Fassung des Reiseberichts erscheint: „Johann Reinhold Forsters Doctor der Rechte und Georg Forsters Reise um die Welt während den Jahren 1772 bis 1775 unternommen. Beschrieben und herausgegeben von dessen Sohn und Reisegefährten George Forster“ (2 Bände, 1778–80).

1779

„Leben Dr. Wilhelm Dodds, ehemaligen Königlichen Hofpredigers in London“.

1780

Forster gibt gemeinsam mit Georg Christoph

Lichtenberg das „Göttingische Magazin der Wissenschaften und Litteratur“ (1.–4. Jahrgang, 1780–85) heraus. Der Vater erhält in Halle eine Professur und lehrt dort Naturgeschichte, Länder- und Völkerkunde.

1781

Beginn der Veröffentlichung von Rezensionen geographischer Werke in den „Göttingischen Anzeigen von gelehrten Sachen“.

1784

Forster erhält eine Professur für Naturwissenschaften an der Universität im polnischen Wilna (bis 1787). Über Leipzig, Prag, Wien und Warschau reist Forster nach Wilna.

1785

Reise nach Göttingen. 4. September: Heirat mit Therese Heyne, der Tochter des Göttingen Altphilologen Christian Gottlob Heyne. Anschließend Rückkehr nach Wilna. Die Universität Halle verleiht Forster den Titel eines Doktors der Medizin. Begegnungen mit Goethe, Herder und Wieland. Gemeinsam mit Samuel Thomas Sömmering gibt Forster die „Hessischen Beyträge zur Gelehrsamkeit und Kunst“ (1785–87) heraus.

1786

Im „Teutschen Merkur“ erscheint Forsters Kritik an Kants Philosophie: „Noch etwas über die Menschenrassen“, in der er für die Gleichberechtigung aller Rassen und gegen den Kolonialismus eintritt. Geburt der Tochter Therese.

1787

Im Auftrag der Zarin Katharina von Rußland bereitet Forster eine Expedition in die Südsee vor. Er kündigt seine Professur in Wilna und kehrt nach Deutschland zurück, um Frau und Tochter bei den Schwiegereltern in Göttingen unterzubringen. Wegen des russisch-türkischen Krieges muß die Forschungsreise jedoch abgesagt werden. Es erscheint Forsters Übersetzung von: „Des Capitän Jakob Cook dritte Entdeckungsreise" (2 Bände, 1787–89).

1788

Forster wird als Nachfolger Johannes von Müllers zum Bibliothekar der Mainzer Universität berufen und siedelt nach Mainz über. Forsters Übersetzung von Eugène Louis Melchior Patrins Schrift „Zweifel gegen die Entwicklungstheorie" erscheint.

1789

Die Sammlung von Forsters Aufsätzen beginnt unter dem Titel „Kleine Schriften. Ein Beytrag zur Völker- und Länderkunde, Naturgeschichte und Philosophie des Lebens" (6 Bände, 1789–97) zu erscheinen.

1790

Mit dem Naturforscher Alexander von Humboldt, der sich später als sein Schüler bezeichnet, unternimmt Forster eine Reise durch Brabant, Flandern, Holland, England und Frankreich.

Forster begeistert sich für die Ideen der Französischen Revolution.

1791

Forster übersetzt das indische Drama „Sakontala oder der entscheidende Ring“ von Kalidasa aus dem Englischen. „Geschichte der Reisen, die seit Cook an der Nordwest- und Nordostküste von Amerika und in dem nördlichen Amerika selbst von Meares, Dixon, Portlock, Coxe, Long u. a. m. unternommen worden sind“ (Übersetzung aus dem Englischen, 3 Bände). Forsters literarisches Hauptwerk „Ansichten vom Niederrhein, Brabant, Holland und Flandern im April, Mai und Junius 1790“, das Resultat seiner Reise im Vorjahr, beginnt zu erscheinen (3 Bände, 1791–94).

1792

10. November: Nach der Besetzung von Mainz durch die Franzosen wird Forster Mitglied der jakobinischen „Gesellschaft der Freunde der Freiheit und Gleichheit“ und verfaßt Reden und Flugschriften für die Revolution. „Antwort eines freien Mainzers, der mit dem Franken Custine gesprochen hat“. Dezember: Forsters Familie siedelt nach Straßburg über.

1793

1. Januar: Forster wird zum Präsidenten der Mainzer „Gesellschaft der Freunde der Freiheit und Gleichheit“ gewählt. März: Als Deputierter des rheinisch-deutschen Konvents reist er nach

Paris und hält eine Rede vor dem französischen Nationalkonvent, in der er den Anschluß von Mainz an die Französische Republik vorschlägt. Weil Mainz inzwischen von den preußischen Truppen besetzt ist, kann Forster, der als Landesverräter angesehen wird, nicht zurückkehren und bleibt als Flüchtling in Paris. Dort ist er für die französische Revolutionsregierung tätig und verfaßt mehrere politische Aufsätze, u. a. „Über die Beziehungen der Staatskunst auf das Glück der Menschheit" und „Darstellung der Revolution in Mainz" (Erstdruck aus dem Nachlaß 1843). Die Familie emigriert in die Schweiz, wo Forsters Frau mit seinem Freund Ludwig Ferdinand Huber zusammenlebt. „Erinnerungen aus dem Jahre 1790 in historischen Gemälden und Bildnissen". „Anrede an die Gesellschaft der Freiheit". In der von Ludwig Ferdinand Huber herausgegebenen politischen Zeitschrift „Friedens-Präliminarien" erscheinen Forsters Aufsatzfolgen „Über die Beziehung der Staatskunst auf das Glück der Menschheit" (1793) und „Parisische Umrisse" (1793–94).

1794

10. Januar: Forster stirbt in Paris.

Unter allen eigentlichen Prosaisten, welche auf eine Stelle in dem Verzeichnis der deutschen Klassiker Anspruch machen dürfen, atmet keiner so sehr den Geist freier Fortschreitung, wie Georg Forster. Man legt fast keine seiner Schriften aus der Hand, ohne sich nicht bloß zum Selbstdenken belebt und bereichert, sondern auch erweitert zu fühlen. In andern, auch den besten deutschen Schriften, fühlt man Stubenluft. Hier scheint man in frischer Luft, unter heiterm Himmel, mit einem gesunden Mann, bald in einem reizenden Tal zu lustwandeln, bald von einer freien Anhöhe weit umher zu schauen. Jeder Pulsschlag seines immer tätigen Wesens strebt vorwärts. Unter allen noch so verschiednen Ansichten seines reichen und vielseitigen Verstandes, bleibt Vervollkommnung der feste, durch seine ganze schriftstellerische Laufbahn herrschende Grundgedanke; ohngeachtet er darum nicht jeden Wunsch der Menschheit für sogleich ausführbar hielt.

Fesseln, Mauern und Dämme waren nicht für diesen freien Geist. Aber nicht der Name der Aufklärung und Freiheit, nicht diese oder jene Form war es, woran er hing. Er erkennt und ehrt in seinen Schriften jeden Funken vom echten Geist gesetzlicher Freiheit, wo er ihn auch trifft: in unumschränkten Monarchien, wie in gemäßigten Verfassungen und Republiken; in Wissenschaften und Werken, wie in sittlichen Handlungen; in der bürgerlichen Welt, wie in der Erziehung und deren Anstalten. Er redet für die Öffentlichkeit der bürgerlichen Rechtspflege so warm, wie gegen den gelehrten Zunftzwang und das Berufen auf das Wort des Meisters. Auch das Vorurteil sollte nicht mit Gewalt bekämpft werden. Mit edlem, männlichem Eifer widersetzte er sich in der köstlichen Schrift über Proselytenmacherei der verfolgungssüchtigen Beschränktheit handwerksmäßiger Aufklärer, welche selbst in der Dämmerung tappen. Ihm stand es an, zu sagen: „Frei sein, heißt Mensch sein." ...

Seine Werke verdienen ihre Popularität durch die echte Sittlichkeit, welche sie atmen. – Viele deutsche Schriften handeln von der Sittlichkeit: wenige sind sittlich. Wenige vielleicht in höherm Maß, wie Forsters; in ihrer Gattung wenigstens, keine. Zwar strengere Begriffe zu haben, ist wohlfeil, wenn es bloß Begriffe sind. Was er wußte, meinte und glaubte war in Saft und Blut verwandelt. Wie in allen Stücken, so auch in diesem wird man Buchstaben und Namen ohne den Geist, in Forsters Schriften vergeblich suchen. Überall zeigt sich in ihnen eine edle und zarte Natur, reges Mitgefühl, sanfte und billige Schonung, warme Begeisterung für das Wohl der Menschheit, eine reine Gesinnung, lebhafter Abscheu alles Unrechts. Wenn sein Unwille sich zuweilen bei geringen Anlässen unverhältnismäßig lebhaft äußert: so kann doch das seltne Übermaß sittlicher Reizbarkeit an einem Erdensohne immer noch für einen schönen Fehler gelten. Dabei findet man seine Denkart fester, strenger und männlicher, als die beinah weibliche Milde seines Wesens die gleich beim ersten Blick so sehr auffällt, vermuten ließ. Ein lebendiger Begriff von der Würde des Menschen ist in seinen Schriften gleichsam überall gegenwärtig. Dieses, und nicht jenes lügenhafte Bild des Glücks, das so lange am Ziele der menschlichen Laufbahn stand, „ist ihm die oberste Richtschnur aller sittlichen Urteile und der echte Wegweiser des Lebens"; wie sich doch von dem Ton des Zeitalters und der ausländischen Philosophie, in dem, und durch die er seine wissenschaftliche Bildung zuerst empfing, erwarten ließ. Nach diesem echt sittlichen Grundbegriff betrachtete er auch die Gegenstände der bürgerlichen Welt. Zwar könnte er nach einzelnen Stellen besonders etwas früherer Schriften zu behaupten scheinen, allgemeine Beglückung sei der Zweck des Staats. Nimmt man seine Gedanken aber, wie man überall bei ihm tun muß, im großen und ganzen: so ergibt sich, daß nichts seinem Kopfe und Herzen mehr widerstehen konnte, als die Lehre, der einsichtsvollere Herrscher dürfe die Untertanen zwingen, nach seiner Willkür glücklich zu werden. Dieses erhellt besonders aus dem Aufsatz Über die Beziehung der Staatskunst auf das Glück der Menschheit. Er ist fest überzeugt, daß auch die edelste Absicht unrechtmäßige Gewalt nicht beschönigen könne. Den freien Willen der einzelnen Bürger erklärt er, als notwendige Bedingung ihrer sittlichen Vervollkommnung, für das Heiligste. ...

Die Zeitgenossen bewunderten Georg Forster als einen klassischen Schriftsteller von seltener Wissensfülle und Formvollendung. Wir, die wir inzwischen seine damals noch unbekannten Briefe kennengelernt haben, bewundern und lieben in ihm zugleich einen der edelsten und reinsten Menschen, und wir schenken ihm eine um so tiefere Teilnahme, je erschütternder die furchtbare Tragik ist, die über seine letzten Lebensjahre hereinbrach.

Ganz ungewöhnliche Jugenderfahrungen hatten Georg Forster schon früh zu einem hervorragenden Naturforscher, zu einem ganz unvergleichlichen Kenner der Länder- und Völkerkunde gemacht.

Er war am 27. November 1754 zu Nassenhuben bei Danzig geboren. Als elfjähriger Knabe bereits begleitete er seinen Vater auf einer im Auftrag der russischen Regierung unternommenen wissenschaftlichen Reise über St. Petersburg an die Ufer der Wolga bis Saratow. Kurz darauf siedelte sein Vater, Johann Reinhold Forster, dessen leidenschaftlich unruhigem Wesen und dessen scharf ausgeprägtem Zug zur Botanik die stille Dorfpfarre zu eng war, mit seiner gesamten Familie nach England über, wo er in Warrington in der Nähe von Manchester eine Stellung als Lehrer der Naturgeschichte fand. Dort gelang es ihm, einen Ruf zur Beteiligung an der zweiten großen Entdekkungsreise Cooks zu erhalten. Georg Forster, der kaum Siebzehnjährige, durfte sich anschließen. Statt der hergebrachten akademischen Studienjahre die harte, aber sinnenfrische Schule einer dreijährigen Weltumsegelung.

Am 13. Juli 1772 begann die kühne Fahrt. Von Plymouth nach dem Vorgebirge der Guten Hoffnung. Von dort nach Neuseeland, über den Polarkreis, dann hinab in den südlichen Teil des Indischen Meeres bis zum 48. Grad südlicher Breite. Sodann zu den Gesellschaftsinseln mit längerem Aufenthalt in dem herrlichen O-Taheiti (Tahiti). Über Londons Antipoden hinaus in langen und gefahrvollen Umwegen wiederum nach dem Südpol, bis endlich am 30. Januar 1774 ein Eisfeld von unabsehlicher Größe dem schreckenvollen Wagnis in der Breite von 71 Graden 10 Minuten das Ziel steckte. Zurück über die Marquesasinseln und Tahiti nach jener Inselgruppe, welcher Cook den Namen der Freundschaftsinseln gab. Darauf die großartige Entdeckung der Neuen Hebriden und Neu-Kaledoniens. Dann über die ganze Breite des Südmeeres an die Küsten des Feuerlandes in Amerika. Umschiffung des Kap Hoorn, erneute Entdeckung von Georgien. Von hier aus wiederum der Versuch sich dem Südpol zu nähern; doch hemmten diesmal die Eisfelder bereits im sechzigsten Grade den Lauf. Entdeckung des Sandwichslands, über das Kap der Guten Hoffnung, über St. Helena und die Azoren zurück nach England. Am 30. Juli 1775 landeten die Reisenden in Spithead. Sie hatten im Zeitraum von drei Jahren, eine größere Anzahl von Meilen zurückgelegt als je ein anderes Schiff vor ihnen;

ihre Kurslinien umfaßten mehr als dreimal den Umkreis der Erdkugel.

Mißhelligkeiten mit der englischen Regierung verhinderten Reinhold Forster, den Vater, die in Aussicht genommene Reisebeschreibung auszuarbeiten und zu veröffentlichen. Da trat Georg Forster, der Sohn, an seine Stelle. Georg Forsters Reisebeschreibung erschien zuerst englisch 1777, dann deutsch 1778 bis 1780, unter dem Titel *Johann Reinhold Forsters ... Reise um die Welt während den Jahren 1772 bis 1775. Beschrieben und herausgegeben von dessen Sohn und Reisegefährten George Forster.*

Das Werk des zweiundzwanzigjährigen Jünglings war ein unvergängliches Meisterwerk.

Über die große wissenschaftliche Ausbeute, welche die Reise für die Naturgeschichte und insbesondere für die Pflanzenkunde gebracht hatte, berichtet Forster nur insoweit, als es die Rücksicht auf die allgemeinen Bildungskreise, für welche seine Reisebeschreibung bestimmt war, gestattete; diese Seite blieb einer besonderen fachwissenschaftlichen Schrift vorbehalten, die er in Gemeinschaft mit seinem Vater herausgab. Sein sinnendes Auge ruht ganz und gar auf den Wundern der neu entdeckten Landschaft und Menschenwelt. Aber diese Schilderungen sind so greifbar anschaulich und individualisierend wahr und doch so echt und tief dichterisch, sind so fest und treu gegenständlich und doch so warm und phantasievoll, sind so durchaus nur im strengsten Dienst der Wissenschaft die verschiedenartige Abstammung der einzelnen Völkerschaften und den Einfluß der klimatischen Verhältnisse und der Nahrungsstoffe auf die Eigentümlichkeiten des Naturells und der Sitte verfolgend und doch von so entzückender Formen- und Farbenfülle, daß man gar nicht genug staunen kann über dieses wunderbare Zusammen von Forscherernst und Künstlerkraft. Ein Meisterwerk feinster und urkundlichster Menschenbeobachtung, die zu den Phantastereien Rousseaus vom Naturzustand und zu den aus diesen Phantastereien hervorgegangenen Schilderungen Bernardin de Saint-Pierres im schärfsten Gegensatz steht; und zugleich ein Meisterwerk unnachahmlichster Poesie.

O-Taheiti ist vor allem der Zaubername, der sich seitdem in jedes fühlenden Menschen Phantasie festsetzte. Will Jean Paul das Süßeste irdischer Glückseligkeit nennen, so ruft er uns O-Taheiti ins Gedächtnis. Und O-Taheiti mit seiner anmutigen Sitteneinfalt und den Wundern der Landschaft und Pflanzenwelt war dem beglückten Reisenden selbst der Winkel der Erde, der ihm in treuer Erinnerung vor allen anderen lächelnd winkte. ber wer denkt nicht zugleich an seine herrliche Schilderung der zu den Neuen Hebri-den gehörigen Insel Tanna? Und wer denkt nicht zugleich an solche Stellen, in denen Forster mit gleich ergreifender Plastik die erschütternde Nachtseite der Wildheit bildungsloser Menschennatur lebendig vor Augen stellt? ...

In einem Aufsatz aus seiner späteren Zeit *Die Kunst und das Zeitalter* enthüllt uns Forster selbst das Geheimnis seiner unnachahmlichen Darstellungskunst: „Schön ist der Lenz des Lebens, wenn die Empfindung uns beglückt und die freie Phantasie in rosigen Träumen schwärmt. Uns selbst vergessend im Anschauen des gefühlerweckenden Gegenstandes, fassen wir seine ganze Fülle und werden eins mit ihm. Nicht bloß die Liebe spricht: gebt alles hin, um alles zu gewinnen! Bei jeder Art des Genusses ist diese unbefangene Hingebung der Kaufpreis des vollkommenen Besitzes. Aber auch nur, was empfangen, uns selbst so innig angeeignet ward, kann wieder ebenso vollkommen von uns ausströmen und als neue Schöpfung hervorgehn. Diesen Ursprung erkennt man in den Werken, die echtes Genie gebar; sie sind die Kinder eines edlen, großen, umfassenden Sinnes und einer Bildungskraft von unaufhaltsamer Energie.“

Von diesen klassischen Reiseschilderungen gilt in vollster Wahrheit das Wort, das schon Friedrich Schlegel in seiner liebevollen Charakteristik Georg Forsters aussprach, daß Georg Forster das Denken der Menschen nicht bloß bereichert, sondern auch erweitert hat. Alexander von Humboldt nennt noch im Kosmos dankbaren Herzens Georg Forster seinen Lehrer. Durch Forster, setzt er hinzu, begann eine neue Ära wissenschaftlicher Reisen, deren Zweck vergleichende Völker- und Länderkunde ist.

Gegen Ende des Jahres 1778 kam Georg Forster nach Deutschland; er stand im Alter von vierundzwanzig Jahren. Er suchte eine Anstellung für seinen bedrängten Vater, der in London im Schuldturm saß. Dieser nächste Zweck gelang nicht; erst zwei Jahre später erhielt der Vater die Professur der Botanik in Halle. Georg Forster selbst aber fand ein Unterkommen am Karolinum in Kassel als Lehrer der Naturgeschichte.

Fünf Jahre blieb Forster in Kassel. Es war eine wichtige Zeit für ihn. Die ungewöhnliche Art, in welcher er seine Jugend verlebt hatte, hatte ihn in vielen Dingen zwar weit über sein Alter hinaus gereift, in allem aber, was sich auf Grund und Ziel des inneren Lebens bezog, war er noch durchaus unfertig, ohne Festigkeit, allen zufälligen äußeren Einwirkungen preisgegeben. Nun wurde er ergriffen von der ganzen Herrlichkeit und Schwere der deutschen Bildungskämpfe. Goethes mächtige Dichtung entzückte ihn; im benachbarten Göttingen sah er das rastlose Treiben und Drängen der deutschen Wissenschaft. Am tiefsten aber gärten und stürmten in ihm die religiösen Anliegen, die ihm sogleich bei seinem ersten Eintritt in Deutschland durch die Bekanntschaft und Freundschaft mit Jacobi nahegetreten waren und die jetzt um so dringender befriedigende Lösung verlangten, je plötzlicher sein Übergang von dem frischen Anschauen der Außenwelt zu grüblerischer Innerlichkeit gewesen. Alle Wirren und Fährlichkeiten der deutschen Sturm-und-Drang-Periode, von denen er auf den Wogen und Inseln der Südsee nichts gewußt und geahnt hatte, kamen jetzt über ihn. Er vermochte es nicht, wie er im Sommer 1782 an seine Schwester schreibt, sein eigenlauniges Herz im Zaum zu halten. Ja, er und sein Freund Sömmerring, der berühmte Anatom, sein Alters- und Amtsgenosse, ließen sich sogar von den Netzen des Rosenkreuzerbundes umstricken, der eben damals in Deutschland sein unheimlich geschäftiges Wesen trieb. Es liegt noch immer ein Schleier über Ursprung und Absicht der Rosenkreuzer; gewiß ist, daß selbst so gesunde und helle Köpfe wie Forster und Sömmerring unter diesen Einwirkungen nicht nur an die alchimistische Goldmacherkunst, sondern auch an die Möglichkeit eines unmittelbaren Verkehrs mit den Toten, ja mit Gott selbst glaubten und diesen Verkehr durch inbrünstige Gebetsverzückung zu verwirklichen strebten. Doch hielten diese Irrungen nicht lange stand. Forster sowohl wie Sömmerring erlösten sich zu jener reinen und freien Menschenbildung, die der innerste Lebensnerv des klassischen Zeitalters der deutschen Literatur ist.

Besonders in seinen Briefen enthüllt Forster seine geheimste Anschauungsweise. Am 9. März 1784 schreibt er an Jacobis Schwester Helene: „In meinem Denken ist noch ganz kürzlich eine Revolution vorgegangen, die ... sehr zu meiner Zufriedenheit... beitragen wird; ich habe eine gute Portion Schwärmerei ... fahrenlassen und danke Gott, daß diese Entladung noch vor meinem zurückgelegten dreißigsten Jahre geschah. Ich kann Ihnen nicht beschreiben, um wie vieles ich mich dadurch in meinen gesellschaftlichen und bürgerlichen Pflichten gestärkt fühle ... Nun hoffe ich erst, in Grundsätzen ein Mann und in ihrer Befolgung ein Mensch zu werden.“ An Jacobi selbst aber schreibt Forster am 7. Dezember desselben Jahres mit Anspielung auf das bekannte Gleichnis in Lessings Nathan noch weit entschiedener: Die Schuppen seien ihm von den Augen gefallen. „Wie wünschte ich, mein Bester, nun einmal mit meiner reifern Überlegung und Erfahrung vor Ihren Richterstuhl treten und erfahren zu dürfen, nicht welcher Ring der echte oder ob ein echter überhaupt vorhanden ist, sondern ob es nicht Finger geben kann, auf welche der Ring, welcher es auch sei, gar nicht paßt, und ob der Finger darum nicht auch ein guter, brauchbarer Finger sein könne." Unerschrockener und selbstbewußter als je hatte sich wieder Forsters ursprüngliches Wesen, sein fester, heller Tatsachensinn, erhoben. Mit den theosophischen Träumereien hatte er auch alle Träumereien der Metaphysik verworfen. Es gibt für ihn kein anderes Wissen als das rein erfahrungsmäßige; denn es erscheint ihm ganz unmöglich, in den über die sinnliche Erfahrung hinaus liegenden Dingen über das bloße Wähnen hinauszukommen, solange wir sind, was wir sind, d. h. Wesen, die nur Eindrücke erleiden und nur Wissen haben von den anziehenden und abstoßenden Kräften der Natur. Seeing is believing. Und es gibt für ihn kein anderes Menschheitsideal als das hohe Bewußtsein der Kernigkeit in Gedanken und Tat, das freudige und frisch eingreifende Teilnehmen an allem, was das menschliche Geschlecht angeht, das unablässige Mitraten und Mittaten an dem unablässig vorschreitenden Kampf der Menschen nach Vervollkommnung in Erkenntnis, Glück und Freiheit.

Dies sind die Überzeugungen und Grundsätze, nach denen Forster fortan sein ganzes Leben hindurch unerschütterlich gewirkt und gehandelt hat.

Um ein besseres Auskommen zu gewinnen und um sich von den drückenden Verbindungen mit den Rosenkreuzern zu befreien, war Georg Forster im Sommer 1784 einem Ruf an die Universität zu Wilna gefolgt. Es wäre in dieser geistesöden unwirtsamen Wildnis für ihn ein unerträgliches Dasein gewesen, wären ihm nicht die letzten beiden Jahre dieses Aufenthalts verschönt worden durch das erste Glück seiner Ehe mit Therese Heyne, der ältesten Tochter des berühmten Göttinger Altertumsforschers.

In den letzten Tagen des August 1787 verließ er Wilna. Die alte Reiselust erwachte wieder. Es hatten sich ihm lockende Aussichten gezeigt, vereint mit seinem Freund Sömmerring auf Kosten und im Auftrag der russischen Regierung eine neue Weltfahrt nach den Inseln der Südsee, nach Kalifornien, Japan und China zu machen. Doch zerschlugen sich diese Aussichten wegen des Ausbruchs des türkisch-russischen Krieges. Und ebenso zerschlugen sich Unterhandlungen mit Spanien über eine Reise nach den Philippinen.

Nun fand Forster im Herbst 1788 eine Anstellung als Bibliothekar in Mainz. Die ersten Jahre in Mainz waren Forsters glücklichste Zeit. Forsters einfache, aber gastliche Häuslichkeit war der Mittelpunkt feiner, gebildeter Geselligkeit, an welcher Sömmerring, Johannes von Müller, Heinse und Huber belebend und fördernd teilnahmen.

Forster seufzte in all dieser Zeit unter der Last mühseliger Übersetzerarbeiten, welche ihm die bitterste Nahrungssorge unerbittlich auferlegte. Aber seine wissenschaftliche Frische blieb ungebeugt. Aus den Kasseler und Wilnaer und aus den ersten Mainzer Jahren stammen die Abhandlungen über O-Taheiti, über den Brotbaum, über Cook, über Amerika, über Neuholland, über die Menschenrassen, über das Ganze der Natur, über die Leckereien; Abhandlungen, die zwar an Tiefe und Weite der Wirkung hinter Forsters Reisebeschreibung aus der Südsee zurückstehen, aber an Freiheit und Klarheit der Anschauung, an wissenschaftlicher Durchbildung und an vollendeter Meisterschaft der Darstellung dieselbe überragen.

Humboldt hat nicht vergessen, im Kosmos auch diesen kleinen naturwissenschaftlichen Schriften Forsters ein gebührendes Denkmal zu setzen. Die neuere Naturwissenschaft sieht auf Grund derselben in Forster einen ihrer genialsten Bahnbrecher.

Namentlich seine Streifereien in das physiologische Gebiet sind von großer Bedeutung. Forster ist der vor jeder auch noch so weitgehenden Folgerung unerschrockene Bekenner der Lehre von der unbedingten und unauflöslichen Einheit von Geist und Stoffwelt. So scherzhaft und bescheiden sich Forster einmal in einem seiner Briefe über seinen kleinen Aufsatz über Leckereien äußert, dieser Aufsatz behandelt in spielend anmutiger Form, aber mit scharf eindringender Gründlichkeit den unwiderleglich nachweisbaren Zusammenhang der Gesittung der Menschen mit ihrer Nahrungsweise. „Die dümmsten Völker nähren sich auf die allereinfachste Art; die Lebensart der klügsten ist am meisten zusammengesetzt. Die armen Feuerländer, die sich selten einmal satt essen mögen, ließen die Reisenden im Zweifel, ob sie die wenigen Vorstellungen, deren sie fähig schienen, zur Ver-

nunft oder zum Instinkt rechnen sollten. Wo gibt es rohere Menschen als die bloß fleischfressenden Hirtenvölker im östlichen Asien; wo schwächere als die Indier, die größtenteils nur von Reis leben? Wie verschieden ist hingegen der Fall so manches handfesten und verständigen europäischen Bauers, der bei einer gemischten Diät, so oft er sich gütlich tut, die beiden Indien in Kontribution setzt, um zu seinem Hirsebrei Zucker und Zimt zu genießen!"
Eben jetzt ist die Wissenschaft eifrig bemüht, den Grundriß dieser Lehre mit erweiterten Mitteln auszubauen.

Um so überraschender ist es, daß Forster, wie viele Stellen seiner Briefe bezeugen, allmählich die Lust an den naturwissenschaftlichen Dingen verlor und sich zuletzt denselben fast ganz entzog.

Zunächst wirkte ein äußerer Grund. Was Forsters innerste Neigung und Bestimmung war, naturforschender Reisender zu sein, das war ihm durch die Ungunst der Umstände versagt. Mußte er doch sogar auf die Ausführung seiner lang vorbereiteten Allgemeinen Geschichte der Inseln im Südmeer verzichten, obgleich er zu derselben bereits die kostspieligsten Zeichnungen von den vorzüglichsten englischen Künstlern in Händen hatte! Zu so gewagtem Unternehmen fand sich kein Verleger und keine unterstützende Akademie.

Ganz besonders aber wirkten auf diesen Stimmungswechsel die äußeren Ereignisse. Die Französische Revolution war ausgebrochen. Der angeborene hoheitsvolle Zug Forsters nach dem echt und tief Menschlichen, der der innerste Kern seines Wesens war, das rückhaltslos begeisterte Streben, nach Kräften mitzuwirken an der Verwirklichung der höchsten Menschheitsideale, das ihn von jeher weit hinausgehoben hatte über alle Enge und Ausschließlichkeit zunftmäßiger Fachgelehrsamkeit, flammte jetzt in ihm um so heller und mächtiger auf, je mehr ihm die Zeichen der Zeit darauf zu deuten schienen, daß endlich der Tag der möglichsten Annäherung an die höchsten Menschheitsziele gekommen sei. Es ist höchst bedeutsam, wie durchaus innerlich, wie durchaus philosophisch die ersten Äußerungen Forsters über das Wesen der Französischen Revolution lauten. Am 30. Juli 1789 schreibt er an Heyne: „Schön ist es ... zu sehen, was die Philosophie in den Köpfen gereift und dann im Staate zustande gebracht hat, ohne daß man ein Beispiel hätte, daß je eine so gänzliche Veränderung so wenig Blut und Verwüstung gekostet hätte." Und in einem Briefe vom 8. Dezember desselben Jahres an Jacobi sagt er: „Frankreich ist allerdings höchst merkwürdig für den Beobachter. Es ist ein interessanter Anblick, nicht, daß es kämpft, sondern wie es kämpft. Dieser Strauß des Despotismus mit der Demokratie ist noch keinem vorigen ähnlich. Die Minen und Contreminen sind von eigener Gattung und haben das Gepräge des Jahrhunderts der ausgebildeten Vernunft."

Die Natur und die Naturvölker verloren für ihn an Wichtigkeit angesichts dieses gewaltigen Ringens und Kämpfens.

Es ist die zweite Epoche Forsters. Sein ganzes Wesen ist jetzt bewegt und erfüllt von den zwei großen, treibenden Mächten der Zeit, von den großen Bewegungen der Literatur und Kunst und von den großen Bewegungen der französischen Umwälzung. Er ist der klare und edle, schwungvoll begeisterte, freiheitsmutige Vorkämpfer für die höchsten Bildungsgüter.

Viele kleine Abhandlungen, vor allem der geistvolle, wenn auch etwas überschwengliche Aufsatz *Die Kunst und das Zeitalter* und der wunderbar geisteshohe Aufsatz *Über Proselytenmacherei*, geben von dieser veränderten Richtung Zeugnis.

Bis in seine Übersetzerdrangsale erstreckte sich diese veränderte Richtung. Aus Jones' englischer Übersetzung übersetzte er Kâlidâsas indisches Drama Sakuntala. Ein überaus glücklicher Wurf! Forster hatte sich nicht getäuscht, als er in der am 3. April 1791 geschriebenen Vorrede die Hoffnung aussprach, daß grade die Deutschen mit ihrer bewunderungswürdigen Fähigkeit, sich mehr als alle anderen Völker in fremde Sitte und Denkart versetzen zu können, diesem seltsam zarten Gedicht Gunst und Verständnis entgegenbringen würden. Goethe und Herder wurden die weitwirkenden Verkünder und Verbreiter des Ruhms dieser „ersten und schönsten Blume des Morgenlandes“. Wenig mehr als ein Jahrzehnt später wurde Friedrich Schlegel, einer der wärmsten Bewunderer Forsters, der Begründer der indischen Philologie in Deutschland.

Mit vollem Recht nennt man Forster unter unseren besten Kunstschriftstellern. Freilich sieht man überall, daß er, der in ein bisher ihm fremdes Gebiet trat und daher nur über einen sehr geringen Umfang von Kunstanschauungen zu gebieten hatte, nicht frei ist von den Einseitigkeiten, an welchen das Kunsturteil seines Zeitalters litt. So sehr er ergriffen wird von der Macht des Kölner Doms, für die Kunstwunder in Brügge fehlt ihm die Aufmerksamkeit, für das unvergleichliche Altarbild in Gent hat er nur wenige gleichgültige Worte. Auch in der Beurteilung von Rubens, der ihm von Köln und Düsseldorf an auf Schritt und Tritt begegnete, ist viel Schwanken und Unsicherheit. Sosehr wir auch einstimmen mögen, wenn er in dessen Jüngstem Gericht nur „die wilde bacchantische Mänas" erkennt, „die alle Bescheidenheit der Natur verleugnet und voll ihres Gottes den Harmonienschöpfer Orpheus zerreißt"; es bleibt befremdend, daß er zwar die Amazonenschlacht und die Porträts preist, die großen Bilder des Antwerpener Doms aber, in denen doch Rubens in frischer Nachwirkung seiner italienischen Lehrjahre so rein und gewaltig ist, nicht genügend beachtet. Allein Auge und Nerv für die bildende Kunst hatte Forster durchaus. Nicht umsonst hatte er von Jugend auf im poesievollen, sinnenfrischen Anschauen der Natur und ihrer großen und kleinen Formen gelebt und gearbeitet. Was Wunder also, daß der vollendete Meister poesievoller und sinnenscharfer Naturschilderung sogleich auch der vollendete Meister poesievoller und sinnenscharfer Kunstschilderung ist? Seine Schilderungen sind nicht so sinnendurchglüht wie die Schilderungen Heinses, aber sie sind lebensvoll anschaulich, gegenständlich plastisch, sie sind der entzückende Ausdruck eines edlen und hochgestimmten Geistes, der, wie Forster selbst vom echten Kunstgenuß fordert, „im Kunstwerke den Künstler, im Künstler den Menschen, im Menschen den schöpferischen Demiurg erblickte, der eins im andern bewunderte und liebte und alles, den Gott und den Menschen, den Künstler und sein Bild, in den Tiefen seines eigenen verwandten Wesens hochahnend wiederfände".

Nicht mehr so unmittelbar beteiligt sind wir bei dem politischen Teil. Er hat für uns nur noch geschichtlichen Wert. Die hier geschilderten Ereignisse, die Unruhen in Aachen und Lüttich und der wilde pfäffische Aufstand Brabants gegen die Neuerungen Josephs II. wurden bald überholt von den furchtbaren Ereignissen der Französischen Revolution. Die hier gestellten Forderungen nach Preßfreiheit, nach öffentlicher Gerichtspflege und nach Selbstverwaltung sind jetzt überall entweder bereits verwirklicht oder doch als dringendste politische Aufgaben anerkannt. Aber unveraltbar ist die anziehende Kraft der hohen und reinen Gesinnung, der mannhaft tapferen und doch maßvollen Freiheitsbegeisterung! Das Thema ist: „Nous ne voulons pas être libres, wir wollen nicht frei sein, antworten uns [die Niederländer], wenn wir sie um ihrer Freiheit willen glücklich preisen, ohne doch vermögend zu sein, uns nur etwas, das einem Grunde ähnlich gesehen hätte, zur Rechtfertigung dieses im Munde der Empörer so paradoxen Satzes vorzubringen. Nous ne voulons pas être libres! Schon der Klang dieser Worte hat etwas so Unnatürliches, daß nur die lange Gewohnheit, nicht frei zu sein, die Möglichkeit erklärt, wie man seinen tückischen Führern so etwas nachsprechen könne. Nous ne voulons pas être libres! Arme, betrogene Brabanter, das sagt ihr ohne Bedenken hin; und indem ihr noch mit Entzücken euren Sieg über die weltliche Tyrannei erzählt, fühlt ihr nicht, wessen Sklaven ihr wäret und noch seid?"

Forster erreichte mit diesem Buch den Höhepunkt seines Ruhmes. Lichtenberg sprach nur die allgemeine Meinung aus, als er am 1. Juli 1791 an Forster schrieb, daß er die Ansichten vom Niederrhein für eins der ersten Werke in unserer Sprache halte.

Da kam im Oktober 1792 die Eroberung von Mainz durch die Franzosen, die für ihn eine so verhängnisvolle Schicksalswendung wurde.

Trotz seiner lebhaften Teilnahme für die Ziele und Fortschritte der Französischen Revolution war Forster doch bisher allem revolutionären Treiben fremd geblieben. Auf seiner letzten Reise hatte er in Paris dem großen Nationalfest auf dem Marsfeld beigewohnt, und er glaubte als Überzeugung aussprechen zu dürfen, daß eine Gegenrevolution schlechterdings ein Ding der Unmöglichkeit sei; aber er war so weit entfernt von dem Wunsch, diese Revolution auf Deutschland übertragen zu sehen, daß er sich vielmehr besonders deshalb unter die Gegner des von den deutschen Fürsten unternommenen Reaktionskrieges stellte, weil er fürchtete, daß bei so unbesonnenem und fruchtlosem Unternehmen auch in Deutschland Gärungen und Aufstände nicht ausbleiben würden. Und auch nachdem die Feindseligkeiten bereits begonnen und die bedrohten Rheinlande vom leidenschaftlichsten Für und Wider entbrannt waren, enthielt er sich aller tätigen Parteinahme; nur daß es bei der herrschenden Partei Verdacht erregte, daß, wie sich Forster in einem Brief vom 5. August 1792 an Jacobi ausdrückt, sein grader Sinn nicht Anhänglichkeit heucheln mochte, wo er seine Achtung verweigern mußte. Ja, selbst nach der Einnahme von Mainz behielt er zunächst noch seine Zurückhaltung. Er war nicht geflohen wie die anderen, weil es ihm feig dünkte, mit Verleugnung seiner Grundsätze sich an Adel und Geistlichkeit anzuschließen, und weil er nicht wußte, wohin bei dem Verlust seiner Habe mit Frau und Kindern sich wenden; aber nur mit sehr geteiltem Herzen sah er die Revolution unter seinen Augen, nach wie vor erschien ihm der Weg stiller Reform als möglich und als allein wünschenswert. „Ich bleibe dabei", schreibt Forster noch am 21. Dezember 1792 an den Buchhändler Voß, „daß Deutschland zu keiner Revolution reif ist ... Ich möchte bittend vor allen Fürsten Deutschlands stehen und sie um ihres eigenen Lebens und um des Glücks ihrer Völker willen bitten, es bei dem, was geschehen ist, bewenden zu lassen, nicht alles aufs Spiel zu setzen. ...Von oben herab ließe sich jetzt in Deutschland so schön eine Verbesserung friedlich und sanft verbreiten und ausführen, man könnte so schön, so glücklich von den Vorgängen in Frankreich Vorteil ziehen, ohne das Gute so teuer erkaufen zu müsse. ... Ich erkenne mit schrecklicher Gewißheit die ganze Stärke der Gewit-terwolke und möchte sie so gerne ableiten und teilen!“ Aber auf die Dauer war diese neutrale Stellung undurchführbar. Bald wurde er immer unentrinnbarer in den Strudel der Ereignisse gezogen, und bald durchbrach in ihm das drängende Freiheitsgefühl alle Rücksicht. Man kann nicht ohne Erschütterung lesen, was Forster am 6. Januar 1793 an Sömmerring schreibt: „Ich habe mich für eine Sache entschieden, der ich meine Privatruhe, meine Studien, mein häusliches Glück, vielleicht meine Gesundheit, mein ganzes Vermögen, vielleicht mein Leben aufopfern muß. Ich lasse aber ruhig über mich ergehen, was kommt, weil es als Folge einmal angenommener und noch bewährt gefundener Grundsätze unvermeidlich ist. Eins allein, weiß ich, ist unantastbar mein, weil ich es allein antasten könnte; das ist mein Bewußtsein.“ Er, der schon in seinen Ansichten vom Niederrhein zur Verteidigung der gewalttätigen Neuerungen Josephs II. dem bekannten Wort Lessings, daß, was Blut koste, gewiß kein Blut wert sei, die Erwägung entgegengestellt hatte, daß für Meinungen von jeher Blut vergossen worden und daß ohne solche gewaltsame Mittel wir vielleicht noch in unseren Wäldern Eicheln fräßen, er, der schon damals kühn behauptet hatte, daß, wer den Zweck wolle, auch die Mittel wollen müsse und daß Erhaltung des gegenwärtigen Zustandes meist nur Befeindung des unveräußerlichen Anrechts der Menschen auf Freiheit und Glückseligkeit sei, schreckte nicht zurück vor der Revolution und hielt die Beteiligung an derselben um so mehr für seine Pflicht, je mehr es galt, die Bürger einerseits aus ihrer Schlaffheit aufzurütteln und andererseits sie der sinnlosen Wüstheit wüster Demagogen zu entreißen. Und er, der von Kindheit auf in unstetem Wanderleben ein vaterlandsloses Dasein geführt hatte, schreckte nicht zurück selbst vor den weitgehendsten Folgerungen der kosmopolitischen Anschauungsweise seines Jahrhunderts; er sah das Vaterland nur da, wo nach seiner Meinung die Freiheit war, und glaubte, wie er noch in einer seiner letzten Schriften, in den Parisischen Umrissen, hervorhebt, mit Lessing sagen zu dürfen, daß gewisse Zeiten Männer verlangen, die über die Vorurteile der Völkerschaft hinweg seien und genau wüßten, wo Patriotismus Tugend zu sein aufhöre. Er wurde wegen seines geläufigen Französischsprechens Mitglied der obersten Verwaltungsbehörde. Er wurde Mitglied der Klubisten, d. h. der politischen Propaganda der rückhaltslos französisch Gesinnten.

Die Tragödie vollzog sich rasch. Die deutschen Heere trafen ernste Anstalten, Mainz zurückzuerobern. Am 25. März 1793 ging Forster mit zwei anderen Abgeordneten nach Paris, um dort den Wunsch nach Einverleibung des neuen Frei-staates in die Grenzen Frankreichs dem französischen Nationalkonvent zu überbringen. Kurze Zeit darauf aber war Mainz wieder in den Händen der Deutschen.

Forsters Schuld rächte sich schwer. Seitdem war Forsters Leben eine ununterbrochene Kette entsetzlichster Leiden.

Nach der Wiedereinnahme von Mainz wurde auf Forsters Kopf ein Preis von hundert Dukaten gesetzt. Forster blieb in Paris, hineingestoßen in alles Elend des Flüchtlingslebens. Er hatte mit der traurigsten Armut zu kämpfen; bitter scherzt er, er habe auf der Welt jetzt auf nichts mehr achtzugeben als auf seine sechs Hemden. Seine Familie war von ihm getrennt; zuerst in Straßburg, dann in Neuchâtel. Forster hatte, um die Seinigen vor aller Unbill sicherzustellen, schon während der Mainzer Revolution dies schwere Opfer auf sich genommen.

Und was am tiefsten an Forster nagte, der Gang der Revolution selbst wurde immer trostloser, immer entsetzenvoller. Er bleibt unerschütterlich fest bei seinen Grundsätzen, bei seinem Glauben an den endlichen Sieg seines hoheitsvollen Ideals von Menschenglück und Menschenfreiheit; ringsum aber umwogen ihn, wie er sich schmerzlich gestehen muß, nur blinde, leidenschaftliche Wut, nur rasender Parteigeist und nichtswürdige Selbstsucht, nur ein wüstes Durcheinander von Betrügern und Betrogenen. „Oh, seit ich weiß", schreibt Forster am 16. April 1793 an seine Frau, „daß keine Tugend in der Revolution ist, ekelt es mich an. Ich konnte, fern von allen idealischen Träumereien, mit unvollkommenen Menschen zum Ziel gehen, unterwegs fallen und wieder aufstehen und weitergehen; aber mit Teufeln und herzlosen Teufeln, wie sie hier sind? ... Immer nur Eigennutz und Leidenschaft zu finden, wo man Größe erwartet und verlangt; immer nur Worte für Gefühl, immer nur Prahlerei für wirkliches Sein und Wirken, wer kann das aushalten?" Noch war die wildeste Zeit Robespierres nicht gekommen, aber wie trüb ahnungsvoll, wie scharfblickend prophetisch ist es, wenn Forster in diesem Brief hinzusetzt: „Die Tyrannei der Vernunft, vielleicht die eisernste von allen, steht der Welt noch bevor... Je edler das Ding und je vortrefflicher, desto teuflischer der Mißbrauch. Brand und Überschwemmung, die schädlichen Wirkungen von Feuer und Wasser, sind nichts gegen das Unheil, das die Vernunft stiften wird. Wohl zu merken, die Vernunft ohne Gefühl."

Der hochherzige, ideale Schwärmer war in das innerste Mark getroffen. „Man weiß wirklich nicht", sagt er in einem Briefe vom 2. Juni 1793 „soll man weinen oder lachen bei diesen Auftritten? Die klügsten Köpfe, und ich glaube, zugleich die tugendhaftesten Herzen, unterliegen den Ruhestörern und Intriganten, die unter der Larve der Volksfreundschaft sich bereichern und sich zu Herren von Frankreich machen wollen. Hätte man alles das aus der Ferne wissen können! Doch das ist eine eitle Betrachtung! Wer sagen kann, daß er nach seiner jedesmaligen Einsicht und nach seinem Gewissen handelt, kann ruhig sein."

Forster hat vielfach über die Französische Revolution geschrieben. Es ist rührend zu sehen, wie treu und fest er in allen diesen Schriften das Banner des unverbrüchlichen Menschheitsideals aufrecht erhält. Er leugnet nicht die Greuel und Schrecken der Revolution, aber er betrachtet sie als vorübergehenden Naturprozeß.

Zu dieser schweren Enttäuschung kam noch einanderes entsetzliches Unglück. Schon in den letzten Jahren in Mainz hatte sich sein Verhältnis zu seiner Frau sehr getrübt. Therese, die ihr eigener Vater, der treffliche Heyne, sogar noch im Jahr 1805 eine hochgeschraubte Natur nennt, hatte sich Forster entfremdet; ihr Herz gehörte Forsters Freund Huber, der damals als sächsischer Geschäftsträger in Mainz lebte. Jetzt, da Forster in Paris war, hatten sich Huber und Therese in Neuchâtel zusammengefunden. Arglos sieht Forster in Huber nur seinen Freund; und je unglücklicher er sich in Paris fühlt, mit um so größerer Hingebung denkt er an Weib und Kind. Er sendet ihnen selbst das Unentbehrlichste, sorgt, hofft und träumt für sie und bleibt mit den Geliebten in ununterbrochenem Briefwechsel voll der zartesten und treusten Empfindungen. Für sich selbst hat er auf glückliche Tage verzichtet; aber den Seinigen möchte er so gern noch Glück und Genuß gesichert wissen; lediglich um ihretwillen denkt er an neue Lebenspläne, bald will er sich in Indien eine gesicherte Stellung gewinnen, bald will er Arzt werden, bald in England die Leitung einer Buchdruckerei übernehmen. Und zuletzt kann er es nicht länger ertragen, diejenigen so lange nicht gesehen zu haben, an denen sein ganzes Herz hängt. Er verschafft sich die Mittel, an der Schweizer Grenze die Frau und die Kinder wiederzusehen. Er sieht das Furchtbarste. Er kann sich nicht täuschen, von welcher Art die Verbindung zwischen Huber und seiner Frau ist. Der hohe, edle Sinn Forsters bestand auch diese herbste Prüfung. Forster überwindet sich. Die Treulose hat ihm selbst die Erinnerung an seine Vergangenheit vergiftet; aber sie ist mit seinem tiefsten Empfinden aufs innigste verwachsen, sie ist die Mutter seiner Kinder. Er hält es sogar für möglich, auch unter den völlig veränderten Verhältnissen dereinst wieder in ihrer Nähe leben zu können, ihr unveränderter Freund zu bleiben. Wenige Tage nachher schreibt er, am 6. November 1793, aus Pontarlier an Therese einen Brief, der nur Worte der Liebe, der Hoffnung enthält. „Mir ist zumute wie dem Erdensohn Antäus, der neue Kräfte bekam, wenn er seine Mutter Erde anrührte. Mein Mut, auszuharren, ist fester, entschiedner; die Resignation, wenn ich es so nennen soll, in alles, was nun geschehen mag, hat nun keinen Kampf mehr. Was dahinten ist, seh ich auch mit dem Rücken an, und nun vorwärts, vorwärts. Wir könnten noch ein zwanzig oder dreißig Jahre vergnügt sein und bei- und nebeneinander leben." Und auch an anderen Stellen seiner Briefe spricht er in gleichem Sinn. Aber tief innen nagte und bohrte doch der Gram ununterdrückbar.

Seitdem kränkelte Forster mehr und mehr. Er starb am 10. Januar 1794 in Paris an seinem gichtischen Leiden, das ihm in das Herz getreten war; arm, verlassen, einsam, noch nicht vierzig Jahre alt. Der Redakteur des Moniteur, mit Forster befreundet, scheint der Vertraute von Forsters tiefstem Leid gewesen zu sein; er ließ es sich trotz aller Gegenvorstellungen nicht nehmen, in der Anzeige von Forsters Tod von einem „chagrin domestique" zu sprechen.

Noch der letzte Brief Forsters war an seine Frau gerichtet. Er endet mit den Worten: „Küßt meine

Herzblättchen!“ Auch auf dem Sterbebett waren seine Kinder sein stetes Sinnen und Sorgen.

Therese, seine Witwe, die so schwere Schuld an Forsters Tod trug, hat für die von ihr im Jahr 1829 herausgegebene Sammlung von Forsters Briefen den Spruch aus Götz von Berlichingen zum Motto gewählt: „Wen Gott niederschlägt, der richtet sich selbst nicht auf. Ich weiß am besten, was auf meinen Schultern liegt. Unglück bin ich gewohnt, zu dulden. Und jetzt ist's nicht Weislingen allein, nicht die Bauern allein, nicht der Tod des Kaisers und meine Wunden. Es ist alles zusammen.“

Wir möchten diesen Worten den Schluß des Götz hinzufügen: „Wehe der Nachkommenschaft, die dich verkennt.“

Die meisten Zeitgenossen urteilten sehr hart über Forster. Zeiten der Reaktion haben ihre Freude daran, die wehrlosen Opfer zu schmähen und zu höhnen. Es schmerzt, selbst Männer wie Schiller und Wilhelm von Humboldt unter diesen unritterlichen Gegnern zu sehen. Das Urteil der Gegenwart hat dies Unrecht gesühnt. Jetzt hat sich vollauf erfüllt, was Herder in der Vorrede zu der zweiten Ausgabe der Sakuntala mit Zuversicht aussprach, daß der Name Georg Forsters den Deutschen immer „in lieblichem Andenken“ bleiben werde.

Josef Nadler

Georg Forster gehört zu den vielen Pflegekindern des deutschen Volkes, denen ein widerspruchvolles Erbe die Schultern eindrückte. Als Abkomme des Ostens, steht er beziehungsreich unter den großen ostdeutschen Naturforschern Koppernigk, Sömmering, Humboldt, Ritter, Steffens. Wer könnte sie auf engem Raum alle nennen. Sein kurzes vierzigjähriges Leben war beherrscht von einem fessellosen Triebe nach Erkenntnis. Und so kannte er alle Zweige der Naturkunde, zeichnete mit vollendeter Fertigkeit Pflanzen und Tiere, trieb Kunst und Literatur, Geschichte und Erdkunde, schrieb Latein und verstand Griechisch und sprach oder schrieb oder las fast alle europäischen Sprachen. Seine Naturschilderungen waren Kunstwerke zugleich und wissenschaftliche Ereignisse. Er war ein Meister des deutschen Stils. Alle Dinge in seiner „Reise um die Welt" ordnete er zwischen den zwei Polen ein: Urzustand und Kultur. Menschen auf gleicher Kulturstufe seien in den entfernsteten Winkeln der Erde ähnlich. Die Dichtung des Buches ist die Idylle Tahiti. Das Eiland wird als das Paradies gemalt. Aber welch köstliche Wirkung in Gegensätzen, wenn Forster nun klassisches Altertum und die Urzustände morgenjunger Südseeinseln in inneren Zusammenhang bringt. Mit Erinnerungen aus Horaz, Vergil und Juvenal treibt er traumhaft verloren an blütenschweren, grünen Gestaden vorüber. Hellenische Flotten, hellenische Kriegführung, spartanische Tapferkeit vergleicht er mit den ampfmitteln und Kriegertugenden hellbrauner Helden von Tahiti. Phidias und Praxiletes hätten dort manches Urbild finden können. Er prüft die Wahrhaftigkeit homerischer Darstellung an den Festen und Arbeiten, Fahrten und Kämpfen kleiner Südseevölker. Das ist nicht bloß Herders Schule. Da hat ein Gleichbegabter und Geistverwandter unter den tausend Wegen einer Weltreise den richtigen Pfad zu ewig gleicher Erkenntnis gefunden. Da ist kein getragener und kein empfindsamer Zug. Und der Wirkung dieser entzückend ursprünglichen Sätzchen voll Gegenwart kann sich auch das verwöhnteste Sprachgefühl nicht entziehen. Jedes Zeitwort ist lebendig. Das wölbt sich und trägt und fließt und streitet und arbeitet. Das Buch von der Weltreise überwand den ganzen Gedankenkreis, der sich an Rousseau knüpfte. Denn es führte die Natur, die jener suchte, beinahe im Urzustand vorüber, und zeigte, daß es eben nur ein Lebensalter der Menschheit sei, nicht mehr zu errufen, wenn es vergangen, wie Kindheit und Jugend. Das Buch vertiefte und erweiterte das deutsche Naturgefühl und vermittelte späteren Literaturen ganze Erlebnisgruppen.

Georg Forster war in das Kraftfeld des Rheintals getreten. Im Umsturz glaubte er den Fortschritt zu sehen und fiel ihm zum Opfer. Und er, der für den Untergang zu wirken meinte, arbeitete tatsächlich für die Erneuerung. Das ist sein zweites Reisewerk: „Ansichten vom Niederrhein“. Der Einfluß dieses Buches auf die rheinische Restauration war entscheidend. Mit der Rheinlandschaft beschäftigt sich eigentlich nur das erste Viertel, die Reisestrecke von Boppard bis Lüttich. Aus dem geschulten Auge des Weltgereisten, des Forschers, des Erdkundigen ist der ganze Gau in all seinen räumlichen, geschichtlichen, völkischen, geistigen Einzelheiten erfaßt und mit ausgereifter Sprachkunst dargestellt. Abweichende Schattierungen im Volksschlag fallen ihm ebenso auf wie leise Untertöne in der Mundart. ... Der Eindruck, den der Mensch auf alle machte, war unwiderstehlich. Es war der Ruf des Vielgereisten, des Abenteurers, der die seßhaft unruhigen Menschen der Zeit bestrickte. „Er hat etwas Apartes, Auge und Teint des Weltumseglers, den Reiz, soll ich sagen Hautgout ehemaligen Skorbuts“, schwärmte die Gräfin Coudenhove von ihm. In ihm suchten sie den Zauber weltferner, selig-einsamer Weltmeerinseln, die er gesehen, die er durchwandert. Seine Liebenswürdigkeit und warmflutende Rede schlug Freunde und Fremde in Bann, und Merck meinte, ein Herz wie das seine zu finden, sei eine Reise um die Welt wert. Friedrich Schlegel nannte seine Gespräche Kunstwerke. Darin und in seinem Bildungsgange lag das Unglück und Unheil seines Lebens. Er war ein Mann ohne Jugend und Elternhaus. Er schien alles sein zu können aus Schwäche und nichts aus umfassender Anlage. Er glaubte wie Hamann an den im Kleinsten gegenwärtigen Willen Gottes und fand doch nie das richtige Fahrwasser durch die ewigen Wirbel des Zweifels in seinem Innern. In London fiel er den Freimaurern, zu Kassel den Rosenkreuzern in die

Hände. Er suchte Gold zu machen und Tote zu beschwören und so wurden ihm Christentum und Magie ein Glaube. Die Verhältnisse und die Menschen führten ihm immer das Steuer, und da er endlich allein in der Brandung trieb, mußte er erkennen, daß er das Steuern nie gelernt hatte. Die deutschen Heuchler, die allerorten, die den ganzen Rhein entlang schamlos Weib und Kind und Seele an Napoleon verkauft hatten, brachten es fertig, diesen reinen Schwärmer durch zwei Menschenalter als Verräter zu brandmarken. Und er war doch von Abkunft gar kein Deutscher und von Geburt polnischer Staatsbürger. „Er war für die große Geisterbewegung der Vertraute im Drama, der nicht zu den Handelnden gehört, aber für die Handelnden und für die Handlung ein Bedürfnis ist; er könnte entbehrt werden, aber er würde vermißt werden." Forster gehört als Sprößling des Ostens zu den Mitträgern des romantischen Geistes. Am Rhein wurde er zum Jakobiner, und die Tat, für die er zu schwach war, schritt über ihn hinweg.

Die Erinnerung an Georg Forster war den Deutschen lange Jahrzehnte versagt. Das Gedächtnis der Nation hatte keinen Platz für einen großen und schwierigen Mann, der von den Obrigkeiten seiner Epoche als Revolutionär und Verräter mit der Reichsacht belegt war. Schiller schickte ihm in den *Zahmen Xenien* schlechte Distichen und billigen Spott nach: „O, ich Tor, ich rasender Tor! Und rasend ein jeder, / Der auf des Weibes Rat horchend, den Freiheitsbaum pflanzt. ... Ach wie sie Freiheit schrien und Gleichheit, geschwind wollt' ich folgen, / Und weil die Trepp' mir zu lang deuchte, so sprang ich vom Dach." Goethe, dem anders als Schiller niemals Sympathien für den revolutionären Aufbruch nachgesagt werden konnten, sprach ruhiger und menschlicher über Forster, in dem er einen fernen und spröden Gefährten erkannte: „So hat der arme Forster denn doch seine Irrtümer mit dem Leben büßen müssen, wenn er schon einem gewaltsamen Tode entging. Ich habe ihn herzlich bedauert." Drei Jahrzehnte später formulierte Goethe im Gespräch mit Eckermann ein wahrhaftiges Urteil über die Revolution: ihre Greuel hätten ihn täglich und stündlich empört, doch ihre „wohltätigen Folgen" seien damals noch nicht zu ersehen gewesen. Diese Einsicht hätte ihm Georg früher zu vermitteln vermocht. Die Stiftszöglinge Hölderlin, Hegel und Schelling in Tübingen verstanden die Botschaft des Jakobiners Forster rascher. Aber sie waren blutjung.

Friedrich Schlegel setzte Georg mit seinem Aufsatz im *Lyzeum der schönen Künste* das schönste Denkmal: Fesseln, Mauern und Dämme seien nicht für diesen freien Geist gewesen. Er habe in seiner Sprache französische Eleganz, Popularität des Vortrages und englische Gemeinnützigkeit mit deutscher Tiefe des Gefühls und des Geistes vereint. Ohne Zögern reihte ihn dieser generöse Autor, der sich Forsters Freundin Caroline Böhmer nach ihrer Festungshaft mit so viel Ritterlichkeit angenommen hatte, unter die deutschen Klassiker ein. Lichtenberg freilich weigerte sich, mit dem Hinweis auf seine Familie, die Rücksichten fordere, für den Freund einen Nachruf zu schreiben.

Das Bild des Revolutionärs verdunkelte die Erinnerung an den Weltumsegler Georg Forster. Doch er hatte mit seinen Erzählungen von Tahiti einen Traum in die Herzen der Deutschen gesenkt. Nach der Veröffentlichung seines Reisebuches wollte Heinrich Wilhelm von Gerstenberg eine Kolonie deutscher Schriftsteller unter Forsters Führung auf einer der Südsee-Inseln gründen, und noch im Jahre 1808 wurde eine Geheimgesellschaft junger Schwärmer in Tübingen ausgehoben, die eine Republik freier Bürger an einem pazifischen Gestade anzusiedeln gedachten. Mörikes Lied von dem märchenhaften „Orplid" war ein später Nachklang der Sehnsucht nach den tropischen Paradiesen.

Niemand hat Georg Forster tiefer und aufrichtiger betrauert als sein Schwiegervater Christian Gottlob Heyne. Am 31. Januar 1794 schrieb der gelehrte alte Herr an Samuel Thomas Soemmerring: „... Die traurige Nachricht von Forsters Tod ... rührt mich schmerzlicher als ich Ihnen sagen kann. Ich kann mich gar nicht fassen; nicht sammeln. Ich liebte den Mann ganz unaussprechlich; er war mir mehr als Kind ...". Er war Forster mehr ein Vater geworden als der grimmige Professor Reinhold Forster in Halle, der nach Heynes Zeugnis den Sohn schließlich an den Galgen wünschte. Der Göttinger Hofrat fügte wenige Tage später hinzu: „Mein Forster ist mir unablässig vor den Augen und im Sinn! er war mir der Gegenstand des Kummers seit so vielen Jahren, da ich sah was er durch seine unglücklichen Verhältnisse mit Therese litt; die Liebe gegen ihn erhält dadurch etwas weit theilnehmenderes, weicheres und rührenderes. Noch schmilzt mir das Herz, wenn ich an ihn denke. Er war hier nicht zum Glück bestimmt ..."

Im zwanzigsten Jahrhundert war es still um Forster geworden. Es schien, als habe der Bann im Zeitalter des Nationalismus erst seine ganze schreckliche Wirksamkeit gewonnen. Nur Ina Seidel durchbrach – in ihrem ersten Roman *Das Labyrinth* und mit einem Aufsatz für *Westermanns Monatshefte* – das Schweigen mit einer redlich-konservativen Deutung der Gestalt des „Verräters". Das Thema der Mainzer Revolution blieb ihr nahe. In dem zweiten Roman *Das Wunschkind* rückte sie Caroline Böhmer (die später Schlegel und Schelling hieß) in den Umkreis ihrer Aufmerksamkeit.

Nach 1945, als die nazistische Raserei ihr Ende

fand, begann die Wiederentdeckung Forsters. Die zaghafte Renaissance ist vor allem das Verdienst Gerhard Steiners, der Leitzmanns und Zinckes literarhistorische Arbeit weiterführte. Steiner nahm, soweit es die Verhältnisse erlaubten, den Geist der progressiven Liberalität wieder auf, der den großen Aufsatz prägte, mit dem Gervinus – einer der „Göttinger Sieben" – die erste Gesamtausgabe von Forsters Werken im Jahre 1843 eingeleitet hatte (die Herausgabe besorgte Georgs ältere Tochter Therese). Steiners Initiative ist, zu einem guten Teil, die historisch-kritische Gesamtausgabe der Werke und Korrespondenzen im Akademie-Verlag der Deutschen Demokratischen Republik zu danken. Freilich konnte dieses große und schöne Unternehmen nicht abgeschlossen werden. Der letzte Band der Briefe aus den Revolutionsjahren, für das Jahr 1975 angekündigt, durfte bis zum Ende des Jahres 1987 nicht erscheinen. Die Hinderungsgründe sind wohl kaum nur technischer Natur.

Vielleicht verbirgt sich hier ein Hinweis auf die bedrückende Einsicht, daß es die Deutschen in Ost und West mit Georg Forster und dem Geist der Revolution noch immer nicht leicht haben. In der Bundesrepublik scheute man sich lang, dem leidenschaftlichen Republikaner zu begegnen, der die Barrieren der Traditionen, der Klassen, der überkommenen Doktrinen, am Ende sogar die Schranken zwischen Franzosen und Deutschen niederzureißen versuchte, um der Freiheit auch am Rhein eine Heimat zu schaffen. In der DDR aber schien man nicht willens oder nicht fähig zu sein, sich dem freien Geist zu öffnen, der auch in der Französischen Revolution wehte, woher und wohin er wollte. Forsters melancholischer Abschied von allen Illusionen, seine angstvolle Rechtfertigung des Terrors, die freiwilligen und unfreiwilligen Geständnisse seiner Schwächen und Inkonsequenzen – auch sie waren zuletzt eine Konfession der menschlichen Freiheit, die sich keiner Orthodoxie unterwirft. Wie anders sollte er seine Liebe zur Welt beweisen als in dem tapferen Willen, den er erst im Sterben preisgab: frei zu sein, auch in der Erniedrigung, auch im Elend, auch in der Furcht.

S. 7 Im Götting. Magazin 1 Jahrg. 2 Stück, S. 234 stehen „einige Lebensumstände vom Capitain Jacob Cook, größtentheils aus schriftlichen Nachrichten einiger seiner Bekannten gezogen von G. C. Lichtenberg“. Neue, noch ungenutzte Materialien zu dieser Biographie giebt es nicht.
S. 25 Ein Verzeichniß der Reisen um die Welt findet man in meiner Einleitung zu der von mir beschriebenen zweyten Cookischen Reise.
S. 31 Man lese die Geschichte der Entdeckungen und Schifffahrten im Norden, von Joh. Reinhold Forster, Frankf. 1784. 8. S. 525 u. f. Ein Werk welches über diesen Gegenstand alles wissenswerthe enthält.
S. 36 Monsun ist ein Wind, der in den Indischen Gewässern ein halbes Jahr hindurch beständig herrscht. Im folgenden halben Jahre wehet es aus dem entgegengesetzten Punkt. Ich kann nicht umhin, bey dieser Gelegenheit zu erinnern, daß Carteret, ob er gleich wenig entdeckte, doch unsägliches Elend in einem zu einer solchen Reise ganz untauglichen Schiffe ausgestanden und von Magellans Meerenge bis nach Macassar gegen sechs Monate unterwegs gewesen ist.
S. 41 The Traps.
S. 46 Neuholland und die Brittische Colonie in Botany-Bay.
S. 58 Schon Middeltons Reise im Jahr 1741 hatte es sehr unwahrscheinlich gemacht, daß Hudsonsbay eine Durchfahrt enthalte, und Moor und Smith, die 1746 ihm folgten, bestätigten gleichsam seine Meynung. Indeß schickte doch die Hudsonsbay-Compagnie selbst, im Jahr 1761 den Capitain Christopher in der Schaluppe Churchill, aus, und gesellte ihm im folgenden Jahre noch Herrn Norton in einem Cutter, oder kleinen Fahrzeuge bey. Sie besuchten blos die Buchten, von denen man noch

allenfalls etwas vermuthen konnte, weil sie nicht ganz erforscht worden waren. Zuerst die Chesterfields-bucht (inlet), welche sich in einen See von frischem Wasser endigt, der ungefähr ein und zwanzig Seemeilen lang, und zwischen fünf und zehn Seemeilen breit ist, und gegen Westen hin ein Flüßchen aufnimmt, das etwas weiter landeinwärts, in drey Fällen übereinander, herabstürzt, jenseits welchen es auch für einen Kahn nicht tief genug ist. Dann auch Pistolbay, wo neuere Schriftsteller noch eine Durchfahrt vermutheten, die aber nur drey oder vier Englische Meilen landeinwärts geht.

Die Reise des Herrn Hearne zu Fuß, ist ungleich merkwürdiger. Schon Dobbs sprach viel von einem Copper-mine River, (Kupferbergwerksfluß), welcher sich, laut der Aussage der eingebohrnen Amerikaner, ins Meer ergießen sollte. Er hielt es für ausgemacht, daß dieses Meer nichts anders als die nordwestliche Durchfahrt seyn könne, und baute viel darauf. Im Jahr 1770 ließ endlich die Hudsonsbay-Compagnie untersuchen, was an der Sache wäre, und trug die Ausführung ihrem Gouverneur im Fort Prince of Wales auf, welches in 58° 50' N. Br. am Churchill-Flusse liegt. Die Wahl fiel auf einen jungen Mann, Namens Hearne, der damals in Diensten der Compagnie stand, ehedem aber Officier auf der Flotte gewesen war, und sowohl Breite als Länge beobachten, und Charten aufnehmen konnte. Am 7. December 1770 reisete er von dem obbenannten Posten ab, und hielt sich meistens immer nordwestwärts, bis er im Junius 1771 einen Ort erreichte, der Conge-catha-wha-Chaga (etwa Condschi-catha-wha-Tschaga auszusprechen?) heißt. Hier sagt er, hatte er zwey gute Beobachtungen, beydes vermittelst der Mittagshöhe und correspondirender Sonnenhöhen, wodurch er die Breite auf 68° 46' bestimmen konnte. Nach seiner Rechnung war er bereits 24° 2' in Länge nach Westen vom Churchill-Flusse gereiset. Am 2ten Junius verließ er diesen Ort, und reisete noch immer nordwärts, etwas westlich, bis er

13. den Copper-mine River fand, der aber nicht, wie man vermuthet hatte, schiffbar ist, sondern kaum ein Kanot tragen kann, und überall mit Wasserfällen, Sandbänken und Steinhaufen gleichsam abgedämmt ist. Ohnweit der Mündung dieses Flusses machten seine Begleiter, die Nordischen Indianer, einund zwanzig Esquimaux nieder, die sie in ihren Hütten überfallen hatten, um sie auszuplündern, und insbesondere, das Kupfer was sie bey sich hatten, mitzunehmen. Acht Englische Meilen weit vor sich erblickte er am 17ten um 5 Uhr Morgens die See gegen Norden, und der Fluß so seicht wie oben, floß über eine dürre Fläche, welche die Küste bildete. Es war Ebbe, die, nach dem Eise zu urtheilen, an dessen Rändern er Merkmale wahrnahm, etwa zwölf bis vierzehn Fuß fallen mochte. Die Fluth konnte nur eben die Mündung des Flusses erreichen, folglich war das Wasser in demselben nicht im mindesten gesalzen. Übrigens bewies die Menge von Wallfischknochen und Seehundsfellen bey den Gezelten der Esquimaux, so wie die Robben selbst, die in großer Anzahl auf dem Eise lagen, daß man hier wirklich am Meere sey. Das Meer hatte, so weit man mit Ferngläsern sehen konnte, viele Inseln und Untiefen, und das Eis war nur drey Viertel Englische Meilen vom Ufer und rund um die Inseln und Sandbänke aufgethaut. Es war 1 Uhr Morgens am 18ten Junius, als Herr Hearne mit diesen Beobachtungen fertig wurde, (man weiß, daß die Sonne in hohen Breiten um diese Jahrszeit, immer ziemlich lange über dem Horizonte steht.) Jezt kam ein Nebelwetter mit feinem Regen, und Herr Hearne trat die Rückreise an, ohne auf gutes Wetter zur Beobachtung der Breite zu warten, indem er sich auf die Beobachtungen in Conge catha-wha-Chaga, und die seitdem zurückgelegte Länge und Richtung des Weges verlassen konnte, und gewiß war, daß die Breite von 72° die seine Charte angiebt, nicht mehr als höchstens ein Drittel eines Grads unrichtig seyn könne. Nach dieser Charte, welche auch bey der zu Cooks letzter

Reise entworfenen Generalcharte benutzt worden ist, wo man Hearnes Reiseroute nachsehen kann, liegt die Mündung des Coppermine-Flusses 25° der Länge westlich von dem Posten der Compagnie, von dem er zuerst abgereiset war, und wohin er erst am 30sten Junius 1772 zurückkam. Die Hudsonsbay-Compagnie hat ihn seitdem zum Gouverneur des Fort Prince of Wales ernannt, um ihm für die unsägliche Mühe und das Elend, welches er auf dieser neunzehn Monat langen Reise ausgestanden hat, eine Belohnung zu geben. Sein Tagebuch wünschte man gedruckt zu sehen, denn es enthält eine ungeschmückte Darstellung der Lebensart der dortigen Wilden, ihrer kümmerlichen Nahrung ihres außerordentlichen Elends, indem sie, ohne eine stete Wohnung zu haben, die öden Wüsteneyen durchirren, und auf den gefrorenen Seen jenes weitausgebreiteten Landes umherziehen, wo Herr Hearne gegen 1300 Englische Meilen, bis ans Meer, gegangen ist, und wo die Compagnie fünf hundert Englische Meilen landeinwärts, in 53° 0' 32 N Br. und 106° 27' 30 W L einen Handelsposten Namens Hudsons-Haus, unterhält. Der Herausgeber von Cooks letzter Reise, Dr Douglas, der diese Nachricht mittheilt, hat uns aus Hearnes Tagebuch einen Zug aufbewahrt, der zwar diese lange Anmerkung noch etwas verlängern wird, aber seiner Stelle wohl werth ist. „Auf dem Rückwege, am 11ten Januar 1772, giengen die Indianer auf die Jagd. Einige fanden die Spur eines Schneeschues, giengen ihr nach und kamen endlich in eine kleine Hütte, wo ein junges Weib einsam saß. Sie schleppten sie nach ihren Gezelten, und erfuhren von ihr, daß sie zu den westlichen Hunds-Rippen- (Dog-Ribb'd) Indianern gehörte, und im Sommer 1770 von den Arathapescau-Indianern gefangen genommen wäre. Im Sommer 1771, hätten sich die letztern dieser Gegend genähert, da sie denn von ihnen entlaufen wäre, in der Absicht nach ihrem Lande zurückzugehen. Weil dies aber so weit entlegen, und sie als Gefangene die ganze Strecke in

Kähnen, über Flüsse und Seen, die sich verschiedentlich krümmten, gekommen wäre, so hätte sie den Weg vergessen, und vom Herbste an in dieser kleinen Hütte gewohnt. Nach der Zahl der Monden zu urtheilen, mußte sie im Julius von den Arathapescaus entkommen seyn, und hatte seit der Zeit keinen Menschen gesehen. Dem ungeachtet wußte sie sich sehr gut zu verköstigen, indem sie Kaninchen, Rebhühner und Eichhörner in Schlingen fieng, und war sehr gesund und wohl beleibt. Von ächten Nordamerikanischen Indianerinnen habe ich nicht leicht eine schönere gesehen. Ihre Schlingen machte sie von zusammengedrehten Sehnen der Kaninchenbeine, und das Fell dieser Thiere diente ihr zu einem netten, warmen Winteranzug. Als sie entlief, hatte sie weiter nichts mitgenommen, als ein fünf Zoll langes Stück von einem eisernen Tonnenbande, zum Messer einen Stein, der ihr den Feuerstahl ersetzte, nebst andern harten Kieseln. Zunder, und was zum Feueranmachen gehört; imgleichen ein anderthalb Zoll langes Stück vom Widerhaken eines Pfeils, woraus sie sich einen Pfriem gemacht hatte. Sie war noch nicht lange bey den Gezelten angekommen, so stellten etwa zehn Kerle ein Ringen an, um zu entscheiden, wessen Frau sie werden sollte. Sie erzählte auch, die Arathapescaus hätten sich in der Nacht ihrer Gefangennehmung, an ihre Gezelte geschlichen, und die sämmtlichen Einwohner bis auf sie und drey andere junge Weiber umgebracht. In demselben Zelte mit ihr befand sich ihr Vater, ihre Mutter und ihr Mann, die alle ums Leben kamen. Unentdeckt nahm sie in der Nacht, als Gefangene, ihr Kind von fünf Monden, in ein Bündel ihrer Kleidung gewickelt, mit sich. Allein bey Tagesanbruch kamen ihre Räuber mit ihr an den Ort, wo sie ihre Weiber zurückgelassen hatten, die sogleich über das Bündel herfielen, das Kind fanden, und es auf der Stelle erwürgten. So schauderhaft diese Scene selbst in der Erzählung war, so lachten doch meine Indianischen Begleiter nur darüber. Ihr Land, fuhr sie fort, sey so fern, daß sie vor ihrer Gefangennehmung kein Eisen gesehen hätte. Ihre Landsleute machen sich Beile und Meissel aus Hirsch-(Elends-) Geweihen und Messer aus Stein oder Knochen. Ihre Pfeile haben Spitzen von Schiefer, Knochen oder Horn, und zum Schnitzen in Holz brauchen sie Biberzähne. Oft hätten sie zwar gehört, daß die östlichen Völker bessere Werkzeuge (von den Engländern) erhielten; sie dürften sich aber nicht zu diesem Handel zudrängen, sondern müßten sich vielmehr, aus Furcht vor den Arathapescau-Indianern, die Winter und Sommer, Jahr aus Jahr ein schreckliche Niederlagen unter ihnen anrichten, immer weiter zurückziehen." (Aus Herrn Hearnes Handschrift.) Es verdient hier kaum noch angemerkt zu werden, daß das Englische Admiralitätscollegium im Sommer 1776 den Lieutenant Pickersgill, und im folgenden Sommer den Lieutenant Young, mit dem kleinen Fahrzeuge, Lion, (der Löwe) in die Baffinsbay schickte, um gewissermaßen Cooks Entdeckungen zu unterstützen, oder ihm entgegen zu kommen. Allein keiner von beyden kam in die Baffinsbay, geschweige weiter.

S. 60 Man sehe die geheimen Verhaltungsbefehle.

S. 67 Barrington's Miscellanies, p. 508. Geschichte der Entd. und Schifffahrten im Norden. S. 521.

S.76 Ein Fahrzeug mit zwey Masten, im gegenwärtigen Falle von zwanzig bis dreyßig Tonnen.

S. 77 Bey dieser Beschreibung nehme ich Rücksicht auf das Schiff, in welchem ich Cook auf seiner zweyten Reise begleitet habe, die Resolution. Es bedarf wohl keiner Erinnerung, daß ich geflissentlich so viel Kunstwörter als möglich vermieden habe, da diese Beschreibung nur für den Land- und Städtebewohner bestimmt ist.

S. 80 Wenn man sich den Horizont in 32 gleichen Theilen denkt, so kann ein Schiff, welches gut am Winde liegt, vermöge einer schrägen Stellung der Segel, in einer Richtung fortgehen, die nur um sechs solcher Theile von der Gegend, woher der Wind kommt, entfernt ist; doch verliert es unvermerkt einen, ja mannichmal wohl zwey solcher Theile, und geht also im Grunde nur 7/32 oder 8/32 vom Winde fort. Wenn man nun eine Strecke so fortgesegelt ist, so kann man ebenfalls von der andern Seite des Punkts, woher der Wind kommt, demselben bis auf 6/32 nahe kommen, und indem man wechselsweise auf diesen Annäherungslinien fortgeht, sich auch einem Orte, der gerade gegen den Wind hinliegt, nähern. Diese Art der Annäherung heißt das Laviren. Z. B. Wenn A der Punkt ist, wohin man will, B der Ort des Schiffs, und AB die Richtung des Windes, so kann

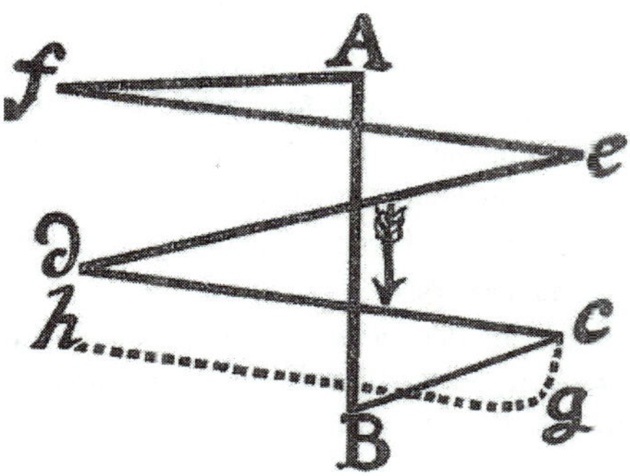

dennoch das Schiff von B nach A kommen, indem es nach c, d, e und f lavirt. In diesen Punkten muß es umlegen, das heißt, man läßt den Schiffschnabel gegen den Wind gehen, und wieder auf der andern Seite, so viel als nöthig ist, vom Winde abfallen, während daß die Segel anders gestellt werden, um den Wind von der andern Seite aufzufangen. Ein Schiff, welches sich nicht gut umlegen läßt, verliert wieder während des Umlegens, weil es von c bis g zurücktreibt, und kann also natürlich, anstatt nach d zu kommen, nur h erreichen. Stürme, Windstöße, Strömungen,

Ebbe und Fluth, hohe Wogen, u. d. gl. machen Ausnahmen von der allgemeinen Regel.

S. 85 Der Tag des Seefahrers fängt um Mittag an. Von den sieben Wachen deren jede ihren eigenen Namen führt, sind fünf vierstündige, und die beyden andern zweystündig. Wenn ich die drey Abtheilungen der Mannschaft mit A, B, C, bezeichne, wird man aus folgender Tabelle sehen können, wie oft die Wache an eine jede kommt:

A. 0 bis 4 Uhr N. M.	– 4 St. Nachmittagswache
B. 4 bis 6 Uhr N. M.	– 2 St. erste Hundewache
C. 6 bis 8 Uhr N. M.	– 2 St. 2te Hundewache
A. 8 bis 12 Uhr N. M.	– 4 St. Erste Nachtwache
B. 0 bis 4 Uhr Morgens	– 4 St. Mittelwache
C. 4 bis 8 Uhr Morgens	– 4 St. Morgenwache
A. 8 bis 12 Uhr Morgens	– 4 St. Vormittagswache

Augenscheinlich fängt also B den nächsten Tag und C den dritten an; A hat also an beyden Tagen nur eine zweystündige und eine vierstündige Wache.

S. 86 Ein Segel einreffen, heißt einen Theil desselben über die Raa oder Segelstange wickeln und festbinden, damit es kleiner werde. Während dieser Arbeit wird die Raa herabgelassen, und sobald eingerefft ist, zieht man sie wieder auf, und sie hängt alsdenn nicht so hoch als zuvor am Maste. Man kann ein Marssegel zwey auch dreymal reffen.

S.88 Dies wird nur in der Voraussetzung gesagt, daß das Schiff dauerhaft gebaut sey, und gut auf dem Wasser schwimme. Wo dieses nicht der Fall ist, kann es, indem es die Welle auf der Seite empfängt, ganz umgeworfen, oder wenn sie von hinten hineinschlägt, zerschmettert werden, und in beyden Fällen bleibt keine Rettung übrig.

S.95 Ein Stück Segeltuch, sechs bis sieben Fuß lang, vier bis fünf Fuß breit, an den kurzen Seiten mit weiten Schnürlöchern, durch die auf jeder Seite ein Tau gezogen wird, in welches ein

Haken eingebunden ist, um sie damit an zwey Seiten in kleine, an den Verdecksbalken befindliche Löcher einzuhängen. Dieser Beutel ist das Bett des Seemannes, und schnürt sich um Kopf und Leib sehr enge zusammen, weshalb man ihn vermittelst eines kurzen Stocks, oder eines halbmondförmigen Holzes, oben und unten auseinander spannt. Die Officiere schlafen gemeiniglich in viereckigen leinenen Kasten, worin ein Rahm mit Gurten liegt, der aber wie jener Beutel aufgehängt wird. Jenes ist die gewöhnliche Hangmatte; dies heißt bey Engländern und Holländern Cot. S. Capt. Müllers vortrefliche Zusätze zu der Abhandlung von Schiffen im Hannov. Magazin.

S. 95 Dies that Capitain Clerke, der damals Steuermann oder Lotsensgehülfe war. S. J. R. Forsters Geschichte der Entdekkungen und Schiffahrten im Norden. S. 467.

S. 98 Hist. August. Script. p. 241.

S. 111 Die Fabeln und Mythen hatten eine Moral, und die besten ließen die Thiere ihrem Charakter völlig gemäß auftreten. Die Ungeheuer der alten Dichter waren schöne allegorische Bilder. Der Naturmensch der neuern aber ist ein widersinniges Unding, welches in keine mögliche Welt paßt, außer etwa in die, wo Löwen Gras fressen, Tiger Lämmer säugen, und Adler die jungen Täubchen füttern, das ist, in eine Welt des Widerspruchs, wo alles aufhört zu seyn, was es ist.

S. 112 Anumant heißt in Indien der Affe, dem ein ganzer Trupp gehorcht, und dessen Herrschaft sehr despotisch ist. Der Seelöwe hat ein Serail von Weibchen, denen kein anderer zu nahe kommen darf.

S. 123 Die Schaumünze, welche er auf der zweyten Reise austheilte, hatte auf einer Seite das Brustbild des Königs Georg des dritten von England, und auf der andern die Abbildung der beyden Schiffe Resolution und Adventure, mit der Jahrzahl ihrer Abreise von England. Sie war von Bronze und vergoldet.

S. 131 Ich erzähle sie hier nicht, da sie in der letzten Reise des berühmten Seemannes ausführlich vorkommt.

S. 141 Viele der obenangeführten Resultate, nebst den Gründen auf denen sie beruhen, lieset man in meines Vaters, während seiner Reise um die Welt gesammelten, Bemerkungen (welche ich aus dem Englischen übersetzt habe, Berlin bey Haude und Spener, 8. 1783.) Hieher gehören auch meine Aufsätze de plantis esculentis insularum oceani australis. Berol. 8. 1786. und der in dieser Sammlung, über Neuholland nebst einem Aufsatz über die Menschenracen im T. Merkur, Oct. und Nov. 1786. Außerdem bleibt die Sammlung der neuen Seereisen die gemeinschaftliche Quelle jener Beobachtungen.

S. 143 Sir Godfrey Copley, ehemaliger Präsident der Königlichen Gesellschaft der Wissenschaften zu London, hat derselben einen Fond hinterlassen, aus welchem jährlich eine so Pfund Sterling schwere goldene Schaumünze geschlagen werden kann, welche demjenigen Mitgliede zu Theil wird, dem man die wichtigste Erfindung verdankt. Die Schaumünze bekam Cook.

S. 149 Der Bienenmeister, oder Honigkukuk (cuculus indicatot) in Afrika, zeigt sowohl den Menschen als einer Art von Stinkthieren, die Stöcke der wilden Bienen an. Die Hottentotten folgen seinem Wink, graben den Honig aus, und überlassen ihm gerade so viel, als ihn lüstern macht, ihnen einen andern Stock anzuzeigen, welches er dadurch thut, daß er vor ihnen herfliegt, und dann, über dem Neste in der Luft schwebend, schreyt. Man sehe Sparrman in den Phil. Transact. T. LXVII.

S. 151 S. Bonnet confidérations sur les corps organisés, 1, § 132.

S. 200 Ein paar Schildkrötenarten sind nebst dem Frosch die einzigen Amphibien; Krabben und Krebse die einzigen Insekten, die man in Europa verspeist.

S. 201 Die Entdeckung des berühmten Ingenhouß.

S. 249 S. Herrn Reinholds vortrefliche Abhandlung über den Skepticismus, im Juliusstück der Berl. Monatsschrift dieses Jahrs.

S. 274 Diesen Ruf hat Herr Bender, den ich übrigens gar nicht kenne.
S. 284 Evang. Joh. XIII. 34, 35. XV. 12, 17.
S. 336 „Sie sind ein guter Mann," sagte Choiseul einem angehenden Politiker; „aber Sie werden nie ein großer Staatsmann; Sie verachten die Menschen nicht genug."
S.338 Sollte es einer Erinnerung bedürfen, daß ich hier das ganze System unserer jetzigen moralischen Bildung, hauptsächlich in Beziehung auf die arbeitende Klasse, den pädagogischen, religiösen und gesetzgebenden Unterricht, nicht bloß der Kinder, sondern auch der Erwachsenen, miteinbegriffen, unter dem Worte Erziehung verstehe?
S. 349 Wäre nicht diese erkünstelte Unfähigkeit und Minderjährigkeit der Völker so unverkennbar, fast möchte ich dann glauben, daß es Winke in der Geschichte *Friedrichs des Großen* und in seinem Charakter gebe, die ihn vor vielen tausend Herrschern als den Mann und den Menschen auszeichnen, von welchem sich eine bis jetzt noch beispiellose Größe wohl hätte erwarten lassen. Allein, so hoch er in Einzelnen die Menschheit ehrte, so deutlich sieht man durchgehends in seinem Leben, daß sein Zeitalter – und seine Erziehung – ihn zwang, sie in der Masse zu verachten.
S. 353 Ob diese Befriedigung sich auf grobsinnliche Begierden, oder auf heftige Leidenschaften, oder auf Lieblingsideen der Fürsten, oder auf übertriebene Schätzung ihres eigenen Werthes bezieht, kann uns hier gleichgelten, da wir jetzt nicht auszumachen haben, welche von allen für das Volk die verderblichste sey.
S. 356 Hier ist der Ort zu erinnern, daß gleichwohl die Stufenleiter der Staatsbeamten in China die Regierungsform nicht gerettet hätte, wenn dieses Reich nicht von jeher mit roheren Nachbarn umringt gewesen wäre, die eine Maschine dieser Art bewunderten und, so wie sie ihnen in die Hände fiel, ungeändert benutzten.

S. 356 Der Mißbrauch der Sache hat oft den Sprachgebrauch geändert, und ein Wort, das ursprünglich nur eine gute Bedeutung hatte, mit einer ausschließend schlimmen gestempelt. Aristokratie: *Herrschaft der Besten*, wäre die wünschenswertheste Regierungsform wenn sie irgendwo existirte. Allein das verhaßt gewordene Wort bedeutet jetzt den stets betrogenen Völkern gerade das Gegentheil: *Herrschaft der Ärgsten* (Kakistokratie).

S. 368 Daß die Gleichnisse hinken, hätte man nie bemerkt, wenn man nicht versucht hätte, sie gehen zu machen; das heißt, wenn man sie nicht aus ihrer natürlichen Lage gerissen und durch fortgesetztes Allegorisiren ihre wahre Bestimmung, als bloß erläuternde Bilder zu dienen, vereitelt hätte. Kein Mensch hat das Recht, mit einem Gleichnisse so widersinnig umzugehen, und ich darf hier wohl das meinige in Schutz nehmen A. d. Verf.

S. 372 Lessing (In Ernst und Falk. Zweites Gespräch. Sämmtliche Schriften, Th. Vll. S. 262.)

S 377 Sie trügen in diesem Punkte wirklich.

S. 385 Ich muß hier mich selbst unterbrechen, um mir nicht zu widersprechen zu scheinen. Es kam mir ungerecht vor, daß man *unsere Nation* in Bausch und Bogen für verderbt erklären wollen, und hier mache ich einem *ganzen Zeitalter*, in Vergleich mit andern, denselben Vorwurf; ja wenn man sehr in mich dränge, könnte man mich wohl gar zu dem Geständ-nisse bringen, daß jene traurige, vereinzelnde Denkart in Frankreich vielleicht die größten, oder wenigstens die empörendsten, Fortschritte gemacht habe. – Wie denn nun? Bin ich wirklich mit mir selbst in Widerspruch? Keinesweges. Die Meinung, die ich bestreite, hält die Verderbtheit für die bittere Frucht der Revolution; ich hingegen glaube, daß eine allgemein gewordene selbstsüchtige Stimmung die Ursache der Revolution ist, und nur durch sie geheilt werden kann. Die Revolution hat vollkommen alle Zeichen einer heftigen Krankheit, wodurch die

Natur den Körper eines fremdartigen oder verdorbenen Stoffs entledigt, der, in zu großer Menge abgeschieden, erst allgemeines Stocken, und hernach eben so allgemeine Auflösung verursacht. Dies ist in der That mehr als ein Vergleich; es ist Ähnlichkeit, Verwandtschaft, Übereinstimmung der materiellen mit der moralischen Natur, und des einzelnen Menschen mit der Gesellschaft.

S. 396 Ich muß hier der gewöhnlichen, und oft absichtlichen Mißdeutung dieses Princips erwähnen. – „Alle Menschen wären gleich? Wie absurd! Sind sie nicht groß und klein, schwarz und weiß, stark und schwach, klug und dumm? u.s.f. und sind nicht körperliche und geistige Eigenschaften überall in ungleichem Maße vertheilt?" – Richtig; aber auf Erhaltung und die dazu erforderlichen Mittel ist doch eines jeden Anspruch vor der Natur, die ihm das Daseyn schenkte, von gleicher Gültigkeit. Außer dieser narürlichen Gleichheit, die er mit allen Erdenwesen gemein hat, ist jeder als vernünftiges, der Vervollkommnung fähiges Wesen sich selbst sein eigner Zweck, er mag begabt und ausgestattet seyn, wie er will; diese unveräußerliche moralische Gleichheit, unveräußerlich, weil niemand, wo es auf Ausbildung ankommt, des Andern Stelle vertreten kann, stellt über ihre Rechte die Gesellschaft eben zum Hüter. – Ich nehme übrigens die so genannten Tafeln der Menschheitsrechte nicht in Schutz; und ob ich mich gleich des Ausdrucks: Rechte, noch der Gewohnheit halber bediene, so scheint mir doch Godwin richtig zu behaupten, daß das moralische Wesen nur Pflichten hat. C. Enquiry concerning political justice, pag. 112.

S. 405 Es ist wenigstens höchst wahrscheinlich, daß der Graf von Provence (Monsieur) mit in den Plan zu einer Gegen-Revolution verwickelt war, um dessentwillen der Marquis von Favras schon im Februar 1790 gehängt wurde.

S. 411 Dies behauptet öffentlich im Druck ein gewisser emigrirter Abbé Talbert, der in Neckers Nahmen an Mallet du

Pan schreibt und sich rühmt, die Revolution könne gegen ihre Machinationen nicht bestehen.

S. 424 Selbst Mr. de Juigné hatte ein Talent! Er machte den besten Salat. Mit einer solchen Eigenschaft kommt man sicher auf die Nachwelt!

Editorische Notiz

Unser Text folgt der vierbändigen Ausgabe: Georg Forsters Werke in vier Bänden, Leipzig o. J. (1971), hrsg. von Gerhard Steiner. Die Forsterschen Eigenarten in der ungleichen Schreibung der Wörter und Namen und in der Interpunktion wurden in vollem Umfange belassen, um ein in jeder Hinsicht unverfälschtes Bild des Originals zu geben, das in einer Zeit entstand, als Rechtschreibung und Zeichensetzung noch nicht normiert waren, sondern individuell variiert zu werden pflegten.
Der Beitrag Friedrich Schlegels wurde seinem Aufsatz „Georg Forster. Fragment einer Charakteristik der deutschen Klassiker“ entnommen.
Hermann Hettners Aufsatz entstammt seiner „Geschichte der deutschen Literatur im achtzehnten Jahrhundert“, die in ihrer letzten Fassung 1879 erschienen ist.
Josef Nadlers zu Unrecht vergessener „Literaturgeschichte des deutschen Volkes“ verdanken wir die Abhandlung über Georg Forster.
1987 erschien „Georg Forster oder die Liebe zur Welt“, eine umfangreiche und einfühlsame Biographie von Klaus Harpprecht. Unser Auszug wurde Harpprechts Nachwort entnommen.